教育部职业教育与成人教育司
全国职业教育与成人教育教学用书行业规划教材
“十二五”职业院校计算机应用互动教学系列教材

■ **双模式教学**

通过丰富的课本知识和高清影音演示范例制作流程双模式教学，迅速掌握软件知识

■ **人机互动**

直接在光盘中模拟练习，每一步操作正确与否，系统都会给出提示，巩固每个范例操作方法

■ **实时评测**

本书安排了大量课后评测习题，可以实时评测对知识的掌握程度

中文版

Premiere Pro CC

编著/黎文锋　吴素珍　周萍萍

光盘内容

80个视频教学文件、互动操作文件、相关素材和范例源文件

☑双模式教学 + ☑人机互动 + ☑实时评测

海洋出版社
2015年·北京

内 容 简 介

本书是互动教学模式介绍 Premiere Pro CC 的使用方法和技巧的教材。本书语言平实，内容丰富、专业，并采用了由浅入深、图文并茂的叙述方式，从最基本的技能和知识点开始，辅以大量的上机实例作为导引，帮助读者在较短时间内轻松掌握中文版 Premiere Pro CC 的基本知识与操作技能，并做到活学活用。

本书内容：全书共分为 9 章，着重介绍了 Premiere Pro CC 入门基础；剪辑捕捉、添加和编辑；应用视频效果和视频过渡；音频的录制、编辑与效果；影像的合成和混合处理；字幕的创建、编辑与设计；文件的渲染和导出等知识。最后通过 11 个综合范例介绍了使用 Premiere Pro CC 编辑影视动画的方法与技巧。

本书特点：1. 突破传统的教学思维，利用“双模式”交互教学光盘，学生既可以利用光盘中的视频文件进行学习，同时可以在光盘中按照步骤提示亲手完成实例的制作，真正实现人机互动，全面提升学习效率。2 基础案例讲解与综合项目训练紧密结合贯穿全书，书中内容结合视频编辑软件应用职业资格认证标准和 Adobe 中国认证设计师（ACCD）认证考试量身定做，学习要求明确，知识点适用范围清楚明了，使学生能够真正举一反三。3. 有趣、丰富、实用的上机实习与基础知识相得益彰，摆脱传统计算机教学僵化的缺点，注重学生动手操作和设计思维的培养。4. 每章后都配有评测习题，利于巩固所学知识和创新。

适用范围：适用于职业院校影视动画非线性编辑专业课教材；社会培训机构影视动画非线性编辑培训教材；用 Premiere 从事影视动画设计等从业人员实用的自学指导书。

图书在版编目(CIP)数据

中文版 Premiere Pro CC 互动教程/黎文锋、吴素珍、周萍萍编著. —北京：海洋出版社，2015.6
ISBN 978-7-5027-9167-4

Ⅰ.①中… Ⅱ.①黎…②吴…③周… Ⅲ. ①视频编辑软件—教材 Ⅳ. ①TN94

中国版本图书馆 CIP 数据核字（2015）第 123339 号

总 策 划：刘　斌
责任编辑：刘　斌
责任校对：肖新民
责任印制：赵麟苏
排　　版：海洋计算机图书输出中心　晓阳
出版发行：海洋出版社
地　　址：北京市海淀区大慧寺路 8 号（716 房间）
100081
经　　销：新华书店
技术支持：（010）62100055

发 行 部：（010）62174379（传真）（010）62132549
（010）68038093（邮购）（010）62100077
网　　址：www.oceanpress.com.cn
承　　印：北京画中画印刷有限公司
版　　次：2015 年 6 月第 1 版
2015 年 6 月第 1 次印刷
开　　本：787mm×1092mm　1/16
印　　张：19.5
字　　数：468 千字
印　　数：1～4000 册
定　　价：38.00 元（含 1DVD）

前　言

Adobe Premiere Pro CC 是 Adobe 公司开发的非线性视频编辑软件，该版本是 Adobe Premiere Pro 软件系列版本中功能最强大的。它能完成在传统影片编辑中需要利用复杂而昂贵的视频器材才能完成的视频处理，配合 Windows 的操作界面，用户可以轻易地完成影片剪辑合成、音效处理等工作，通过综合运用图片、文字、动画等效果，可以制作出各种不同用途的多媒体影片。

本书以 Adobe Premiere Pro CC 作为教学主体，通过由浅入深、由基础到应用的方式带领读者体验使用 Premiere Pro 编辑视频的感受。本书采用成熟的教学模式，以入门到提高为教学方式，通过视频编辑入门知识、软件应用及案例作品设计的学习流程，详细介绍了 Adobe Premiere Pro CC 软件的操作基础、通过采集卡采集 DV 视频、通过程序的功能修剪和编辑视频、对视频剪辑应用特效和过渡、制作影片作品的字幕、录音与编辑音频以及导出各种用途的媒体的方法和技巧，最后通过多个上机实例和一个城市夜景延时摄录专辑的综合设计案例，详细介绍了 Adobe Premiere Pro CC 在管理素材、编辑剪辑、应用效果、制作字幕、编辑音效等各方面的应用。

本书是“十二五”职业院校计算机应用互动教学系列教程之一，具有该系列图书轻理论重训练的主要特点，并以“双模式”交互教学光盘为重要价值体现。本书的特点主要体现以下方面：

- 高价值内容编排

本书内容依据职业资格认证考试 Premiere Pro 考纲的内容，有效针对 Premiere Pro 认证考试量身定做。通过本书的学习，可以更有效地掌握针对职业资格认证考试的相关内容。

- 理论与实践结合

本书从教学与自学出发，以“快速掌握软件的操作技能”为宗旨，书中不但系统、全面地讲解软件功能的概念、设置与使用，并提供大量的上机练习实例，读者可以亲自动手操作，真正做到理论与实践相结合，活学活用。

- 交互多媒体教学

本书附送多媒体交互教学光盘，光盘除了附带书中所有实例的练习素材外，还提供了一个包含实例演示、模拟训练、评测题目三部分内容的双模式互动教学系统，读者可以跟随光盘学习和操作。

- ➢ 实例演示：将书中各个实例进行全程演示并配合清晰语音的讲解，读者可以体会到身临其境的课堂训练感受。
- ➢ 模拟训练：以书中实例为基础，但使用了交互教学的方式，读者可以根据书中讲解，直接在教学系统中操作，亲手制作出实例的结果，通过真正动手去操作，深刻地掌握各种操作方法，达到无师自通的效果。
- ➢ 教学系统：提供了考核评测题目，使读者除了从教学中轻松学习知识之外，还可以通过题目评测自己的学习成果。

- 丰富的课后评测

本书在章后提供了精心设计的填充题、选择题、判断题和操作题等类型的考核评估习题，让读者测评出自己的学习成效。

本书总结了作者从事多年影视编辑的实践经验，目的是帮助想从事影视制作行业的广大读者迅速入门并提高学习和工作效率，适合作为职业院校影视编辑专业课教材，同时也对众多 DV 拍摄爱好者和家庭用户处理视频的读者有很好的指导作用。

本书是广州施博资讯科技有限公司策划，由黎文锋、吴素珍、周萍萍编著，参与本书编写与范例设计工作的还有李林、黄活瑜、梁颖思、吴颂志、梁锦明、林业星、黎彩英、周志苹、李剑明、黄俊杰、李敏虹、黎敏、谢敏锐、李素青、郑海平、麦华锦、龙昊等，在此一并谢过。在本书的编写过程中，我们力求精益求精，但难免存在一些不足之处，敬请广大读者批评指正。

编者

光盘使用说明

本书附送多媒体交互教学光盘，光盘除了附带书中所有实例的练习素材外，还提供了一个包含实例演示、模拟训练、评测题目三部分内容的双模式互动教学系统，读者可以跟随光盘学习和操作。

1. 启动光盘

从书中取出光盘并放进光驱，即可自动打开光盘主界面，如图 1 所示。如果是将光盘复制到本地磁盘中，则可以进入光盘文件夹，并双击【Play.exe】文件打开主播放界面，如图 2 所示。

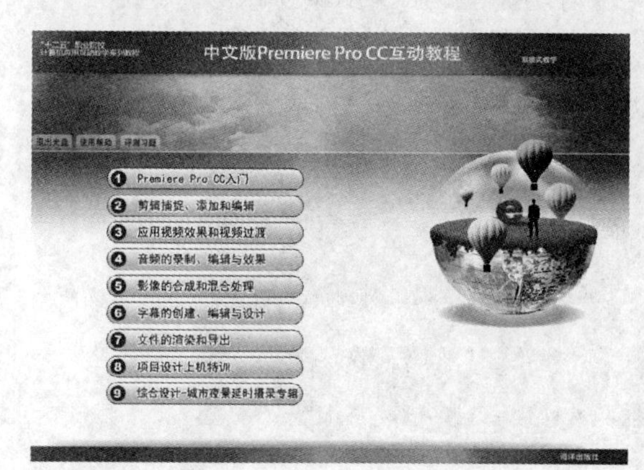

图1

图2

2. 使用帮助

在光盘主界面中单击【使用帮助】按钮，可以阅读光盘的帮助说明内容，如图 3 所示。单击【返回首页】按钮，可返回主界面。

3. 进入章界面

在光盘主界面中单击章名按钮，可以进入对应章界面。章界面中将本章提供的实例演示和实例模拟训练条列显示，如图 4 所示。

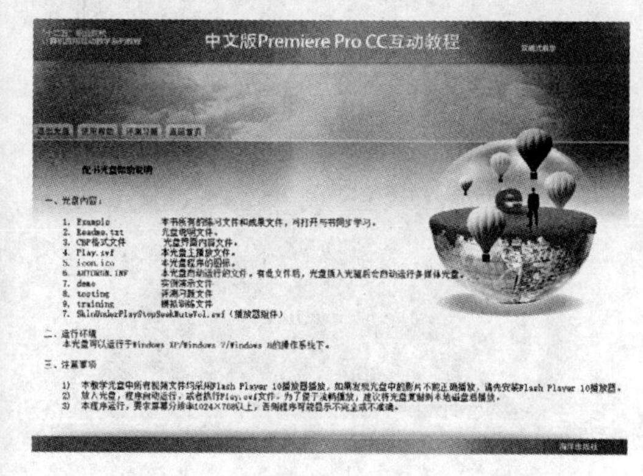

图3

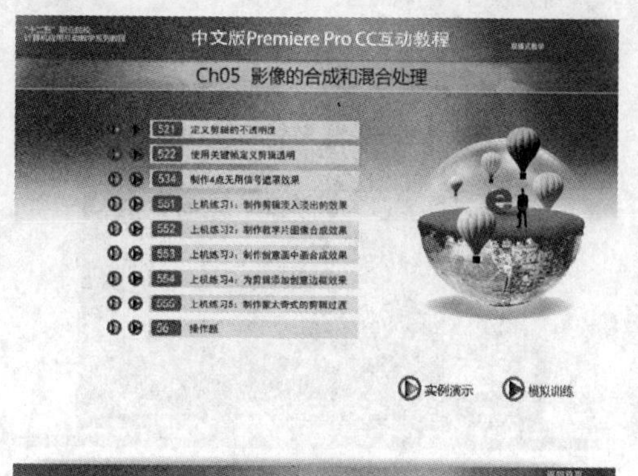

图4

4. 双模式学习实例

（1）实例演示模式：将书中各个实例进行全程演示并配合清晰语音的讲解，读者可以体会到身历其境的课堂训练感受。要使用演示模式观看实例影片，可以在章界面中单击◐按钮，进入实例演示界面并观看实例演示影片。在观看实例演示过程中，可以通过播放条进行暂停、停止、快进／快退和调整音量的操作，如图 5 所示。观看完成后，单击【返回本章首页】按钮返回章界面。

图5

（2）模拟训练模式：以书中实例为基础，但使用了交互教学的方式，可以让读者根据书中讲解，直接在教学系统中操作，亲手制作出实例的结果。要使用模拟训练方式学习实例操作，可以在章界面中单击◐按钮。进入实例模拟训练界面后，即可根据实例的操作步骤在影片显示的模拟界面中进行操作。为了方便读者进行正确的操作，模拟训练界面以绿色矩形框作为操作点的提示，读者必须在提示点上正确操作，才会进入下一步操作，如图 6 所示。如果操作错误，模拟训练界面将出现提示信息，提示操作错误，如图 7 所示。

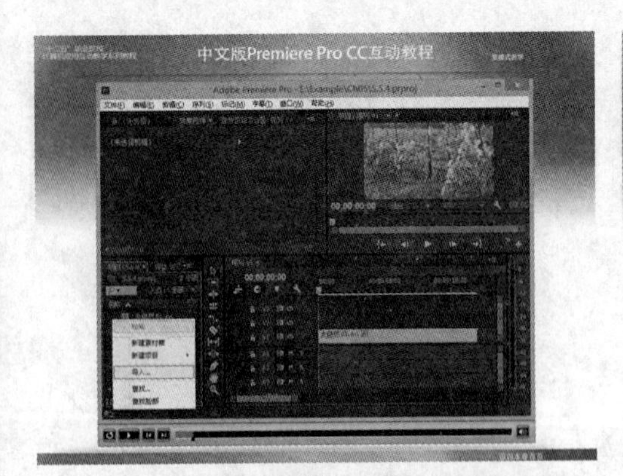

图6

图7

4. 使用评测习题系统

评测习题系统提供了考核评测题目，让读者除了从教学中轻松学习知识之外，更可以通过题目评测自己的学习成果。要使用评测习题系统，可以在主界面中单击【评测习题】按钮，然后在评测习题界面中选择需要进行评测的章，并单击对应章按钮，如图 8 所示。进入对应章的评测习题界面后，等待 5 秒即可显示评测题目。每章的评测习题共 10 题，包含填空题、选择题和判断题。每章评测题满分为 100 分，达到 80 分极为及格，如图 9 所示。

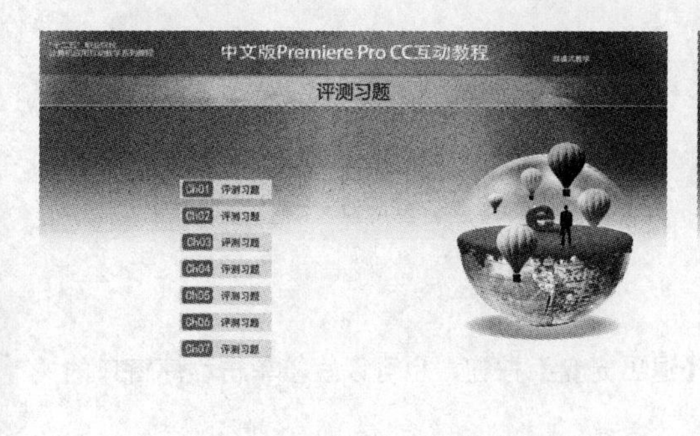

图8

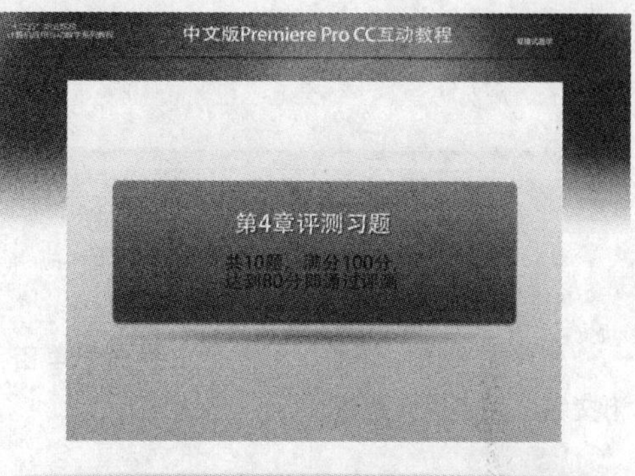

图9

显示评测题目后，如果是填空题，则需要在【填写答案】后的文本框中输入题目的正确答案，然后单击【提交】按钮即完成当前题目操作，如图 10 所示。如果没有单击【提交】按钮而直接单击【下一个】按钮，则系统将该题认为被忽略的题目，将不计算本题的分数。另外，单击【清除】按钮，可以清除当前填写的答案；单击【返回】按钮返回前一界面。

如果是选择题或判断题，则可以单击选择答案前面的单选按钮，再单击【提交】按钮提交答案，如图 11 所示。

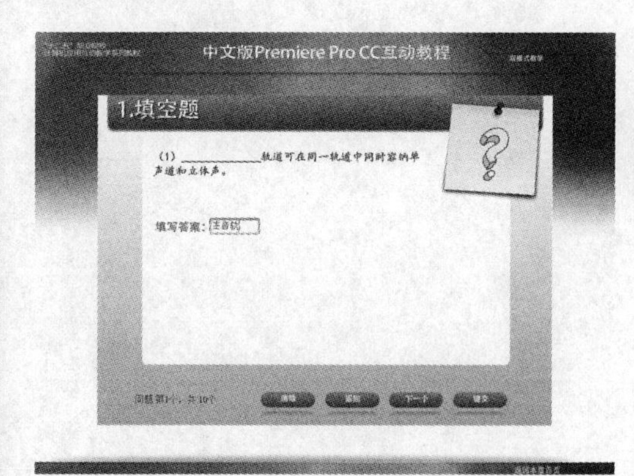

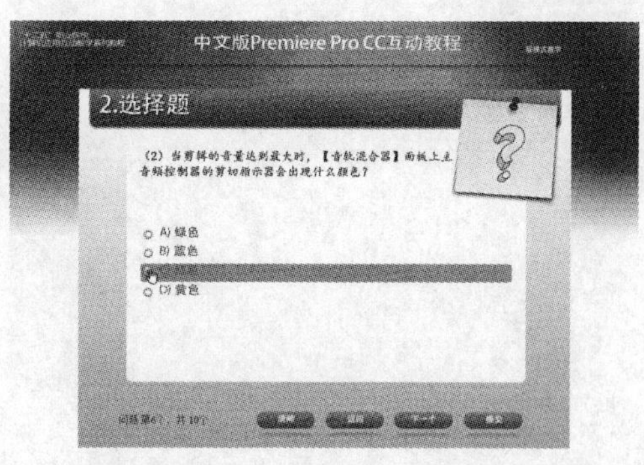

图10　　图11

完成答题后，系统将显示测验结果，如图 12 所示。此时可以单击【预览测试】按钮，查看答题的正确与错误信息，如图 13 所示。

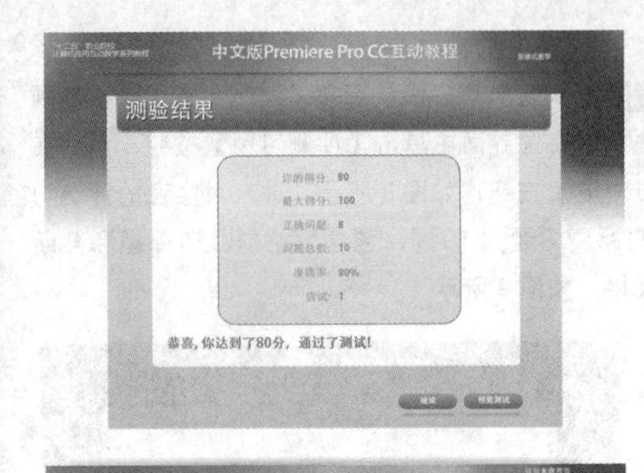

图12

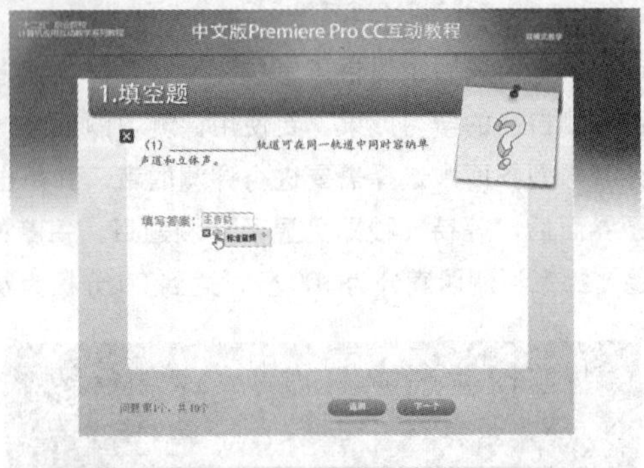

图13

5. 退出光盘

如果需要退出光盘，可以在主界面中单击【退出光盘】按钮，也可以直接单击程序窗口的关闭按钮，关闭光盘程序。

目　录

第 1 章　Premiere Pro CC 入门

学习目标

Premiere Pro CC 是 Adobe 公司推出的最新版本的非线性视频编辑软件，作为主流的视频编辑工具，它为高质量的视频处理提供了完整的解决方案。本章主要掌握 Premiere Pro CC 程序的安装、用户界面、新建文件、存储文件、新建序列、新建项目素材及导入和管理素材的方法。

学习重点

☑ 安装与启动 Premiere Pro CC 程序
☑ 了解 Premiere Pro CC 的用户界面
☑ 项目文件的新建和管理方法
☑ 素材的导入和管理方法
☑ 关于视频编辑的基础知识

1.1　认识与安装 Premiere Pro CC

Adobe Premiere Pro 是由 Adobe 公司推出的一款流行的非线性视频编辑软件，它能完成在传统影片编辑中需要利用复杂而昂贵的视频器材才能完成的视频处理。配合 Windows 的操作界面，用户可以轻易地完成影片剪辑、音效合成等工作，通过综合运用图片、文字、动画等效果，可以制作出各种不同用途的多媒体影片。

新版本的 Adobe Premiere Pro CC 实现了与 After Effects 更紧密的集成，提供了新的主剪辑效果以及多项新功能和增强功能，从而使后期制作工作流程更加简单和快捷。如图 1-1 所示为 Adobe Premiere Pro CC 程序界面。

图 1-1　Adobe Premiere Pro CC 应用程序

1.1.1 Premiere Pro CC 安装要求

Premiere Pro CC 在 Windows 系统中的具体配置要求如下。

- Intel Core 2 Duo 或 AMD Phenom II 处理器，且需要支持 64 位。
- Microsoft Windows 7 Service（带有 Pack 1）和 Windows® 8。
- 4GB RAM（建议 8GB）。
- 4GB 可用硬盘空间；安装过程中需要额外的可用空间（不能安装在可移动闪存设备上）。
- 预览文件及其他工作文件需要额外的磁盘空间（建议 10GB）。
- 1280×900 分辨率的显示器。
- 支持 OpenGL 2.0 的系统。
- 7200RPM 硬盘驱动器（建议采用多个快速磁盘驱动器，最好配置 RAID 0）。
- ASIO 协议或 Microsoft Windows Driver Model 兼容声卡。
- 双层 DVD（DVD+-R 刻录机用于刻录 DVD；蓝光刻录机用于创建蓝光光盘媒体）兼容的 DVD-ROM 驱动器。
- 需要 QuickTime 7.6.6 软件实现 QuickTime 功能。
- 可选 Adobe 认证 GPU 卡，用于实现 GPU 加速性能。
- 该软件使用前需要激活，因此必须具备宽带互联网连接并完成注册，才能激活软件、验证订阅和访问在线服务（不提供电话激活方式）。

在上述的配置要求中，必须注意的是 Adobe Premiere Pro CC 要求在 64 位系统上才能安装和运行。大部分用户一般使用的是 32 位操作系统，如果想要使用 Adobe Premiere Pro CC，那么用户就需要安装 64 位的 Windows 7 或更高的操作系统。

用户如果想要查看本机的操作系统类型，可以通过【控制面板】窗口打开【系统】窗口，从窗口查看操作系统类型，如图 1-2 所示。

图 1-2 查看本机操作系统的类型

1.1.2 安装与启动程序

安装 Premiere Pro CC 程序其实很简单，如果有安装光盘，可以将程序安装光盘放进光驱，然后通过安装向导进行安装；如果已经将安装文件复制到电脑上，可以进入程序目录并执行【Set-up.exe】程序，接着跟随安装向导的指引进行安装即可。安装完成后，即可通过程序列表启动 Premiere Pro CC 程序。

动手操作 安装 Premiere Pro CC 程序

1 将程序安装光盘放进光驱，等待光盘自动运行并弹出安装向导。如果已经将安装程序复制到磁盘分区上，可以进入程序目录，双击【Set-up.exe】程序，打开安装向导，并进行初始化，如图 1-3 所示。

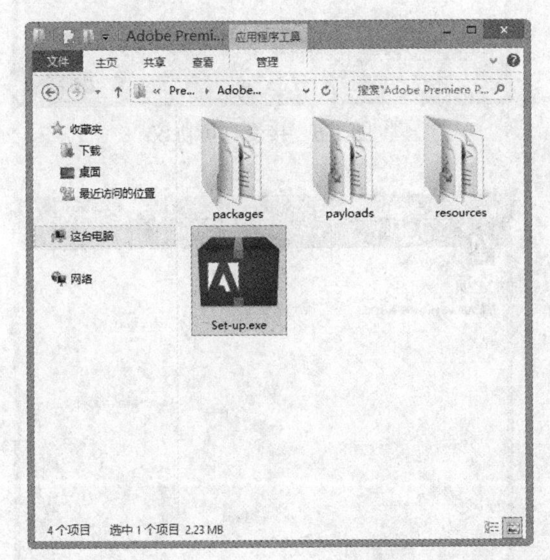

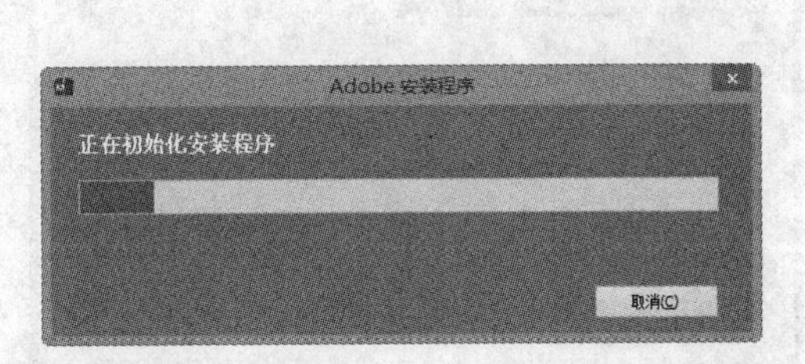

图 1-3 执行安装并进行初始化

2 安装向导显示欢迎页面，可以通过欢迎页面选择安装正式版和安装试用版。如果有正确的程序安装序列号，可以单击【安装】按钮，如果暂没有安装序列号并想要试用程序，则可以单击【试用】按钮，如图 1-4 所示。

3 进入登录页面后，安装向导要求用户创建 Adobe ID，如果有 Adobe ID 的则需要使用 ID 登录 Adobe 服务器以便于验证，如图 1-5 所示。

4 进入下一个页面后，会显示 Adobe 软件许可协议内容。此时可以查看许可协议并单击【接受】按钮，继续执行安装的过程，如图 1-6 所示。

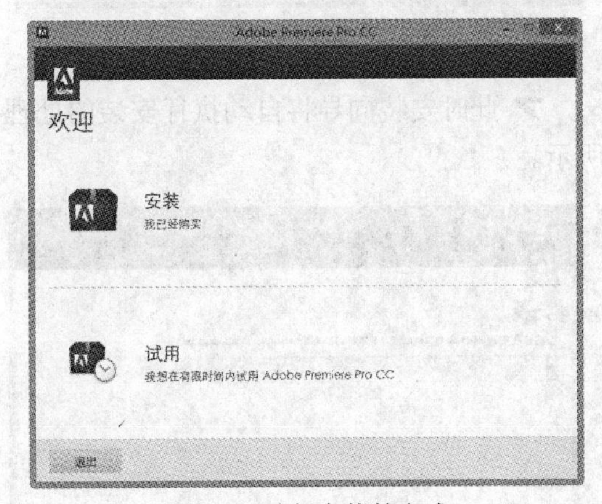

图 1-4 选择安装的方式

5 接受许可协议后，程序将要求输入安装序列号。此时可以从程序安装光盘的外包装或说明书中找到，或者通过互联网查找。如果没有序列号，则可以在步骤 2 中选择安装产品的试用版，试用 30 天。本例将输入序列号，接着单击【下一步】按钮，如图 1-7 所示。

6 进入下一界面后，会显示安装的程序项目。在此选择程序项目后，还可以指定程序安装的位置，最后单击【安装】按钮，执行安装，如图 1-8 所示。

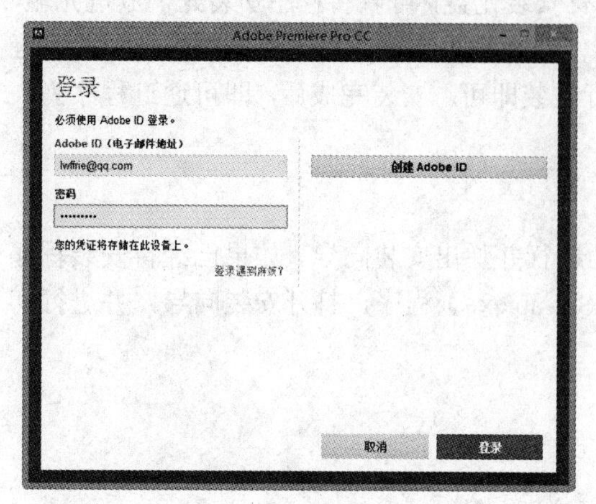

图 1-5　使用 Adobe ID 登录

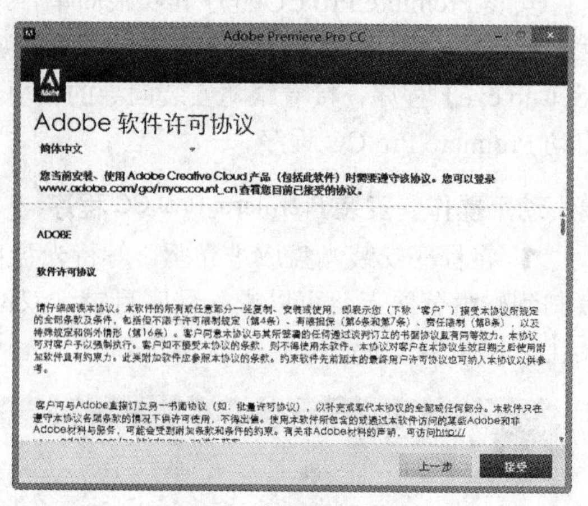

图 1-6　接受许可协议

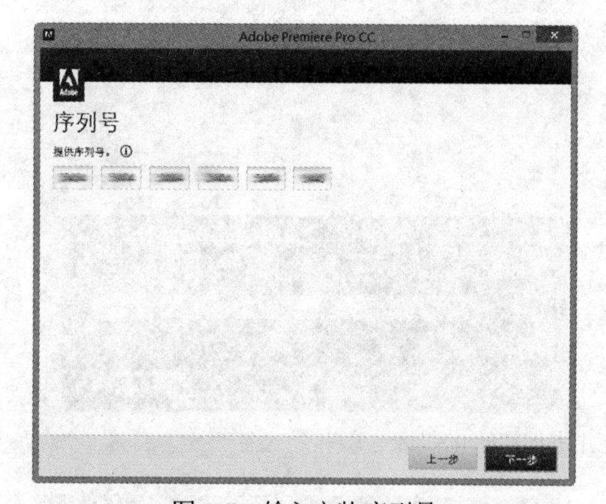

图 1-7　输入安装序列号

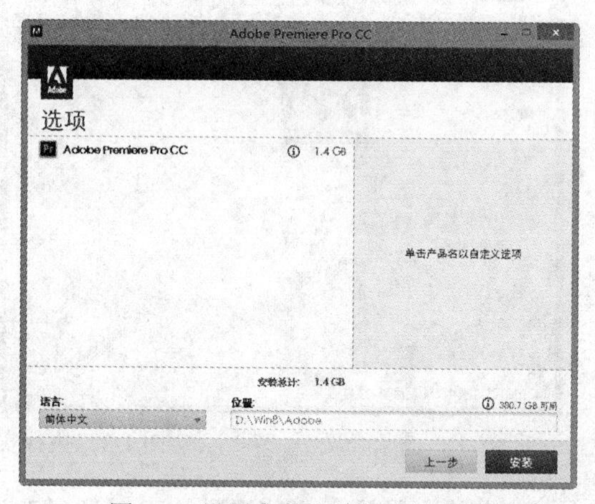

图 1-8　设置安装选项和安装位置

7 此时安装向导将自动执行安装的处理，安装完成后，单击【关闭】按钮即可，如图 1-9 所示。

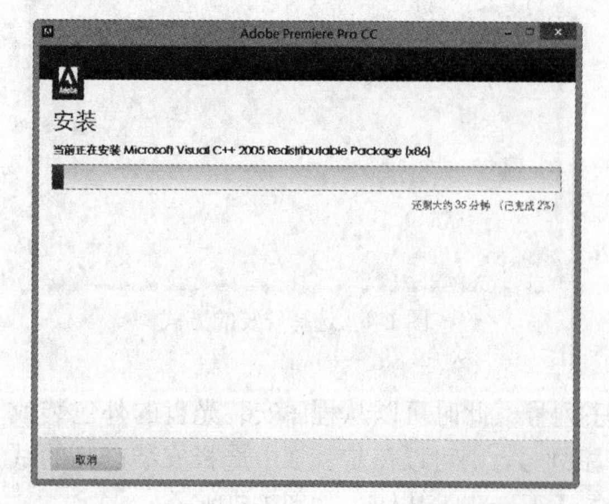

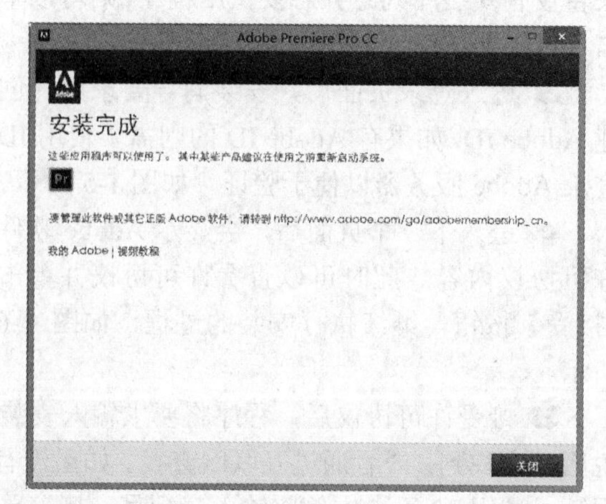

图 1-9　安装完成并关闭安装向导

安装 Adobe Premiere Pro CC 程序后，可以启动该程序并创建项目文件来进行视频编辑的处理。如果是 Windows 7 的用户，可以在操作系统中【开始】菜单的【所有程序】列表选择 Premiere Pro CC 程序来启动程序。如果是 Windows 8 的用户，则可以在【开始】应用界面中显示应用列表，再单击 Premiere Pro CC 程序项目图标来启动 Premiere Pro CC 程序，如图 1-10 所示。

图 1-10　启动 Premiere Pro CC 程序

1.2　Premiere Pro CC 用户界面

Premiere Pro CC 的用户界面由标题栏、菜单栏和不同功能的窗口和面板组成。

1.2.1　标题栏

Premiere Pro CC 的标题栏包括应用程序名和当前项目文件的路径和名称，以及针对窗口操作的【最大化】、【向下还原】、【最小化】和【关闭】按钮。

当窗口处于还原状态时，可以在标题栏位置按住鼠标左键，拖动调整窗口位置。将鼠标移动到窗口边缘，此时指针变成双向箭头形状，按住左键拖动可调整窗口大小，如图 1-11 所示。

图 1-11　调整窗口大小

1.2.2　菜单栏

菜单栏位于 Premiere Pro CC 程序窗口的正上方，它包括【文件】、【编辑】、【剪辑】、【序列】、【标记】、【字幕】、【窗口】和【帮助】8 个菜单项。

（1）菜单栏以级联的层次结构来组织各个命令，并以下拉菜单的形式逐级显示。各个菜单项下面分别有子菜单项，某些子菜单项还有下级选项，如图 1-12 所示。

（2）菜单栏各主菜单名称后面都会带有一个字母，按 Alt 键和相应字母就可以激活这个字母所代表的命令，如按 Alt+F 键就可以激活【文件】菜单。

（3）某些子菜单名称后面也带有快捷键，按下相应快捷键可以执行相应菜单项功能，如按 Ctrl+S 键即可执行【文件】｜【存储】菜单项功能。

图 1-12　打开程序的菜单

1.2.3 欢迎屏幕

默认情况下，启动 Premiere Pro CC 程序会打开一个欢迎屏幕，通过它可以快速创建或打开项目文件，甚至可以将设置同步到 Adobe Creative Cloud 中，如图 1-13 所示。另外，可以通过欢迎屏幕打开 Premiere Pro 的帮助系统，如图 1-14 所示。

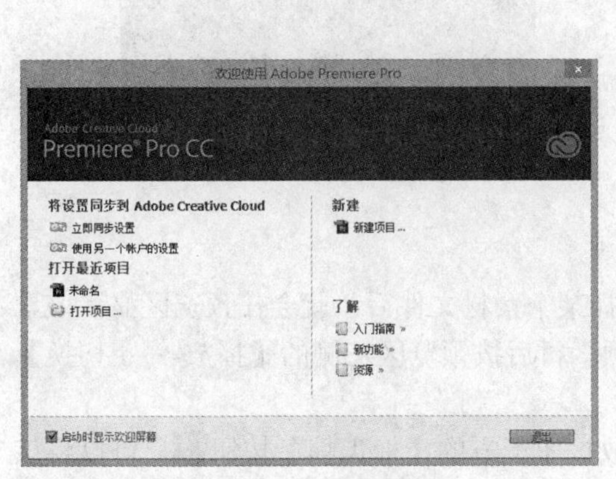

图 1-13 欢迎屏幕

图 1-14 Premiere Pro 帮助系统

1.2.4 【项目】面板

【项目】面板主要用于导入、存放和管理素材。编辑影片所用的全部素材应事先存放在项目窗口中，然后再调出使用。【项目】面板的素材可以用列表和图标两种视图方式来显示，包括素材的缩略图、名称、格式、出入点等信息。另外，通过【项目】面板也可以为素材分类、重命名或新建一些类型的素材，如图 1-15 和图 1-16 所示。

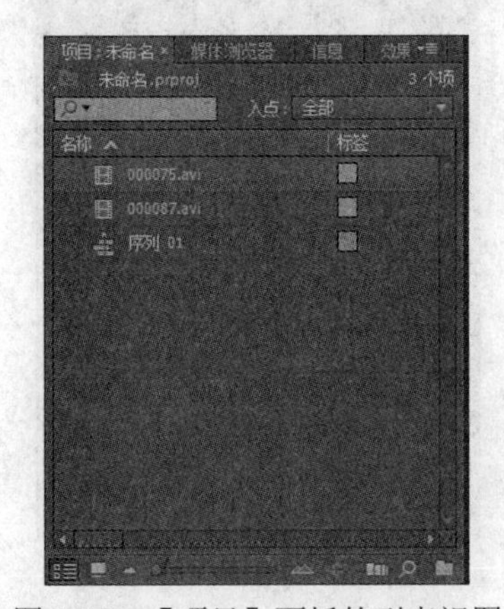

图 1-15 【项目】面板的列表视图

图 1-16 【项目】面板的图标视图

如果需要对【项目】面板进行一些设置和编辑，可以单击窗口右上角的按钮，从打开的菜单中选择相关的命令，如切换列表或图标显示方式，如图 1-17 所示。

另外，如果要调整项目图标缩图的大小，可以在【项目】面板下方的缩放控制条上拖动滑块来设置项目缩图的大小，如图 1-18 所示。

图 1-17　使用【项目】面板菜单

图 1-18　调整窗口缩略图大小

1. 预览区

【项目】面板的上部分是预览区。在素材区选择某个素材文件后，就会在预览区显示该素材的缩略图和相关的文字信息。在选择影片、视频素材后按预览区左侧的【播放-停止切换】按钮，可以预览该素材的内容，如图 1-19 所示。

当播放到该素材中有代表性的画面时，按播放按钮上方的【标识帧】按钮，可以将该画面作为该素材缩略图，便于用户识别和查找，如图 1-20 所示。

2. 素材区

素材区位于【项目】面板下半部分，主要用于排列当前编辑的项目文件中的所有素材，可以显示包括素材类别图标、素材名称、格式在内的相关信息。默认显示方式是列表方式，如果单击项目窗口下部的工具条中的【图标视图】按钮，素材将以缩略图方式显示。如果需要再切换到列表视图，则可以单击工具条中的【列表视图】按钮。

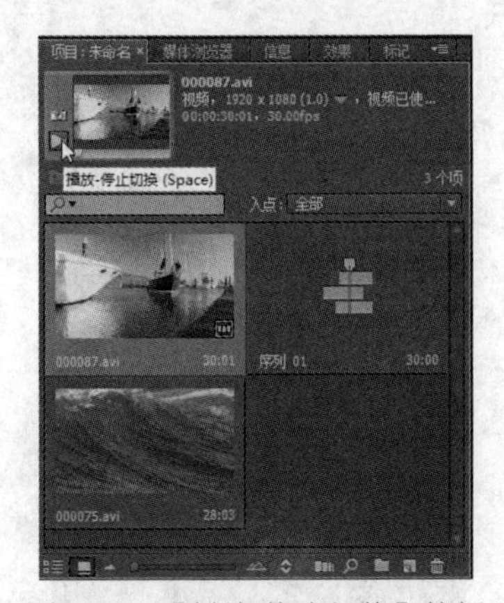

图 1-19　【播放-停止切换】按钮

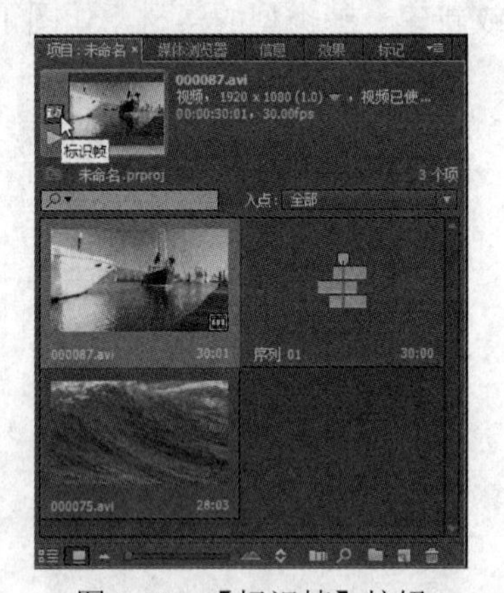

图 1-20　【标识帧】按钮

3. 工具条

工具条位于【项目】面板最下方，它为用户提供了一些常用的功能按钮，如素材区的【列表视图】和【图标视图】显示方式图标按钮，还有【排序图标】、【自动匹配到序列】、【查找】、【新建素材箱】、【新建项】和【清除】等图标按钮。如图 1-21 所示为新建素材箱。

当单击【新建项】按钮时，就会弹出快捷菜单，可以在素材区中快速新建如【序列】、

【脱机文件】、【字幕】、【彩条】、【黑场视频】、【隐藏字幕】、【彩色遮罩】、【HD 彩条】、【通用倒计时片头】、【透明视频】等类型的素材，如图 1-22 所示。

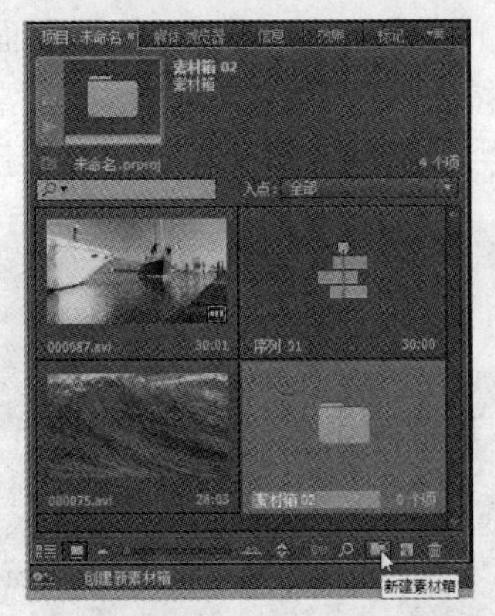

图 1-21 通过工具条新建素材箱

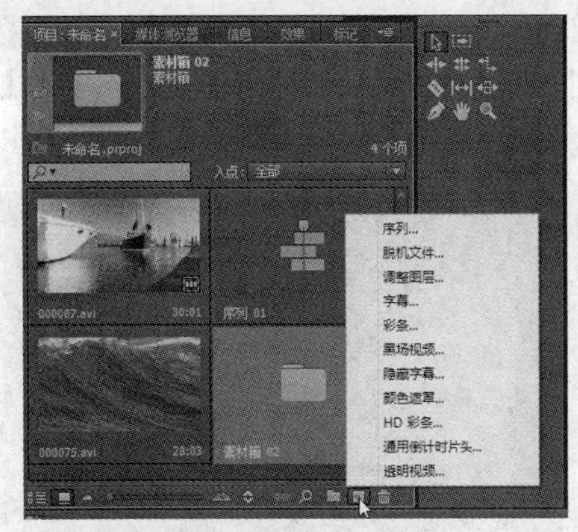

图 1-22 【新建项】快捷菜单

1.2.5 【源监视器】面板

【源监视器】面板主要用来预览或剪裁项目窗口中选中的原始素材。

【源监视器】面板上部分是素材名称，按右上方的倒角三角按钮，会弹出快捷菜单，其中包括关于素材窗口的所有设置，可以根据项目和编辑的需求选择源监视器窗口的模式。

1. 将素材加入源监视器

【源监视器】面板中间部分是监视器，可以在【项目】面板或【时间轴】面板中双击打开某个素材，也可以将【项目】面板中的某个视窗直接拖至【源监视器】中将它打开，如图 1-23 所示。

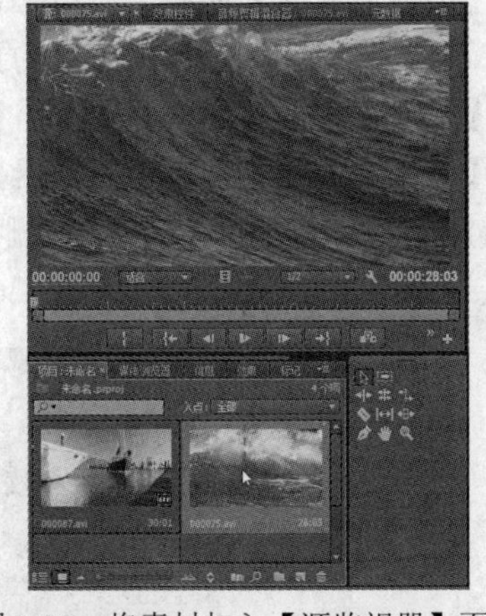

图 1-23 将素材加入【源监视器】面板

2. 切换素材

将多个素材加入到【源监视器】面板后，可以打开窗口【源】下拉列表框，选择不同的素材进行切换，如图 1-24 所示。

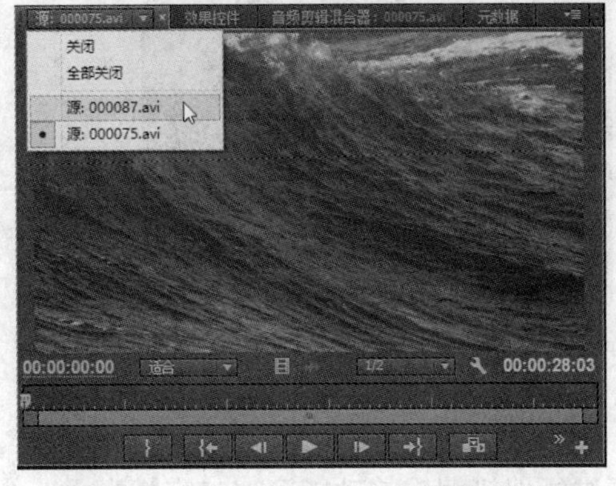

图 1-24 切换源素材

3. 源监视器的其他元素

【源监视器】面板的下方分别是素材时间编辑滑块、位置时间码、窗口比例选择、素材总长度时间码显示。底下是时间标尺、时间标尺缩放器及时间编辑滑块。【源监视器】面板下部分是监视器控制器及功能按钮，可以单击【按钮编辑器】按钮打开编辑器，然后将常用的功能按钮拖到控制器区域上并确定，以便可以在控制器区域上使用按钮，如图 1-25 所示。

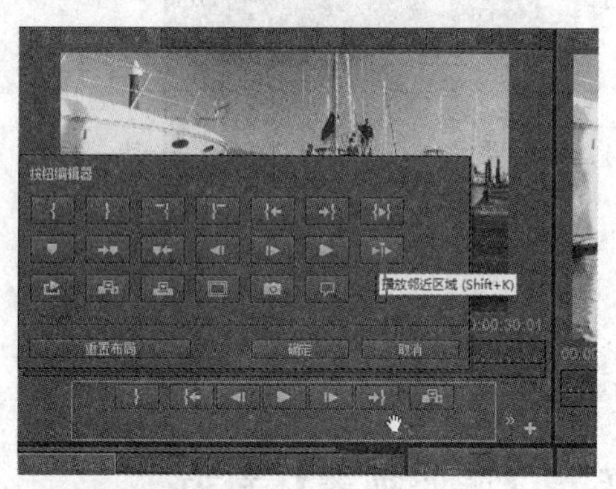

图 1-25　通过按钮编辑器操作按钮

1.2.6 【节目监视器】面板

【节目监视器】面板主要用来预览【时间轴】面板序列中已经编辑的素材（视频、图片、声音），也是最终输出影片效果的预览窗口。

【节目监视器】面板与【源监视器】面板很相似，其中各自的监视器很多地方都相同或相近。【节目监视器】面板的监视器控制器用来预览【时间轴】面板选中的序列，为其设置标记或指定入点和出点以确定添加或删除的部分帧。另外，还可以通过【选择缩放级别】菜单，选择监视器中画面的大小，如图 1-26 所示。

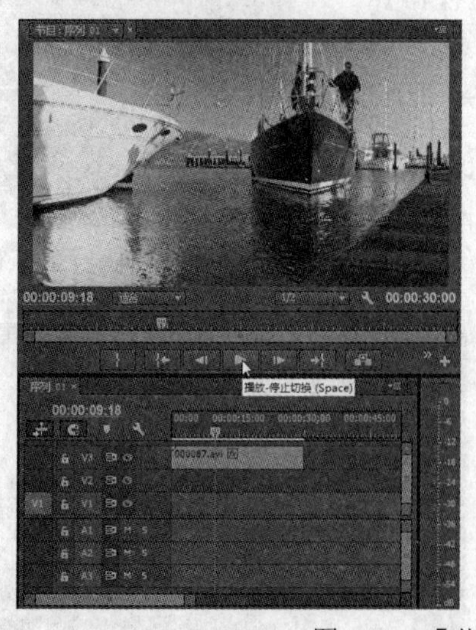

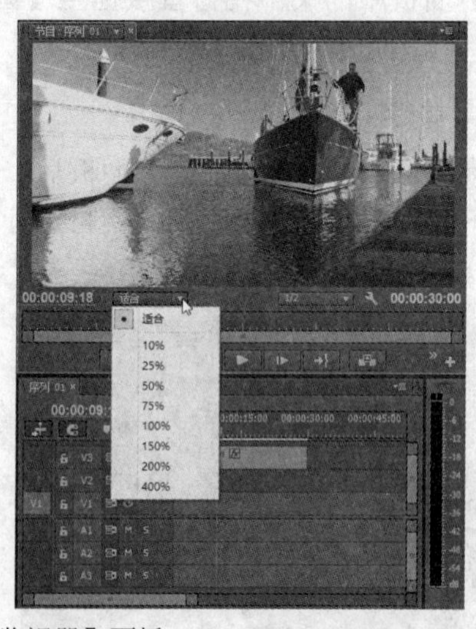

图 1-26　【节目监视器】面板

1.2.7 【时间轴】面板

【时间轴】面板是以轨道的方式对视频和音频进行剪接编辑的功能窗口，它相当于一个主线，将整个素材按照一定的条件组合起来，再施加一定的特技、转场，制作出优美的影片文件。【时间轴】面板分为上下两个区域，上方为时间显示区，下方为轨道区，如图 1-27 所示。

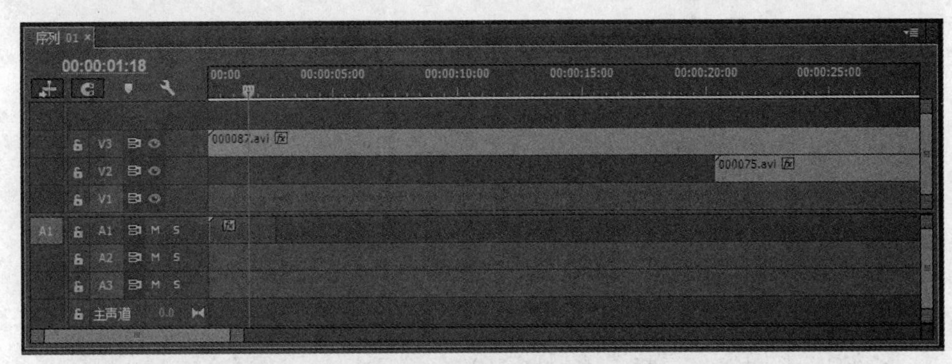

图 1-27 【时间轴】面板

1. 时间显示区

时间显示区是【时间轴】面板工作的时间参考基准，编辑影片时都会根据时间显示区指导编辑任务。

时间显示区包括时间码、时间标尺、时间标尺号码及工作区域。左上方的时间码显示的是当前时间编辑线滑块所处的位置。单击时间码即可输入时间，使时间编辑线滑块自动停到指定的时间位置。另外，也可以在时间栏中按住鼠标左键并水平拖动鼠标来改变时间，确定时间编辑线滑块的位置，如图 1-28 所示。

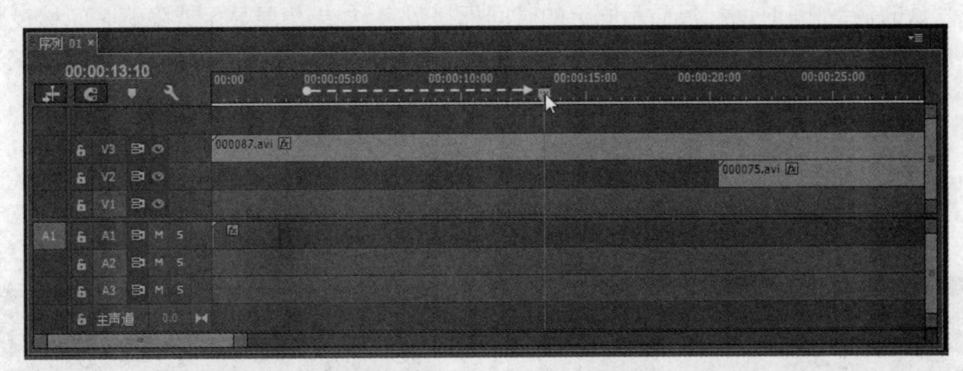

图 1-28 拖动鼠标来改变当前时间

在时间显示区的时间码下方有【对齐】、【将序列作为嵌套或个别剪辑插入并覆盖】和【添加标记】、【时间轴显示设置】4 个按钮。

- 【对齐】按钮：默认被激活，当在时间轴窗口轨道中移动素材片段的时候，可使素材片段边缘自动吸引对齐。
- 【将序列作为嵌套或个别剪辑插入并覆盖】按钮：允许使用序列作为嵌套对象应用于当前序列，或者个别剪辑插入序列或覆盖序列剪辑。
- 【添加标记】按钮：可以将时间编辑线滑块所在的时间点设置为未编号标记。
- 【时间轴显示设置】按钮：单击该按钮打开菜单后，可以在其中选择【时间轴显示设置】选项，如显示视频名称、显示视频缩览图、展开所有轨道等，如图 1-29 所示。

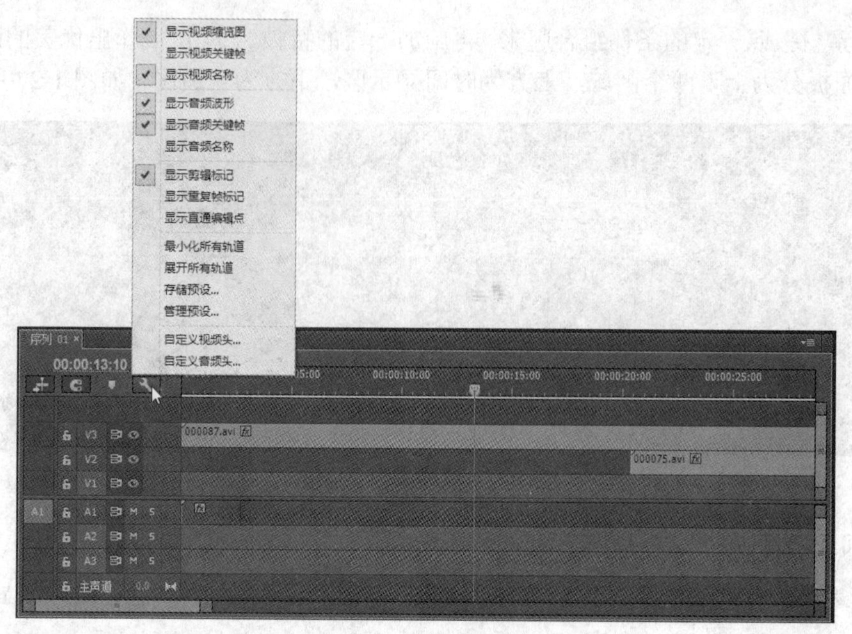

图 1-29　打开【时间轴显示设置】菜单

时间标尺用于显示序列的时间，其时间单位以项目设置中的时基设置（一般为时间码）为准。时间标尺上的编辑线用于定义序列的时间，拖动时间编辑线滑块可以在【节目监视器】面板的监视窗口中浏览影片内容。

在默认的情况下，时间标尺显示固定的时间标尺数字。如果想要显示或隐藏时间标尺数字，可以单击【时间轴】面板右上角的按钮，然后选择或取消勾选【时间标尺数字】命令，如图 1-30 所示。

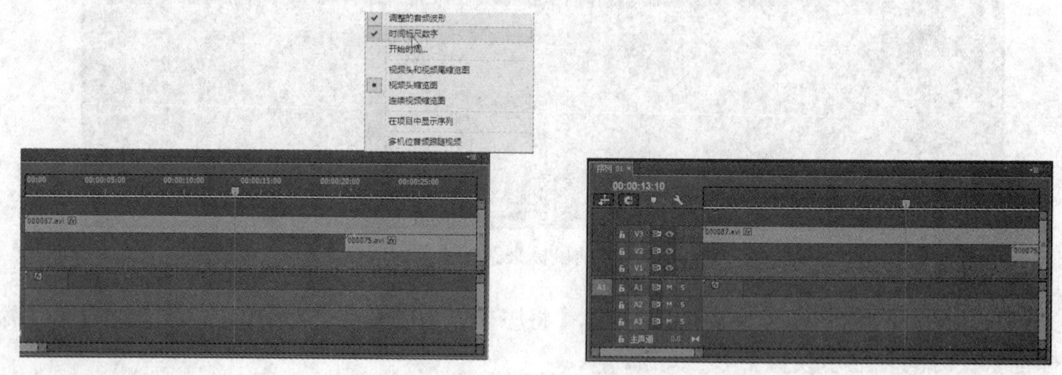

图 1-30　隐藏时间标尺数字

2. 轨道区

轨道区是用来放置和编辑视频、音频素材的地方。可以对现有的轨道进行添加和删除操作，还可以将它们任意锁定、隐藏、扩展和收缩。

在轨道的左侧是轨道控制面板，里面的按钮可以对轨道进行相关的控制设置。在默认的情况下，轨道区右侧上半部分是 3 条视频轨，下半部分是 3 条音频轨和 1 条主声道轨道，其中【视频 1】轨道和【视频 2】轨道默认扩展。轨道都是折叠状态，如果想要扩展其他轨道，则双击轨道空白处即可，如图 1-31 所示。

图 1-31　展开轨道

1.2.8　【工具】面板

【工具】面板位于【项目】面板和【时间轴】面板之间，其中提供了多个方便用户进行视频与音频编辑工作的工具，包括选择工具、轨道选择工具、波纹编辑工具、滚动编辑工具、比率伸缩工具、剃刀工具、外滑工具、内滑工具、钢笔工具、手形工具、缩放工具等，如图 1-32 所示。

图 1-32　【工具】面板

各个工具的作用如下：

- （选择工具）：用来选择对象，不过在有的时候它也会变为其他的形状，作用也随之改变。
- （轨道选择工具）：使用此工具可以选择该轨道上箭头以后的所有素材，视音频链接在一起的则音频同时也被选中；按住 Shift 键可以变为多轨道选择工具，此时单箭头变为双箭头，即使是单独的声音（如音效、音乐等）也会被同时选中。
- （波纹编辑工具）：使用此工具可以改变一段素材的入点和出点，这段素材后面的内容会自动吸附上去，总长度发生改变。
- （滚动编辑工具）：此工具的作用是改变前一个素材的出点和后一个素材的入点，且总长度保持不变；但当其作用于首尾素材时改变的是第一个素材的入点和最后一个素材的出点，总长度发生改变。
- （比率伸缩工具）：此工具用来对素材进行变速，可以制作出快放、慢放等效果。具体的变化数值会在素材的名称之后显示。
- （剃刀工具）：此工具主要用来对素材进行裁切。当按住 Shift 键时，刀片变为两个，此时进行裁切，所有位于此线上的素材都会被切开，但锁定的不会被裁切。
- （外滑工具）：作用于一段素材，用来同时改变此段素材的入点和出点。

- （内滑工具）：此工具用于调整素材位置。例如，一个轨道上有三段素材 A、B、C，如果将此工具放在素材 A 上，向右滑动，可以看到变化的是素材 B 的入点，而素材 A 的入出点和总长度不变；然后将工具放在素材 C 上，左右滑动，改变的是素材 B 的出点，而素材 C 的入出点和总长度不变；最后将此工具放在素材 B 上，左右滑动，可以发现素材 A 的出点和素材 C 的入点发生变化，而素材 B 的入出点和总长度不变。
- （钢笔工具）：此工具主要用来绘制形状。选中此工具，在需要的位置点击一下确定起点，直接点击其他位置可以绘制直线，而在点击第二个点的同时按住鼠标不放并进行拖动可以绘制曲线；它还有一个作用就是进行关键帧的选择。
- （手形工具）：此工具主要用来对轨道进行拖动，它不会改变任何素材在轨道上的位置。
- （缩放工具）：此工具可以对整个轨道进行缩放，如果想重点显示某一段素材，可以选择此工具后进行框选，这时会出现一个虚线框，松开鼠标后此段素材就会被放大。

1.2.9 更改用户界面外观

在默认的状态下，Premiere Pro CC 的用户界面采用暗色设计，给人一种炫酷的感觉。但是这种暗色界面设计并非限定的，可以根据自己的喜好更改界面外观的亮度。

选择【编辑】|【首选项】|【外观】命令，在打开的【首选项】对话框的【外观】选项卡中拖动亮度滑块调整亮度，接着单击【确定】按钮即可改变用户界面的亮度，如图 1-33 所示。

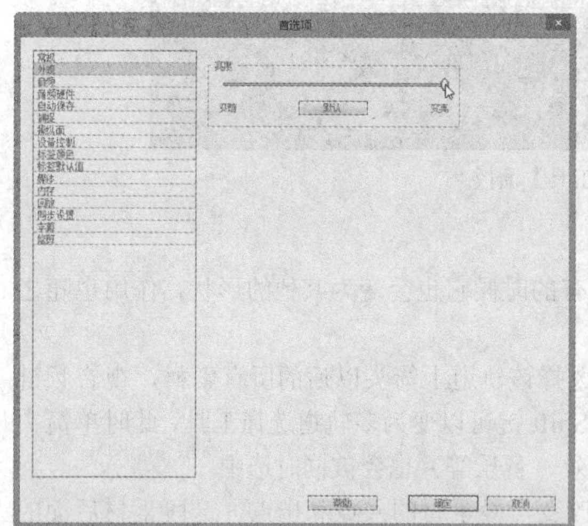

图 1-33　更改用户的颜色亮度

1.3 管理项目文件

项目文件是 Premiere Pro CC 编辑视频的基本载体，所有编辑视频的操作都必须在项目文件下进行。

1.3.1 新建项目文件

对于 Premiere 来说，项目文件是一个项目的管理中心，它记录了一个项目的基本设置、素材信息（素材的媒体类型、物理地址、大小、每个素材片段的入点与出点以及素材帧尺寸的相关信息），项目文件还保存了使用时间轴的序列组织素材以及给素材添加的效果，如运动、过渡、视频音频滤镜、透明等。

在 Premiere Pro CC 中，新建项目文件有多种方法，如使用欢迎屏幕新建项目文件、通过菜单命令新建项目文件、利用快捷键新建项目文件等，这 3 种方法的操作分别如下。

方法 1 打开 Premiere Pro CC 应用程序，然后在欢迎屏幕上单击【新建项目】按钮，即可开始新建项目的操作。

方法 2 在菜单栏中选择【文件】|【新建】|【项目】命令，退出当前编辑的项目文件，然后进行新建项目的操作。

方法 3 在当前程序编辑窗口中，按 Ctrl+Alt+N 键即可退出当前编辑项目文件并进行新建项目的操作。

新建项目除了创建新文件外，还需要对项目进行配置，当新建项目文件后，一般还需要为项目创建序列，便可以将剪辑素材加入序列中并使用序列组织项目素材。

动手操作　新建项目文件和序列

1 启动 Premiere Pro CC 应用程序，当打开【欢迎屏幕】后，即可单击【新建项目】按钮，如图 1-34 所示。

2 在打开的【新建项目】对话框中，选择【常规】选项卡，然后设置各个常规选项，以及项目文件保存的位置和文件名称，如图 1-35 所示。

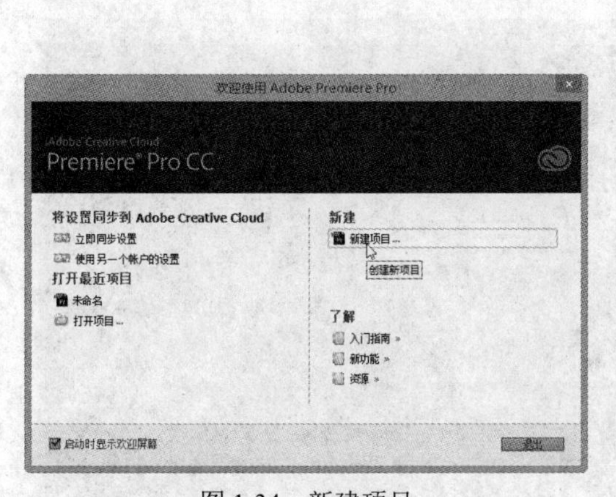

图 1-34　新建项目

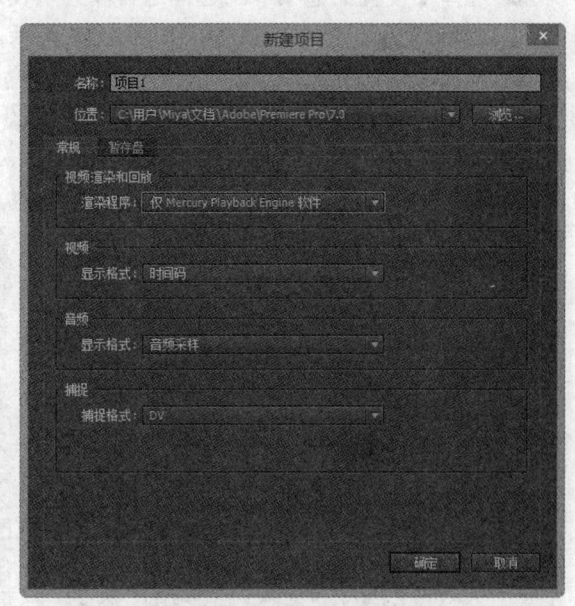

图 1-35　设置项目常规选项

3 选择【暂存盘】选项卡，然后在该选项卡中设置各个暂存选项，建议选择有足够磁盘空间的分区文件夹。设置完成后，单击【确定】按钮，如图 1-36 所示。

4 创建项目文件后，可以看到【时间轴】面板上是没有序列的，因此素材无法添加到时间轴上。此时可以选择【文件】|【新建】|【序列】命令或按 Ctrl+N 键，打开【新建序列】对话框。

5 在打开的【新建序列】对话框中选择【序列预设】选项卡，再通过【可用预设】列表框选择一种合适的预置序列并设置序列的名称，如图 1-37 所示。

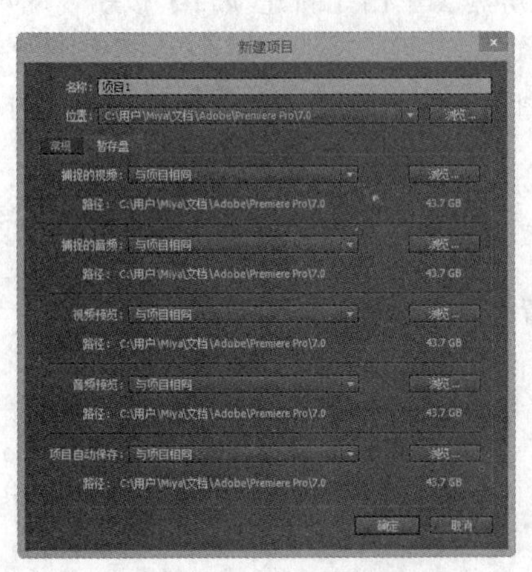

图 1-36　设置暂存选项

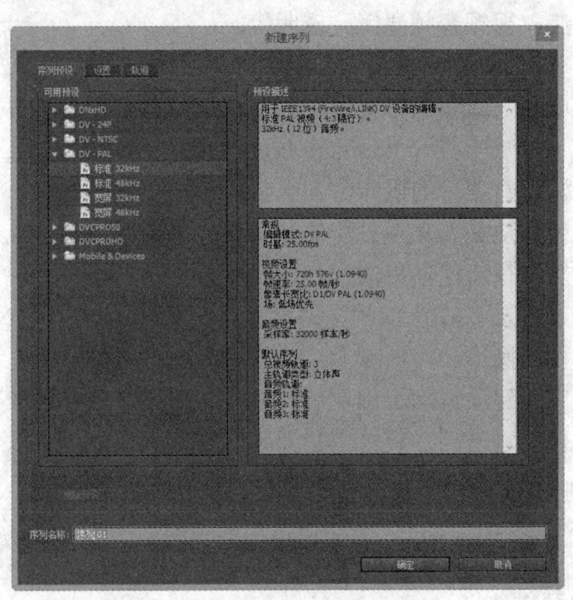

图 1-37　选择一种预设的序列

6 选择【设置】选项卡，选择适合序列所使用的编辑模式，然后分别设置【视频】、【音频】、【视频预览】等项目的属性，如图 1-38 所示。

7 选择【轨道】选项卡，在此选项卡中设置序列包含的轨道数。默认情况下，视频轨道默认值为 3，音频轨道包含一个主声道轨道和可设的三个音频轨道，接着可以设置音频轨道选项，最后单击【确定】按钮即可，如图 1-39 所示。

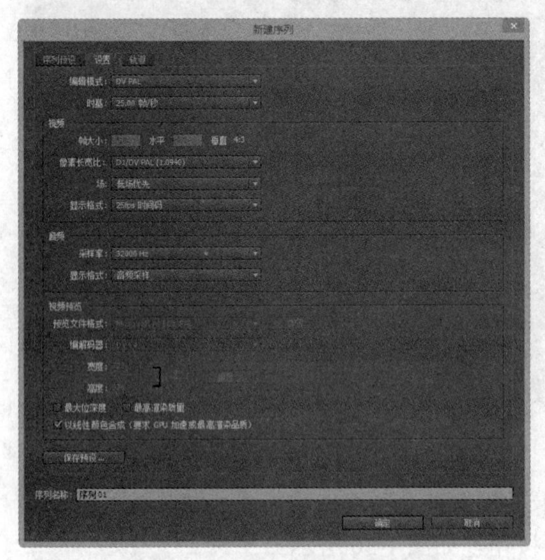

图 1-38　设置序列的常规选项

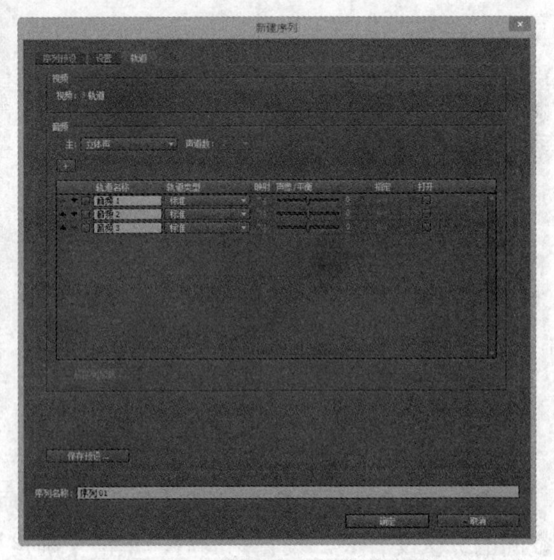

图 1-39　设置序列的轨道选项

8 完成上述操作后，即为项目文件创建了一个新序列，该序列同时显示在【时间轴】面板中，如图 1-40 所示。

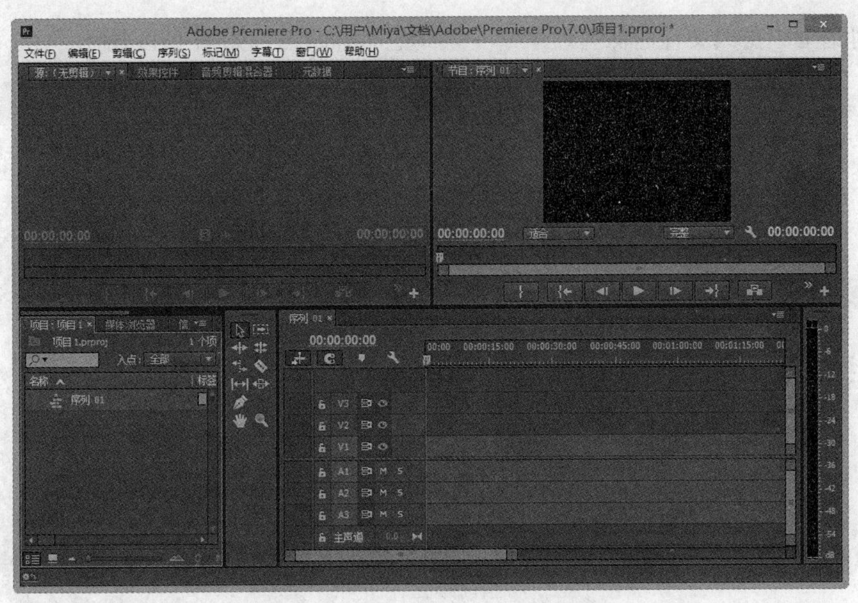

图 1-40　新建项目文件序列的结果

1.3.2　保存项目文件

在项目编辑完成或告一段落后，可以将编辑的结果保存起来。

1. 直接保存

当需要保存项目文件时，可以选择【文件】|【保存】命令或者按 Ctrl+S 键，这样项目文件就会存储在新建项目时设置的储存目录中，如图 1-41 所示。

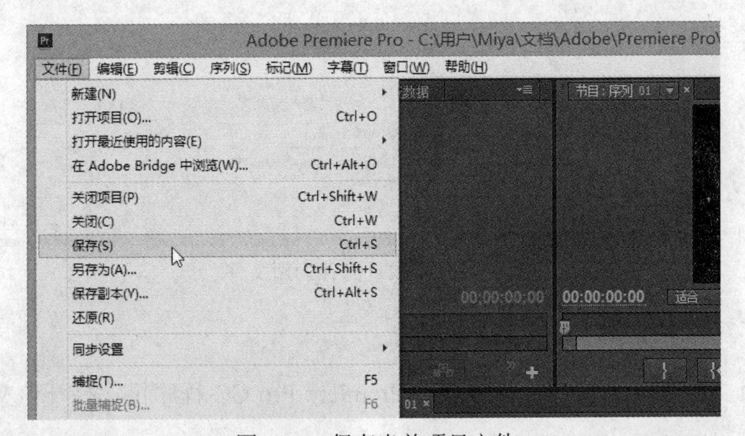

图 1-41　保存当前项目文件

2. 保存副本

如果是为当前项目文件保存一个副本，以便后续恢复当前的编辑状态，可以选择【文件】|【保存副本】命令，将当前项目保存为一个副本文件，如图 1-42 所示。

3. 另存项目文件

编辑项目文件后，如果不想存储为副本也不想覆盖原来的文件，可以选择【文件】|【另存为】命令（或按 Ctrl+Shift+S 键），将文件保存成一个新文件。在保存文件时，只需在【存

储项目】对话框中更改文件的保存目录或变换其他名称即可，如图 1-43 所示。

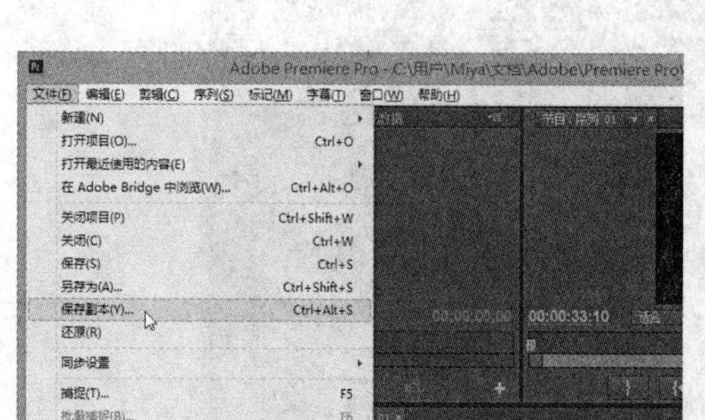

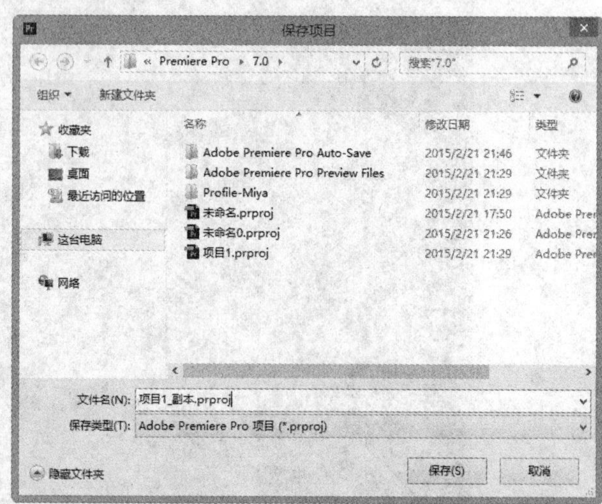

图 1-42　将当前项目存储为副本文件

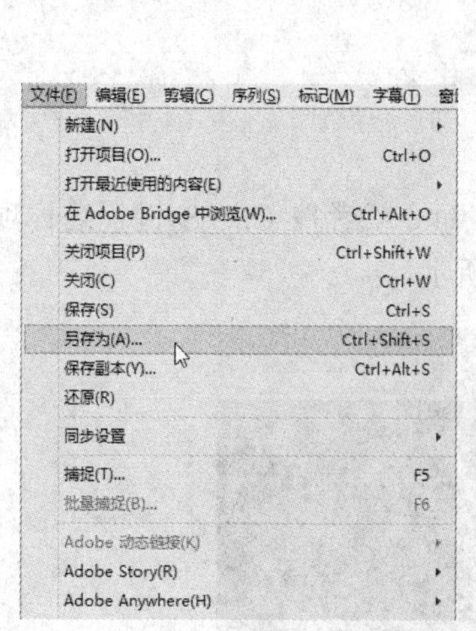

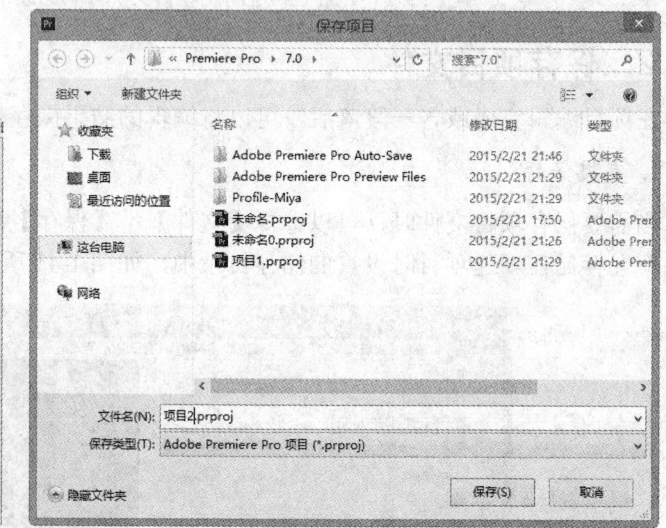

图 1-43　将项目另存为新文件

1.3.3　打开项目文件

在保存项目文件后，可以在需要时通过 Premiere Pro CC 程序再次打开该文件，查看其内容或对其进行编辑。

1. 打开项目

选择【文件】|【打开项目】命令，然后在打开的【打开项目】对话框中选择文件，再单击【打开】按钮即可，如图 1-44 所示。

2. 打开最近项目

如果要打开的文件是最近曾经编辑过的，那么可以选择【文件】|【打开最近使用的内容】命令，然后在列表中选择需要打开的项目文件即可，如图 1-45 所示。

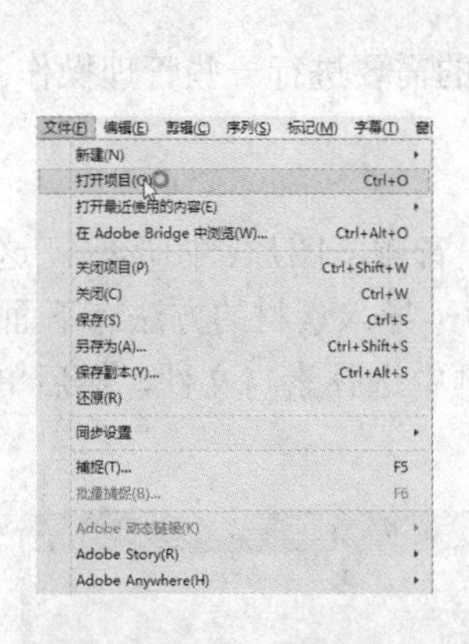

图 1-44　打开旧项目文件

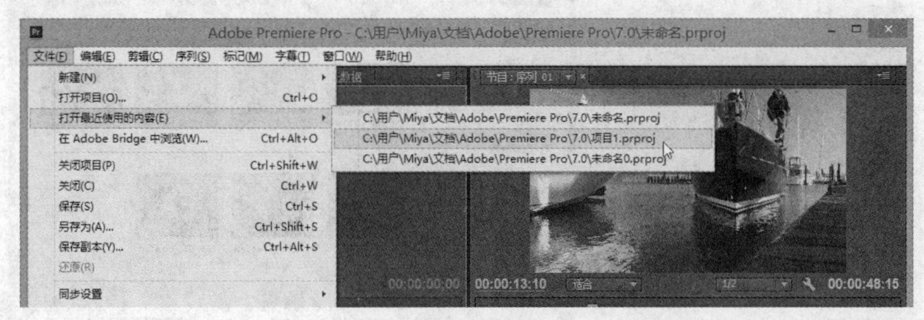

图 1-45　打开最近打开过的项目文件

1.3.4　关闭和关闭项目

在 Premiere Pro CC 程序中，如果想要关闭操作界面的某个组件，可以选择该组件，然后选择【文件】|【关闭】命令。例如，在想要关闭【工具箱】面板时，选定工具箱，再执行【文件】|【关闭】命令即可。

如果想要关闭当前项目文件，则可以选择【文件】|【关闭项目】命令，此时程序会弹出提示对话框，提示是否保存项目文件，如图 1-46 所示。

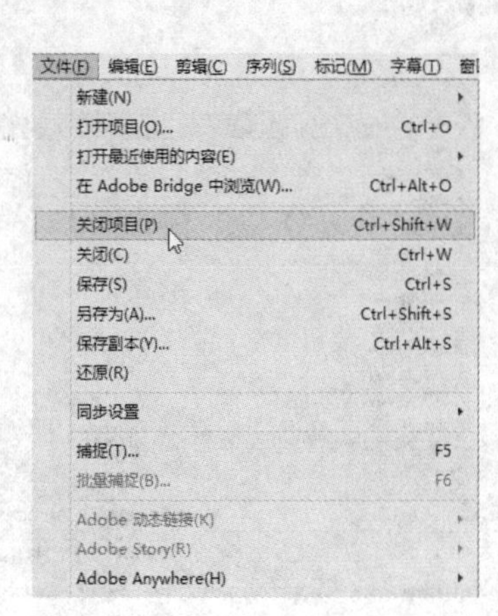

图 1-46　关闭项目文件

1.4 导入与管理素材

在使用素材前，需要将素材先导入项目，然后根据设计的需要进行一些管理操作。

1.4.1 导入素材

对于 Premiere Pro CC 来说，可以编辑的素材包括视频、音频、图片、图形等。这些素材都可以应用在影视作品的设计上。在 Premiere Pro CC 程序中，导入素材的方法有下面 3 种。

方法 1 选择【文件】|【导入】命令，从【导入】对话框中选择素材文件，然后单击【打开】按钮即可，如图 1-47 所示。

图 1-47 通过菜单命令导入素材

方法 2 在 Premiere Pro CC 程序中按 Ctrl+I 键，从【导入】对话框中选择素材文件，然后单击【打开】按钮即可。

方法 3 在【项目】面板的【素材区】中单击右键，选择【导入】命令，再从【导入】对话框中选择素材文件，然后单击【打开】按钮，如图 1-48 所示。

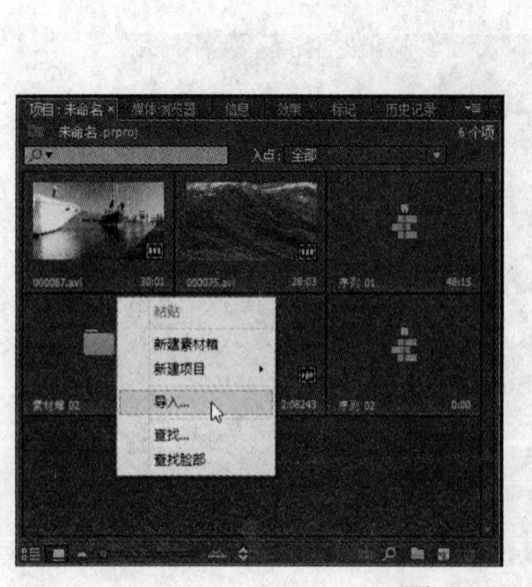

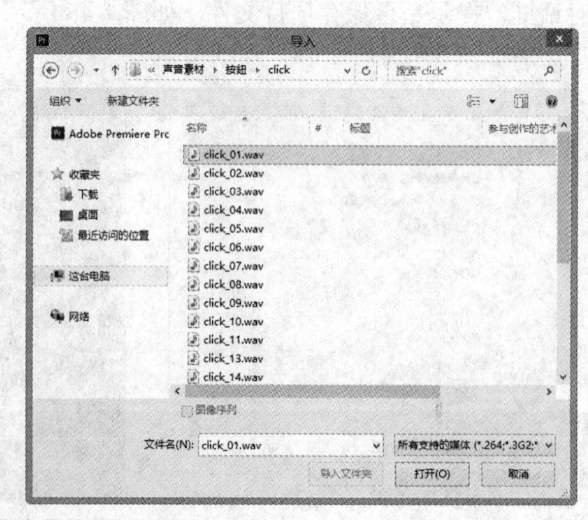

图 1-48 通过【项目】面板导入素材

1.4.2 查看素材属性

将素材导入后，会显示在【项目】面板中。如果想要查看素材的属性，可以选择素材，然后通过【项目】面板的预览区查看素材的基本属性。如图 1-49 所示，选择素材或将鼠标移到素材名称上，即可查看到该素材的文件类型、尺寸、播放时长、播放速率（FPS）、声音属性等。

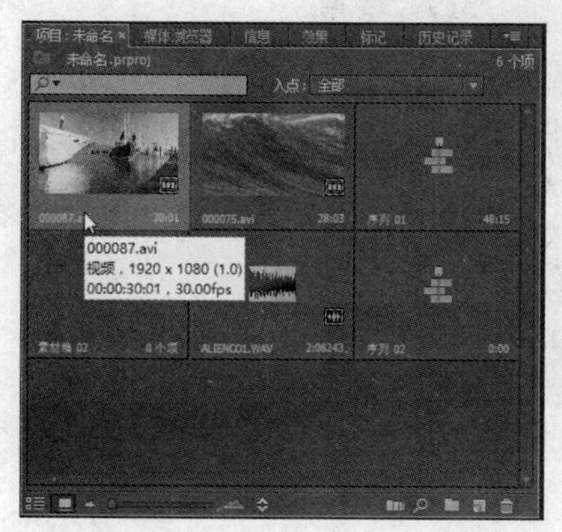

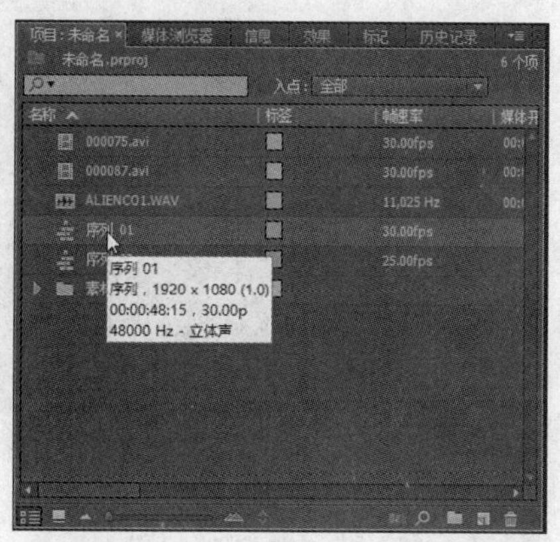

图 1-49　查看素材的属性

1.4.3 播放素材

在【项目】面板的预览区的监视器窗口中可以预览素材。

1. 播放素材

如果导入素材是视频素材或音频素材，在需要预览素材的效果时则可以单击【播放-停止切换】按钮，直接在【项目】面板的监视器中播放素材，如图 1-50 所示。

2. 停止播放

如果需要停止播放，可以再次单击【播放-停止切换】按钮，如图 1-51 所示。

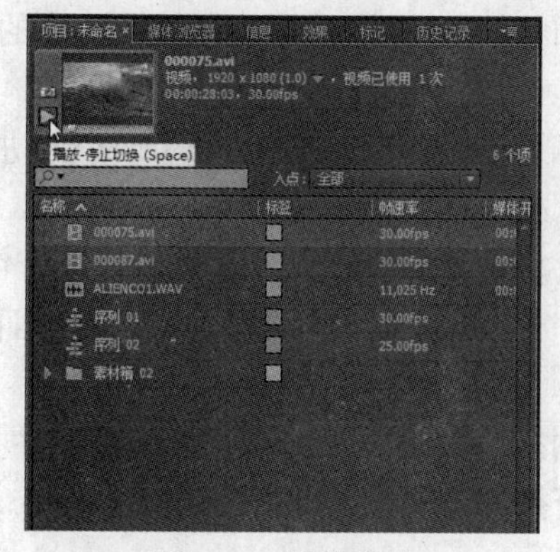

图 1-50　播放素材

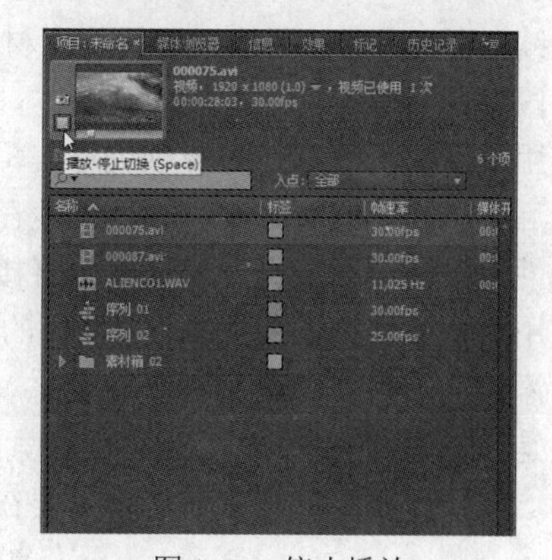

图 1-51　停止播放

1.4.4 设置标识帧

标记指示重要的时间点，有助于定位和排列剪辑。可以使用标记来确定序列或剪辑中重要的动作或声音。

在播放素材时，如果需要将当前播放画面标识为时间轴的帧时，可以单击【窗口】监视器左侧的【标识帧】按钮，将当前播放时间点设置为标识帧，如图 1-52 所示。

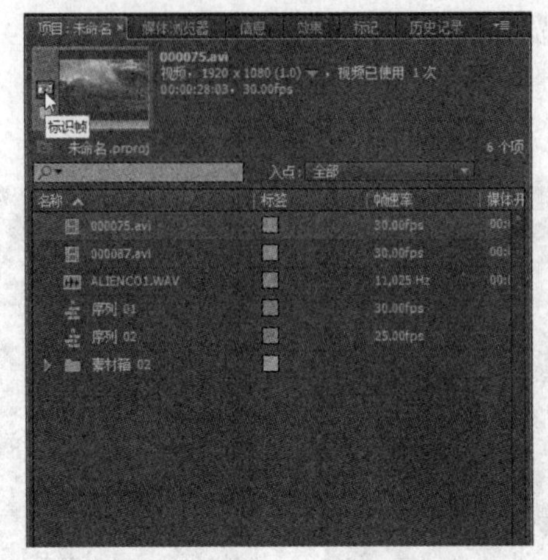

图 1-52　为素材设置标识帧

1.5　视频编辑的基础知识

近年来，随着多媒体技术的飞速发展，利用计算机处理视频影像已成为很多用户日常生活、娱乐和工作需要进行的操作。为了让用户了解视频编辑的技术，有必要先介绍视频编辑的基础知识。

1.5.1　视频编辑的方式

一般来说，视频编辑的方式有线性编辑和非线性编辑两种。

1. 线性编辑

线性编辑是一种磁带的编辑方式，它利用电子手段根据影片内容的要求将视频素材连接成新的连续画面。通常使用组合编辑将素材顺序编辑成新的连续画面，然后再以插入编辑的方式对某一段进行同样长度的替换。

使用线性编辑的方式对视频进行编辑时，需要将摄像机所拍摄的素材，一个一个地进行剪切，然后按照剧本或者方案，一次性地在编辑机上对素材进行编辑。

线性编辑使用编放机、编录机，直接对录像带的素材进行操作，操作直观、简洁、简单。可以使用组合编辑方式插入编辑，视频的图像和声音可分别进行编辑，同时也可以为画面配上字幕、添加各种特效，满足制作需要。

但是，使用线性编辑时，素材的搜索和录制都必须按时间顺序进行，如果认为某个视频素材需要增加或者删除，则全部素材需要在编辑机上重新排列编辑一遍，非常麻烦。

2. 非线性编辑

非线性编辑是相对于以时间顺序进行线性编辑而言的。非线性编辑借助计算机进行数字化制作，几乎所有的工作都在计算机中完成，不再需要那么多的外部设备，对素材的调用也是瞬间实现，不用反反复复在磁带上寻找，突破了单一的时间顺序编辑限制，可以按各种顺序排列，具有快捷简便、随机的特性。非线性编辑只要上传一次就可以多次编辑，信号质量始终不会变低，所以节省了设备、人力，提高了效率。

从狭义上讲，非线性编辑是指剪切、复制和粘贴素材无须在存储介质上重新安排它们。而传统的录像带编辑、素材存放都是有次序的。用户必须反复搜索，并在另一个录像带中重新安排它们，因此称为线性编辑。

从广义上讲，非线性编辑是指在用计算机编辑视频的同时，还能实现诸多的处理效果，如音效、特技、画面切换等。

3. 非线性编辑的流程

对于利用计算机编辑制作视频来说，非线性编辑的工作流程基本分为采集、输入、编辑、输出四个步骤，但根据视频编辑的差异，不同的编辑软件会细分出其他流程。

（1）采集

采集是指将拍摄到的素材保存在计算机中。这个工作可以直接利用数据线将素材导入计算机，或者通过视频编辑软件将模拟视频、音频信号转换成数字信号存储或者将外部的数字视频保存到计算机中，成为可以处理的素材。

（2）输入

输入主要是指将视频、图像、声音等素材导入到视频编辑软件中。

（3）编辑

素材编辑是指对视频进行剪接、合并、截取，以及分理音频、添加音频、添加图像、添加字幕素材等编辑，然后按时间顺序组接出一个完整作品的过程。

在编辑这个流程里，用户可以对视频进行添加特效、制作字幕等处理。

（4）输出

视频编辑完成后，就可以输出回录到录像带，也可以生成视频文件保存在计算机中，或者直接发布到网上，刻录 VCD 和 DVD 等。

1.5.2 视频编辑常用名词

下面介绍视频编辑中的常用名词。

1. Digital Video（数字视频）

数字视频是指先用摄像机之类的视频捕捉设备，将外界影像的颜色和亮度信息转变为电信号，再记录到储存介质（如录像带、记忆卡、硬盘、光盘等）。播放时，视频信号被转变为帧信息，并以每秒约 30 帧的速度投影到显示器上，使人类的眼睛认为它是连续不间断地运动着的。

为了存储视觉信息，模拟视频信号的山峰和山谷必须通过数字 / 模拟（D/A）转换器来转变为数字的“0”或“1”。这个转变过程就是视频捕捉（或采集过程）。

如果要在电视机上观看数字视频，则需要一个从数字到模拟的转换器将二进制信息解码成模拟信号，才能进行播放。

2. Codec（编码解码器）

编码解码器的主要作用是对视频信号进行压缩和解压缩。现在，最基本的 VGA 显示器就有 640×480 像素。这意味着如果视频需要以每秒 30 帧的速度播放，则每秒要传输高达 27MB 的信息，1GB 容量的硬盘仅能存储约 37 秒的视频信息。因而必须对信息进行压缩处理。

通过抛弃一些数字信息或容易被我们的眼睛和大脑忽略的图像信息的方法，使视频的信息量减小，这个对视频压缩解压的软件或硬件就是编码解码器。

3. 动静态图像压缩

静态图像压缩技术主要是对空间信息进行压缩，而对动态图像来说，除了对空间信息进行压缩外，还要对时间信息进行压缩。目前已形成三种压缩标准。

（1）JPEG（Joint Photographic Experts Group）标准

用于连续色调、多级灰度、彩色 / 单色静态图像压缩。具有较高压缩比的图形文件（一张1000KB 的 BMP 文件压缩成 JPEG 格式后可能只有 20－30KB），在压缩过程中的失真程度很小。动态 JPEG（M-JPEG)可顺序地对视频的每一帧进行压缩，就像每一帧都是独立的图像一样，而且能产生高质量、全屏、全运动的视频，但是，它需要依赖附加的硬件。

（2）H.261/H.264 标准

H.261/H.264 标准主要适用于网络视频、视频电话和视频电视会议。

（3）MPEG（Motion Picture Experts Group）标准

MPEG 标准包括 MPEG 视频、MPEG 音频和 MPEG 系统（视音频同步）三个部分。MPEG 压缩标准是针对运动图像而设计的，基本方法是在单位时间内采集并保存第一帧信息，然后就只存储其余帧相对第一帧发生变化的部分，以达到压缩的目的。MPEG 压缩标准可实现帧之间的压缩，其平均压缩比可达 50∶1，压缩率比较高，且又有统一的格式，兼容性好。

4. DAC

即数字 / 模拟转换器，是一种将数字信号转换成模拟信号的装置。DAC 的位数越高，信号失真就越小。图像也更清晰稳定。

5. 电视广播制式

世界上主要使用的电视广播制式有 PAL、NTSC、SECAM 三种，我国使用 PAL 制式；日本、韩国及东南亚地区与美国等欧美国家使用 NTSC 制式；俄罗斯、西欧等国家则使用 SECAM 制式。

- PAL：是 Phase Alternating Line（逐行倒相）的缩写。它是西德在 1962 年制定的彩色电视广播标准，它采用逐行倒相正交平衡调帧的技术方法，克服了 NTSC 制相位敏感造成色彩失真的缺点。
- NTSC：是 1952 年 12 月由美国国家电视标准委员会（National Television System Committee，缩写为 NTSC）制定的彩色电视广播标准。这种制式的色度信号调制包括了平衡调制和正交调制两种，解决了彩色-黑白电视广播兼容问题，但存在相位容易失真、色彩不太稳定的缺点。
- SECAM：又称塞康制，是法文 Sequentiel Couleur A Memoire 缩写，意为“按顺序传送彩色与存储”。SECAM 是一个首先用在法国的模拟彩色电视系统，系统化一个 8MHz 宽的调制信号。

1.5.3 常用的视频格式

视频文件有很多种格式，但常用于制作影片的视频有下面几种。

1. AVI

AVI 的英文全称为 Audio Video Interleaved，即音频视频交错格式，是将语音和影像同步组合在一起的文件格式。

AVI 对视频文件采用了一种有损压缩方式，压缩比较高，尽管画面质量不是太好，但其应用范围仍然非常广泛。AVI 支持 256 色和 RLE 压缩。AVI 信息主要应用在多媒体介质上，用来保存电视、电影等各种影像信息。

2. MPEG

MPEG 是 Moving Picture Experts Group 的简称，这个名字本来的含义是指一个研究视频和音频编码标准的小组。现在所说的 MPEG 泛指由该小组制定的一系列视频编码标准。

MPEG 标准主要有以下 5 个：MPEG-1、MPEG-2、MPEG-4、MPEG-7 及 MPEG-21 等。该小组建于 1988 年，专门负责为 CD 建立视频和音频标准，而成员都是视频、音频及系统领域的技术专家。他们成功地将声音和影像的记录脱离了传统的模拟方式，建立了 ISO/IEC1172 压缩编码标准，并制定出 MPEG-格式，使视听传播进入了数码化时代。

MPEG 到目前为止已经制定并正在制定以下和视频相关的标准：

- MPEG-1：第一个官方的视讯音频压缩标准，随后在 Video CD 中被采用，其中的音频压缩的第三级（MPEG-1 Layer 3）简称 MP3，成为比较流行的音频压缩格式。
- MPEG-2：广播质量的视讯、音频和传输协议。被用于无线数字电视-ATSC、DVB 以及 ISDB、数字卫星电视（如 DirecTV）、数字有线电视信号及 DVD 视频光盘技术中。
- MPEG-4：2003 年发布的视讯压缩标准，主要是扩展 MPEG-1、MPEG-2 等标准以支持视频 / 音频对象的编码、3D 内容、低比特率编码和数字版权管理，其中第 10 部分由 ISO/IEC 和 ITU-T 联合发布，称为 H.264/MPEG-4 Part 10。
- MPEG-7：MPEG-7 并不是一个视讯压缩标准，它是一个多媒体内容的描述标准。
- MPEG-21：MPEG-21 是一个正在制定中的标准，它的目标是为未来多媒体的应用提供一个完整的平台。

3. DivX

DivX 是一种将影片的音频由 MP3 来压缩、视频由 MPEG-4 技术来压缩的数字多媒体压缩格式。

DivX 是一项由 DivX Networks 公司发明的，类似于 MP3 的数字多媒体压缩技术。DivX 基于 MPEG-4 标准，可以把 MPEG-2 格式的多媒体文件压缩至原来的 10%，更可把 VHS 格式录像带格式的文件压至原来的 1%。通过 DSL 或 CableModen 等宽带设备，它可以使用户欣赏全屏的高质量数字电影。

4. Xvid

Xvid（旧称为 XviD）是一个开放源代码的 MPEG-4 视频编码解码器，它是基于 OpenDivX 编写的。Xvid 是由一群原 OpenDivX 义务开发者在 OpenDivX 于 2001 年 7 月停止开发后自行开发的。

Xvid 是目前世界上最常用的视频编码解码器，而且是第一个真正开放源代码的，通过 GPL 协议发布。在很多次的 codec 比较中，Xvid 的表现令人惊奇的好，总体来说是目前最优秀、最全能的视频编码解码器。

5. Real Video

Real Video 格式文件包括后缀名为 RA、RM、RAM、RMVB 的 4 种视频格式。Real Video 是一种高压缩比的视频格式，可以使用任何一种常用于多媒体及 Web 上制作视频的方法来创建 Real Video 文件。

6. ASF

ASF 是 Advanced Streaming Format（高级串流格式）的缩写，是 Microsoft 为 Windows 98 所开发的串流多媒体文件格式。ASF 是微软公司 Windows Media 的核心，这是一种包含音频、视频、图像以及控制命令脚本的数据格式。

7. FLV

FLV 是 FLASH VIDEO 的简称，FLV 流媒体格式是随着 Flash 的推出发展而来的视频格式。由于它形成的文件极小、加载速度极快，使得网络观看视频文件成为可能，它的出现有效地解决了视频文件导入 Flash 后，使导出的 SWF 文件体积庞大，不能在网络上很好的使用等缺点。

8. F4V

F4V 是 Adobe 公司为了迎接高清时代而推出的流媒体格式。它和 FLV 主要的区别在于，FLV 格式采用的是 H263 编码，而 F4V 则支持 H.264 编码的高清晰视频，码率最高可达 50Mbps。

1.6 技能训练

下面通过多个上机练习实例，巩固所学的知识和技能。

1.6.1 上机练习 1：新建并自定义工作区

本例先切换到【组件】工作区，然后分别调整【工具】面板、【时间轴】面板的位置，并关闭【音频仪表】面板，接着将当前状态新建为工作区。

操作步骤

1 打开光盘中的“..\Example\Ch01\1.6.1.prproj”练习文件，选择【窗口】|【工作区】|【组件】命令，切换到【组件】工作区，如图 1-53 所示。

2 使用鼠标按住【工具】面板，然后将该面板拖到用户界面左侧上方，如图 1-54 所示。

3 将鼠标移到【工具】面板与【项目】面板分隔处，在鼠标指针变成后按住鼠标向上移动，调整【工具】面板的高度，如图 1-55 所示。

4 选择【音频仪表】面板并单击右键，再选择【关闭面板】命令，关闭【音频仪表】面板，如图 1-56 所示。

5 使用鼠标按住【时间轴】面板，然后将该面板拖到用户界面下方，调整【时间轴】面板的位置，如图 1-57 所示。

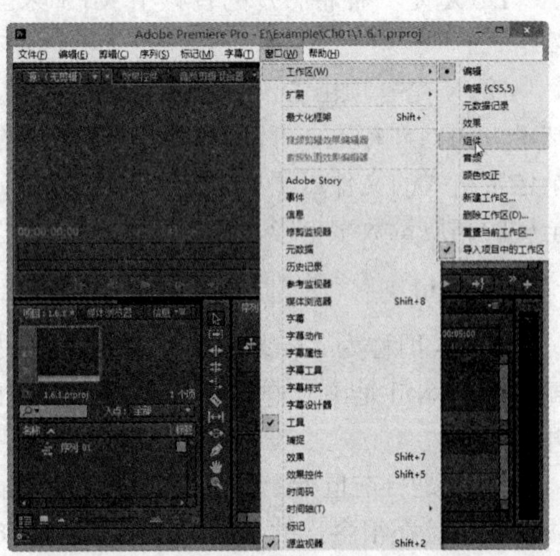

图 1-53　切换到【组件】工作区

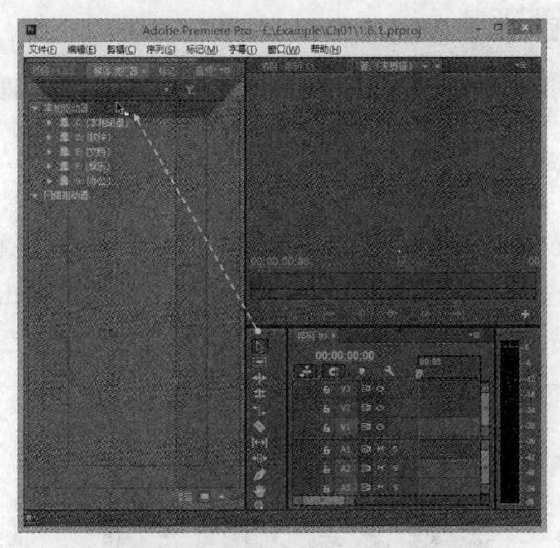

图 1-54　调整【工具】面板的位置

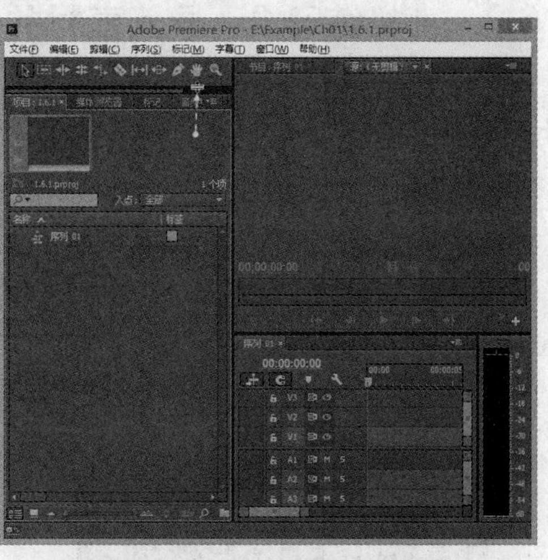

图 1-55　调整【工具】面板的高度

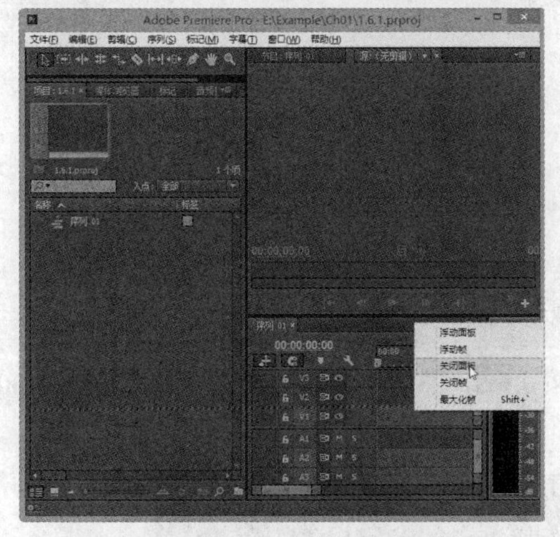

图 1-56　关闭【音频仪表】面板

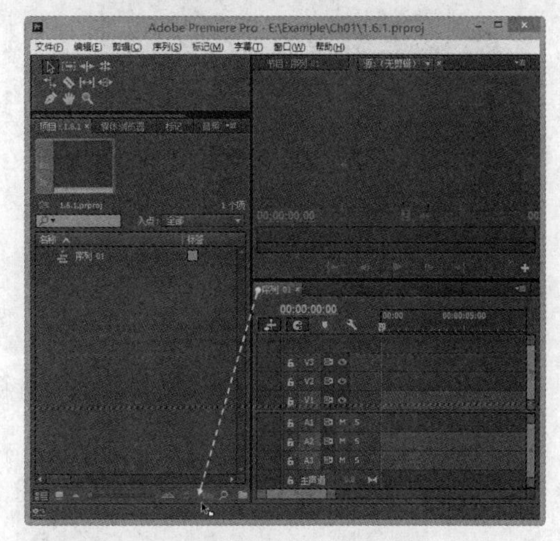

图 1-57　调整【时间轴】面板的位置

6 选择【窗口】|【工作区】|【新建工作区】命令，打开【新建工作区】对话框后，输入工作区名称，然后单击【确定】按钮，如图 1-58 所示。

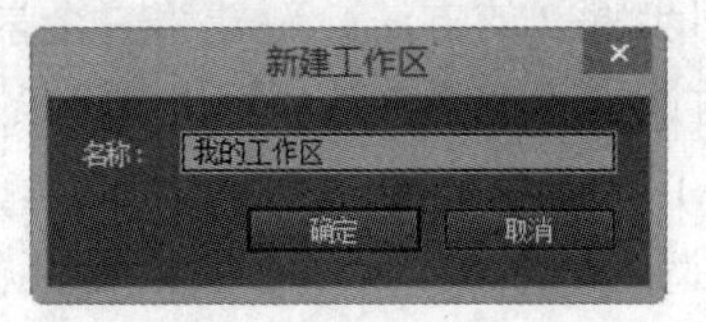

图 1-58　新建工作区

1.6.2　上机练习 2：导入素材并分类管理

本例先将多个视频素材导入到【项目】面板，然后新建两个素材箱，并将同类型的素材拖到素材箱中，以便于分类管理素材。

操作步骤

1 打开光盘中的“..\Example\Ch01\1.6.2.prproj”练习文件，在【项目】面板的空白位置上单击右键，选择【导入】命令，打开【导入】对话框后，选择需要导入的素材文件，再单击【打开】按钮，如图 1-59 所示。

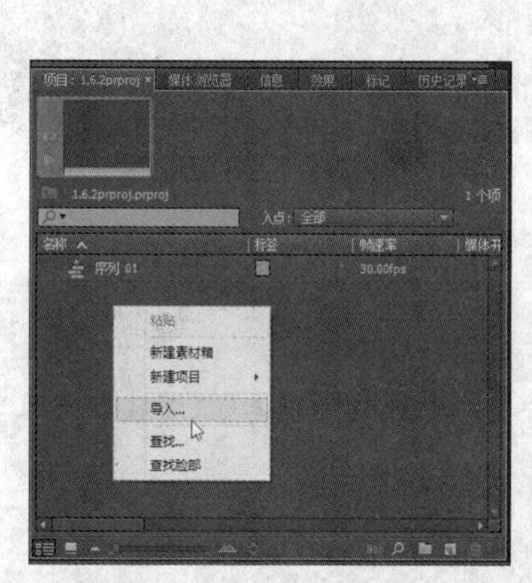

图 1-59　导入视频素材

2 在【项目】面板下方单击【新建素材箱】按钮，然后更改素材箱的名称，如图 1-60 所示。

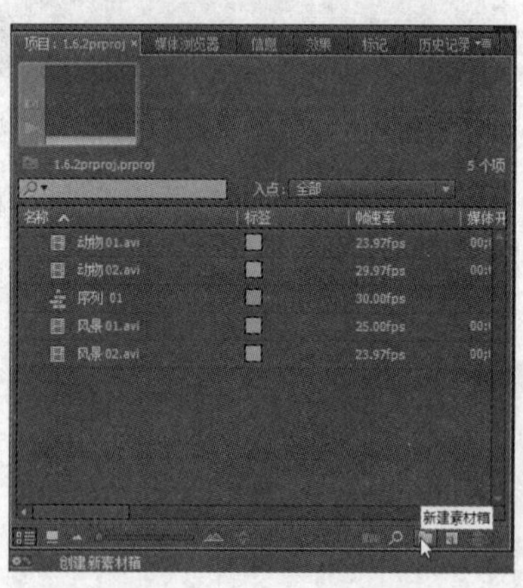

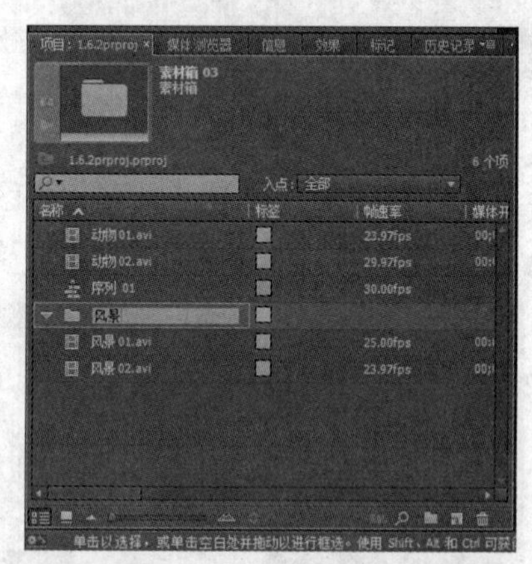

图 1-60　新建第一个素材箱

3 使用步骤 2 的方法，新建第二个素材箱，并输入素材箱名称，如图 1-61 所示。

4 同时选择【风景 01.avi】和【风景 02.avi】素材，然后将这两个素材拖到【风景】素材箱内，如图 1-62 所示。

5 使用步骤 4 的方法，同时选择【动物 01.avi】和【动物 02.avi】素材，然后将这两个素材拖到【动物】素材箱内，如图 1-63 所示。

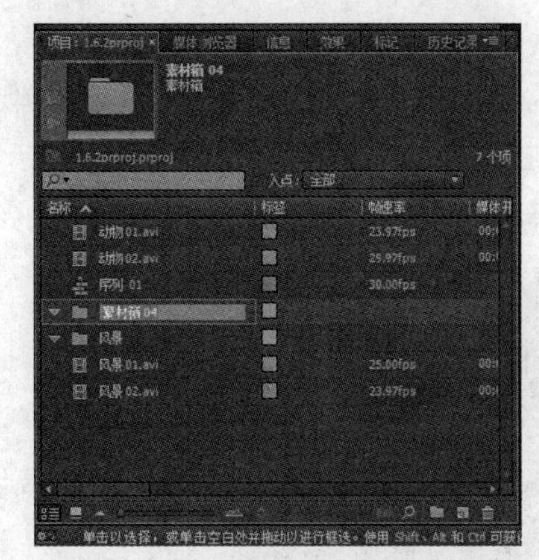

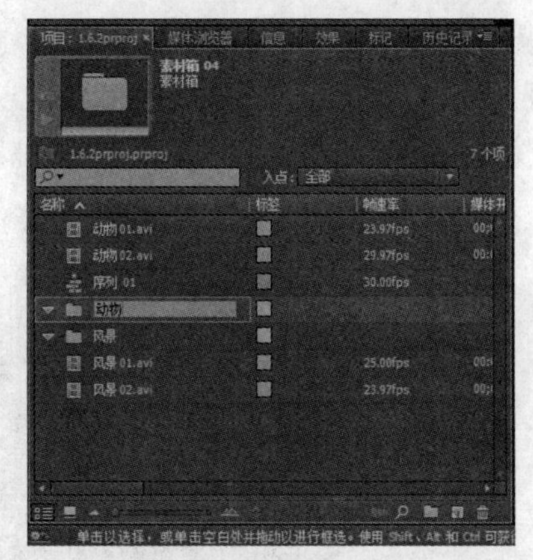

图 1-61　新建第二个素材箱

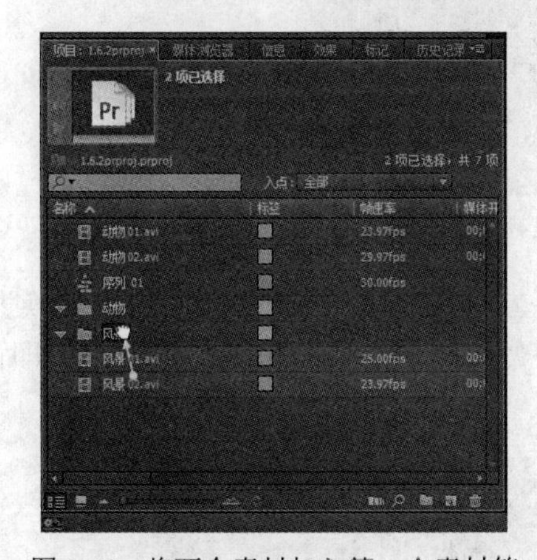

图 1-62　将两个素材加入第一个素材箱

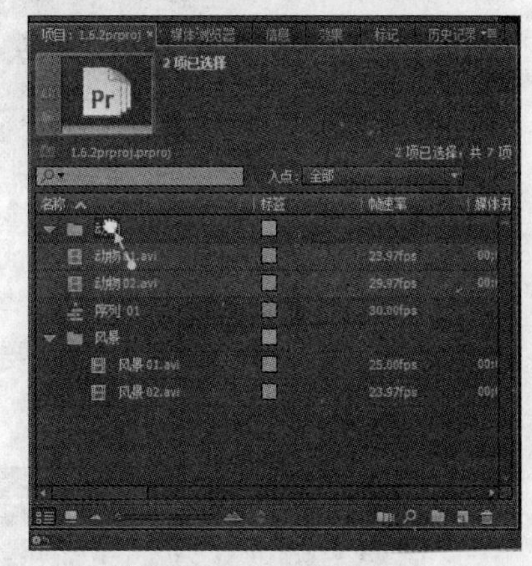

图 1-63　将另外两个素材加入第二个素材箱

6 将素材拖到素材箱后，这些素材将作为素材箱的子对象，当需要使用这些素材时，打开对应的素材箱即可，如图 1-64 所示。

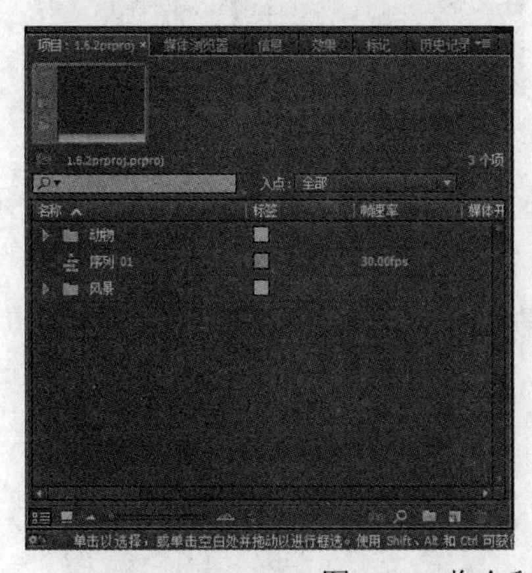

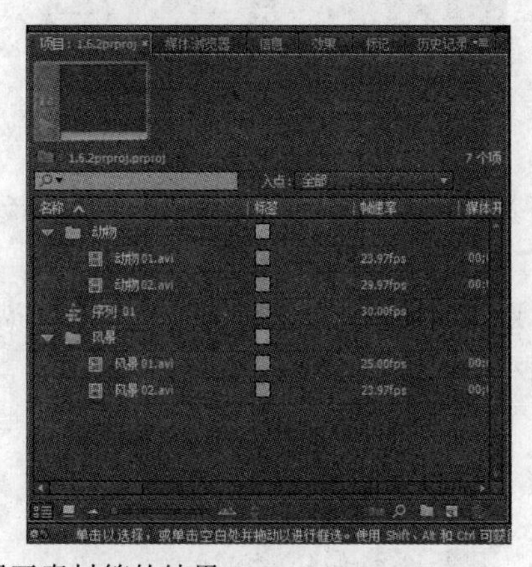

图 1-64　收合和展开素材箱的结果

1.6.3　上机练习 3：加入并预览源素材

本例先将素材加入到【源监视器】面板，然后通过不同的方式通过窗口的播放控制器预览素材。

操作步骤

1 打开光盘中的“..\Example\Ch01\1.6.3.prproj”练习文件，在【项目】窗口中按住 Ctrl 键，选择两个视频素材，然后将素材拖到【源监视器】面板，如图 1-65 所示。

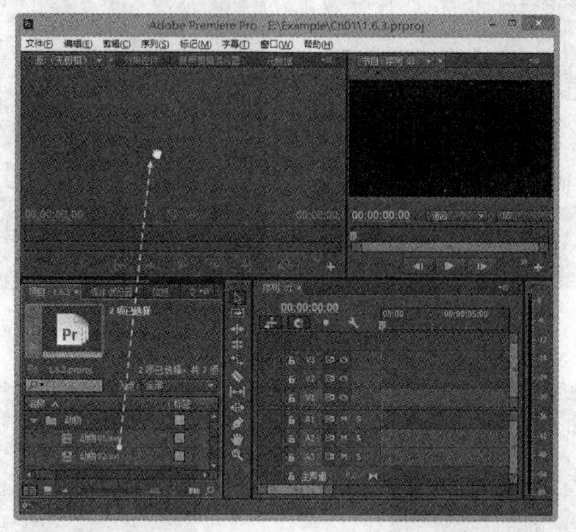

图 1-65　将素材加入【源监视器】面板

2 将素材加入【源监视器】面板后，单击窗口下方播放控制器上的【播放-停止切换】按钮▶，播放素材以预览视频内容，当需要暂停时，再次单击【播放-停止切换】按钮■即可，如图 1-66 所示。

图 1-66　播放预览视频素材

3 当需要切换其他素材时，可以打开面板左上方的【源】列表框，然后选择需要查看的素材，如图 1-67 所示。

4 除了通过【播放-停止切换】按钮▶预览素材外，还可以拖动播放指针控点（黄色），快速查看素材的内容，如图 1-68 所示。

图 1-67　切换源素材

图 1-68　通过拖动播放指针预览素材

5 在默认的情况下，【源监视器】面板的监视器以【适合】的方式显示素材，可以打开显示列表框，可以选择不同比例选项改变素材的显示，如图 1-69 所示。

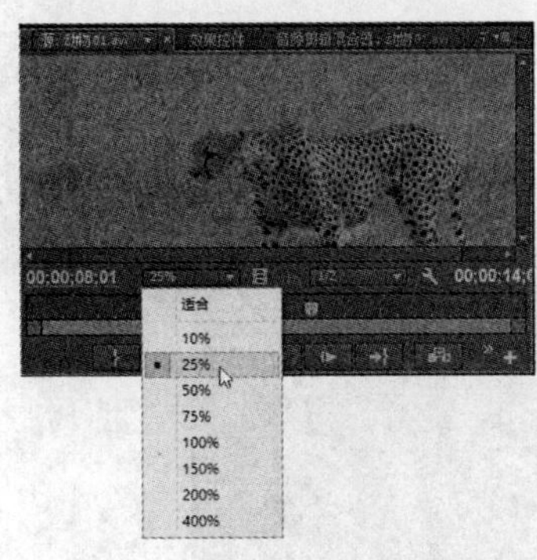

图 1-69　调整素材的显示比例

1.6.4　上机练习 4：设置与使用素材的标记

为了方便标记素材的某个时间点，可以通过【源监视器】面板为素材设置标记，以便在播放素材时根据标记来选择播放的位置。本例将介绍设置与使用素材标记的具体方法。

操作步骤

1 打开光盘中的“..\Example\Ch01\1.6.4.prproj”练习文件，将【项目】窗口的【风景 01.avi】视频素材加入【源监视器】窗口，如图 1-70 所示。

图 1-70　将素材加到源监视器

2 单击【源监视器】窗口播放控制面板的【播放-停止切换】按钮▶，预览素材的内容，当播放到某个位置时，可以暂停播放并单击»按钮，然后选择【添加标记】命令，为当前时间点设置标记，如图 1-71 所示。

3 继续播放素材，然后播放到需要设置标记的位置时暂停播放，接着在播放器上单击右键并选择【添加标记】命令，如图 1-72 所示。

4 单击【按钮编辑器】按钮➕，再分别将【转到下一标记】按钮和【转到上一标记】按钮拖到播放按钮区中，当需要返回到前一个标记处查看素材时，可以单击【转到上一标记】按钮，如图 1-73 所示。

图 1-71　预览素材并添加标记

图 1-72　添加另外一个标记

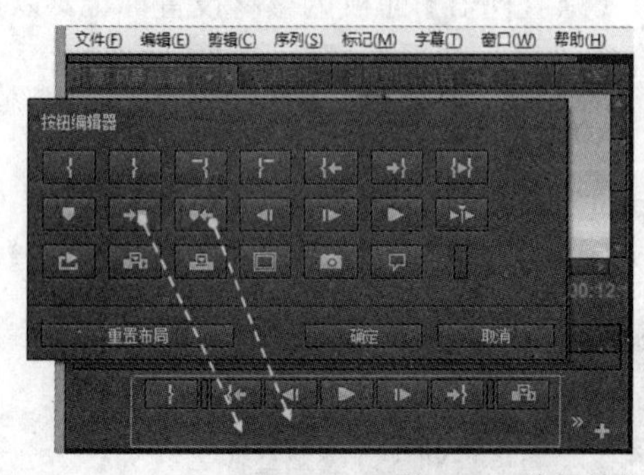

图 1-73　编辑按钮并转到上一标记

5 当需要跳转到下一个标记处查看素材时，可以单击【转到下一标记】按钮，如图 1-74 所示。

6 当需要清除标记时，可以在【源监视器】面板的按钮面板上单击右键，选择【清除所有标记】命令，如图 1-75 所示。

图 1-74　转到下一标记预览素材

图 1-75　清除全部标记

1.6.5 上机练习 5：将剪辑帧导出为图片

在【源监视器】面板的按钮面板中有一个【导出帧】的功能，用于导出素材的一个帧。本例将使用【导出帧】的功能，将【源监视器】面板的监视器中的当前画面导出为图像。

操作步骤

1 打开光盘中的"..\Example\Ch01\1.6.5.prproj"练习文件，将【项目】窗口的【风景 02.avi】视频素材加入【源监视器】面板，然后在【源监视器】面板的播放轴上拖动播放指针控点，选择需要导出的画面，如图 1-76 所示。

图 1-76　加入素材并选择需要导出的画面

2 选择要导出的画面后，单击»按钮，然后选择【导出帧】命令，如图 1-77 所示。

图 1-77　导出当前画面

3 在打开的【导出帧】对话框中，设置文件的名称，再选择文件的格式，接着单击【浏览】按钮，指定保存文件的位置，再单击【确定】按钮，如图 1-78 所示。

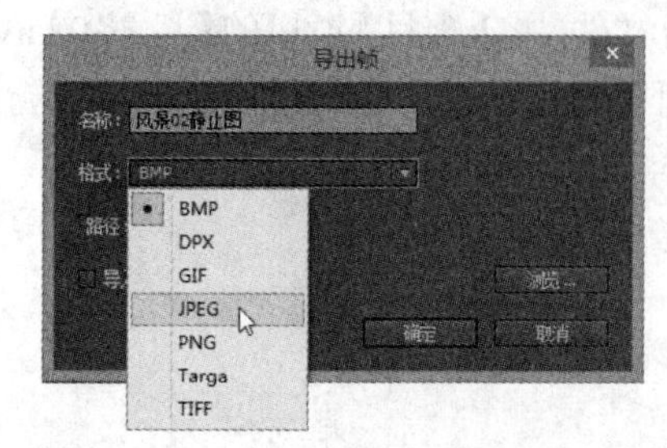

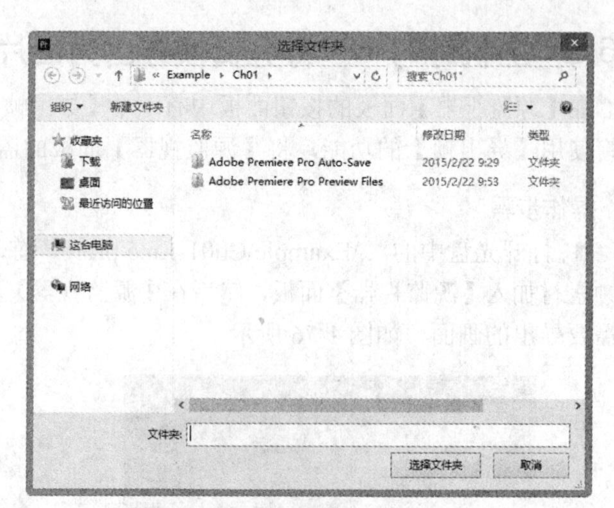

图 1-78　设置图像文件的名称、格式和保存位置

4 导出当前素材画面为图像后，可以进入保存图像的文件夹，查看保存图像的结果，如图 1-79 所示。

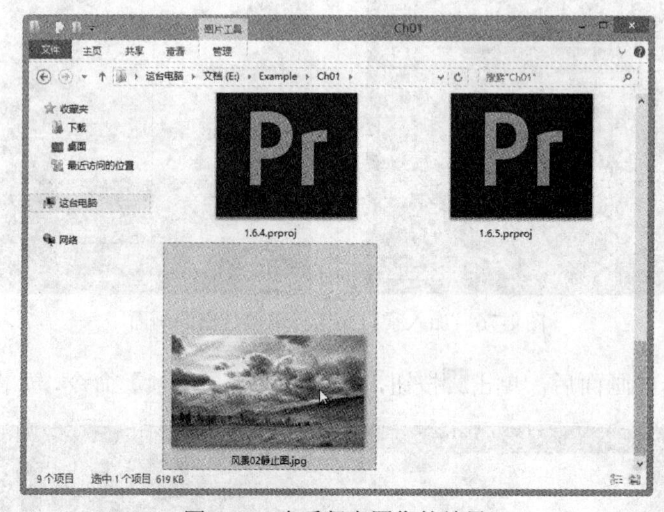

图 1-79　查看保存图像的结果

1.7　评测习题

一、填充题

（1）Adobe Premiere Pro CC 要求在________系统上才能安装。

（2）启动 Adobe Premiere Pro CC 程序后，随程序启动打开____________________________。

（3）______________面板是以轨道的方式对视频和音频进行组接编辑的功能面板。

二、选择题

（1）哪个面板主要用来预览或剪裁【项目】面板中选中的某一源素材？（　　）

A. 【项目】面板　　B. 【节目监视器】面板

C. 【时间轴】面板　　D. 【源监视器】面板

（2）在用户界面中，按下哪个快捷键，即可进行新建项目文件的操作？（　）

A. Ctrl+Alt+N　B. Ctrl+ N　C. Ctrl+Alt+O　D. Ctrl+T

（3）Adobe Premiere Pro CC 是一个什么软件？（　）

A. 线性视频编辑软件　B. 办公软件

C. 非线性视频编辑软件　D. 图像设计软件

（4）哪种视频格式是一种将影片的音频由 MP3 来压缩、视频由 MPEG-4 技术来压缩的数字多媒体压缩格式？（　）

A. AVI　B. DivX　C. MPEG　D. F4V

三、判断题

（1）Adobe Premiere Pro CC 要求在 64 位系统上才能安装和运行。（　）

（2）在程序编辑窗口中，按 Ctrl+ N 键可以执行新建项目文件的操作。（　）

（3）标记指示重要的时间点，有助于定位和排列剪辑。可使用标记来确定序列或剪辑中重要的动作或声音。（　）

四、操作题

为练习文件新建一个【彩条】素材项目，结果如图 1-80 所示。

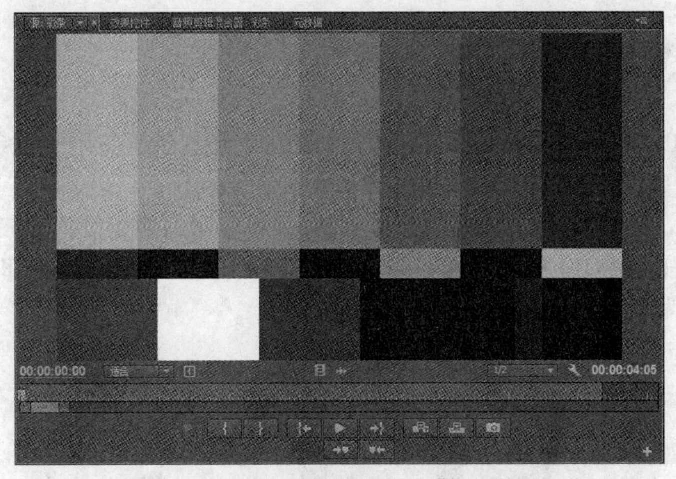

图 1-80　新建【彩条】素材项目的结果

操作提示

（1）打开光盘中的“..\Example\Ch01\1.7.prproj”练习文件，在【项目】窗口的素材区中单击右键，然后在打开的快捷菜单中选择【新建项目】|【彩条】命令。

（2）通过【新建彩条】对话框设置视频选项和音频选项，然后单击【确定】按钮。

（3）新建彩条素材后，将素材拖到【源监视器】面板中并播放，以预览素材效果。

第 2 章　剪辑捕捉、添加和编辑

学习目标

在 Premiere Pro CC 中，捕捉剪辑、将剪辑添加到序列并进行适当编辑，是基本的项目设计过程。本章将详细介绍通过 IEEE 1394 卡将 DV 连接电脑并使用 Premiere Pro CC 捕捉 DV 剪辑，然后将剪辑添加到序列并进行各种编辑的方法。

学习重点

☑ 捕捉 DV 影片的基础知识
☑ 使用设备和程序捕捉 DV 影片
☑ 各种向序列添加剪辑的方法
☑ 编辑剪辑的方法和各种技巧
☑ 制作与编辑子剪辑和嵌套序列

2.1　捕捉 DV 影片

Premiere Pro CC 除了提供专业的视频编辑功能外，还提供了实用的视频捕捉功能，可以高质量地捕捉 DV（泛指摄像机）的模拟信号和数字信号。

在进行捕捉前，首先要将捕捉设备安装到电脑上，将常用的捕捉设备 IEEE 1394 卡安装好，然后使用连接线将 DV 的 IEEE 1394 接口与电脑的 IEEE 1394 卡接口连接，即可进行捕捉的工作。如图 2-1 所示为 IEEE 1394 捕捉卡与 DV 机。

图 2-1　DV 机、IEEE 1394 卡与连接线

2.1.1　关于捕捉 DV 影片

使用视频捕捉卡或 IEEE 1394 卡（如图 2-2 所示）捕捉 DV 机的模拟信号视频和数字信号

视频的方式和操作过程都是一样的，只是在捕捉时的设置略有不同。

目前，大多数家用 DV 爱好者都会使用 IEEE 1394 卡来捕捉 DV 影片，这是因为用视频捕捉卡要求操作人员有相关的使用经验，需要更加专业的知识。而使用 IEEE 1394 卡来捕捉则相对简单得多。如图 2-3 所示为 DV 机的 IEEE 1394 接口（部分机型会标示 DV 接口）。

问：捕捉 DV 视频一定要使用 IEEE 1394 卡吗？

答：捕捉视频并非要求一定使用 IEEE 1394 卡，但使用视频捕捉卡时需要考虑捕捉卡提供支持的视频压缩格式。因为很多视频捕捉卡是经过压缩的，而 Premiere Pro 并非能编辑所有的压缩视频。而通过 IEEE 1394 卡捕捉视频的时候则不用选择硬件支持的视频压缩格式，因为通过 IEEE 1394 卡捕捉的视频，是没有经过压缩的。这也是很多 DV 爱好者喜欢使用 IEEE 1394 卡捕捉视频的原因之一。

图 2-2　IEEE 1394 卡

图 2-3　DV 中的 IEEE 1394 接口

问：什么是 IEEE 1394？

答：IEEE 1394，别名火线（FireWire）接口，是由苹果公司领导的开发联盟开发的一种高速度传送接口，数据传输率一般为 800Mbps。IEEE 1394 接口主要用于视频的捕捉，在高端主板与数码摄像机（DV）上可见。

另外，IEEE 1394 也可以认为是一种外部串行总线标准，作为一种数据传输的开放式技术标准，IEEE 1394 被应用在众多的领域，包括数码摄像机、高速外接硬盘、打印机和扫描仪等多种设备。

2.1.2　关于 IEEE 1394 接口

IEEE 1394 有两种接口标准：6 针标准接口和 4 针小型接口，如图 2-4 所示。苹果公司最早开发的 IEEE 1394 接口是 6 针的，后来 SONY 公司将 6 针接口进行改良，重新设计成为 4 针接口，并且命名为 iLINK。

（1）6 针标准接口中的 2 针用于向连接的外部设备提供 8~30 伏的电压，以及最大 1.5 安培的供电，如图 2-5 所示。

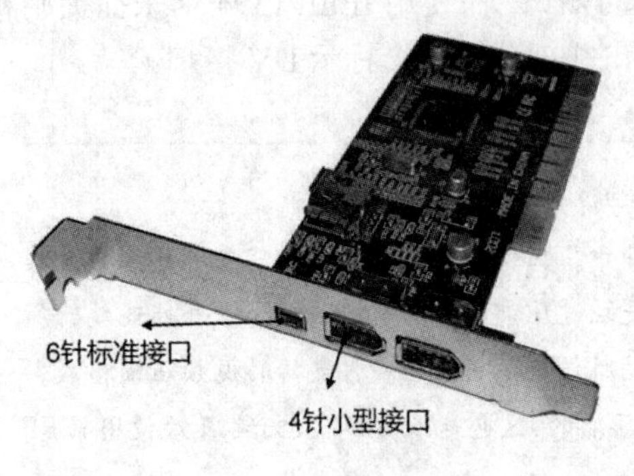

图 2-4　IEEE 1394 的接口

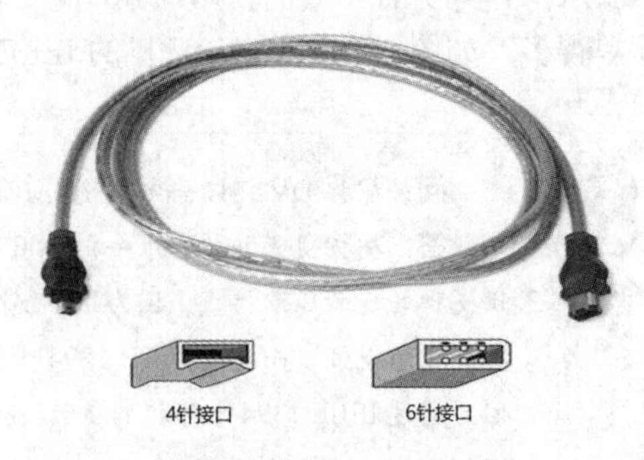

图 2-5　IEEE 1394 连接线

（2）4 针小型接口的 4 针都用于数据信号传输，无电源，如图 2-6 所示。

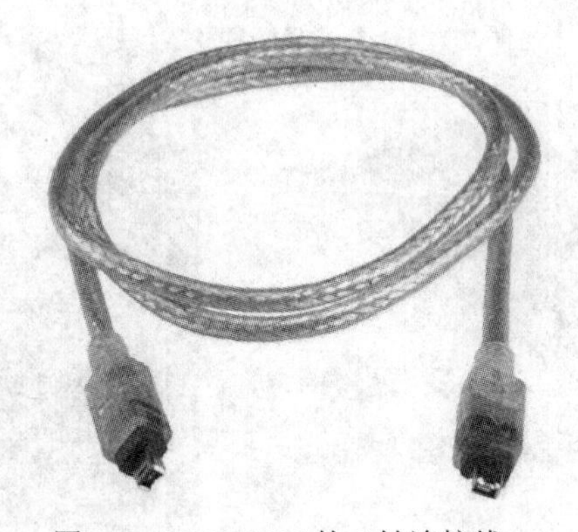

图 2-6　IEEE 1394 的 4 针连接线

2.1.3　安装与连接 IEEE 1394 卡

1. 安装 IEEE 1394 卡

对于主板上没有提供 IEEE 1394 接口的用户来说，捕捉影片的第一步便是安装 IEEE 1394 卡，以便可以使 DV 通过 IEEE 1394 接口与电脑相连。

动手操作　安装 IEEE 1394 卡

1 关闭主机的电脑，然后将电脑机箱搬出，并使用螺丝刀旋出机箱挡板的螺丝，再打开机箱挡板，如图 2-7 所示。

2 从机箱主板中找到一个空置的 PCI 插槽，然后取出 IEEE 1394 卡，对准插槽和机箱定位板的空位，将 IEEE 1394 卡插入到插槽，如图 2-8 所示。

3 IEEE 1394 卡插入 PCI 插槽时，注意卡脚与插槽的卡位对齐，然后卡的托架卡需要插入到插槽内（此处的插槽指主板与机箱定位板的空隙），如图 2-9 所示。

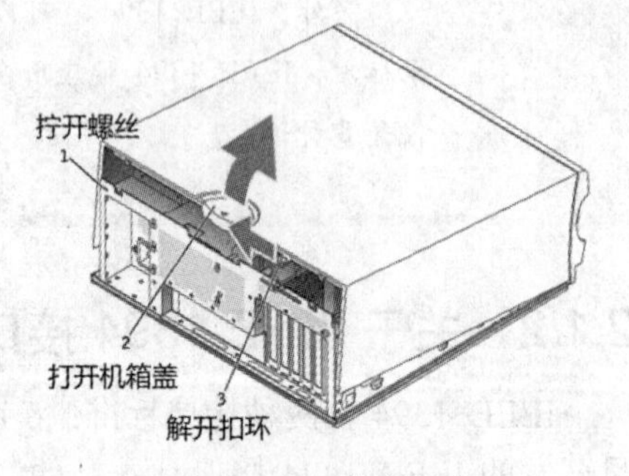

图 2-7　打开机箱挡板

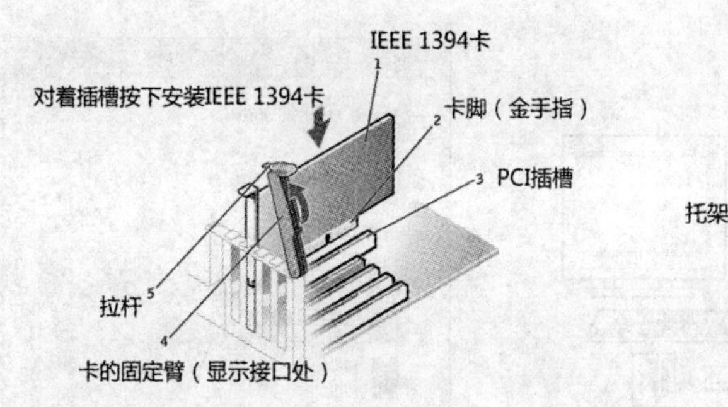

图 2-8　将 IEEE 1394 卡插入到 PCI 插槽

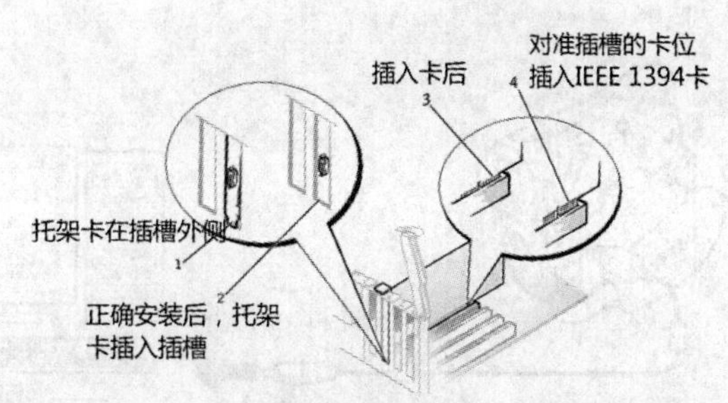

图 2-9　正确安装 IEEE 1394 卡

4 安装好 IEEE 1394 卡后，还需要用螺丝将卡固定在机箱定位板上。如果机箱有固定臂的话，则需要将固定臂安装回机箱上，如图 2-10 所示。

5 完成上述操作后，确保 IEEE 1394 安装正确，然后就可以将机箱挡板安装到机箱上，并使用螺丝将机箱挡板旋紧，如图 2-11 所示。

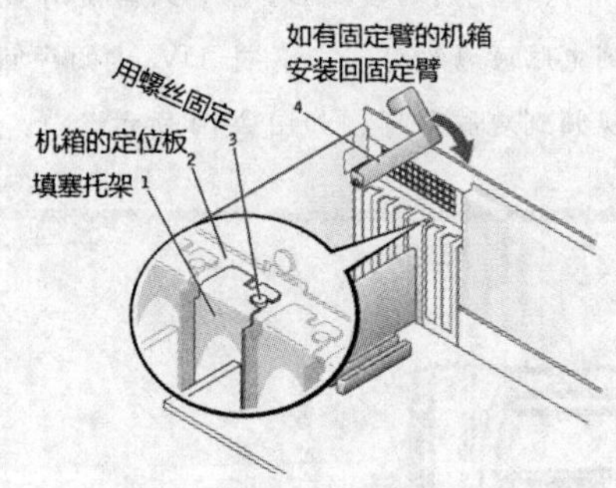

图 2-10　用螺丝固定 IEEE 1394 卡

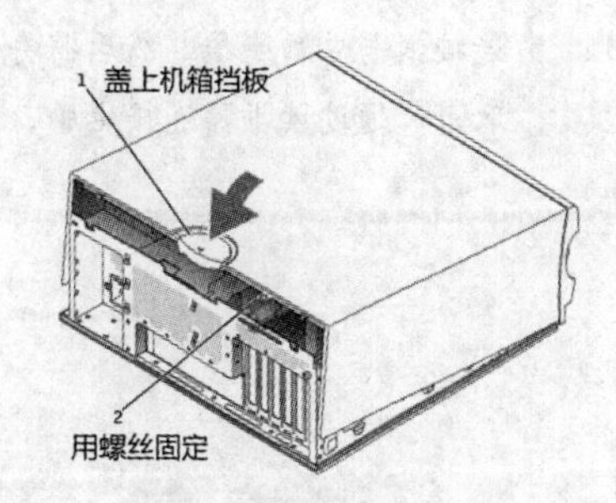

图 2-11　安装好机箱挡板

不同机箱拆卸机箱挡板的方法可能不同，可以参考机箱的说明书进行操作。另外，安装 IEEE 1394 卡时必须确保机箱处于断电状态，以避免机箱漏电或有静电干扰。

2. 将 DV 连接电脑 IEEE 1394 卡

如果模拟 DV 机（这种机通常使用磁带保存视频），没有 USB 接口只有 IEEE 1394 接口，则需要在电脑中也安装 IEEE 1394 卡，然后使用 IEEE 1394 连线将 DV 与电脑连接，并通过视频编辑软件将 DV 的视频捕捉并保存在电脑上。另外，不但是模拟 DV 机可以使用这种方法进行视频捕捉，数字 DV 机也可以使用这种方法对 DV 存储器上的视频进行捕捉。

因此，如果 DV 和 HDV 要捕捉、导出到磁带并传输到 DV 设备上，则需要 OHCI 兼容的 IEEE 1394 端口或 IEEE 1394 捕捉卡。

要将 DV 连接电脑，首先找到 DV 的 IEEE 1394 接口（通常标记为 DV 接口），然后插入连接线，再将连接线插入电脑 IEEE 1394 卡的接口中即可，如图 2-12 所示。

此时系统会自动检测连接的外部设备，当连接成功后，播放 DV 机的视频，系统会弹出【自动播放】对话框，如图 2-13 所示。此时单击【编辑并录制视频】按钮，就可以通过 Premiere Pro 捕捉视频了。

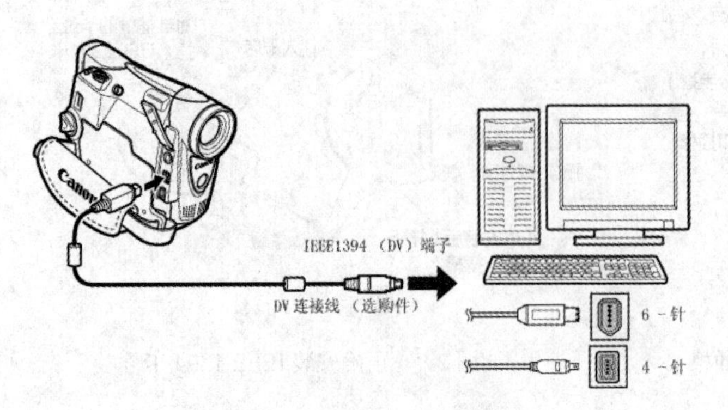

图 2-12　连接 DV 与电脑

图 2-13　DV 正确连接电脑

在将 DV 的视频导入电脑时，需要看 DV 用什么介质保存视频的，不同的介质有不同的导入方法。最简单的就是用存储器（硬盘、存储卡）保存视频的数码 DV 机，只需使用 USB 连接线与电脑连接，然后将存储器内的视频复制到电脑硬盘即可，或者将 DV 中的存储卡取出，通过读卡器连接电脑，然后复制读卡器的视频到电脑即可，如图 2-14 所示。

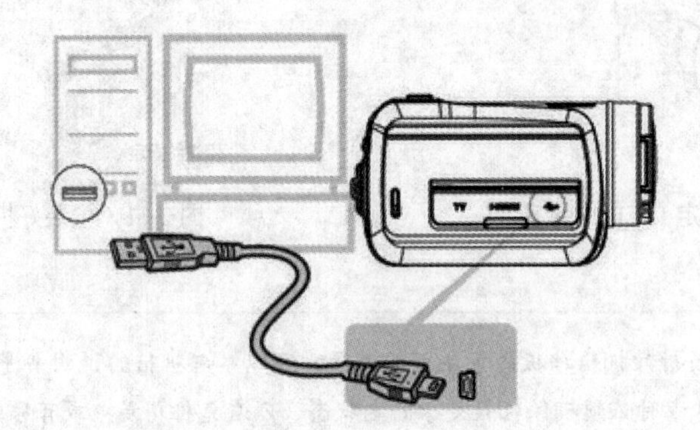

图 2-14　通过 USB 连接线将 DV 视频导入电脑

2.1.4　从 DV 中捕捉影片

对于用 DV 拍摄的影片来说，需要将保存在数码存储器上的影像和声音信号捕捉到电脑形成一个个 AVI 格式的视频文件才可以进行剪辑。因此，捕捉视频是编辑视频的第一步。Premiere Pro CC 提供了多种捕捉视频的方法。

1. 自动捕捉

自动捕捉是指在捕捉前找到需要的场景片段作为开始捕捉的点，然后直接通过配置对该点后的所有内容都进行自动捕捉。这种捕捉方式通常用于将 DV 中的影片不加选择地捕捉到电脑上。

打开【文件】菜单，再选择【捕捉】命令，或者直接按 F5 键，打开【捕捉】窗口后设置相关选项，然后单击【捕捉】窗口的【磁带】按钮，程序将自动捕捉 DV 上的影片内容，如图 2-15 所示。

图 2-15　自动捕捉 DV 影片

2. 手动捕捉

在使用 DV 拍摄时，难免会拍摄到一些无用的场景，如果使用自动捕捉的方法，就会将这些无用场景捕捉到。为了避免捕捉到无用的场景，可以使用手动的方式进行捕捉。

手动捕捉其实也很简单，只需通过播放控制器搜索到有用的场景片段，并在该场景的开始处设置入点，此时程序会将这一点在 DV 磁带上的位置记忆住。接着使用相同的方法搜索到场景片段结束的位置，再设置出点，这样就可以使程序将入点与出点这一段片段的视频捕捉下来。重复这个操作，就可以将所有有用的场景片段进行捕捉并保存。

打开【捕捉】窗口后，使用鼠标拖动时间码选择需要捕捉的场景，再单击播放控制器上的【设置入点】按钮，然后选择要结束捕捉的场景点并单击【设置出点】按钮，接着单击【入点/出点】按钮，即可捕捉到设置入点到出点的影片片段，如图 2-16 所示。

图 2-16　手动捕捉 DV 影片

3. 批量捕捉

手动捕捉的方法虽然可以避免捕捉无用的场景，但是需要逐一来捕捉入点和出点之间的视频，这样会耗费较多的时间。为了方便捕捉同时不会捕捉到无用场景，可以使用批量捕捉的方法。批量捕捉方法也同样需要设置入点和出点，但不同的是当找到入点和出点并进行设置后，可以设置记录剪辑，使电脑暂不进行捕捉，而是在 Premiere Pro 的主界面的项目剪辑列表里添加一条脱机的空的剪辑文件条目。

使用这个方法，逐条搜索并记忆其他片段的入点和出点。在搜索并记忆这盘磁带上的所有片段后，返回 Premiere Pro 的主界面的剪辑列表里选中全部脱机剪辑文件，再执行批量捕捉即可。

打开【捕捉】窗口后，选择【记录】选项卡，在【时间码】框内拖动时间码，并单击【设置入点】按钮，设置捕捉视频的入点，然后拖动入点项的时间码并单击【设置出点】按钮，再单击【记录剪辑】按钮，接着使用相同的方法为视频设置其他需要捕捉的片段，并记录剪辑，最后打开【文件】菜单，选择【批量捕捉】命令（或者按 F6 键），即可执行批量捕捉视频的操作，如图 2-17 所示。

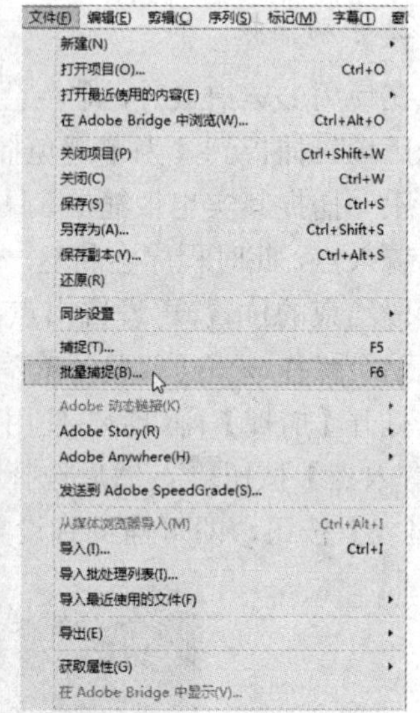

图 2-17　记录剪辑后执行批量捕捉

2.2　向项目序列添加剪辑

要让导入文件的剪辑成为项目的内容，就需要将剪辑添加到项目的序列，即将剪辑按顺序分配在【时间轴】面板的序列轨道上，这是使用 Premiere Pro CC 程序制作视频作品的基本环节。

2.2.1　关于向序列添加剪辑

可以通过以下方式向序列添加剪辑：

（1）将剪辑从【项目】面板或【源监视器】拖到【时间轴】面板或【节目监视器】。

（2）使用源监视器中的【插入】和【覆盖】按钮将剪辑添加到【时间轴】面板中，或者使用与这些按钮相关的键盘快捷键。

（3）自动从【项目】面板中组合序列。

（4）将来自【项目】面板、【源监视器】面板或媒体浏览器的剪辑，拖放到节目监视器中。

使用插入编辑时，向序列添加剪辑会迫使稍后时间的任何剪辑前移，以容纳新的剪辑。如果一条或多条轨道处于锁定状态，则使用插入编辑时剪辑会被移入所有未锁定的轨道。如果要防止插入编辑时移动某条轨道中的剪辑，则需要锁定这条轨道。或者单击要移动的每个轨道头中的【同步锁定】按钮。

另外，序列可以包含多条视频和音频轨道。在将某个剪辑添加到序列中时，可以指定将该剪辑添加到哪条或哪些轨道中。可以将一条或多条轨道设为目标（同时适用于音频和视频）。

2.2.2 以插入方式添加剪辑

在 Premiere Pro CC 中，可以通过插入和覆盖的方式将剪辑加入到序列中。插入方式是指将剪辑插入到序列中指定轨道的某一位置，序列从此位置被分开，后面插入的剪辑会被移到序列已有剪辑的出点后，此方式类似于电影胶片的剪接。

动手操作　以插入方式添加剪辑到序列

1 打开光盘中的“..\Example\Ch02\2.2.2.prproj”练习文件，然后将【项目】面板的【动物 03.avi】视频剪辑加入【源监视器】面板，如图 2-18 所示。

2 在【源监视器】面板的播放条中拖动播放指示器，分别为视频剪辑设置入点和出点，如图 2-19 所示。

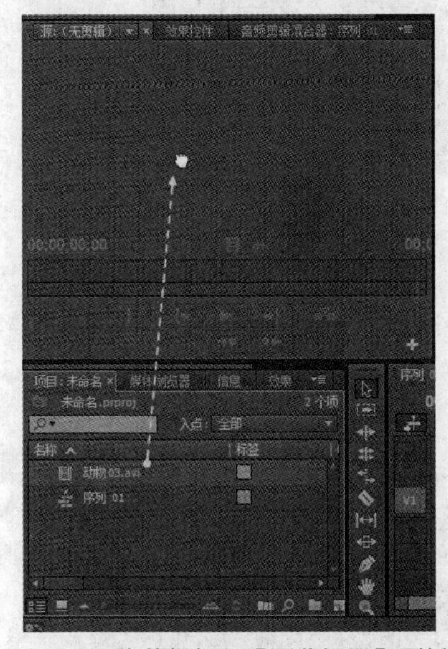

图 2-18　将剪辑加入【源监视器】面板

图 2-19　设置剪辑的入点和出点

3 单击【源监视器】面板上的【插入】按钮，将【源监视器】面板当前的剪辑以插入的方式添加到序列上，如图 2-20 所示。

图 2-20　以插入方式添加剪辑到序列

4 在【工具箱】面板中选择【选择工具】，按住剪辑移动调整剪辑在轨道上的位置，如图 2-21 所示。

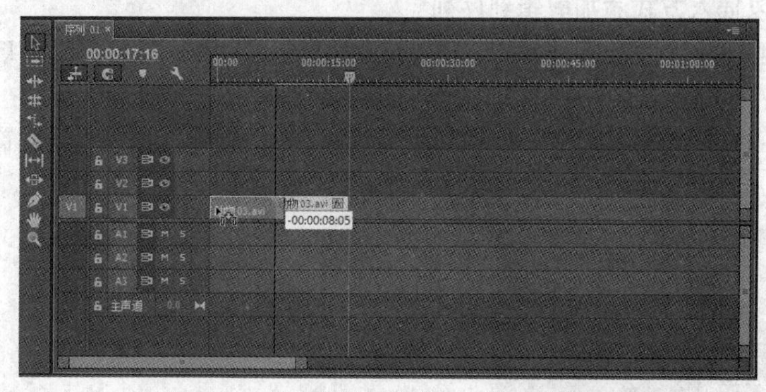

图 2-21　移动剪辑调整其在轨道上的位置

如果要指定剪辑插入到轨道的某个位置，可以先将轨道的播放指示器拖到指定的位置，然后单击【插入】按钮，这样就可以将剪辑的入点添加到时间线所在的位置，如图 2-22 所示。

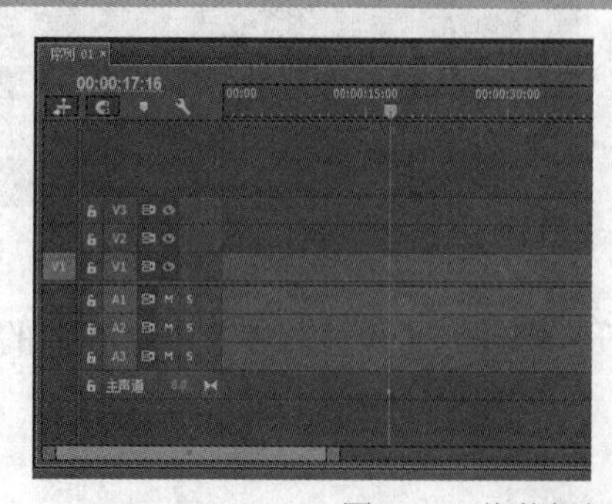

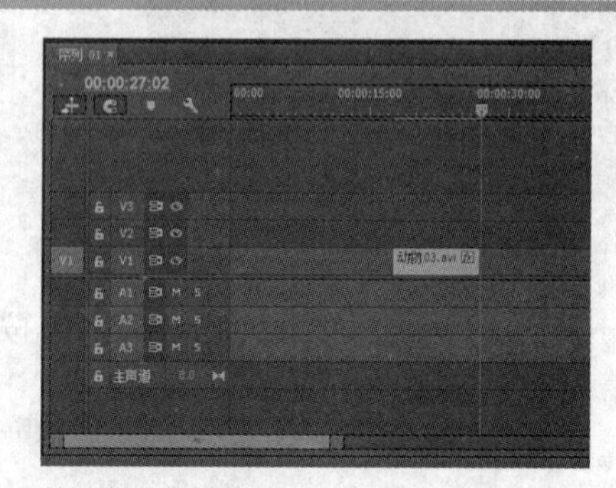

图 2-22　将剪辑插入到轨道指定的位置

2.2.3 以覆盖方式添加剪辑

覆盖方式是指将剪辑添加到序列的轨道的指定位置，替换掉原来剪辑或剪辑的部分，此方式类似录像带的重复录制。

动手操作 以覆盖方式添加剪辑到序列

1 打开光盘中的“..\Example\Ch02\2.2.3.prproj”练习文件，然后将【项目】面板的【动物 02.avi】视频剪辑加入【源监视器】面板，如图 2-23 所示。

2 在序列上拖动播放指示器，将播放指示器移到指定的位置上，如图 2-24 所示。

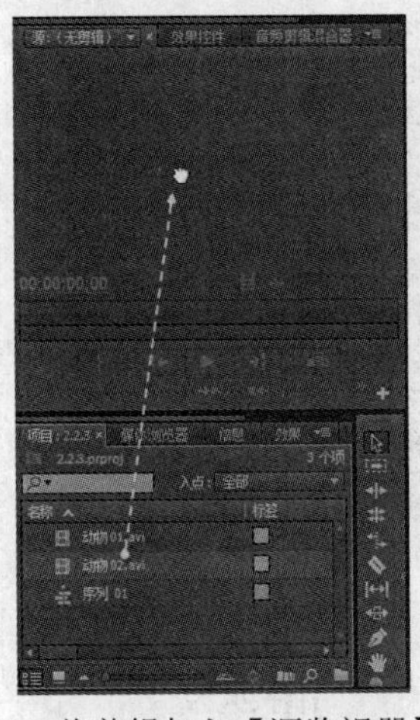

图 2-23 将剪辑加入【源监视器】面板

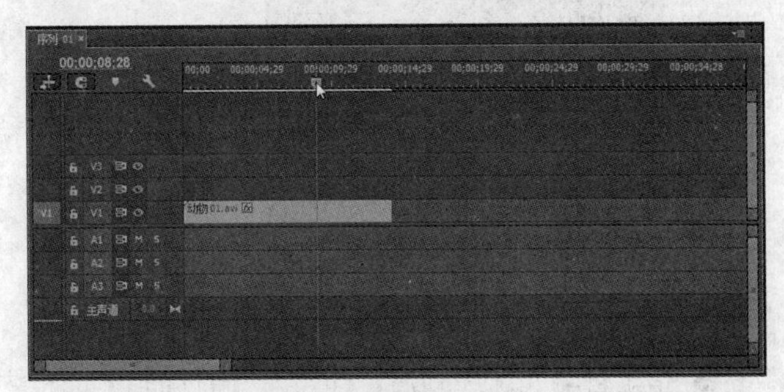

图 2-24 将播放指示器移到轨道指定的位置上

3 单击【源监视器】面板的【覆盖】按钮，以覆盖的方式将【源监视器】面板当前剪辑添加到序列上，如图 2-25 所示。

4 将剪辑添加到轨道的指定位置后，原位置上的剪辑将被覆盖，结果如图 2-26 所示。

图 2-25 以覆盖方式添加剪辑

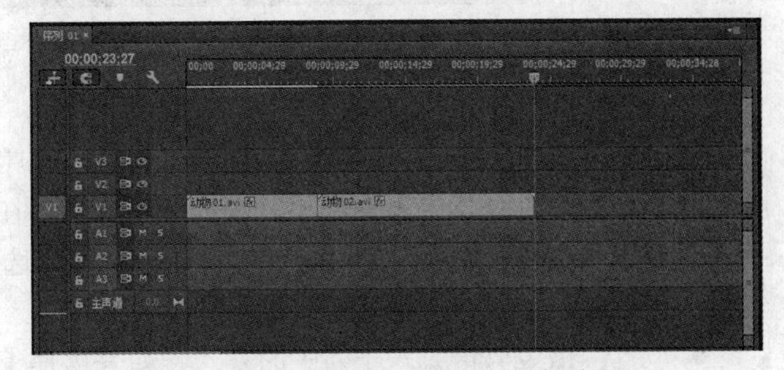

图 2-26 以覆盖方式添加剪辑的结果

2.2.4 自动向序列添加剪辑

在 Premiere Pro CC 中，可以快速组合粗剪或将一般剪辑添加到现有序列中。添加的剪辑包括默认视频和音频过渡。

动手操作　自动向序列添加剪辑

1 设置入点和出点以定义每个剪辑的起始点和结束点。

2 在【项目】面板中排列各剪辑。向序列添加剪辑时，可以依照剪辑的选择顺序或在图标视图中剪辑在素材箱中排列的顺序。

3 在【项目】面板中选择剪辑。按住 Ctrl 键并按所需的顺序单击所需的剪辑，或者拖动选框把所需的剪辑框起来。

4 在【项目】面板中，单击【自动匹配序列】按钮，如图 2-27 所示。

5 在【自动匹配序列】对话框中设置选项，然后单击【确定】按钮，如图 2-28 所示。

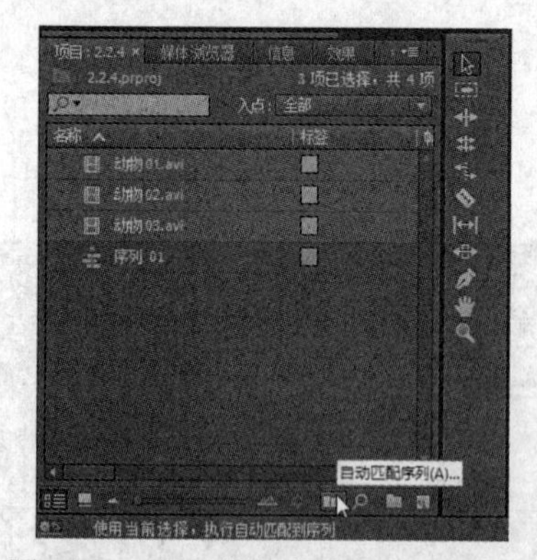

图 2-27　单击【自动匹配序列】按钮

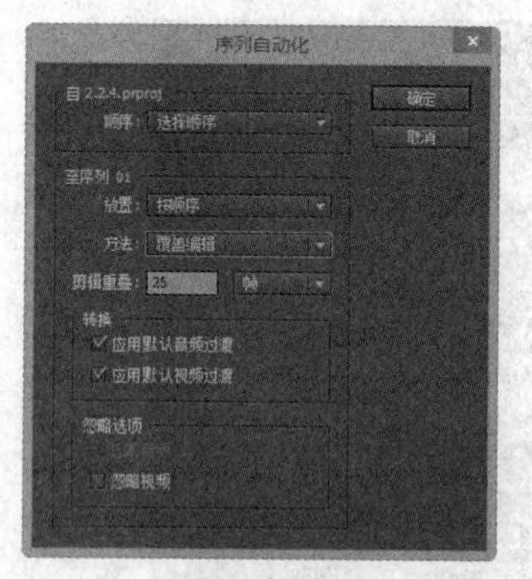

图 2-28　设置自动匹配序列选项

6 指定自动匹配序列后，即可从【时间轴】面板中查看结果，如图 2-29 所示。

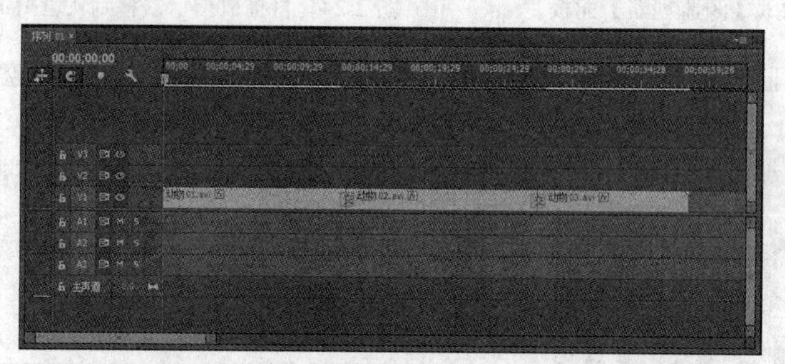

图 2-29　将剪辑自动匹配序列

【自动匹配序列】中的选项说明如下：

- 顺序：指定用于确定剪辑在添加到序列时的顺序的方法。如果选择【排序】选项，剪辑将按其在【项目】面板中列出的顺序添加，在【列表】视图中为从上到下；或者在【图标】视图中为从左到右、从上到下。如果选择【选择顺序】选项，剪辑将按照在【项目】面板中选择剪辑时的顺序进行添加。
- 放置：指定剪辑放入序列中的方式。如果选择【按顺序】选项，则剪辑将按顺序逐个放置。如果选择【在未编号标记】选项，则剪辑将放在未编号的序列标记处。选择【在未编号标记】选项会导致【转换】选项不可用。
- 方法：指定要执行的编辑类型。如果选择【插入编辑】选项，则从序列的当前时间开始使用插入编辑向序列添加剪辑，从而使现有剪辑的时间前移，以接收新的剪辑。如果选择【覆盖编辑】选项，则使用覆盖编辑将序列中的现有剪辑替换为新的剪辑。

● 剪辑重叠：指定当选择【应用默认音频过渡】或【应用默认视频过渡】时过渡的持续时间以及为补偿过渡需对剪辑的入点和出点进行的调整量。例如，值为 30 帧时表示在每个编辑点将剪辑的入点和出点修剪 15 帧，并相应添加 30 帧过渡。
● 应用默认音频过渡：在每个音频编辑点使用默认音频过渡（在【效果】面板中定义）创建音频交叉淡化。仅当选定剪辑中存在音轨并且【放置】选项设置为【按顺序】时，此选项才可用；当【剪辑重叠】选项设置为 0 时，该选项不起作用。
● 应用默认视频过渡：在每个视频编辑点放置默认视频过渡（在【效果】面板中定义）。仅当【放置】选项设置为【按顺序】时，此选项才可用；当【剪辑重叠】选项设置为 0 时，该选项不起作用。
● 忽略音频：忽略已选择要自动匹配序列的剪辑中的音频。
● 忽略视频：忽略已选择要自动匹配序列的剪辑中的视频。

2.3 编辑时间轴上的剪辑

将剪辑添加到序列后，还可以通过【时间轴】面板对序列进行编辑，以达到更好的播放效果。

2.3.1 调整剪辑播放顺序

将剪辑添加到序列后，可以根据项目设计的需要，调整剪辑的播放顺序，使不同剪辑的出现时间依照规定的顺序排列。

动手操作 调整剪辑播放顺序

1 如果要将剪辑调整顺序，可以先将排列靠前的剪辑移开。在【工具箱】面板中选择【选择工具】，将视频 1 轨道上排列在第一的视频剪辑移到视频 2 轨道上，如图 2-30 所示。

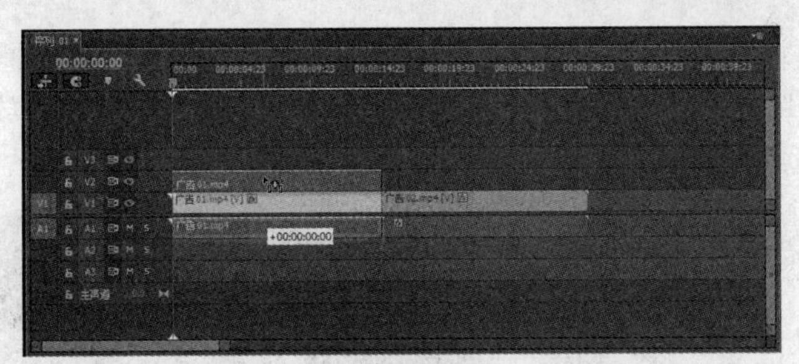

图 2-30 将视频移动到视频 2 轨道上

2 移开视频剪辑后，音频还在原来的音频轨道上，因此需要使用相同的方法，使用【选择工具】将音频 1 轨道上排列在第一的音频剪辑移到音频 2 轨道上，如图 2-31 所示。

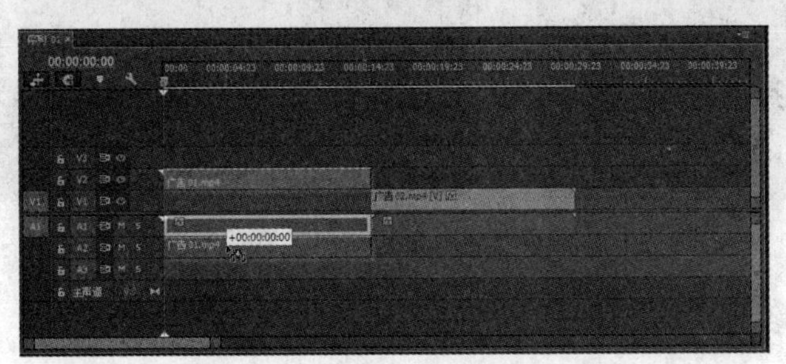

图 2-31 将音频移动到音频 2 轨道上

3 使用【选择工具】将视频 1 轨道上靠后的剪辑移动到轨道开始处，让此剪辑先行播放，如图 2-32 所示。

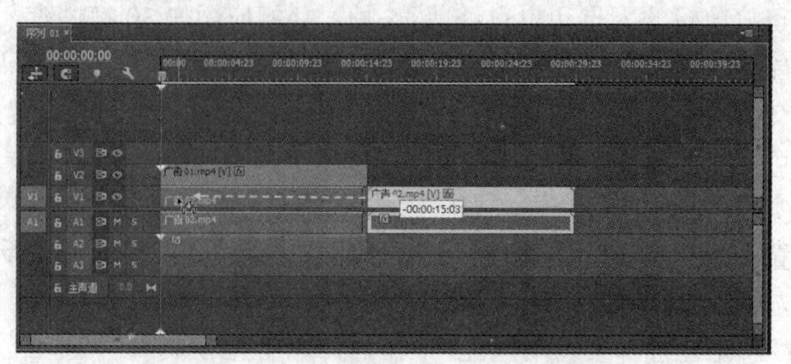

图 2-32　向前调整剪辑的排列位置

4 使用【选择工具】将视频 2 轨道上的剪辑移到视频 1 轨道排列第一剪辑的出点处，以调整该剪辑的排列顺序，如图 2-33 所示。

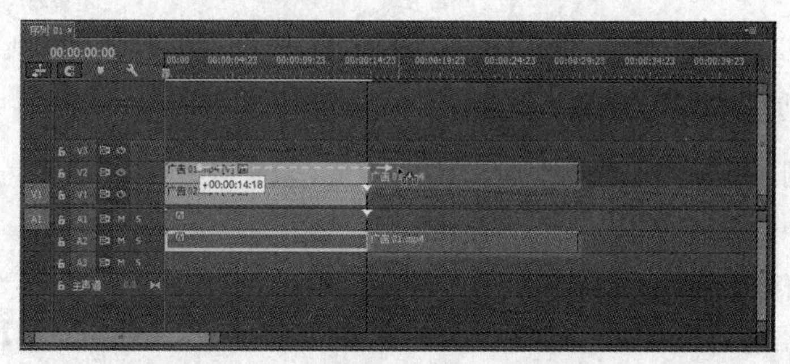

图 2-33　向后调整剪辑的排列位置

5 如果视频 2 轨道上剪辑的入点在视频 1 轨道剪辑的出点前，那么播放到视频 2 轨道的剪辑时，该剪辑就会覆盖视频 1 轨道上的剪辑，形成两个轨道剪辑重叠播放的效果，如图 2-34 所示。这种方式一般用于制作视频画中画效果。

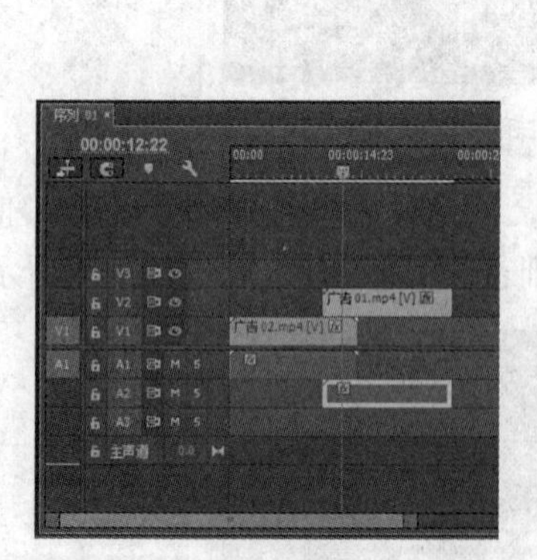

图 2-34　轨道剪辑覆叠播放

2.3.2　剪辑的修剪与还原

如果视频剪辑的前部或尾部有多余的内容，可以通过拖动剪辑入点和出点的方式来删除多余的片段。当修剪后的剪辑需要还原时，可以通过拖动剪辑入点和出点的方式还原被删除的片段。

动手操作　修剪与还原剪辑

1 在【工具箱】面板中选择【选择工具】，将鼠标移到剪辑出点处，当出现图标后向左移动鼠标，即可修剪剪辑尾部的内容，如图 2-35 所示。

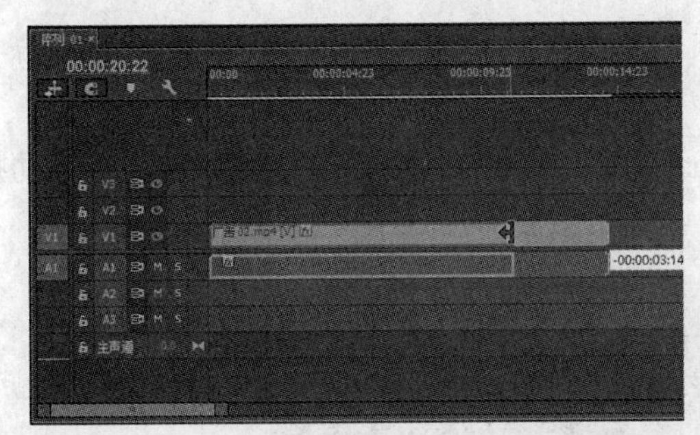

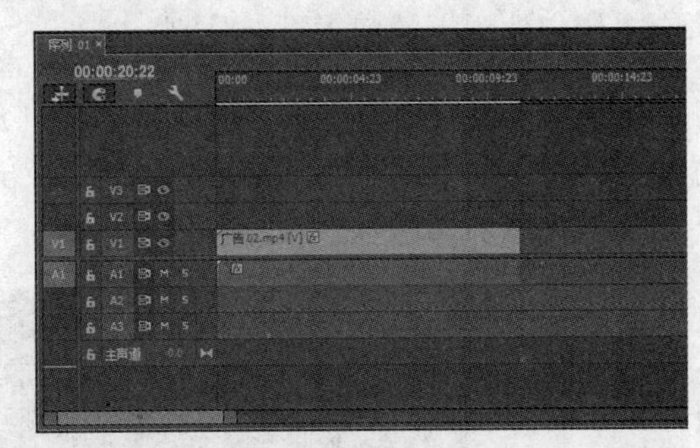

图 2-35　修剪剪辑的内容

2 由于剪辑中视频和音频是同步锁定的，因此在修剪视频时，音频也会一并被修剪。如果想要单独修剪视频或音频，只需在执行修剪前按住 Alt 键即可，如图 2-36 所示。

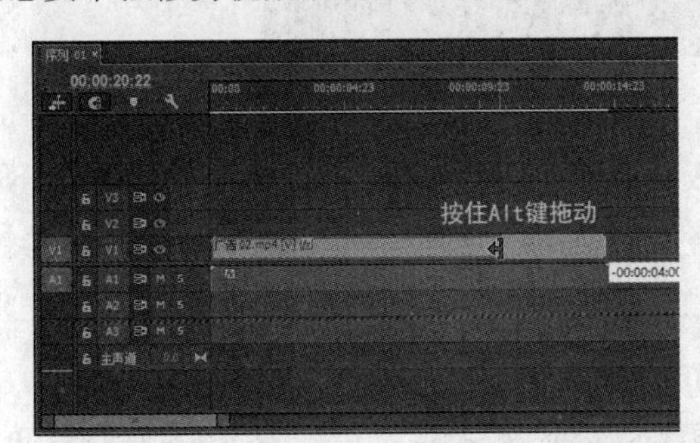

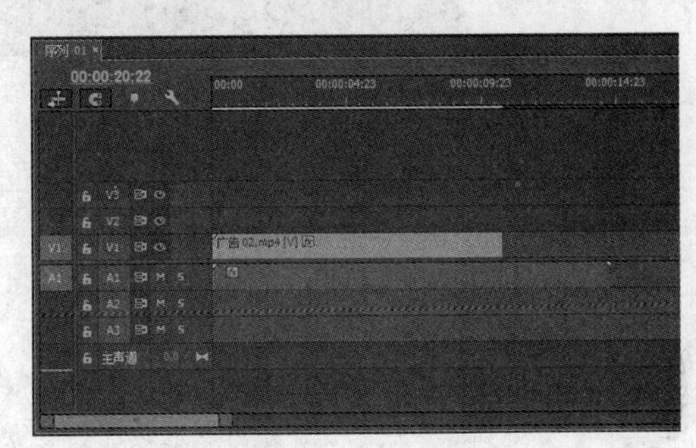

图 2-36　单独修剪剪辑的视频 1 轨道内容

3 修剪剪辑后，可以单击【节目监视器】面板控制面板上的【播放-停止切换】按钮，播放剪辑以检视修剪的结果，如图 2-37 所示。

4 如果要恢复修剪的剪辑，可以将鼠标移到剪辑出点处，当出现图标后，向右移动鼠标直至不能移动，即可恢复被修剪的内容，如图 2-38 所示。

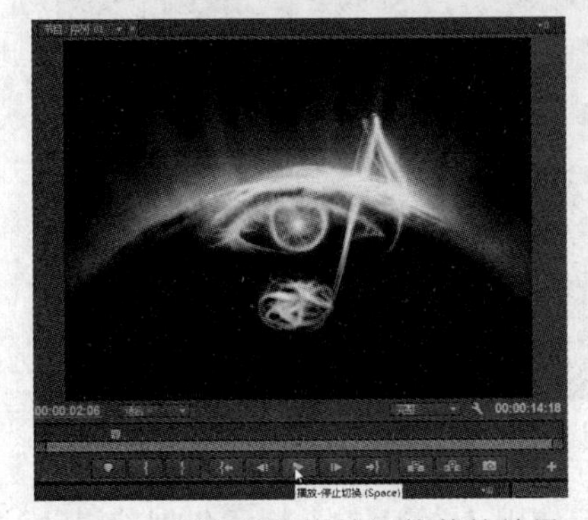

图 2-37　播放剪辑以检视修剪的结果

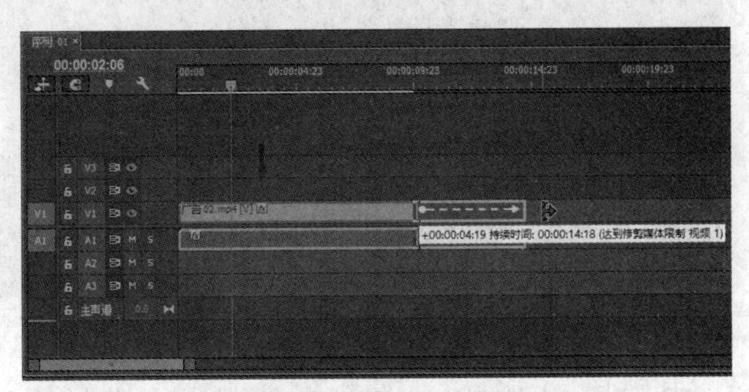

图 2-38　恢复被修剪的内容

2.3.3 分割剪辑创建片段

当视频剪辑很长时，可以使用【剃刀工具】将剪辑分割成多个片段，以便为各个片段添加切换特效或进行其他制作。

按住 Alt 键使用【剃刀工具】单击链接视频和音频的剪辑的某点，可以仅对单击的视频或音频部分进行分割。按住 Shift 键使用【剃刀工具】单击剪辑的某点，可以以此点为分割点将所有未锁定轨道上的剪辑进行分割。

动手操作 使用剃刀工具分割剪辑

1 打开光盘中的“..\Example\Ch02\2.3.3.prproj”练习文件，在【时间轴】面板中拖动播放指示器，预览剪辑内容，从而寻找合适的分割点，如图 2-39 所示。

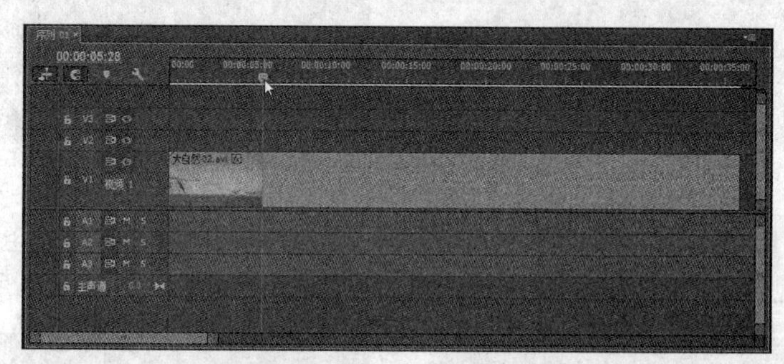

图 2-39 拖动播放指示器寻找分割点

2 找到合适的分割点后，在【工具箱】面板中选择【剃刀工具】，然后在剪辑的分割点上单击，即可分割剪辑，如图 2-40 所示。

问：寻找分割点和分割剪辑时有什么好方法呢？

答：一般来说，分割点应该选在场景与场景的交点处，即前一场景与后一场景的变换处。为了可以更细致地寻找到场景的交点，可以通过单击【节目监视器】面板的【逐帧前进】按钮和【逐帧后退】按钮来查看剪辑每帧的内容，如图 2-41 所示。

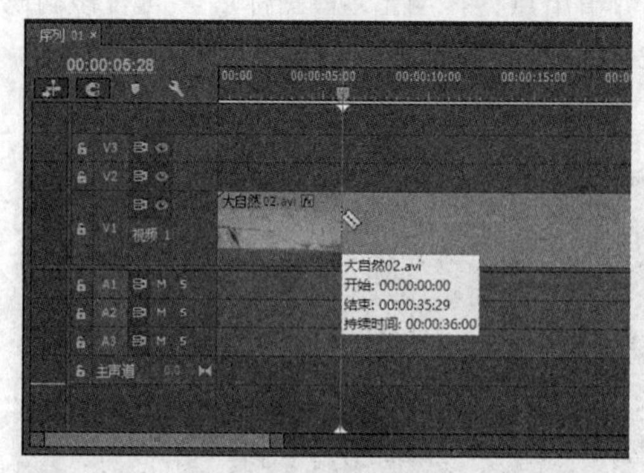

图 2-40 分割剪辑

图 2-41 通过逐帧播放寻找分割点

3 使用相同的方法，在剪辑上寻找其他分割点，然后使用【剃刀工具】分割剪辑，结果如图 2-42 所示。

4 完成编辑后，即可选择【文件】|【另存为】命令，将项目保存为一个新文件，以便后续的使用，如图 2-43 所示。

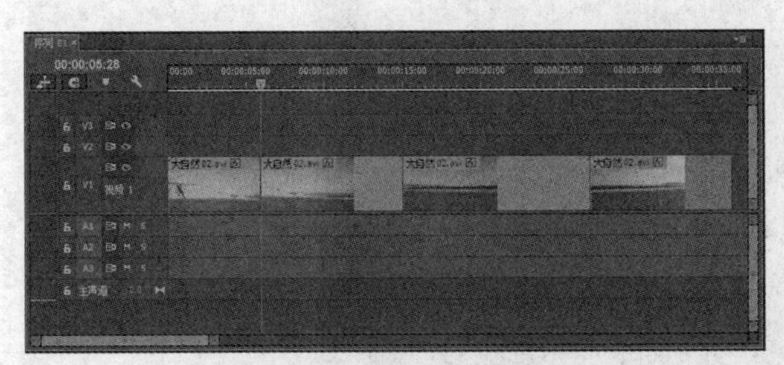

图 2-42 分割剪辑的结果

图 2-43 保存项目文件

2.4 其他编辑剪辑的技巧

除了上述编辑剪辑的方法外，还可以通过其他多种技巧完成对剪辑的编辑和应用。

2.4.1 将素材替换为剪辑

在以覆盖方式添加剪辑到序列时，可以将轨道上重叠的剪辑替换，但是只限于替换重叠的剪辑。如果想要使源素材完全替换目标剪辑成为新的剪辑，可以使用【替换为剪辑】功能。【替换为剪辑】的功能可以从源监视器和素材箱中替换序列中的剪辑。

动手操作 将素材替换为剪辑

1 如果要从源监视器中替换剪辑，需要先将替换目标剪辑的剪辑拖到【源监视器】面板中。

2 在序列上选择目标剪辑，然后打开【剪辑】菜单，选择【替换为剪辑】|【从源监视器】命令，将监视器的剪辑替换轨道上的剪辑，如图 2-44 所示。

图 2-44 从源监视器替换剪辑

3 替换剪辑后，可以从序列的轨道上看到原来的剪辑已经消失，取而代之的是【源监视器】面板的剪辑，如图 2-45 所示。

图 2-45　替换剪辑后的结果

4 如果要从素材箱中替换系列中的剪辑，需要先将原剪辑放置在素材箱，然后选择【替换为剪辑】|【从素材箱】命令。

2.4.2　创建嵌套序列

虽然一个序列可以提供多个轨道编辑剪辑，但是一个序列太多轨道的话，会给编辑过程增加难度，带来麻烦。此时可以创建嵌套序列，即一个序列包含另外一个序列，以便可以分层编辑每个序列的剪辑。

动手操作　创建嵌套序列

1 在【时间轴】面板中选择要作为嵌套序列的剪辑，然后选择【剪辑】|【嵌套】命令，如图 2-46 所示。

2 在打开的【嵌套序列名称】对话框中设置名称，再单击【确定】按钮即可，如图 2-47 所示。

图 2-46　将选定的序列创建为嵌套序列

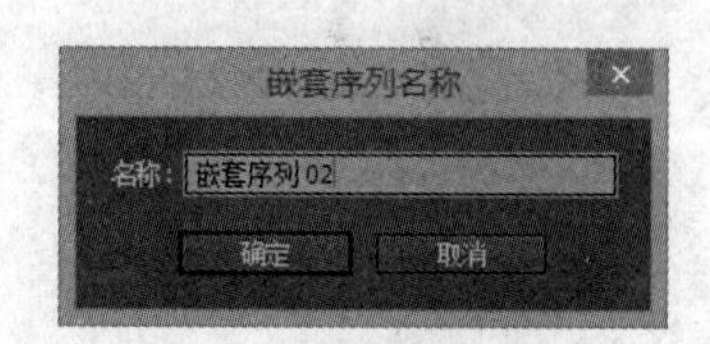

图 2-47　设置嵌套序列名称

3 此时可以看到选定的剪辑已经变成嵌套在当前序列上的新序列的剪辑，此时剪辑的颜色会改变，如图 2-48 所示。

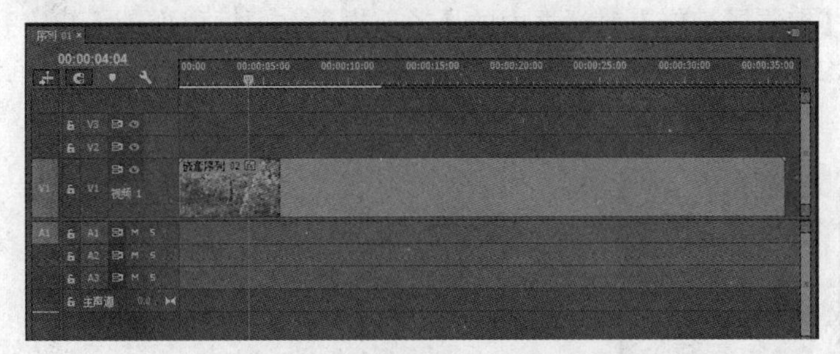

图 2-48　创建嵌套序列的结果

4 双击嵌套序列上的剪辑，即可打开新建的嵌套序列，用户可以在嵌套序列上编辑和管理剪辑，如图 2-49 所示。

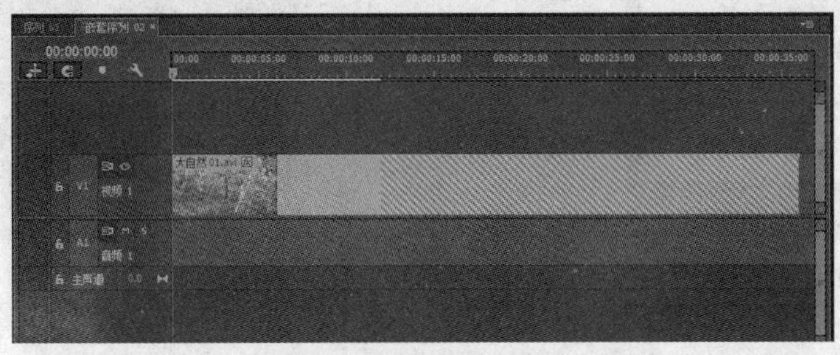

图 2-49　查看嵌套的序列

2.4.3　制作与编辑子剪辑

为了方便剪辑可以多次被使用和编辑，Premiere Pro CC 程序提供了【制作子剪辑】的功能，可以为剪辑制作子剪辑，并对子剪辑进行编辑。

动手操作　制作与编辑子剪辑

1 选择序列上的剪辑，然后选择【剪辑】|【制作子剪辑】命令，如图 2-50 所示。

2 在打开的【制作子剪辑】对话框中设置子剪辑的名称，然后单击【确定】按钮，如图 2-51 所示。

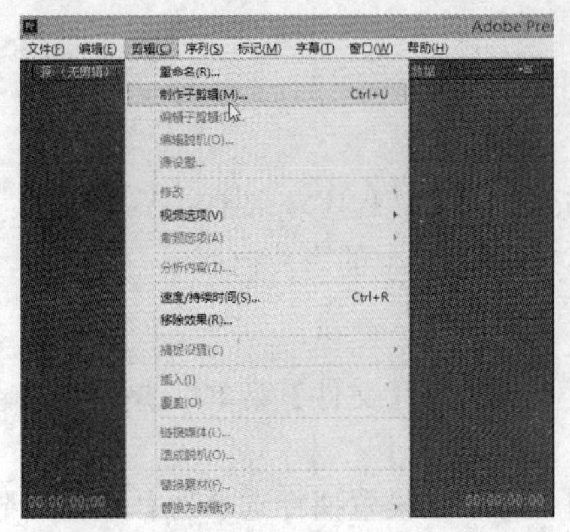

图 2-50　制作子剪辑

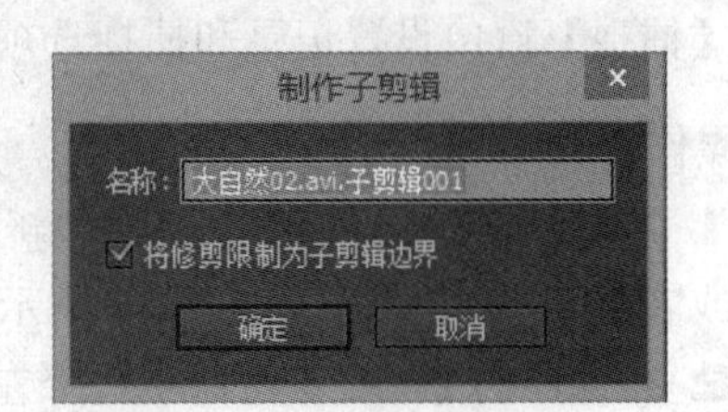

图 2-51　设置子剪辑名称

3 创建子剪辑后，在【项目】面板中剪辑素材，然后选择【剪辑】|【编辑子剪辑】命令，如图 2-52 所示。

4 在打开的【编辑子剪辑】对话框中的【子剪辑】选项框内拖动【开始】选项的时间码，设置子剪辑开始移动的开始时间，接着根据需要设置子剪辑结束时间，最后单击【确定】按钮，如图 2-53 所示。

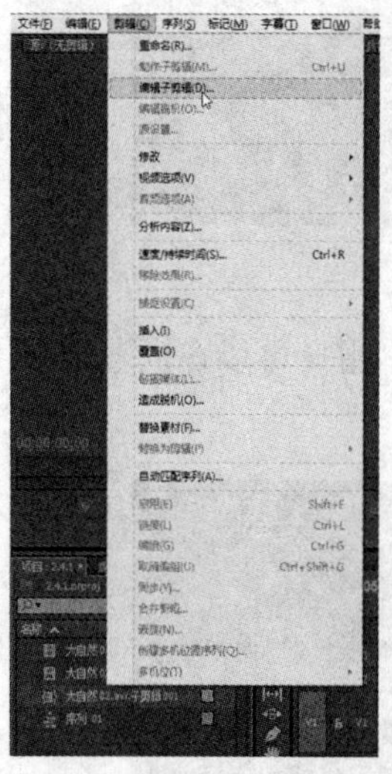

图 2-52 编辑子剪辑

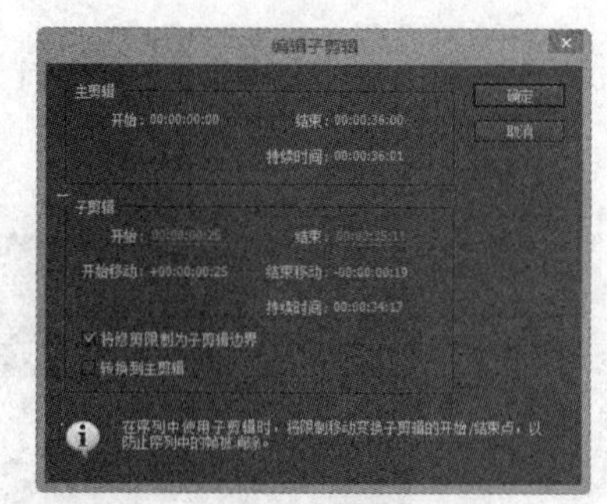

图 2-53 设置子剪辑的时间

问：调整子剪辑的开始或结束时间有什么用处？

答：制作子剪辑时，调整子剪辑的开始或结束时间是很常用的处理方式。因为制作子剪辑，就如同创建了一个剪辑副本，而设置子剪辑的开始或结束时间，可以让子剪辑只显示限定时间段的内容，即如同修剪剪辑一样。

但需要注意，子剪辑的开始和结束时间都不能超过主剪辑的开始和结束时间。

2.5 技能训练

下面通过多个上机练习实例，巩固所学知识。

2.5.1 上机练习 1：自动捕捉 DV 影片

本例先将 DV 机成功连接到电脑，并通过 Premiere Pro CC 程序获取 DV 影片内容，然后通过【捕捉】窗口设置记录和捕捉选项，使程序自动捕捉 DV 上的影片内容。

操作步骤

1 启动 Premiere Pro CC 程序并新建项目文件，然后打开【文件】菜单，选择【捕捉】命令，或者直接按 F5 键，如图 2-54 所示。

2 在打开的【捕捉】窗口中选择左侧的【记录】选项卡，设置捕捉选项为【音频和视频】，即可将影像和声音一并捕捉，如图 2-55 所示。

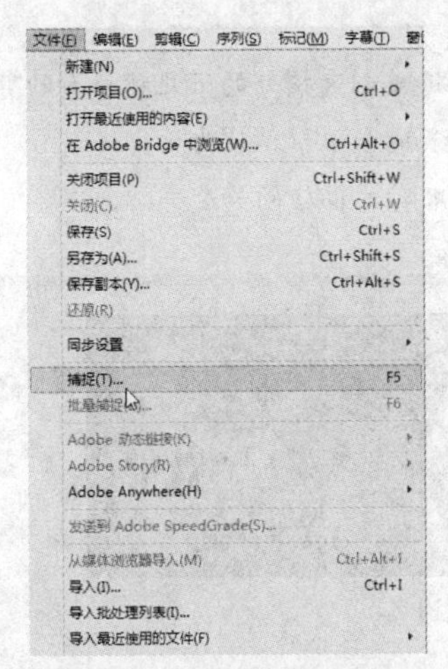

图 2-54 打开【捕捉】窗口

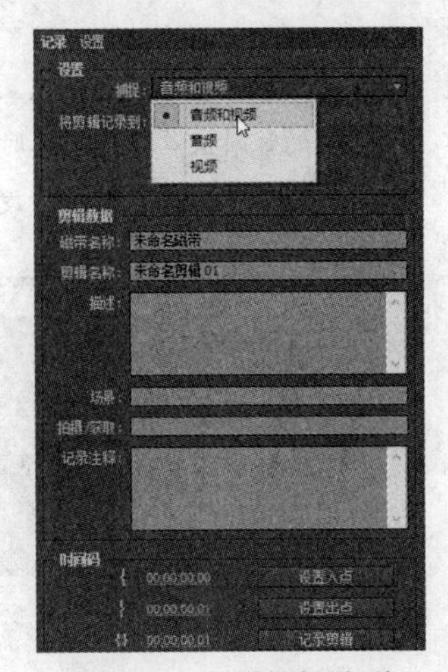

图 2-55 设置捕捉选项

如果选择了【音频和视频】就是同时捕捉声音信息和视频信息；如果选择【视频】或【音频】选项，则只捕捉视频或者只捕捉音频。

另外，【将剪辑记录到】选项是用来设置将捕捉的内容存放到当前项目文件的文件夹下面，以便应用捕捉的剪辑。

3 设置剪辑的数据信息，如磁带名、剪辑名、场景、记录注释等，如图 2-56 所示。

4 选择【设置】选项卡，然后单击【编辑】按钮，打开【捕捉设置】对话框后，选择捕捉的格式，可选【DV】和【HDV】选项，如图 2-57 所示。设置后单击【确定】按钮即可。

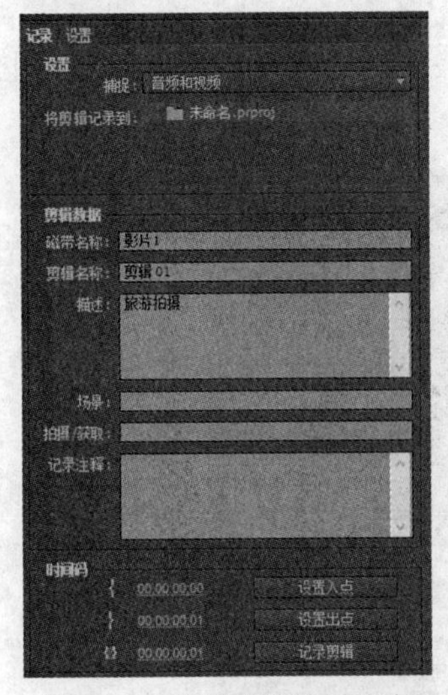

图 2-56 设置剪辑数据信息

图 2-57 设置捕捉的格式

5 在【设置】选项卡中设置捕捉位置，并选择【设备】，同时设置【预卷时间】和【时间码偏移】，如图 2-58 所示。

- 【预卷时间】选项：设置在连接到 DV 后，直接连接到连接处的下几秒画面的剪辑，具体的时间值是在【预卷时间】后面的文本框中设置的数值（单位为秒）。
- 【时间码偏移】选项：设置连接到 DV 后时间码顺时间偏移的长度。

图 2-58　设置捕捉位置和控制设备

6 在【设备控制】选项框中单击【选项】按钮，打开设置对话框，在此可以设置合适的视频制式和设备品牌。国内使用 PAL 制式，所以应该选择【PAL】选项，另外根据自己的 DV 设备选择合适的设备品牌选项，最后单击【确定】按钮即可，如图 2-59 所示。

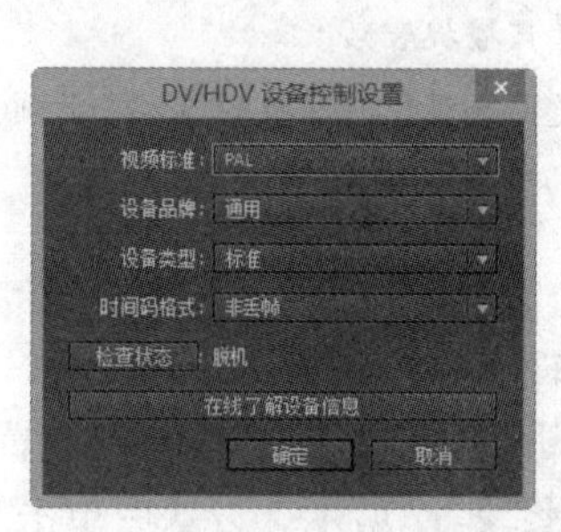

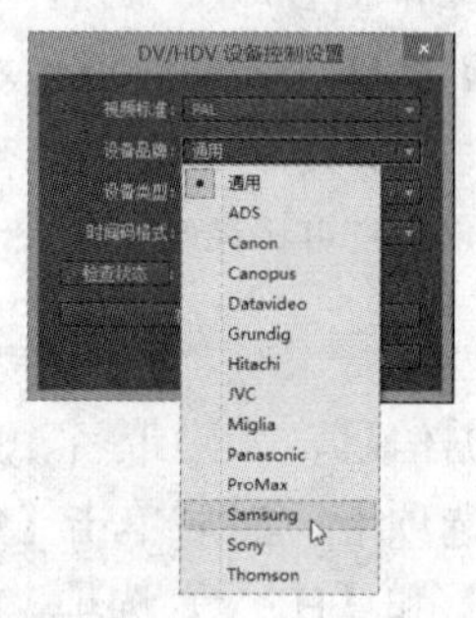

图 2-59　更改设备控制设置选项

7 完成上述设置后，单击【捕捉】窗口的【磁带】按钮，使程序自动捕捉 DV 上的视频内容，如图 2-60 所示。

图 2-60　开始捕捉 DV 剪辑

2.5.2 上机练习 2：手动捕捉 DV 影片

本例将通过【捕捉】窗口搜索到有用的场景片段，并在该场景的开始和结束处设置入点和出点，然后进行入点和出点的捕捉操作，捕获 DV 影片中有用的场景内容。

操作步骤

1 启动 Premiere Pro CC 程序并新建项目文件，打开【文件】菜单，选择【捕捉】命令，打开【捕捉】窗口后，使用鼠标向右拖动时间码选择需要捕捉的场景，如图 2-61 所示。

2 将时间码调整到场景的开始处，然后单击播放控制器上的【设置入点】按钮，将当前时间设置为要捕捉的起点，如图 2-62 所示。

图 2-61 拖动时间码选择要捕捉的场景

图 2-62 设置视频的入点

3 使用鼠标拖动监视器窗口右下方的时间码，选择要结束捕捉的场景点，如图 2-63 所示。

4 选择了要结束捕捉的场景后，将时间码调整到对应的场景时间点，然后单击播放控制器上的【设置出点】按钮，将当前时间设置为要捕捉的结束点，如图 2-64 所示。

图 2-63 拖动时间码选择要结束捕捉的场景

图 2-64 设置视频的出点

5 单击【入点/出点】按钮，将入点到出点之间的视频片段捕捉下来，如图 2-65 所示。

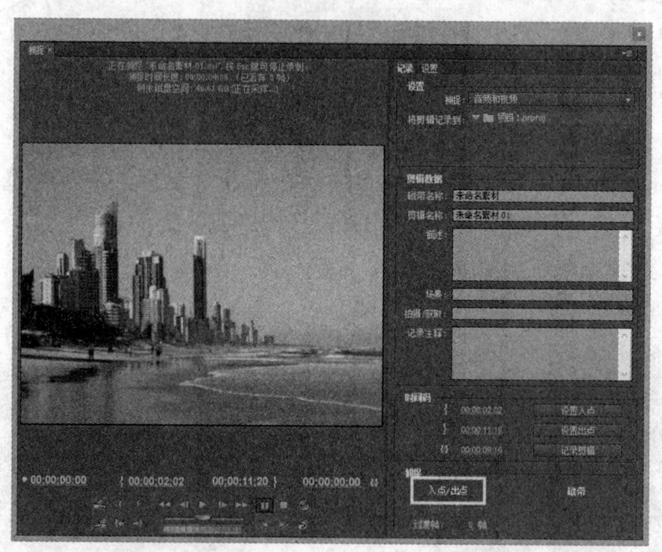

图 2-65　捕捉入点与出点之间的视频片段

2.5.3　上机练习 3：批量捕捉 DV 影片

本例将先通过【捕捉】窗口为需要捕捉的影片片段设置对应的入点和出点，并单击【记录剪辑】按钮，在 Premiere Pro 的项目剪辑列表里添加一条脱机的空的剪辑文件条目，然后使用相同的方法，设置其他片段的入点和出点，接着选中全部脱机剪辑文件，再执行批量捕捉即可。

操作步骤

1 启动 Premiere Pro CC 程序并新建项目文件，打开【文件】菜单，选择【捕捉】命令，打开【捕捉】窗口后，选择【记录】选项卡，然后在【时间码】框内拖动时间码，并单击【设置入点】按钮，设置捕捉影片的入点，如图 2-66 所示。

2 使用相同的方法，拖动入点项的时间码，选择要结束捕捉的场景（拖动时间码时，可通过监视器窗口查看视频），再单击【设置出点】按钮，如图 2-67 所示。

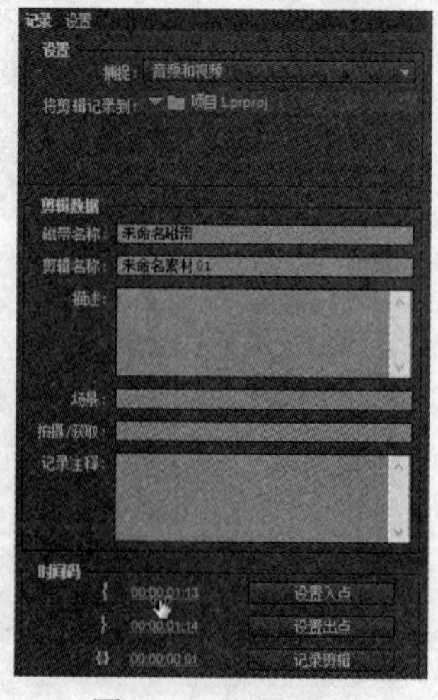

图 2-66　设置入点

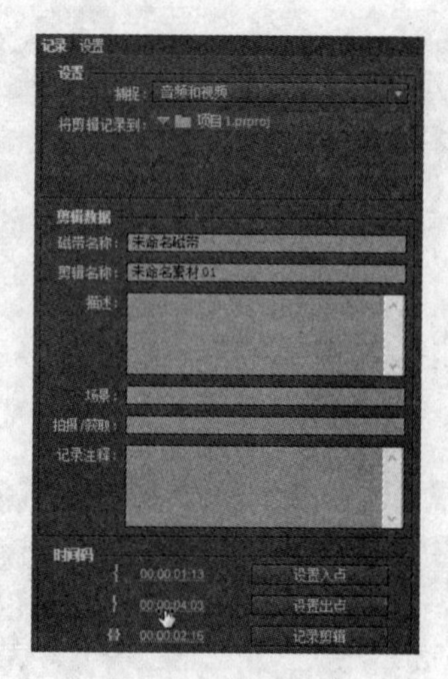

图 2-67　设置出点

3 设置入点和出点后，单击【记录剪辑】按钮，将入点和出点的设置保存成一个脱机剪辑文件，如图 2-68 所示。

4 打开【新建脱机文件】对话框，在其中设置各个视频选项和音频选项，然后单击【确定】按钮，如图 2-69 所示。

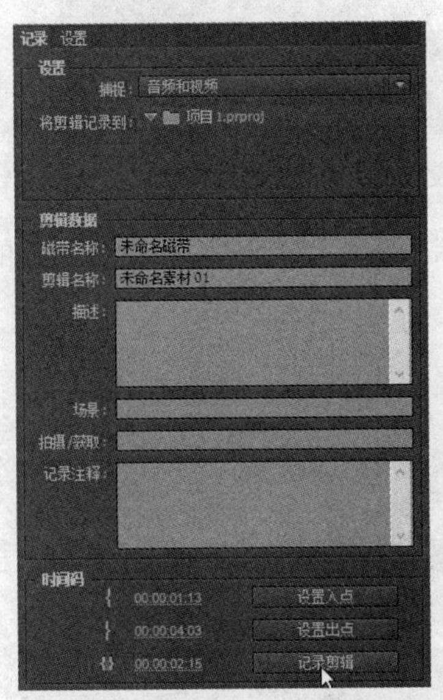

图 2-68　单击【记录剪辑】按钮

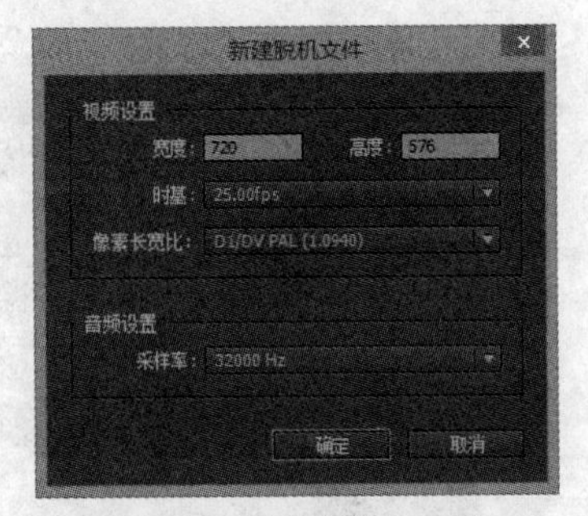

图 2-69　新建脱机文件

5 使用相同的方法为视频设置其他需要捕捉的片段，并新建为脱机文件，接着关闭【捕捉】窗口。此时可以通过【项目】面板查看到新建的脱机文件，如图 2-70 所示。

6 打开【文件】菜单，然后选择【批量捕捉】命令，或者按 F6 键执行批量捕捉影片的操作，如图 2-71 所示。

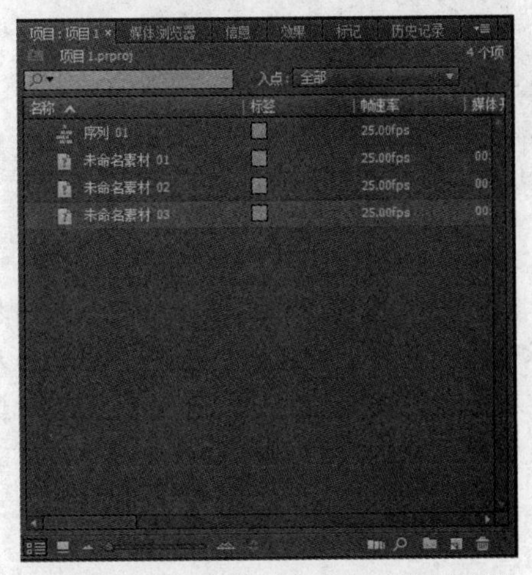

图 2-70　脱机文件列出在【项目】面板

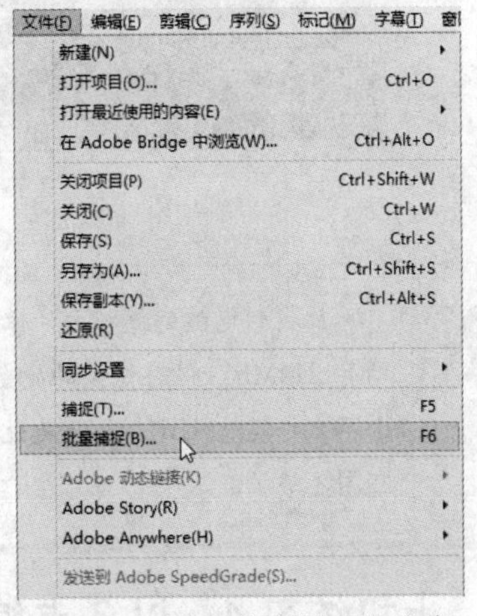

图 2-71　选择【批量捕捉】命令

7 在打开的【批量捕捉】对话框中可以维持默认的设置进行捕捉，也可以选择【覆盖捕捉设置】复选框，然后单击【编辑】按钮，重新设置捕捉格式，如图 2-72 所示。

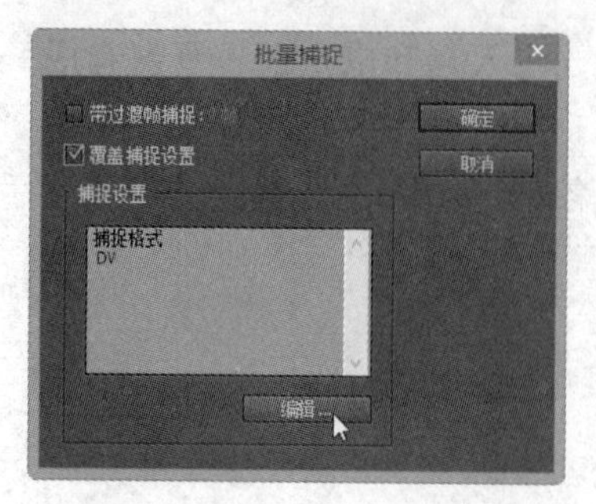

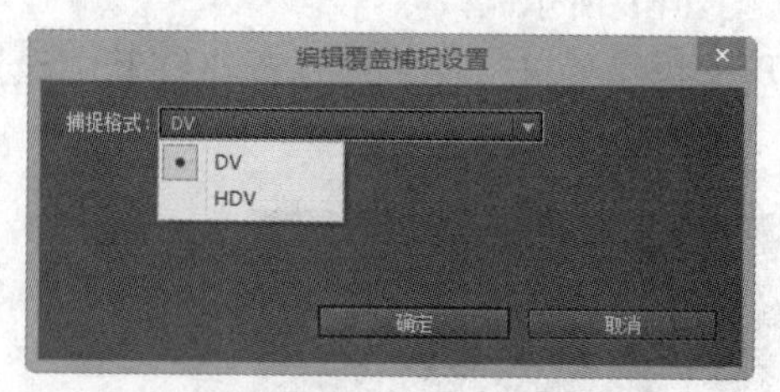

图 2-72　重新编辑捕捉设置

8 返回【批量捕捉】对话框，然后单击【确定】按钮，即可使程序进行批量捕捉的工作，如图 2-73 所示。

图 2-73　进行批量捕捉影片处理

捕捉到电脑的视频文件体积是非常大的，如果画面大小是 720×576，一分钟的视频大约有 214MB。保存视频的硬盘的文件系统一定要是 NTFS，如果是 FAT32，一个文件的大小不允许超过 4GB，也就是说捕捉的一个场景片段的长度超过 18 分钟的话，就会提示硬盘空间不够了。

2.5.4　上机练习 4：以 3 点编辑方式添加剪辑

3 点编辑方式是指将剪辑添加到序列时，先通过设置两个入点和一个出点或一个入点和两个出点的方式对剪辑在序列中进行定位，然后将第 4 个点自动计算出来。本例将以一种典型的 3 点编辑方式为操作示范，首先设置剪辑的入点和出点，再设置序列入点（即剪辑的入点在序列中的位置），然后将剪辑添加到序列中。

操作步骤

1 打开光盘中的“..\Example\Ch02\2.5.4.prproj”练习文件，将【大自然 01.avi】剪辑加入【源监视器】面板，然后通过控制面板为剪辑设置入点和出点，如图 2-74 所示。

图 2-74　为剪辑设置入点和出点

2 在序列上拖动播放指示器，指定插入剪辑入点的位置，然后单击右键并从快捷菜单中选择【标记入点】命令，将当前播放指示器位置设置为入点，如图 2-75 所示。

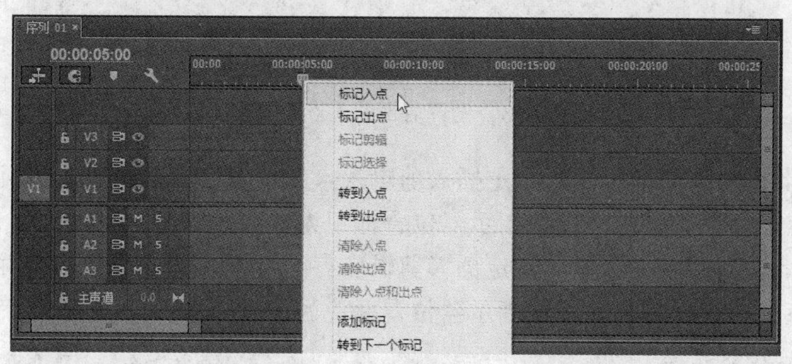

图 2-75　为序列轨道设置入点

3 单击【源监视器】面板的【插入】按钮，即可将【源监视器】面板当前剪辑的入点与出点的片段加入序列轨道上，如图 2-76 所示。

4 此时剪辑以轨道上设置的入点为插入点，而剪辑在轨道的出点将由系统自动计算出，如图 2-77 所示。

图 2-76　以插入方式添加剪辑

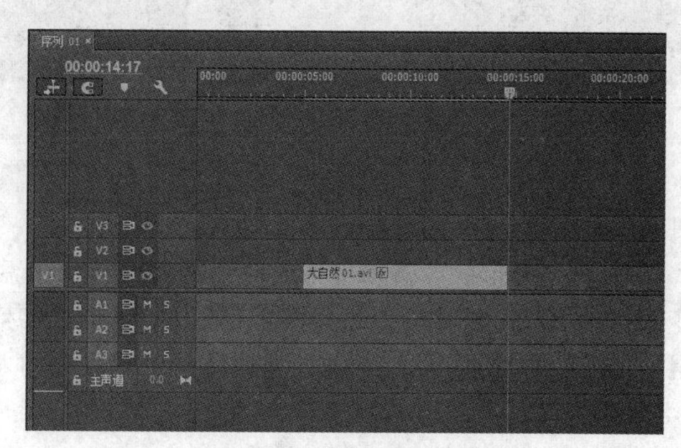

图 2-77　通过 3 点编辑方式添加剪辑的结果

2.5.5　上机练习 5：以 4 点编辑方式添加素材

4 点编辑方式的操作方法基本与 3 点编辑方式类似，只是 4 点编辑方式需要设置剪辑的入点和出点以及序列轨道的入点和出点。设置完成后，将剪辑添加到序列时，序列通过入点和出点匹配对齐来装配剪辑。

操作步骤

1 打开光盘中的“..\Example\Ch02\2.5.5.prproj”练习文件，将剪辑加入【源监视器】面板，然后通过控制面板为剪辑设置入点和出点，如图 2-78 所示。

图 2-78　设置剪辑的入点和出点

2 在序列上拖动播放指示器，指定插入剪辑入点的位置，然后单击右键并从快捷菜单中选择【标记入点】命令，将当前播放指示器位置标记为入点，如图 2-79 所示。

3 在序列上拖动播放指示器，指定插入剪辑出点的位置，然后单击右键并从快捷菜单中选择【标记出点】命令，将当前播放指示器位置标记为出点，如图 2-80 所示。

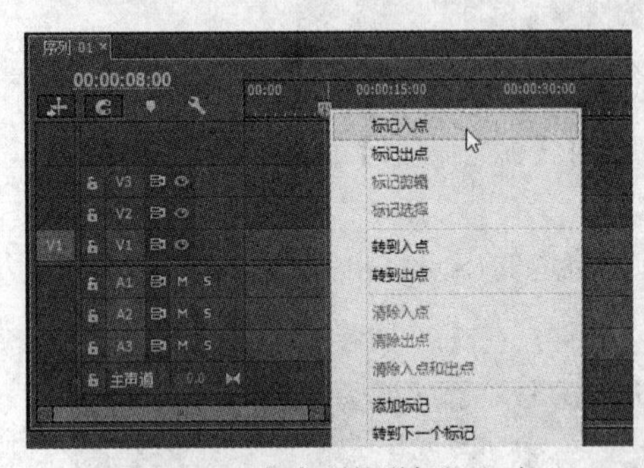

图 2-79　为序列轨道标记入点

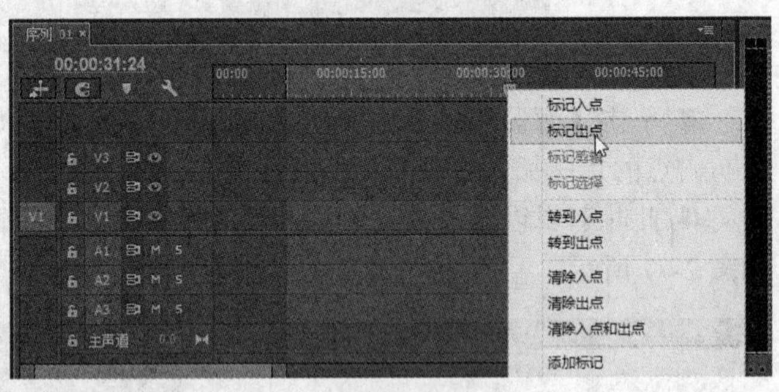

图 2-80　为序列轨道标记出点

4 单击【源监视器】面板上的【插入】按钮，即可将【源监视器】面板当前显示剪辑的入点与出点的片段加入序列，如图 2-81 所示。

5 如果标记的剪辑和序列的持续时间不同，在添加剪辑时，会弹出对话框以提供选择改变素材速率以匹配标记的序列。当标记的剪辑长于序列时，可以选择自动修剪素材的开头或结尾。当标记的剪辑短于序列时，可以选择忽略序列的入点或出点，效果相当于 3 点编辑，如图 2-82 所示。

图 2-81　将剪辑添加到序列

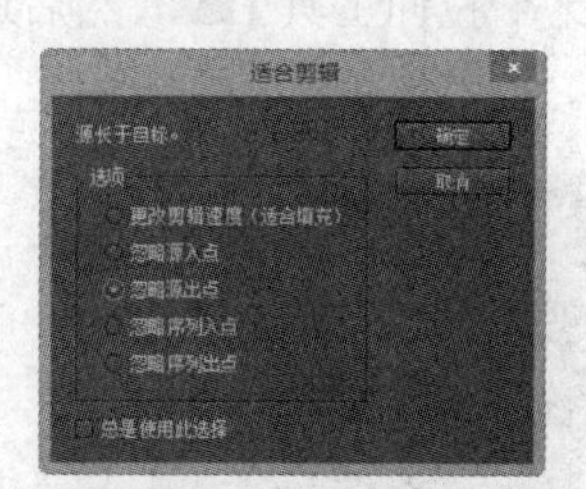

图 2-82　设置适合剪辑

6 假设本例在【适合剪辑】对话框中选择【忽略源出点】单选项，此时剪辑会以轨道的入点和出点为标准进行装配。由于【源监视器】面板中剪辑的入点和出点时间码比轨道标记的入点和出点的时间码要长，所以插入轨道后，剪辑在【源监视器】面板上设置的出点将被忽略，并以轨道设置的出点为准。添加剪辑的结果如图 2-83 所示。

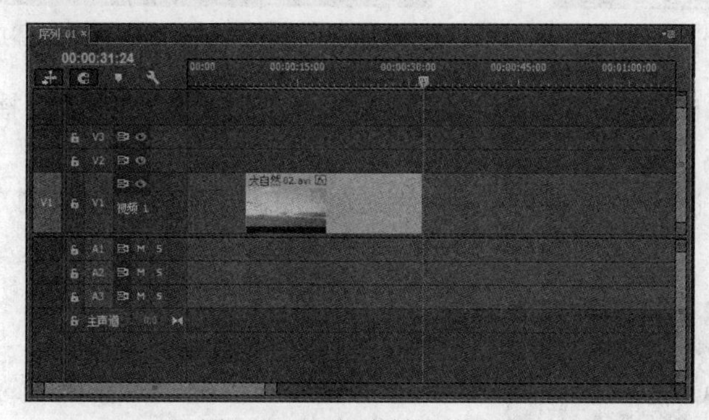

图 2-83　添加素材后的结果

2.5.6　上机练习 6：调整剪辑的播放速率

本例将使用【比率拉伸工具】对剪辑的入点或出点进行拖动，以更改剪辑的播放速率，从而使剪辑达到慢播和快播的效果。

操作步骤

1 打开光盘中的“..\Example\Ch02\2.5.6.prproj”练习文件，在【工具箱】面板中选择【比率拉伸工具】，然后选择剪辑的出点向左拖动，提高剪辑播放比率（快播），如图 2-84 所示。

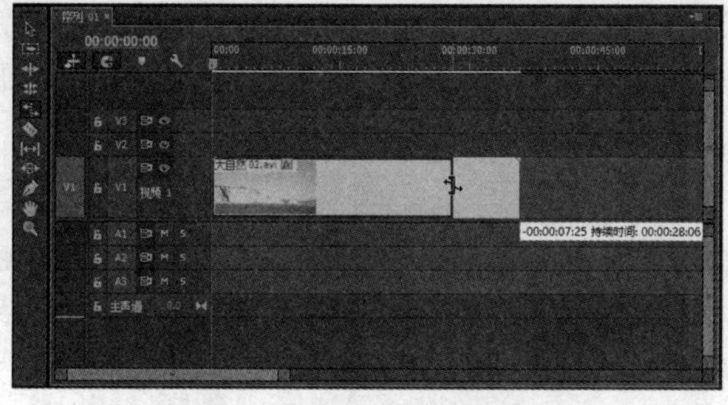

图 2-84　提高剪辑的播放比率

2 调整剪辑后，可以单击【节目监视器】面板上的【播放-停止切换】按钮▶，播放剪辑以查看剪辑快播的结果，如图 2-85 所示。

3 选择【比率拉伸工具】，然后选择剪辑的出点向右拖动，降低剪辑播放比率（慢播），如图 2-86 所示。

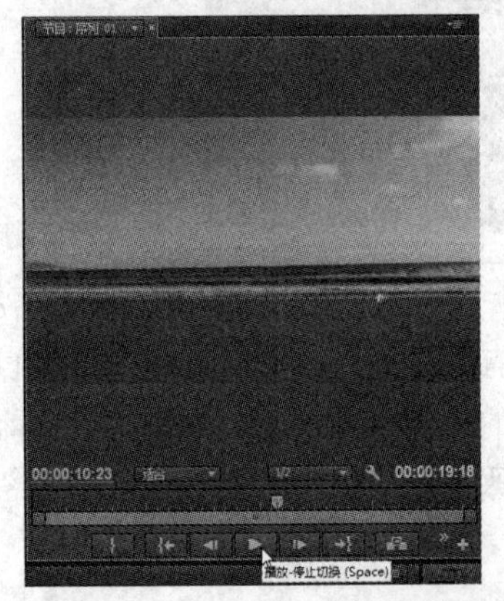

图 2-85　播放剪辑以查看效果

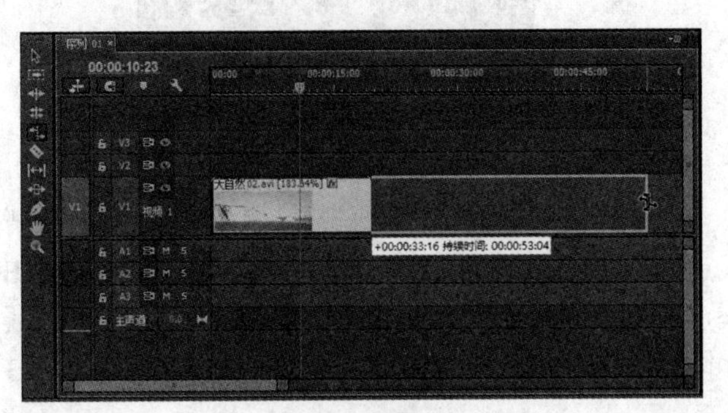

图 2-86　降低剪辑的播放速率

4 再次单击【节目监视器】面板上的【播放-停止切换】按钮▶，播放剪辑以查看剪辑慢播的结果，如图 2-87 所示。

5 如果要自定义调整剪辑的播放比率或持续时间，可以选择【剪辑】|【速度/持续时间】命令，如图 2-88 所示。

图 2-87　播放剪辑查看慢播效果

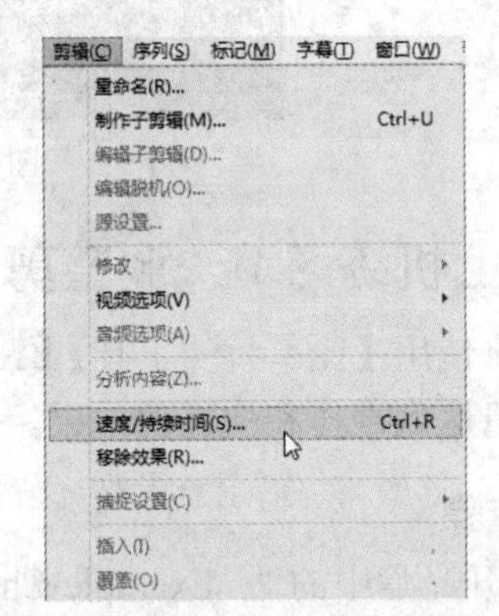

图 2-88　选择【速度/持续时间】命令

6 打开【剪辑速度/持续时间】对话框后，可以自定义剪辑的播放持续时间。如果要使剪辑恢复原来的播放速率，可以设置【速度】选项为 100%，最后单击【确定】按钮，如图 2-89 所示。

如果想要单独调整视频或音频的播放速率，可以选择【比率拉伸工具】，按住 Alt 键，然后选择视频或音频出点向右或向左拖动，即可单独调整视频或音频的播放比率，如图 2-90 所示。

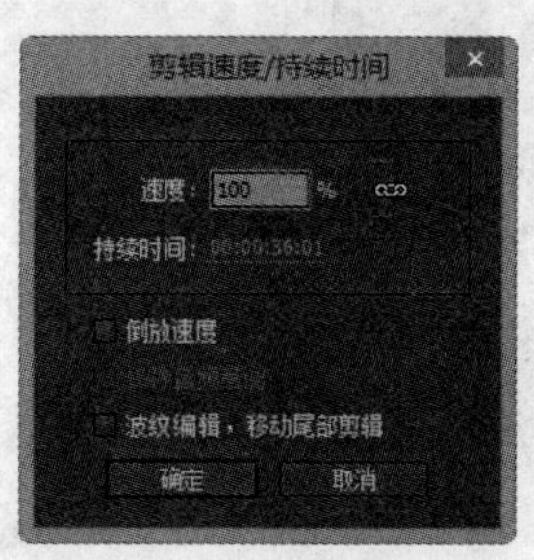

图 2-89　自定义播放速度

图 2-90　单独调整视频或音频的播放比率

2.6　评测习题

一、填充题

（1）在设置捕捉选项时，如果选择了______________选项就是同时捕捉声音信息和视频信息。

（2）____________方式可以逐条搜索并记忆影片片段的入点和出点，并保存脱机文件。

（3）在 Premiere Pro CC 中，可以通过__________和覆盖的方式将剪辑加入到序列中。

二、选择题

（1）按下什么快捷键，可以打开【捕捉】窗口？　（　　）

A. F　　B. Ctrl+F5　　C. Ctrl+F1　　D. Shift+F5

（2）我们国内目前使用的广播制式是下面哪个？　（　　）

A. NTSC　　B. ALT　　C. PAL　　D. OEM

（3）使用哪个工具可以对剪辑的入点或出点进行拖动，从而达到更改剪辑的播放比率的效果？　（　　）

A. 选择工具　　B. 外滑工具　　C. 剃刀工具　　D. 比率拉伸工具

（4）当按住哪个键使用【剃刀工具】单击素材音频轨道上的某点，则可以仅对音频部分进行分割　（　　）

A. Shift　　B. F6　　C. Alt　　D. Ctrl

三、判断题

（1）插入方式是指将剪辑插入到序列中指定轨道的某一位置，序列从此位置被分开，后面插入的剪辑会被移到序列已有剪辑的出点后。　（　　）

（2）在 Premiere Pro CC 中，不可以快速组合粗剪到现有序列，但是可以将一般剪辑添加到现有序列中。　（　　）

（3）当视频剪辑很长时，可以使用【剃刀工具】来将剪辑分割成多个片段，以便为各个片段添加切换特效或进行其他制作。　（　　）

四、操作题

使用【自动匹配序列】功能将【项目】面板中的多个剪辑素材添加到序列中，结果如图 2-91 所示。

图 2-91 将剪辑自动匹配序列的结果

操作提示

（1）打开光盘中的“..\Example\Ch02\2.6.prproj”练习文件，在【项目】面板中选择所有AVI 格式的剪辑。

（2）在【项目】面板中，单击【自动匹配序列】按钮。

（3）在【自动匹配序列】对话框中设置选项，然后单击【确定】按钮。

（4）指定自动匹配序列后，即可从【时间轴】面板中查看结果。

第 3 章　应用视频效果和视频过渡

学习目标

在影视作品的编辑中，视频效果和视频过渡是常用于制作影片的特效，通过应用不同的效果，可以制作各种出色和创意十足的画面效果。本章将详细介绍各种视频效果和视频过渡的使用方法。

学习重点

☑ 了解视频效果和视频过渡
☑ 查看和应用标准效果的方法
☑ 编辑和管理固定效果和标准效果
☑ 概述各种视频效果和视频过渡
☑ 举例说明效果和过渡的各种应用

3.1　效果和过渡

Premiere Pro 提供了各种各样的音频与视频效果和过渡，可将它们应用于视频节目中的剪辑和轨道上。

3.1.1　效果

通过效果可以增添特别的视觉或音频特性，或提供与众不同的功能属性。例如，通过效果可以改变剪辑曝光度或颜色、操控声音、扭曲图像或增添艺术效果；还可以使用效果来旋转和动画化剪辑；或在帧内调整剪辑的大小和位置。

应用效果后，通过设定的值可以控制效果的强度，还可以在【效果控件】面板或【时间轴】面板中使用关键帧来动画化大多数效果的控件。

1. 固定效果

添加到【时间轴】面板的每个剪辑都会预先应用或内置固定效果。固定效果可以控制剪辑的固有属性，并且无论是否选择剪辑，【效果控件】面板中都会显示固定效果，如图 3-1 所示。

可以在【效果控件】面板中调整所有的固定效果。【节目监视器】、【时间轴】面板和调音台也提供易于使用的控件。

固定效果包括以下内容：

- 运动：包括多种属性，用于动画化、旋转和缩放剪辑，调整剪辑的防闪烁属性，或将这些剪辑与其他剪辑进行合成。
- 不透明度：允许降低剪辑的不透明度，用于实现叠加、淡化和溶解之类的效果。
- 时间重映射：允许针对剪辑的任何部分减速、加速或倒放或将帧冻结。通过提供微调控制，使这些变化加速或减速。

● 音量：控制剪辑中的音频音量。

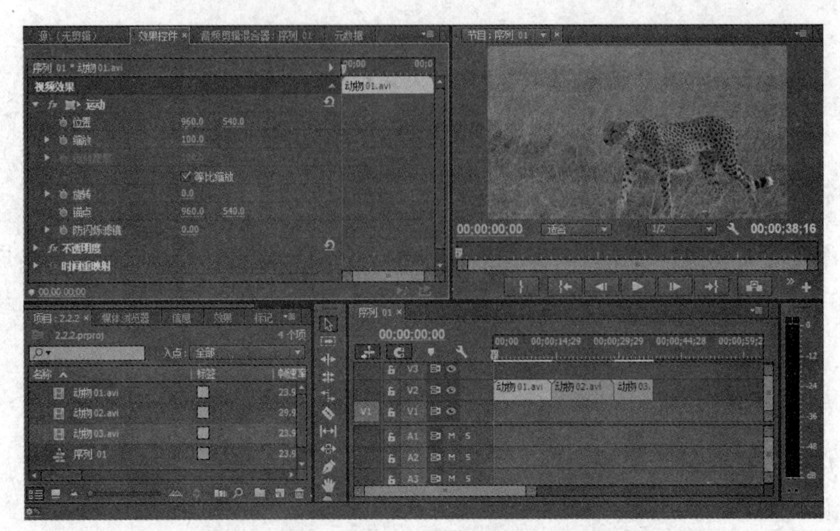

图 3-1　【效果控件】面板中显示的固定效果

2. 标准效果

标准效果是必须先应用于剪辑以创建期望结果的附加效果。在 Premiere Pro CC 中，可以将任意数量或组合的标准效果应用于序列中的任何剪辑。

使用标准效果可以添加特性或编辑视频，如调整色调或修剪像素。Premiere Pro CC 包括许多视频和音频效果，它们位于【效果】面板中。

标准效果必须应用于剪辑，然后在【效果控件】面板中作调整（某些视频效果可直接通过节目监视器中的手柄予以操控）。通过在【效果控件】面板中使用关键帧并更改图表的形状，所有的标准效果属性均可随时间推移而动画化，如图 3-2 所示。

图 3-2　通过【效果控件】面板设置标准效果

在【效果】面板中列出的效果取决于 Premiere Pro Plug-ins 文件夹的 language 子文件夹中的实际效果文件。通过添加兼容的 Adobe 增效工具文件或其他第三方开发商提供的增效工具软件包，可以扩展效果集合。

3.1.2 过渡

过渡是指将场景从一个镜头转移到下一个镜头。通常情况下，可以使用简单的剪切从镜头转移到镜头，但是在某些情况下，可能希望通过先淡出一个镜头再淡入另一个镜头在两个镜头之间过渡。

Premiere Pro CC 提供了大量可以应用于序列的过渡。过渡可能是细微的交叉淡化或风格化效果，如翻页或旋转风车。通常可以将过渡置于两个镜头之间的剪切线上，也可以只将过渡应用于剪辑的开头或结尾。

默认情况下，在【时间轴】面板中将一个剪辑放在另一个剪辑旁边将会产生剪切，此时，一个剪辑的最后一帧直接位于下一个剪辑的第一帧之前。要在场景变化中强调或增加特殊效果时，可以添加任何种类的过渡，如擦除、缩放和溶解。可以使用【效果】面板将过渡应用于时间轴，并使用【时间轴】和【效果控件】面板编辑这些过渡，如图 3-3 所示。

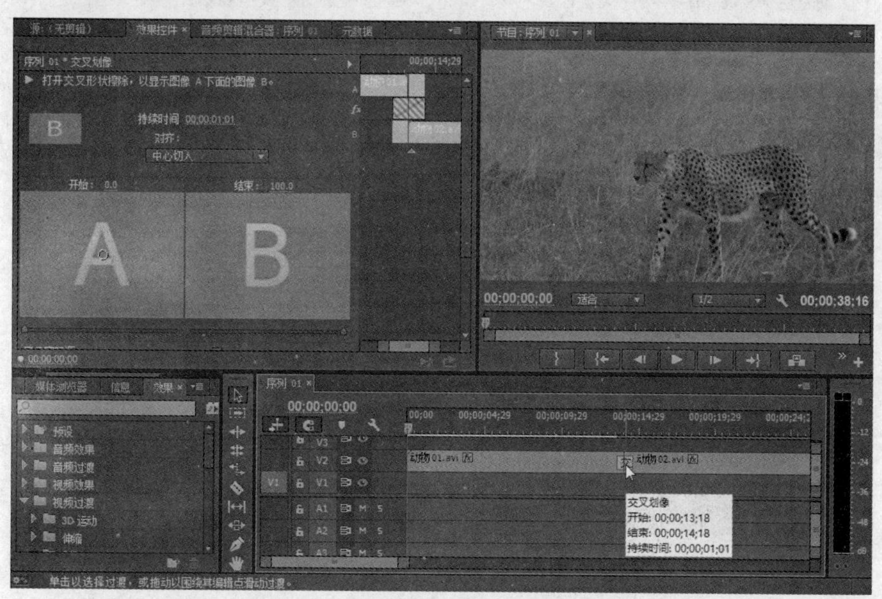

图 3-3　使用【时间轴】和【效果控件】面板编辑过渡

3.2 使用标准效果

视频效果是主要应用在视频剪辑上，使之产生特殊效果和特殊用途的效果类型；视频过渡是主要应用在视频剪辑之间，使前一剪辑出点和后一剪辑入点的过渡产生特殊效果的效果类型。

3.2.1 查看效果

1. 打开【效果】面板

在 Premiere Pro CC 中，所有的效果都集合在【效果】面板中。选择【窗口】|【效果】命令，或者按 Shift+7 键即可打开【效果】面板，如图 3-4 所示。

图 3-4　打开【效果】面板

2. 查看效果

在【效果】面板中，只需打开不同种类的效果列表，即可查看各个效果项目，如图 3-5 所示。

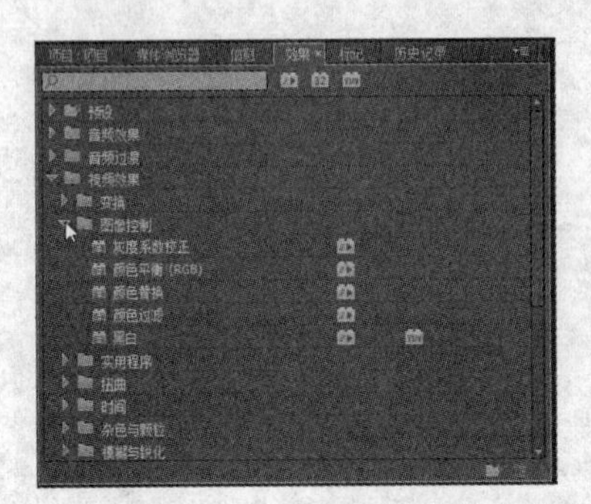
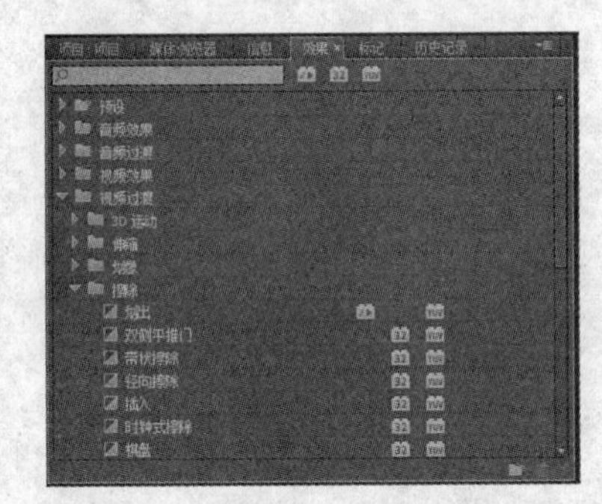
图 3-5　查看效果列表中的各个效果项目

在【效果】面板的上方有【加速效果】按钮、【32 位颜色】、【YUV 效果】按钮，通过单击这些按钮，可以快速地打开对应类型的效果项目。例如，单击【32 位颜色】按钮，【效果】面板即显示 32 位颜色效果的所有项目，如图 3-6 所示。

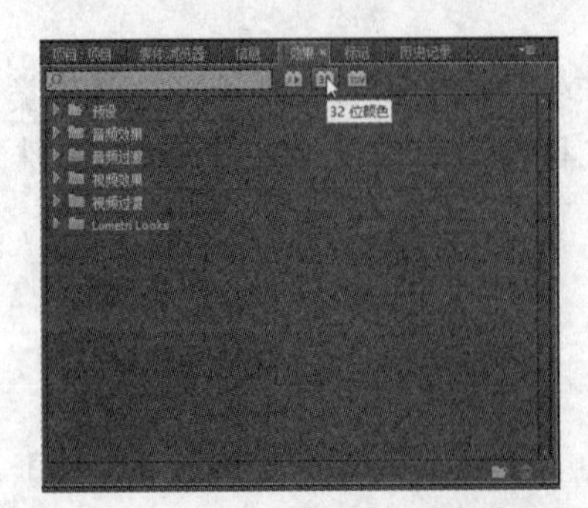

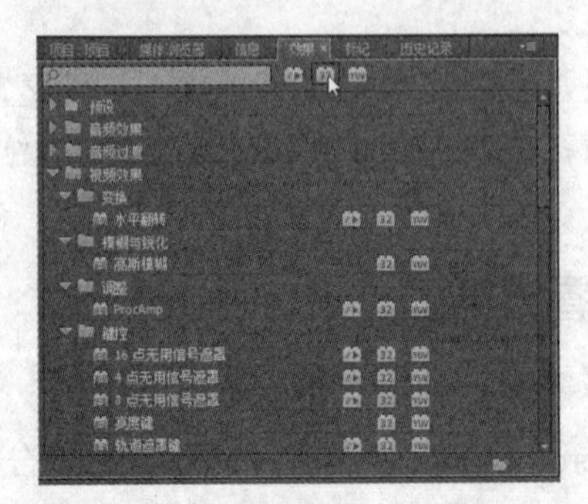
图 3-6　快速显示特殊类型的效果项目

3.2.2 应用效果

可以将效果和预设效果（其中包含一个或多个效果的设置）应用于序列中的任何剪辑。

在【效果】面板中，打开【视频效果】素材箱，并执行以下操作之一即可应用效果：

（1）将效果或预设拖到【时间轴】面板中的剪辑上，如图 3-7 所示。

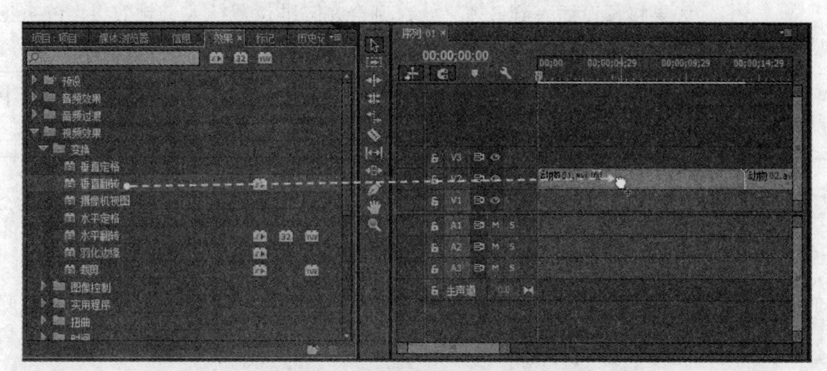

图 3-7　将效果拖到剪辑上

（2）在【时间轴】面板中选择剪辑，然后将效果或预设拖入【效果控件】面板，如图 3-8 所示。

图 3-8　将效果拖到【效果控件】面板

如果将效果或预设拖到【时间轴】面板中的剪辑上，放置目标将按如下方式确定。

（1）如果时间轴未选择剪辑，则效果将应用于放置时瞄准的剪辑。

（2）如果时间轴选择了剪辑，但是放置时瞄准的剪辑不属于选择的任何剪辑，则将取消选择先前选择的剪辑。瞄准的剪辑以及所有链接的轨道项目将变为选定状态。效果将应用于瞄准的剪辑以及链接的轨道项目。

（3）如果时间轴选择了剪辑，并且放置时瞄准的剪辑属于选择的剪辑之一，则效果将应用于所有选择的剪辑。

如果将预设效果拖入【效果控件】面板，放置目标将按表 3-1 所示的方式确定。

表 3-1　放置目标与结果

目标类型	结　果
仅视频轨道项目	忽略预设中的音频效果。
仅音频项目	忽略预设中的视频效果。
视频轨道和音频项目	如果将预设插入到音轨之一，则会在瞄准位置插入音频效果。Premiere Pro 会将视频效果附加到视频轨道项目的效果列表结尾。
视频轨道和音频项目	如果将预设插入到视频轨道之一，则会在瞄准位置插入视频效果。Premiere Pro 会将音频效果附加到每个链接音轨项目的效果结尾。

3.2.3　应用过渡

1. 应用过渡

在使用视频过渡效果时，需要将效果项目拖到前一视频剪辑的出点，或下一视频剪辑入点，或两个剪辑之间，如图 3-9 所示。

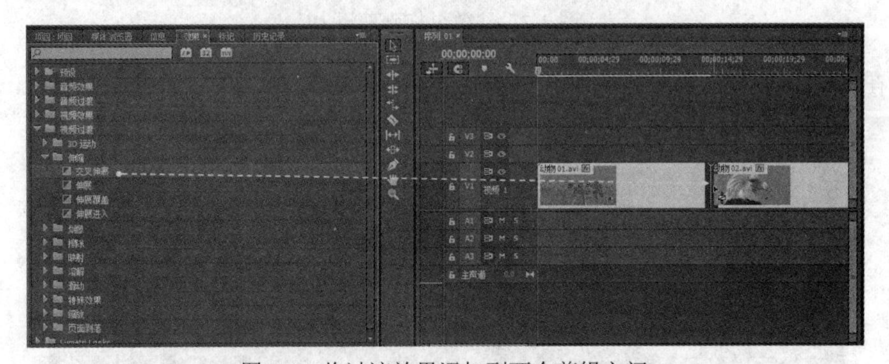

图 3-9　将过渡效果添加到两个剪辑之间

2. 添加过渡的剪切方式

在默认的状态下，在【时间轴】面板上放置两段相邻的剪辑，如果采用的是剪切方式，那么就是前一段剪辑的出点与下一段剪辑的入点紧密相连在一起。如果要为一个常见的过渡强调或添加一个效果，就可以应用过渡效果，如擦除、缩放或溶解等。运用场景的过渡，可以制作出一些赏心悦目的画面效果。如图 3-10 所示为两个风景视频应用【中心剥落】过渡的效果。

图 3-10　前一视频播放时的效果和过渡到后一视频的效果

3. 剪辑过渡帧和过渡

在大多数情况下，不希望过渡发生在场景的重要动作期间。过渡最适合与过渡帧（超出剪辑的入点和出点的额外帧）结合使用。

剪辑的源素材起点时间和素材入点之间的过渡帧有时称为头部素材，而素材出点和源素材终点时间之间的过渡帧有时称为尾部素材，如图 3-11 所示。

图 3-11　带有过渡帧的剪辑

4. 对齐方式

当拖动过渡效果到序列的两个剪辑之间的编辑点时，可以交互地控制过渡的对齐方式。其中对齐方式有三种，分别对应、、三种图标。

（1）：过渡与第一段剪辑的终点对齐，出现在不同轨道剪辑过渡时，或者两端剪辑不连续排列时，如图 3-12 所示。

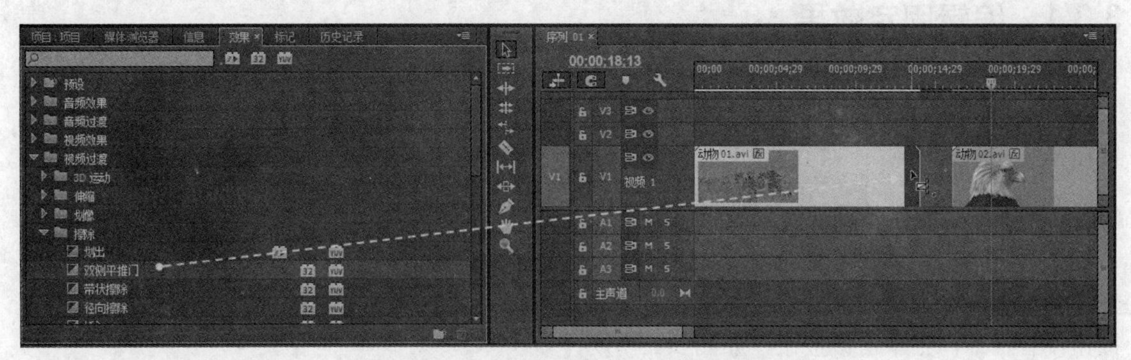

图 3-12　以对齐终点方式应用过渡效果

（2）：过渡与第二段剪辑的起点对齐，出现在不同轨道剪辑过渡时，或者两端剪辑不连续排列时，如图 3-13 所示。

（3）：过渡与编辑的中心对齐，出现在同一轨道且连续排列的剪辑过渡时，如图 3-14 所示。

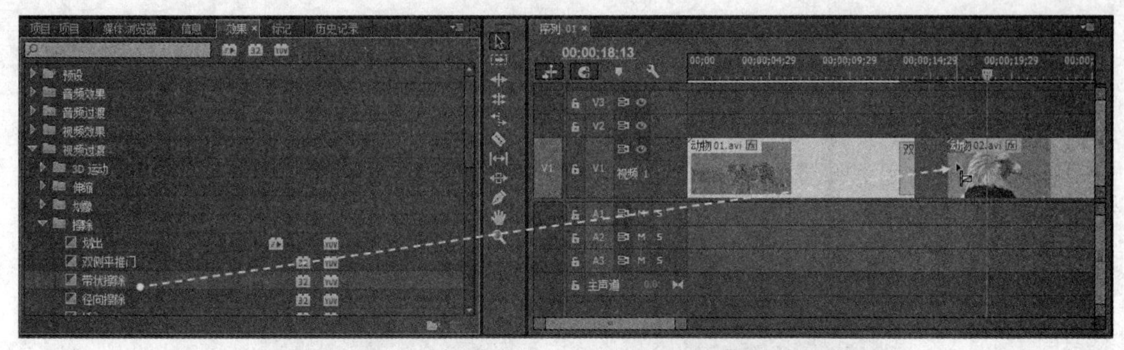

图 3-13　以对齐起点方式应用过渡效果

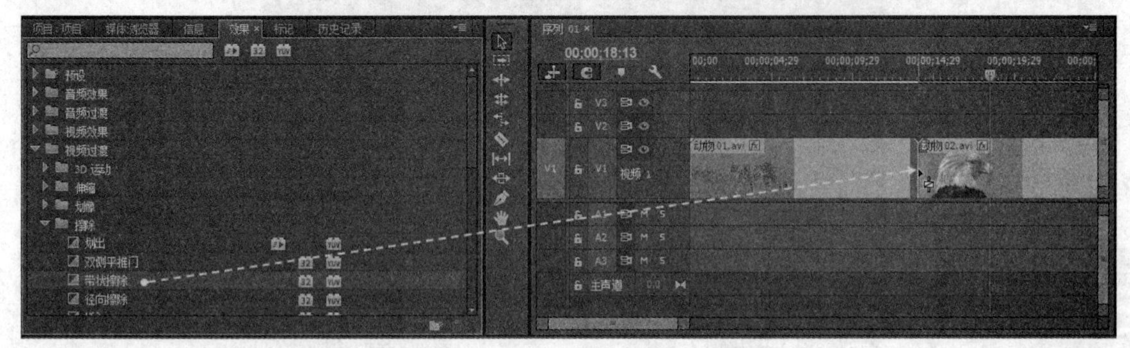

图 3-14　以中心对齐方式应用过渡效果

3.3　编辑与管理效果

将效果应用到剪辑后，效果的设置处于默认的状态。为了使效果适用不同的剪辑，可以在应用效果后，通过【效果控件】面板编辑效果。此外，为了方便日后应用效果，可以针对设计需求对效果进行不同的管理，如将编辑后的效果保存为预设效果。

3.3.1　编辑固定效果

固定效果可控制剪辑的固有属性，并且无论是否选择剪辑，【效果控件】面板中都会显示固定效果。通过编辑固定效果，可以调整剪辑的运动、不透明度、时间重映射、音量等基本属性。

动手操作　制作剪辑的淡入效果

1 打开光盘中的“..\Example\Ch03\3.3.1.prproj”练习文件，在序列上选择剪辑，然后打开【效果控件】面板，并打开【不透明度】列表，如果【不透明度】选项左侧的【切换动画】按钮没有按下，则单击该按钮，如图 3-15 所示。

2 将播放指示器移到剪辑的起点，然后单击【添加/移除关键帧】按钮，在剪辑起点处添加一个关键帧，如图 3-16 所示。

3 添加关键帧后，设置该关键帧的不透明度为 0%，如图 3-17 所示。

4 在【效果控件】面板右侧向右拖动播放指示器，然后在适当的位置停下并添加第二个关键帧，接着设置该关键帧的不透明度为 100%，如图 3-18 所示。

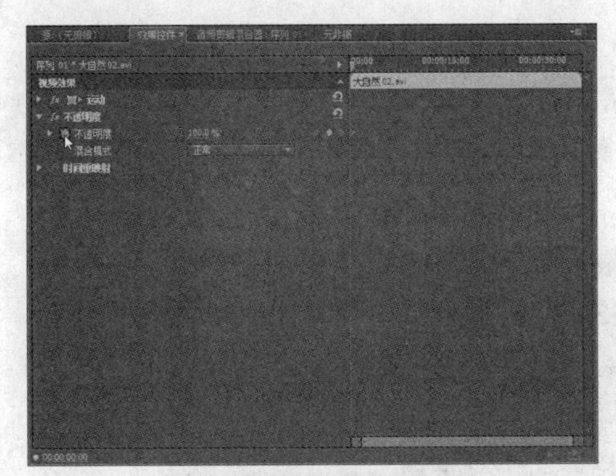

图 3-15　切换不透明度动画

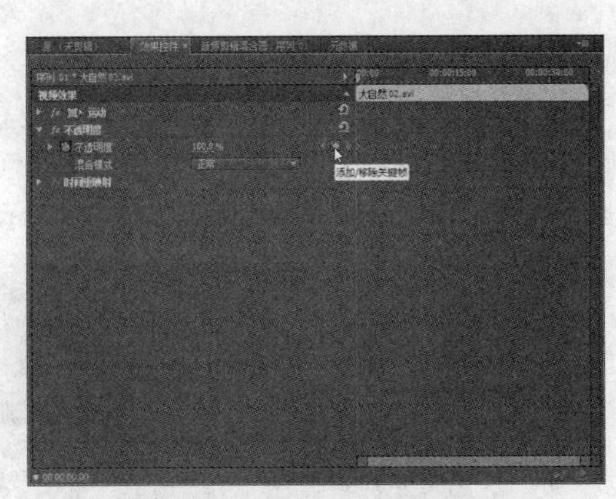

图 3-16　添加第一个关键帧

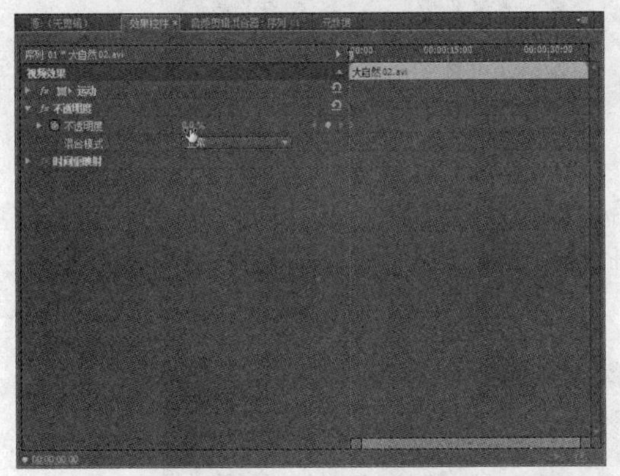

图 3-17　设置第一个关键帧的不透明度

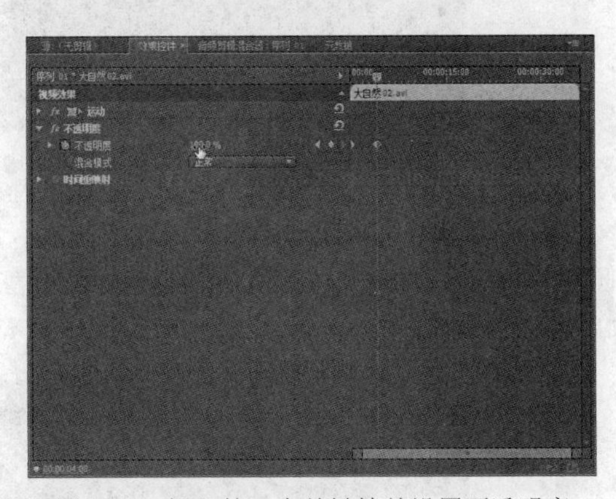

图 3-18　插入第二个关键帧并设置不透明度

5 在【节目监视器】面板中查看剪辑播放效果，此时可以看到剪辑从起点处从透明到完全显示地播放，如图 3-19 所示。

图 3-19　查看剪辑播放效果

3.3.2　编辑标准效果

将标准效果应用到剪辑上后，可以打开【效果控件】面板，调整效果的默认设置，使效果更加符合制作的要求。

动手操作　更改剪辑的颜色效果

1 打开光盘中的“..\Example\Ch03\3.3.2.prproj”练习文件，打开【效果】面板并打开【视频效果】|【图像控制】效果列表，找到【颜色平衡（RGB）】效果项目，然后将该效果拖到序列的【大自然 01.avi】剪辑上，如图 3-20 所示。

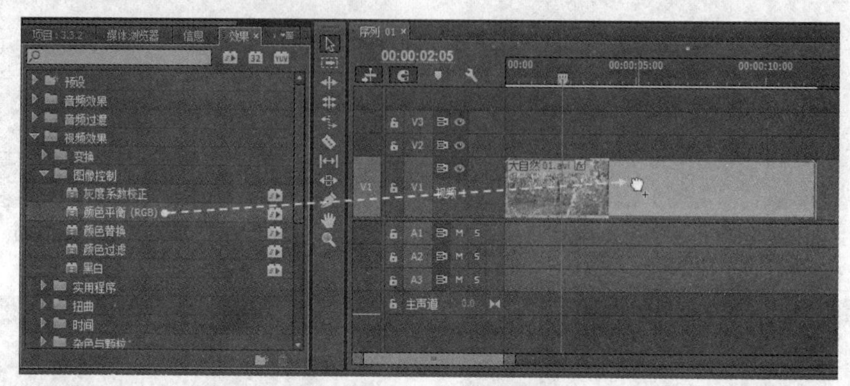

图 3-20　应用视频效果到剪辑

2 按 Shift+5 键打开【效果控件】面板，然后用鼠标按住【红色】项右侧的数值并向右轻拖动，将数值修改成 120，以增强视频的红色，此时可以通过【节目监视器】面板查看效果，如图 3-21 所示。

图 3-21　更改效果的红色参数

3 用鼠标按住【绿色】项右侧的数值并向左轻拖动，将数值修改成 80，以降低视频的绿色。设置数值的同时可以通过【节目监视器】面板查看效果，如图 3-22 所示。

图 3-22　更改效果的绿色参数

4 用鼠标按住【蓝色】项右侧的数值并向右轻拖动，将数值修改成 120，以增强视频的蓝色。设置数值的同时可以通过【节目监视器】面板查看效果，如图 3-23 所示。

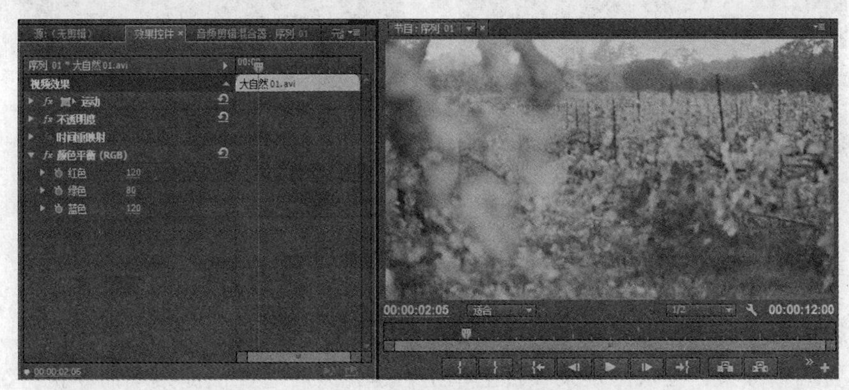

图 3-23　更改效果的蓝色参数

3.3.3　保存为预设效果

在编辑应用到剪辑上的效果后，可以将其设置为预设效果，以便下次直接套用编辑后的效果。

动手操作　保存为预设效果

1 通过【效果控件】面板编辑效果后，可以在效果项目上单击右键并选择【保存预设】命令，如图 3-24 所示。

2 在打开的【保存预设】对话框中设置效果项目的名称，然后再设置类型和描述，最后单击【确定】按钮即可，如图 3-25 所示。

3 在需要使用该效果时，可以打开【效果】面板，然后将此效果应用到剪辑即可，如图 3-26 所示。

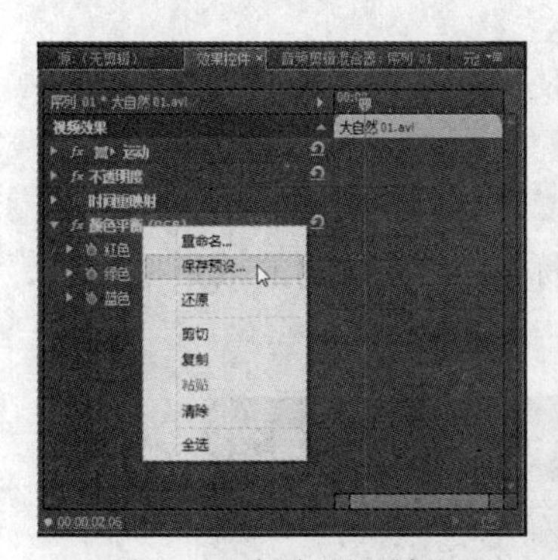

图 3-24　保存预设效果

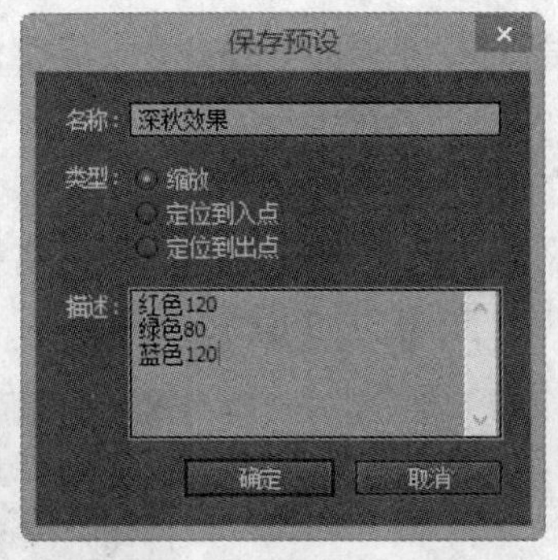

图 3-25　设置预设效果属性

图 3-26　查看保存为预设的效果

3.3.4　切换开关与编辑效果

1. 切换效果开关

将效果应用到剪辑后，效果默认处于打开状态。如果要关闭效果，可以在【效果控件】面板上单击效果项前的【切换效果开关】按钮 fx，如图 3-27 所示。

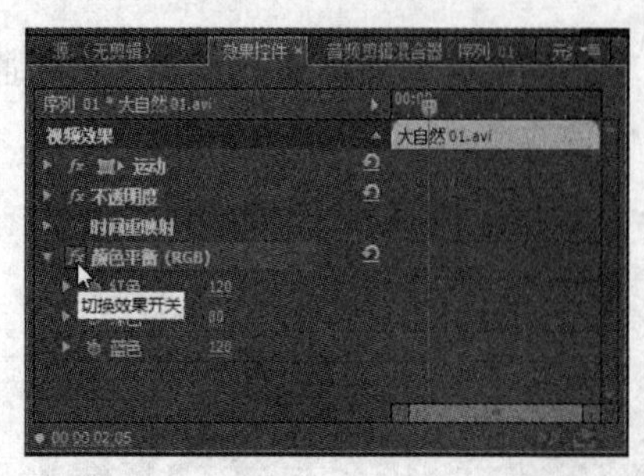

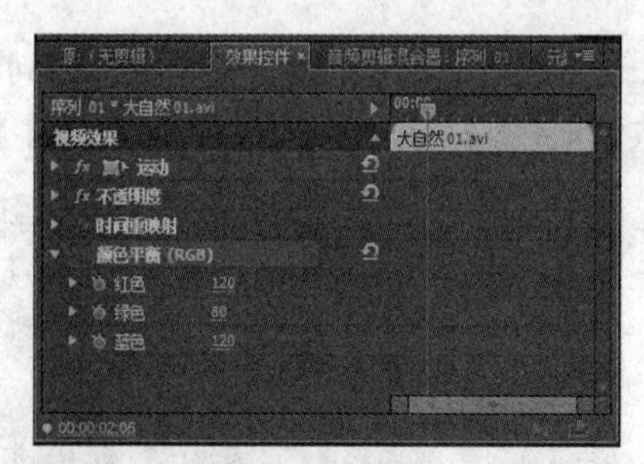

图 3-27　关闭效果

如果想要打开效果，再次单击【切换效果开关】按钮即可。

2. 编辑效果

如果想要编辑效果，可以在效果项目上单击右键，然后通过快捷菜单命令执行编辑，如清除效果、复制和粘贴效果、还原效果等，如图 3-28 所示。

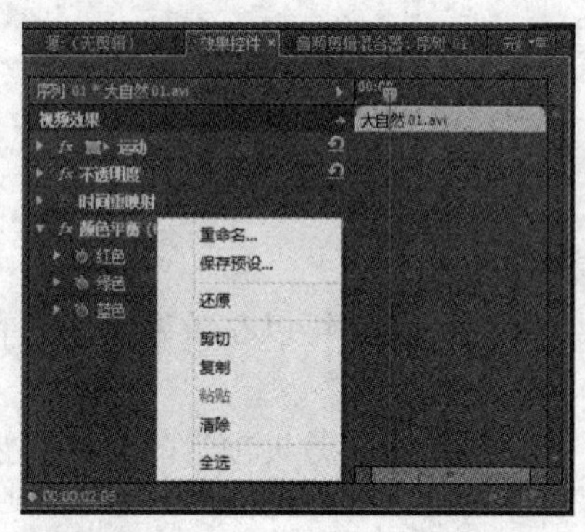

图 3-28　通过快捷菜单执行编辑命令

3.3.5　使用素材箱放置效果

可以将常用的效果放到一个自定义素材箱集中管理，以后要使用这些效果时，就不需要从那么多效果列表中寻找了。

可以单击【效果】面板右下角的【新建自定义素材箱】按钮，如图 3-29 所示。此时面板上会出现自定义素材箱，可以更改素材箱名称或者使用默认名称，然后将常用的效果拖到该素材箱，即可使效果放置在素材箱内，如图 3-30 所示。

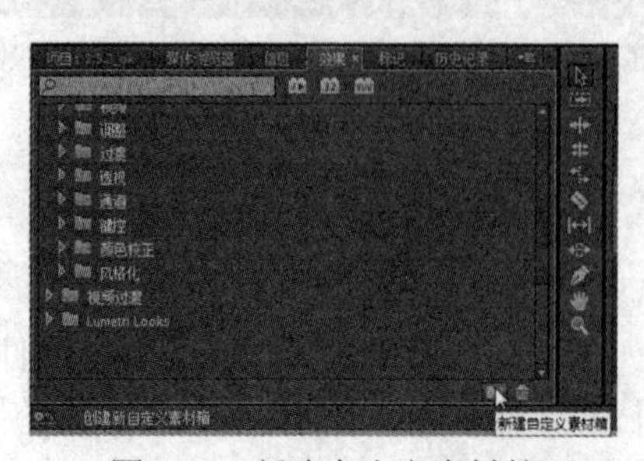

图 3-29　新建自定义素材箱

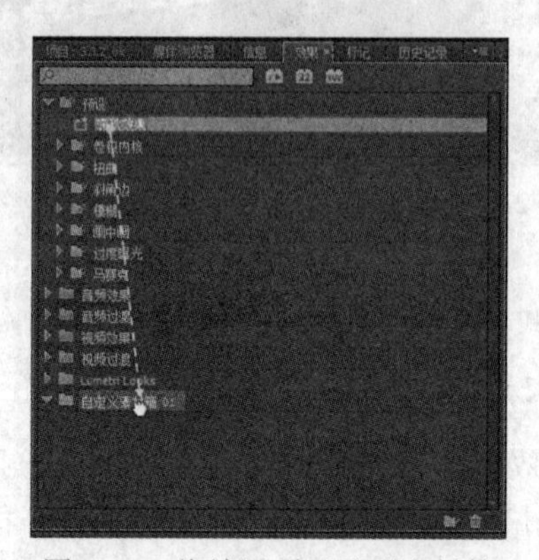

图 3-30　将效果项目移到素材箱

3.4 视频效果概述

在 Premiere Pro CC 中，视频效果包括 16 种效果分类，每种分类又包括不同数量的效果项目。

3.4.1 变换类效果

变换类效果主要是通过对画面的位置、方向和距离等参数进行调节，从而制作出画面视角变化的效果。

变换类效果包括垂直定格、垂直翻转、摄像机视图、水平定格、水平翻转、羽化边缘、裁剪 7 种效果。

- 垂直定格：此效果可以使视频产生垂直滚动播放的画面效果，如图 3-31 所示。
- 垂直翻转：此效果可以使视频以垂直方向翻转的画面显示，如图 3-32 所示。

图 3-31　应用垂直定格的视频效果

图 3-32　应用垂直翻转的视频效果

- 摄像机视图：此效果可以使用户通过经度、纬度和垂直滚动等选项调整视频画面的显示效果，如图 3-33 所示。
- 水平定格：此效果可以使视频在底部保持在水平位置不变，上部可以向左右两边偏移，如图 3-34 所示。

图 3-33　应用摄像机视图的视频效果

图 3-34　应用水平保持的视频效果

- 水平翻转：此效果可以使视频以水平方向翻转的画面显示，如图 3-35 所示。

- 羽化边缘：此效果可以使视频画面边缘产生羽化效果，如图 3-36 所示。
- 裁剪：此效果可以从左侧、右侧、顶部和底部裁剪视频画面。

图 3-35　应用水平翻转的视频效果

图 3-36　应用羽化边缘的视频效果

3.4.2　图像控制类效果

图像控制类效果主要是通过各种方法对剪辑画面中的特定颜色像素进行处理，从而制作出特殊的视觉效果。

图像控制类效果包括灰度系数校正、颜色过滤、颜色平衡（RGB）、颜色替换、黑白 5 种效果。

- 灰度系数校正：灰度系数校正用于调整由设备（通常是显示器）产生的中间调的亮度值，较高的灰度系数值产生总体较暗的显示效果，如图 3-37 所示。
- 颜色过滤：影像在传递过程中会产生颜色损失的情况。这种效果模拟的就是颜色过滤中损失颜色的画面效果，如图 3-38 所示。

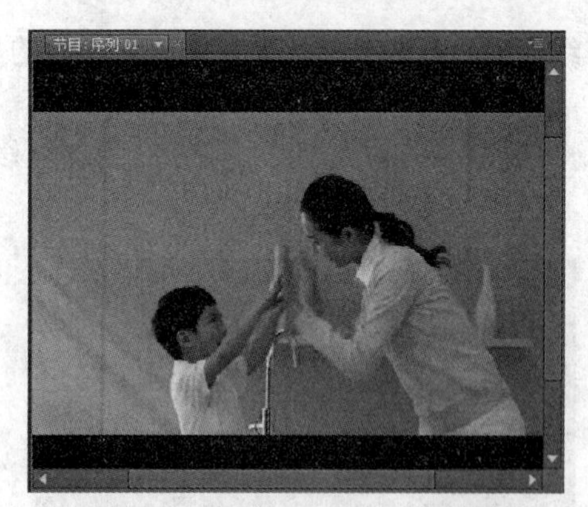

图 3-37　应用灰度系数校正的视频效果

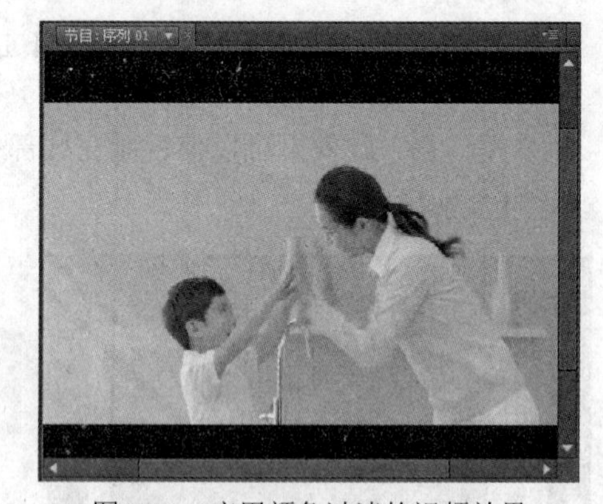

图 3-38　应用颜色过滤的视频效果

- 颜色平衡（RGB）：此效果可以通过 RGB（红色、绿色、蓝色）颜色纠正或做出画面偏色效果，如图 3-39 所示。
- 颜色替换：此效果可以设置一种目标颜色，然后设置另外一种替换颜色替换目标颜色，如图 3-40 所示。
- 黑白：此效果可以使画面产生完全灰度的效果。常用来制作黑白电视播放的效果，如图 3-41 所示。

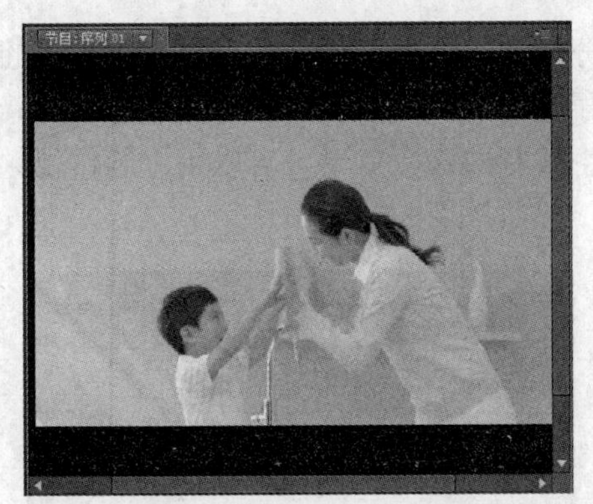
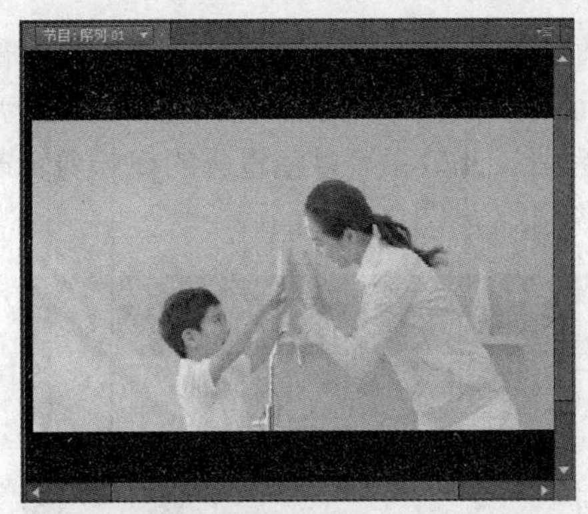

图 3-39　原视频与应用颜色平衡效果后的视频效果

图 3-40　应用颜色替换的视频效果

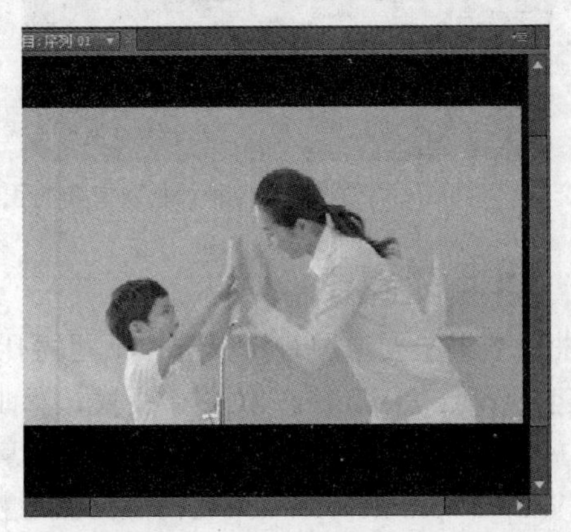

图 3-41　应用黑白的视频效果

3.4.3　实用程序与时间类效果

实用程序类效果主要是通过调整画面的黑白斑来调整画面的整体效果，此类效果只有“Cineon 转换器”1 种效果。如图 3-42 所示为没有应用效果与应用“Cineon 转换器”效果的对比。

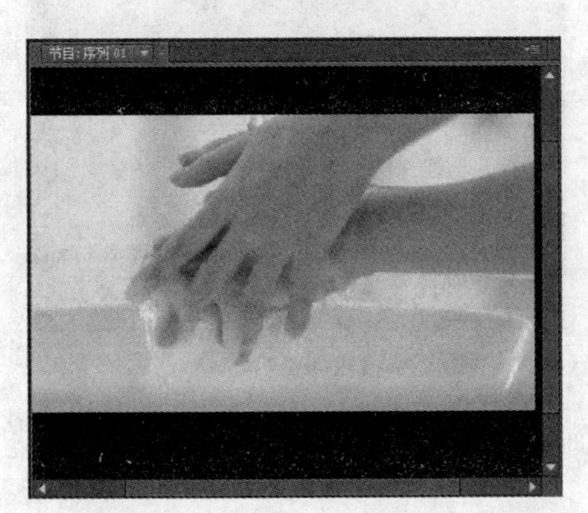

图 3-42　原视频与应用效果后的对比

时间类效果主要是通过处理视频的相邻帧变化来制作特殊的视觉效果。此类效果包括抽帧时间和残影 2 种效果。

- 抽帧时间：此效果是指将视频剪辑中部分帧抽出，以制作出具有空间停顿感的运动画面，一般用于娱乐节目和现场破案等片子当中。
- 残影：此效果可以使重叠的视频剪辑产生残影的画面效果，可以用于制作视频结尾的效果，如图 3-43 所示。

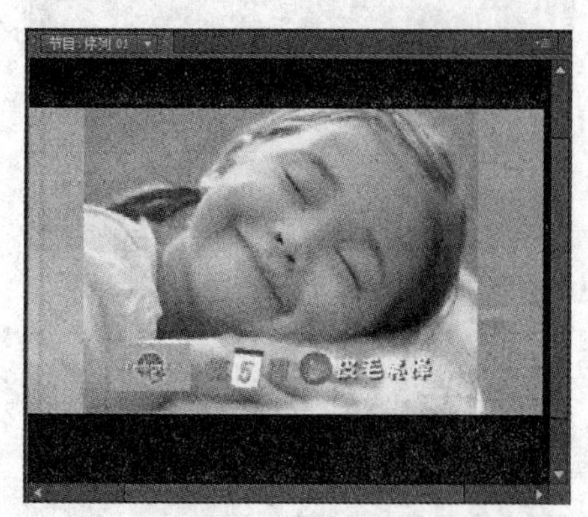
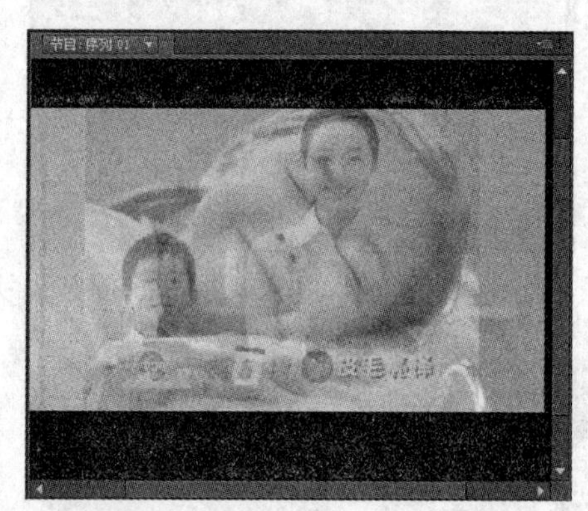

图 3-43　两个视频重叠的正常效果与应用残影的视频效果

3.4.4　扭曲类效果

扭曲类效果主要通过对影像进行不同的几何扭曲变形来制作各种各样的画面变形效果。此类效果包括 Warp Stabilizer、位移、变换、弯曲、放大、旋转、波形变形、球面化、紊乱置换、边角定位、镜像、镜头扭曲和果冻效应修复等 13 种效果。

- Warp Stabilizer：此效果可消除因摄像机移动造成的抖动，从而可将摇晃的手持素材转变为稳定、流畅的拍摄内容。
- 位移效果：此效果可以在保持源画面的基础上，增加覆层画面，并使覆层画面产生偏移。从而使两个画面重叠产生重影的效果，如图 3-44 所示。

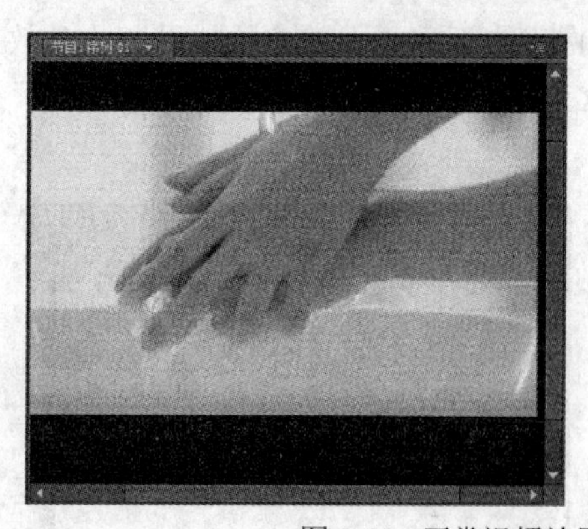
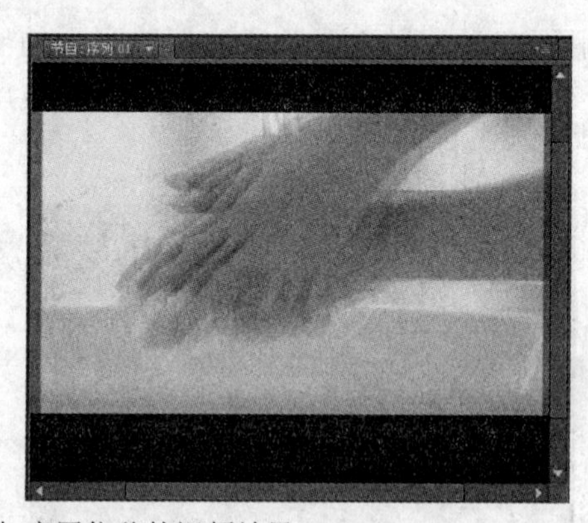

图 3-44　正常视频效果与应用位移的视频效果

- 变换：此效果可以改变画面的形状，对画面进行旋转、缩放、扭曲和移动的处理，如图 3-45 所示。
- 弯曲：此效果可以使画面产生画面弯曲的效果，如图 3-46 所示。

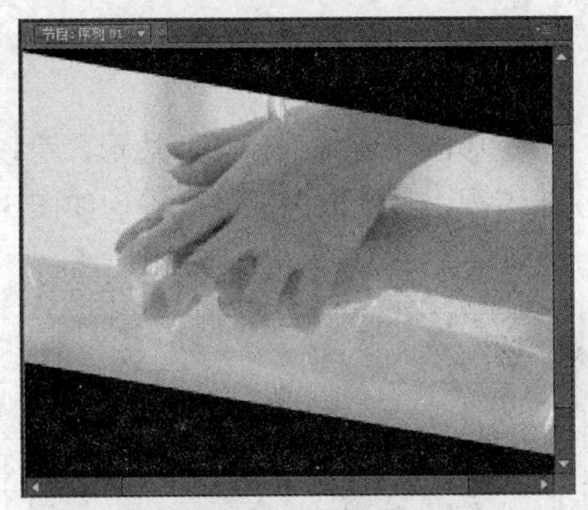

图 3-45　应用变换的视频效果

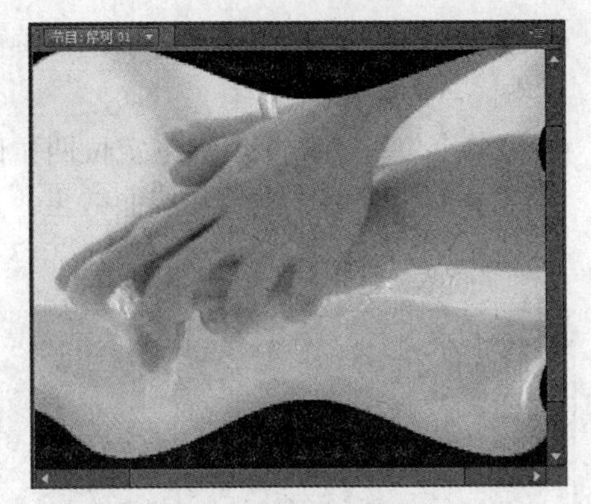

图 3-46　应用弯曲的视频效果

- 放大：此效果可以放大画面指定部分的图像。放大范围和位置可以通过更改参数进行调整，如图 3-47 所示。
- 旋转：此效果可以使画面中心不变，边缘产生旋转扭曲的效果。扭曲的角度可以更改，如图 3-48 所示。

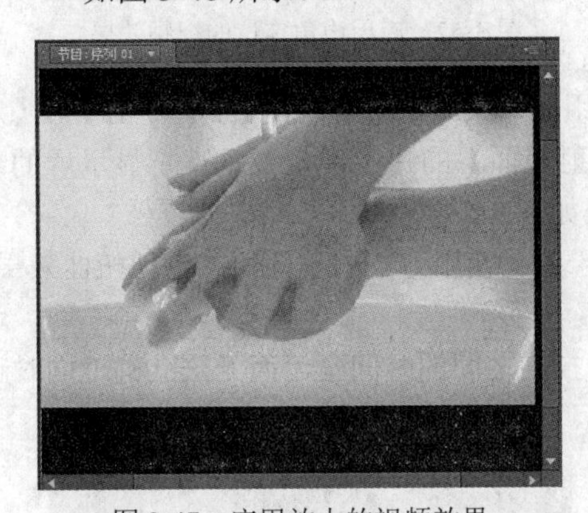

图 3-47　应用放大的视频效果

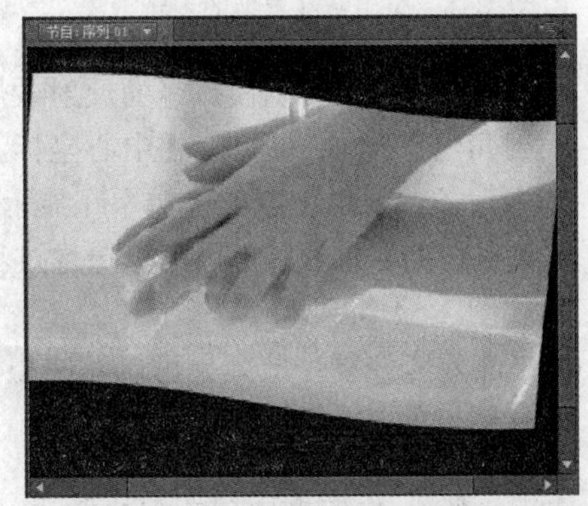

图 3-48　应用旋转的视频效果

- 波形变形：此效果可以使画面产生波形类型的变形效果，其中波形类型可以设置为正弦、正方形、三角形、圆形、半圆形等，如图 3-49 所示。
- 球面化：此效果可以制作画面以球面变化的视觉效果。可以调整球面半径和球面中心的数值，如图 3-50 所示。

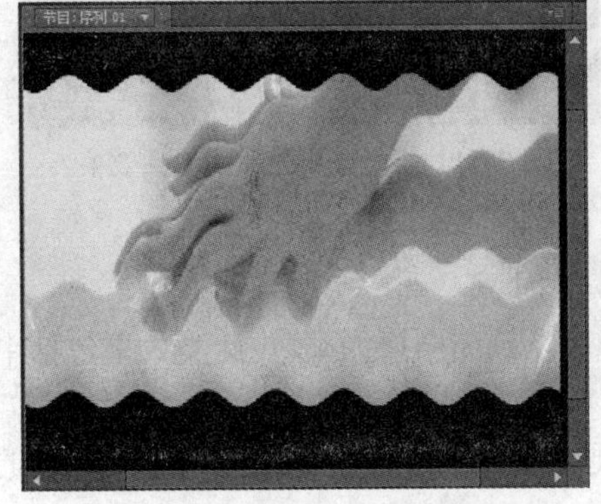

图 3-49　应用波形变形的视频效果

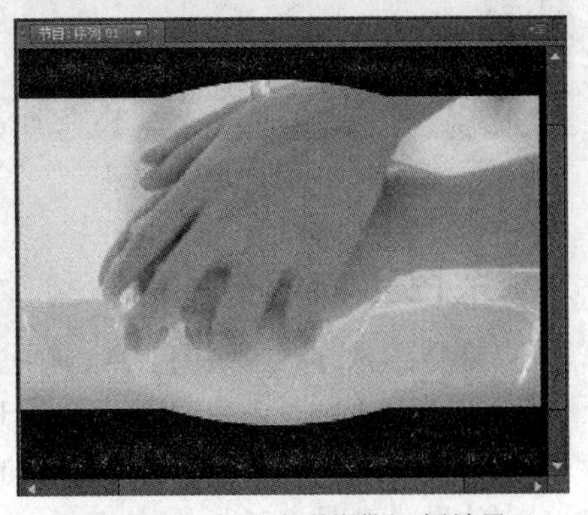

图 3-50　应用球面化的视频效果

- 紊乱置换：此效果用碎片杂色在画面上制造紊乱扭曲，如似水流、湍流、凸出等，如图 3-51 所示。
- 边角定位：此效果通过重定位四角的坐标将一个矩形图像变化为任意四边形，可以产生拉伸、收缩、倾斜和扭曲效果。通常用于模仿透视、打开大门的效果等，如图 3-52 所示。

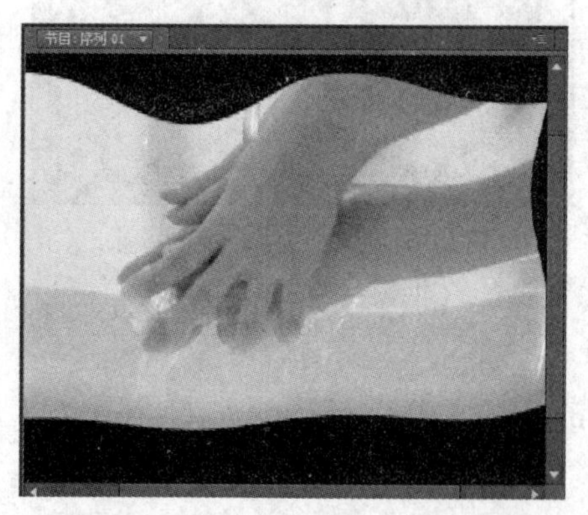
图 3-51　应用紊乱置换的视频效果

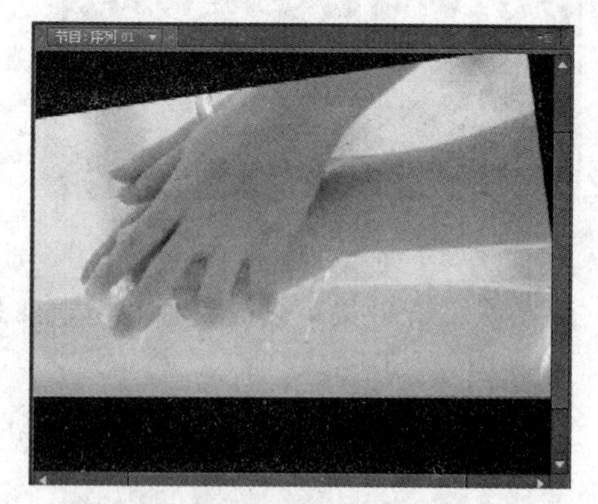
图 3-52　应用边角定位的视频效果

- 镜像：此效果可以模拟镜面反射效用。在应用此效果时，需要设置【反射中心】和【反射角度】选项。另外，【中心坐标】和【反射镜面】的角度决定了垂直于显示屏的一面镜子，反射生成的镜像不在显示平面内，如图 3-53 所示。
- 镜头扭曲：此效果可以模拟摄像过程中，由于镜头使用方式的不同所产生的扭曲效果，如图 3-54 所示。
- 果冻效应修复：此效果可以解决摄像机由于扫描之间的时间延迟而无法准确地同时记录图像的部分问题。

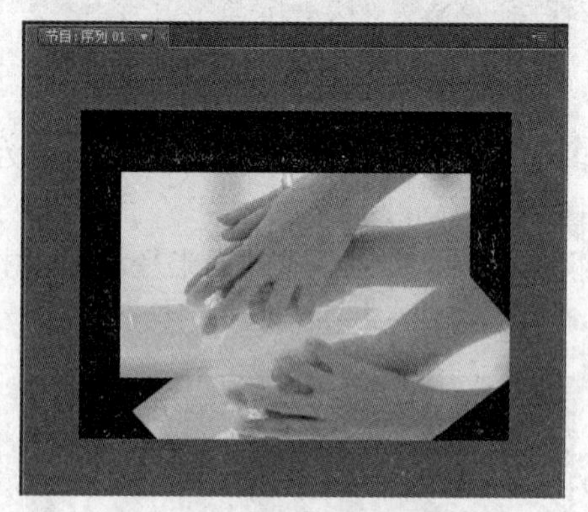
图 3-53　应用镜像的视频效果

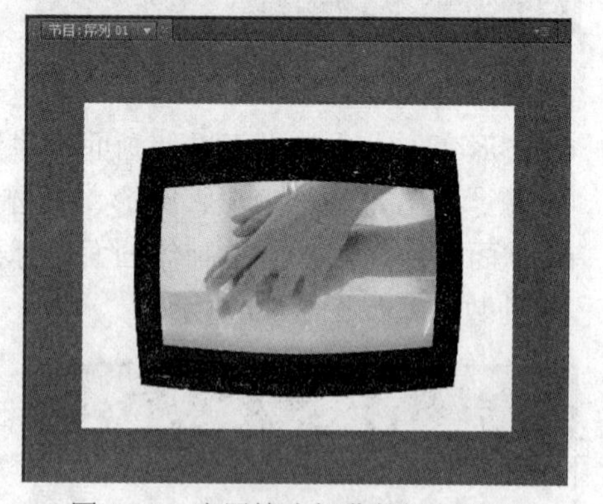
图 3-54　应用镜头扭曲的视频效果

3.4.5　杂色与颗粒类效果

杂色与颗粒类效果主要用于去除画面中的杂色或者在画面中增加杂色。此类效果包括中间值、杂色、杂色 Alpha、杂色 HLS、杂色 HLS 自动、蒙尘与划痕 6 种效果。

- 中间值：此效果可以去除视频画面的杂色，通过去除的程度使画面显示不同程度的模糊效果，如图 3-55 所示。

图 3-55　正常视频与应用中间值的视频效果

- 杂色与杂色 Alpha：这两种效果都可以为视频画面增加杂色，不同的是杂色效果增加的杂色呈现彩色，如图 3-56 所示；杂色 Alpha 效果增加的杂色使画面产生透明效果，如图 3-57 所示。

图 3-56　应用杂色的视频效果

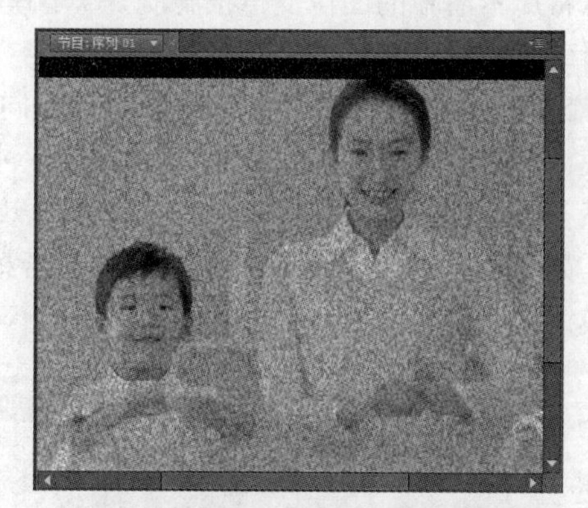

图 3-57　应用杂色 Alpha 的视频效果

- 杂色 HLS 与杂色 HLS 自动：这两种效果同样可以为视频画面增加杂色，与其他杂色效果不同，这两种效果可以通过 HLS 色彩模型（Hue 色相、Lightness 明度、Saturation 饱和度）调节杂色效果，如图 3-58 和 3-59 所示。

图 3-58　应用杂色 HLS 的视频效果

图 3-59　应用杂色 HLS 自动的视频效果

- 蒙尘与划痕：此效果通过更改相异的像素减少画面的杂色，如图 3-60 所示。

图 3-60　正常视频与应用蒙尘与划痕的视频效果

3.4.6　模糊与锐化类效果

模糊与锐化类效果主要用于柔化或者锐化图像或边缘过于清晰或对比度过强的图像区域，可以将原本清晰的图像变得很朦胧，以至模糊不清楚。这种效果常用于制作视频开始由模糊到清晰或者结尾由清晰到模糊的画面效果。

模糊与锐化类效果包括复合模糊、方向模糊、快速模糊、相机模糊、重影、消除锯齿、通道模糊、锐化、非锐化遮罩和高斯模糊 10 种效果。这 10 种模糊效果与锐化效果所应用的原理虽然不一样，但其作用都是制作模糊画面效果或强化画面效果。

如图 3-61 所示为正常视频与应用复合模糊的视频效果。如图 3-62 到图 3-69 所示为其他模糊或锐化的效果。

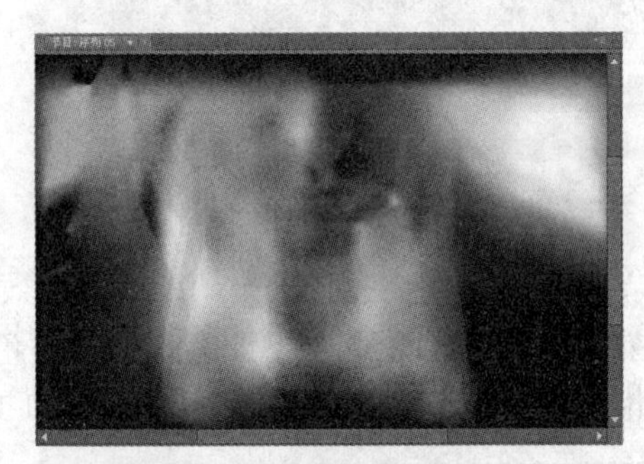

图 3-61　正常视频效果和应用复合模糊的视频效果

图 3-62　应用方向模糊的视频效果

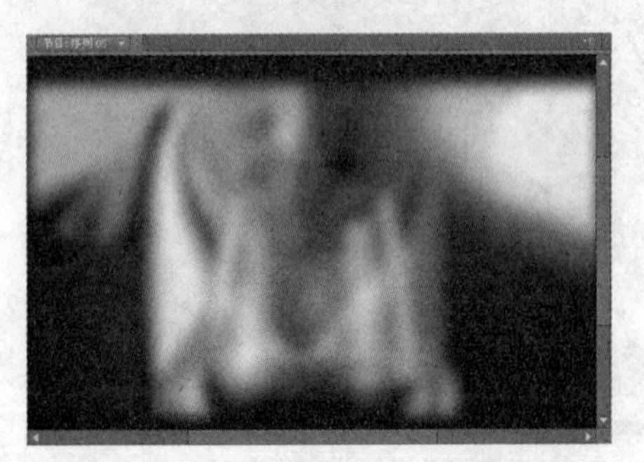

图 3-63　应用快速模糊的视频效果

图 3-64　应用相机模糊的视频效果

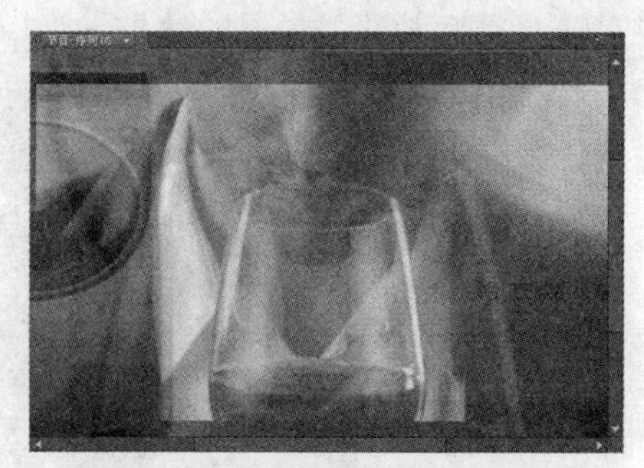

图 3-65　应用重影的视频效果

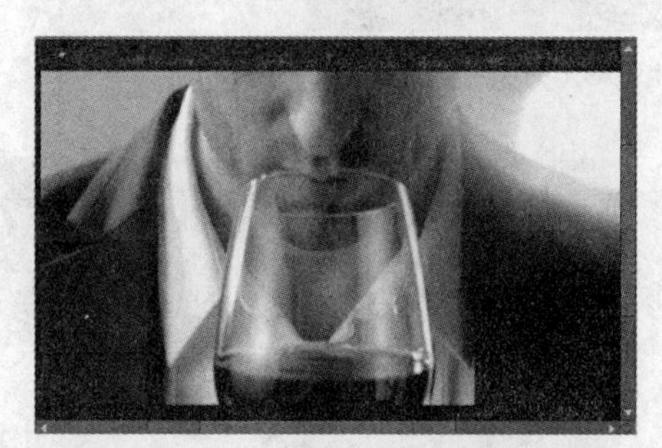

图 3-66　应用消除锯齿的视频效果

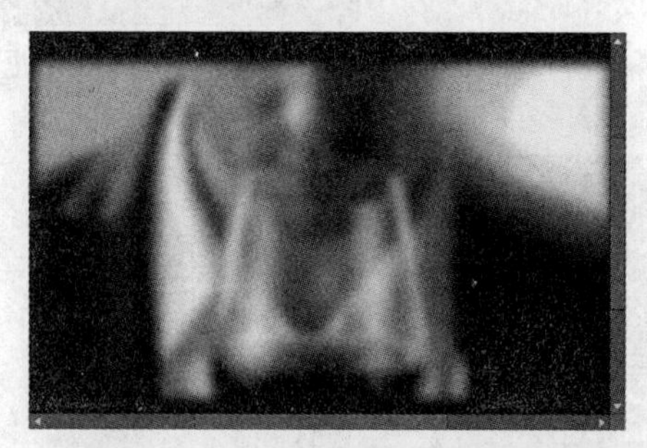

图 3-67　应用通道模糊的视频效果

图 3-68　应用锐化的视频效果

图 3-69　应用非锐化遮罩的视频效果

3.4.7　其他视频效果

Premiere Pro CC 除了上述常用的视频效果外，还包括生成类、颜色校正类、视频类、调整类、过渡类、透视类、通道类、键控类、风格化类视频效果。

1. 生成类效果

生成类效果是经过优化分类后新增加的一类效果。这类效果主要有书写、圆形、吸管填充、四色渐变、单元格图案、椭圆、棋盘、油漆桶、渐变、网格、镜头光晕和闪电等 12 种效果。

2. 颜色校正类效果

颜色校正类效果主要用于对剪辑画面颜色校正处理。这类效果包括 Lumetri、RGB 曲线、RGB 颜色校正器、三向颜色校正器、亮度与对比度、亮度曲线、亮度校正器、广播级颜色、快速颜色校正器、更改为颜色、更改颜色、分色、均衡、色调、视频限幅器、颜色平衡、颜色平衡（HLS）、通道混合器等 18 种效果。如图 3-70 所示为正常视频效果，如图 3-71 到图 3-74

所示为应用不同颜色校正类效果的结果。

图 3-70　正常的视频效果

图 3-71　应用三向颜色校正器的视频效果

图 3-72　应用均衡的视频效果

图 3-73　应用更改为颜色的视频效果

图 3-74　应用色调的视频效果

3. 视频类效果

视频类效果主要是通过对剪辑添加时间码，显示当前视频播放的时间。此类效果有“时间码”和“剪辑名称”两种效果。

4. 调整类效果

调整类效果用于修复原始剪辑的偏色或者曝光不足等方面的缺陷，也可以调整颜色或者亮度来制作特殊的色彩效果。

此类效果包括 ProcAmp、卷积内核、提取、光照效果、自动对比度、自动色阶、自动颜色、色阶、阴影/高光 9 种效果。如图 3-75 与图 3-76 所示为应用调整类效果的结果。

图 3-75 应用光照效果的视频效果

图 3-76 应用阴影/高光的视频效果

5. 过渡类效果

过渡类效果主要用于场景过渡（转换），其用法与“视频过渡”类效果类似，但是需要设置关键帧才能产生转场效果。此类效果包括块溶解、径向擦除、渐变擦除、百叶窗、线性擦除 5 种效果。如图 3-77 与图 3-78 所示为应用过渡类效果的结果。

图 3-77 应用块溶解的视频效果

图 3-78 应用百叶窗的视频效果

6. 透视类效果

透视类效果主要用于制作三维立体效果和空间效果，包括基本 3D、放射阴影、斜角边、斜角 Alpha、投影 5 种效果。如图 3-79 到图 3-82 所示为应用透视类效果的结果。

图 3-79 应用斜角边的视频效果

图 3-80 应用斜角 Alpha 的视频效果

图 3-81 应用基本 3D 的视频效果

图 3-82 应用放射阴影的视频效果

7. 通道类效果

通道类效果主要是利用图像通道的转换与插入等方式来改变图像，从而制作出各种特殊效果。此类效果包括反转、纯色合成、复合计算、混合、算法、计算和设置遮罩 7 种效果。如图 3-83 到图 3-86 所示为应用通道类效果的结果。

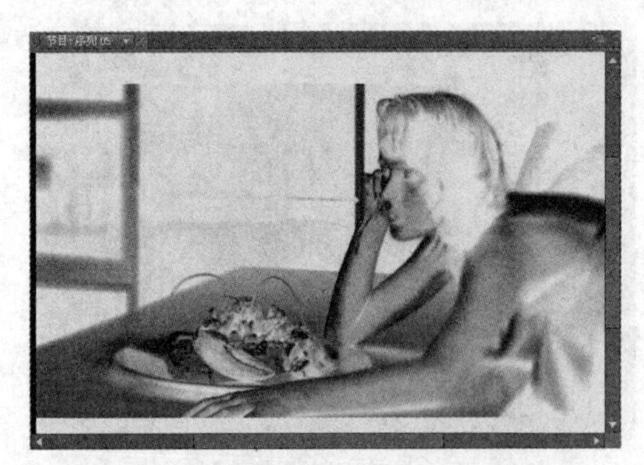

图 3-83 应用反转的视频效果

图 3-84 应用复合计算的视频效果

图 3-85 应用纯色合成的视频效果

图 3-86 应用混合的视频效果

8. 键控类效果

键控类效果主要用于对图像进行抠像操作，通过各种抠像方式和不同画面图层叠加方法来合成不同的场景或者制作各种无法拍摄的画面。

此类效果包括16点无用信号遮罩、4点无用信号遮罩、8点无用信号遮罩、Alpha调整、RGB差异键、亮度键、图像遮罩键、差异遮罩、极致键、移除遮罩、色度键、蓝屏键、轨道遮罩键、非红色键和颜色键等15种效果。如图3-87所示为应用色度键的视频效果，如图3-88所示为应用差异遮罩的视频效果。

图3-87 应用色度键的视频效果

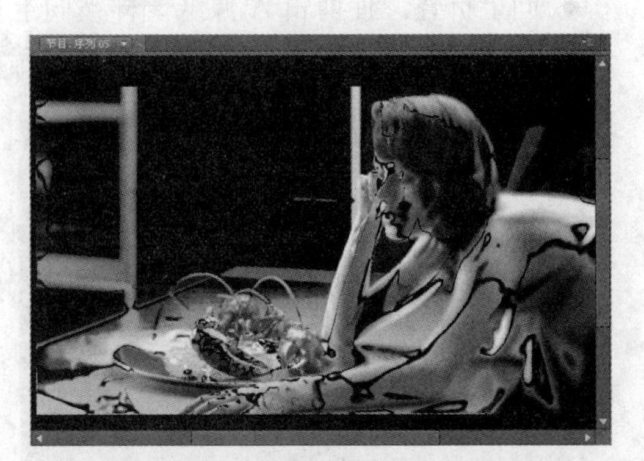

图3-88 应用差异遮罩的视频效果

9. 风格化类效果

风格化类效果主要是通过改变图像中的像素或者对图像的颜色进行处理，从而产生各种抽象派或者印象派的作品效果，也可以模仿其他门类的艺术作品，如浮雕、素描等。

此类效果包括Alpha发光、复制、彩色浮雕、抽帧、曝光过度、查找边缘、浮雕、画笔描绘、纹理化、粗糙边缘、闪光灯、阈值和马赛克等13种效果。如图3-89所示为应用彩色浮雕的视频效果，如图3-90所示为应用画笔描绘的视频效果。

图3-89 应用彩色浮雕的视频效果

图3-90 应用画笔描绘的视频效果

3.5 视频过渡概述

视频过渡是一种通过不同的剪辑交替播放时产生的变换效果，它可以使剪辑中的各个视频片段有更融合的效果，避免产生突然改变场景的情况。

Premiere Pro CC提供了10种类型的过渡效果，可以通过这些效果为视频制作不同的视频过渡效果。

3.5.1 3D 运动类过渡

3D 运动类过渡效果可以使剪辑片段产生各种 3D 的过渡效果。此类效果包括向上折叠、帘式、摆入、摆出、旋转、旋转离开、立方体旋转、筋斗过渡、翻转、门 10 种效果。

- 向上折叠：使剪辑 A 像纸一样被向上折叠，显示剪辑 B。
- 帘式：使剪辑 A 如同窗帘一样被拉起，显示剪辑 B，如图 3-91 所示。

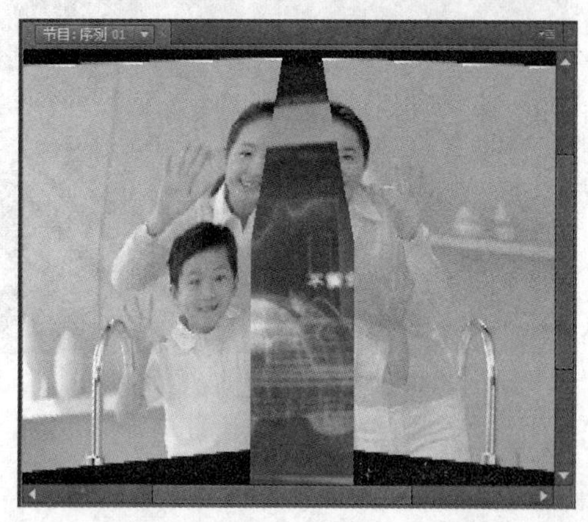

图 3-91 应用帘式的过渡效果

- 摆入：使剪辑 B 过渡到剪辑 A 产生内关门的效果。
- 摆出：使剪辑 B 过渡到剪辑 A 产生外关门的效果。
- 旋转：使剪辑 B 从剪辑 A 中心展开。
- 旋转离开：使剪辑 B 从剪辑 A 中心旋转出现。
- 立方体旋转：使剪辑 A 和剪辑 B 分别以立方体两个面过渡转换，如图 3-92 所示。

图 3-92 应用立方体旋转的过渡效果

- 筋斗过渡：使剪辑 A 旋转翻入剪辑 B。
- 翻转：使剪辑 A 翻转到剪辑 B。
- 门：使剪辑 B 如同关门一样覆盖剪辑 A。

3.5.2 伸缩类过渡

伸缩类过渡效果包括了交叉伸展、伸展、伸展覆盖、伸展进入 4 种效果。

- 交叉伸展：使剪辑 A 逐渐被剪辑 B 平行挤压替代，如图 3-93 所示。
- 伸展：使剪辑 A 从一边伸展覆盖剪辑 B。
- 伸展覆盖：使剪辑 B 拉伸出现，逐渐代替剪辑 A。
- 伸展进入：使剪辑 B 在剪辑 A 的中心横向伸展，如图 3-94 所示。

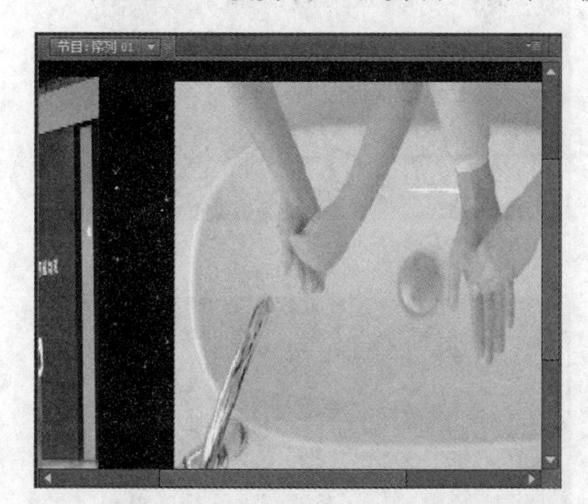
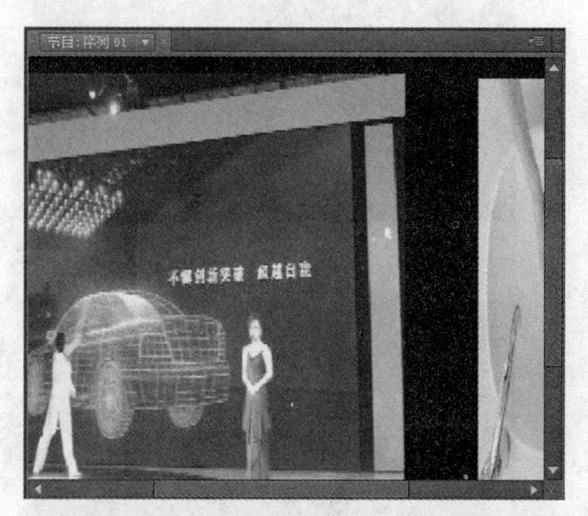

图 3-93　应用伸展的过渡效果

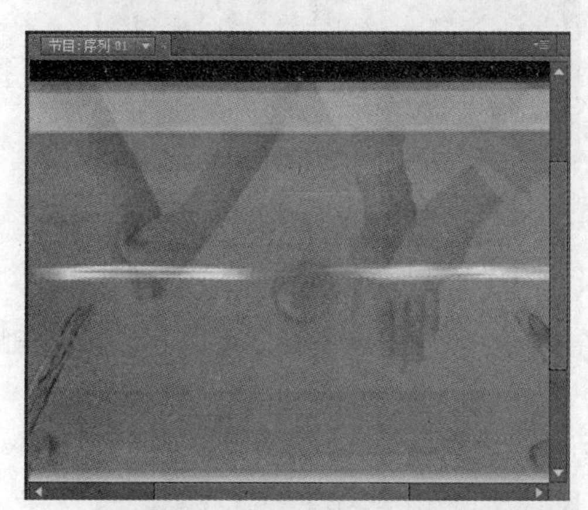
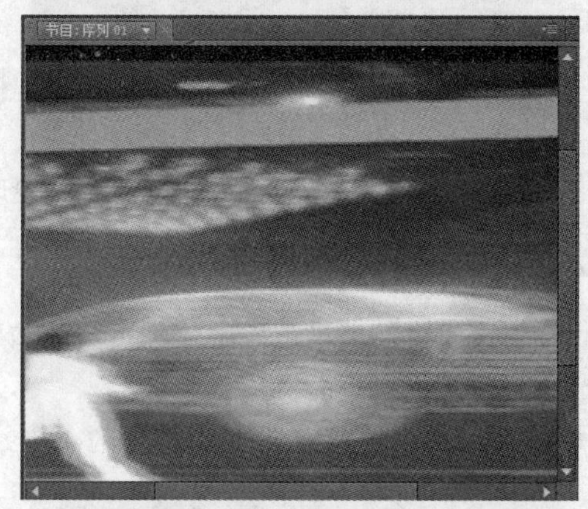

图 3-94　应用伸展进入的过渡效果

3.5.3　划像类过渡

划像类过渡效果可以将影像按照不同的形状在画面上展开（如光圈展开一样），最后覆盖另一个影像。

划像类过渡效果包括交叉划像、划像形状、圆划像、星形划像、点划像、盒形划像、菱形划像 7 种效果。

- 交叉划像：使剪辑 B 呈十字形从剪辑 A 中展开，如图 3-95 所示。
- 划像形状：使剪辑 B 呈矩形从剪辑 A 中展开。
- 圆划像：使剪辑 B 呈圆形从剪辑 A 中展开。
- 星形划像：使剪辑 B 呈星形从剪辑 A 中展开。
- 点划像：使剪辑 B 呈斜角十字形从剪辑 A 中展开。
- 盒形划像：使剪辑 B 产生多个规则形状从剪辑 A 中展开，可以设置图形数值、类型。
- 菱形划像：使剪辑 B 呈菱形从剪辑 A 中展开，如图 3-96 所示。

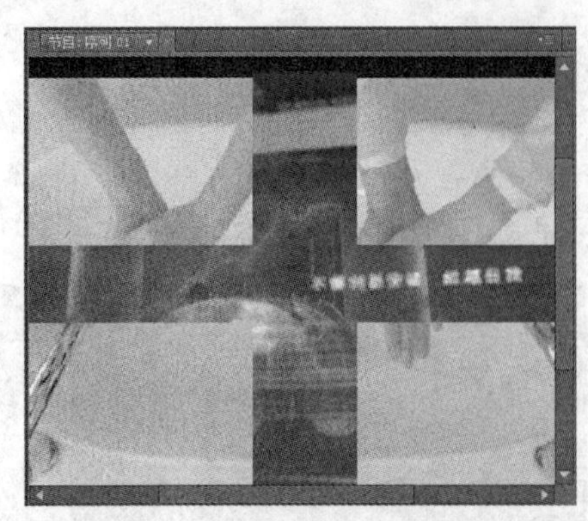

图 3-95　应用交叉划像的过渡效果

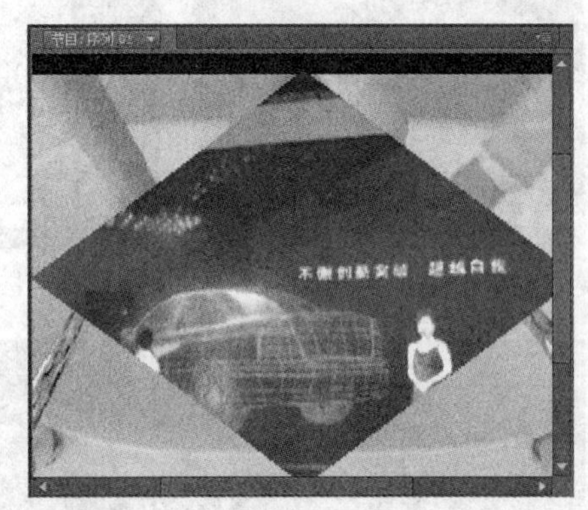

图 3-96　应用菱形划像的过渡效果

3.5.4　页面剥落类过渡

页面剥落类过渡效果可以制作卷页式的剪辑过渡视觉效果。此类效果包括中心剥落、剥开背面、卷走、翻页、页面剥落 5 种效果。

- 中心剥落：使剪辑 A 在中心分为 4 块分别向四角卷起，显示剪辑 B，如图 3-97 所示。

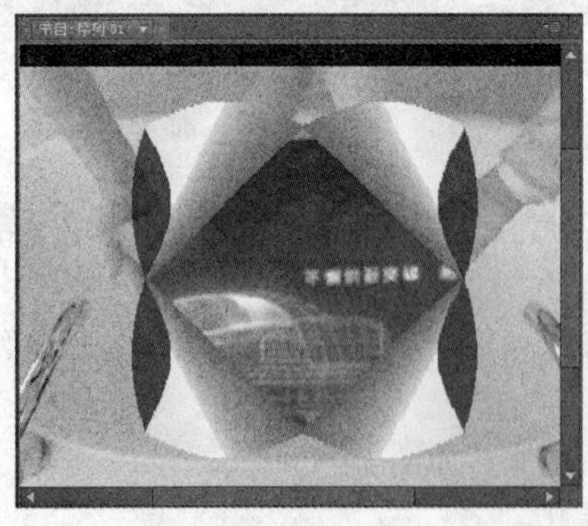
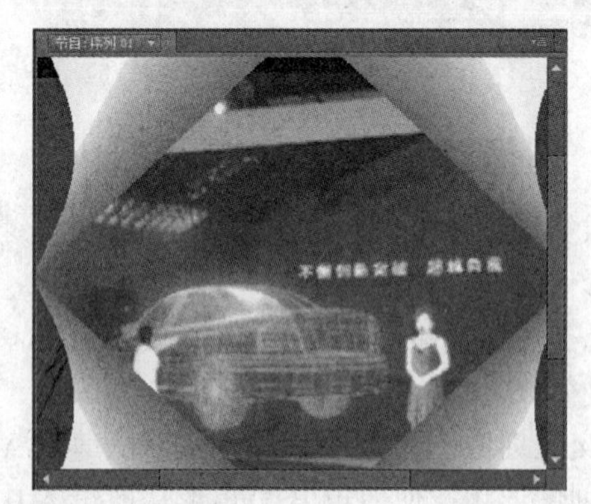

图 3-97　应用中心剥落的过渡效果

- 剥开背面：使剪辑 A 由中心点向四周分别被卷起，显示剪辑 B，如图 3-98 所示。
- 卷走：使剪辑 A 像纸一样被翻面卷起，显示剪辑 B。
- 翻页：使剪辑 A 从左上角向右下角卷动，显示剪辑 B，如图 3-99 所示。
- 页面剥落：使剪辑 A 产生卷轴卷起效果，显示剪辑 B。

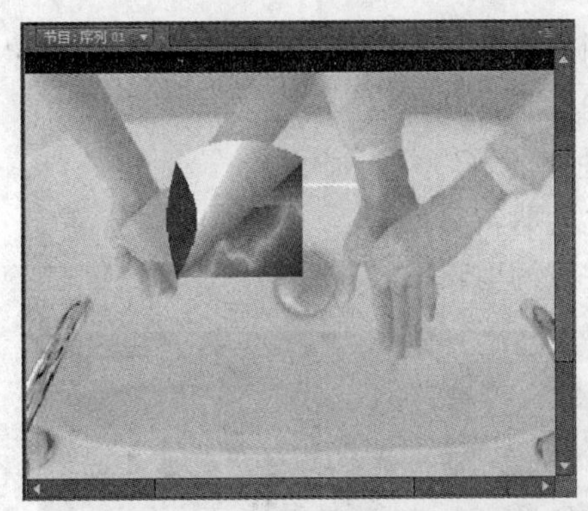

图 3-98　应用剥开背面的过渡效果

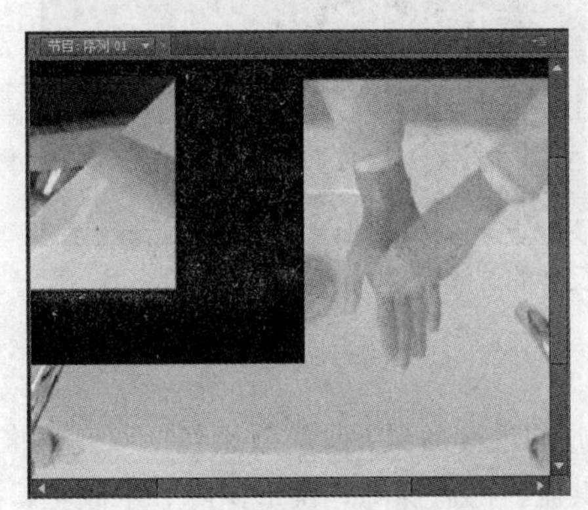
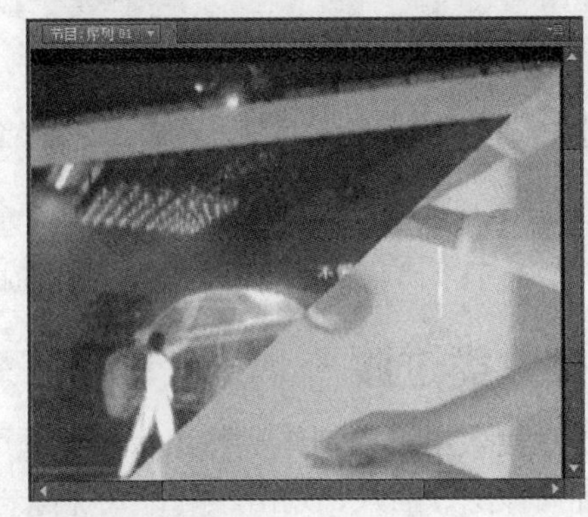

图 3-99　应用翻页的过渡效果

3.5.5　溶解类过渡

溶解类过渡效果主要是根据两个剪辑相似的色彩和亮度等，使其产生淡入淡出的效果。此类效果包括交叉溶解、抖动溶解、渐隐为白色、叠加溶解、随机反转、非叠加溶解、渐隐为黑色、胶片溶解 8 种效果。

- 交叉溶解：使剪辑 A 淡化为剪辑 B，这种效果为标准的淡入淡出过渡效果，如图 3-100 所示。
- 抖动溶解：使剪辑 B 以点的方式出现，取代剪辑 A。
- 渐隐为白色：使剪辑 A 以变亮的模式淡化为剪辑 B。
- 叠加溶解：使剪辑 A 以加亮模式淡化为剪辑 B。

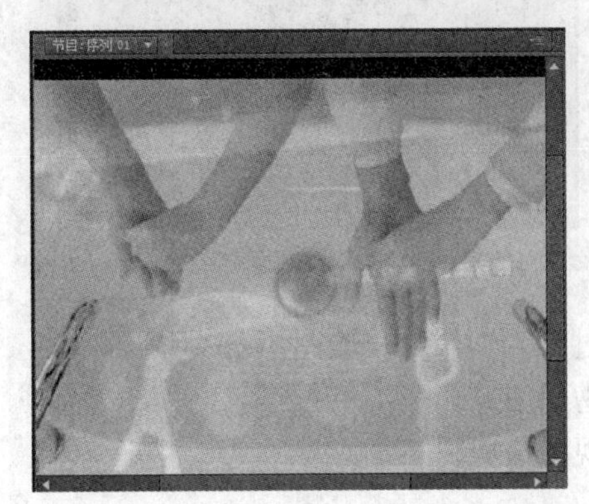
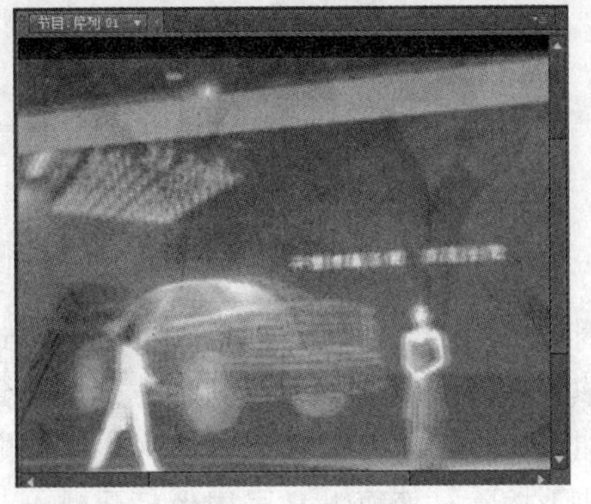

图 3-100　应用交叉溶解的过渡效果

- 随机反转：以随意块方式使剪辑 A 过渡到剪辑 B，并在随意块中显示反色效果。可以设置水平和垂直随意块的数量，如图 3-101 所示。
- 非叠加溶解：使剪辑 A 与剪辑 B 的亮度叠加溶解。
- 渐隐为黑色：使剪辑 A 以变暗的模式淡化为剪辑 B。
- 胶片溶解：使剪辑 A 以胶片显影的方式过渡为剪辑 B。

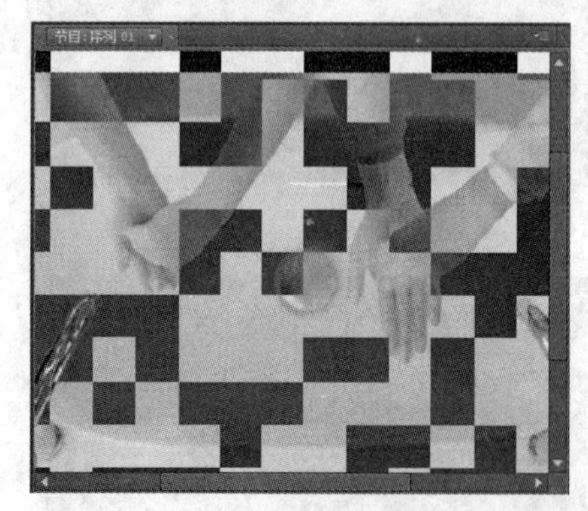
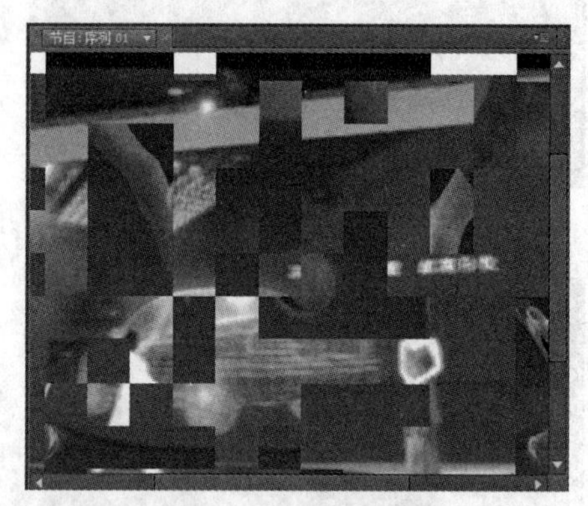

图 3-101　应用随机反转的过渡效果

3.5.6　擦除类过渡

擦除类过渡效果可以制作多种擦除式视频过渡的过渡效果。此类效果包括双侧平推门、带状擦除、径向擦除、插入、划出、时钟式擦除、棋盘、棋盘擦除、楔形擦除、水波块、油漆飞溅、渐变擦除、百叶窗、螺旋框、随机块、随机擦除、风车 17 种效果。

- 双侧平推门：使剪辑 A 以展开和关门的方式过渡到剪辑 B，如图 3-102 所示。
- 带状擦除：使剪辑 B 从水平方向以条状进入并覆盖剪辑 A。
- 径向擦除：该效果可以用一张灰度图像制作渐变过渡。
- 插入：使剪辑 B 从剪辑 A 的左上角斜插进入画面。
- 划出：使剪辑 B 逐渐扫过剪辑 A。

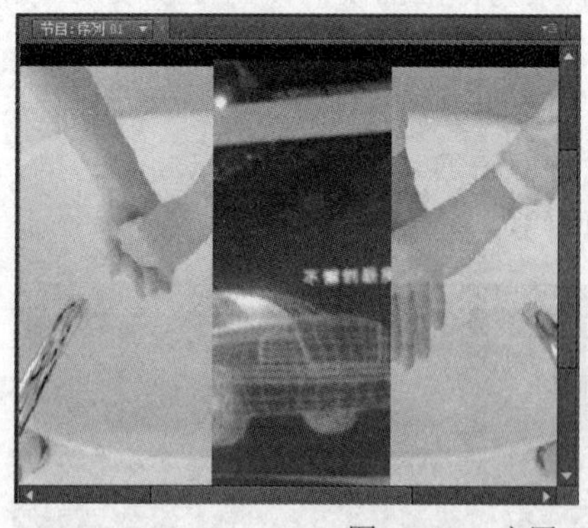

图 3-102　应用双侧平推门的过渡效果

- 时钟式擦除：使剪辑 A 以时钟放置方式过渡到剪辑 B，如图 3-103 所示。
- 棋盘：使剪辑 A 以棋盘消失方式过渡到剪辑 B。
- 棋盘擦除：使剪辑 B 以方格形式逐行出现覆盖剪辑 A。
- 楔形擦除：使剪辑 B 呈扇形打开插入。

● 水波块：使剪辑 B 沿“Z”字形交错扫过剪辑 A。可以设置水平/垂直输入的方格数。

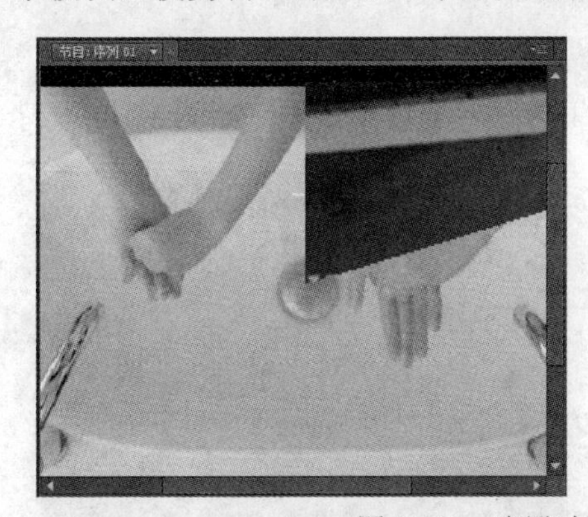

图 3-103　应用时钟式擦除的过渡效果

● 油漆飞溅：使剪辑 B 以墨点状覆盖剪辑 A，如图 3-104 所示。

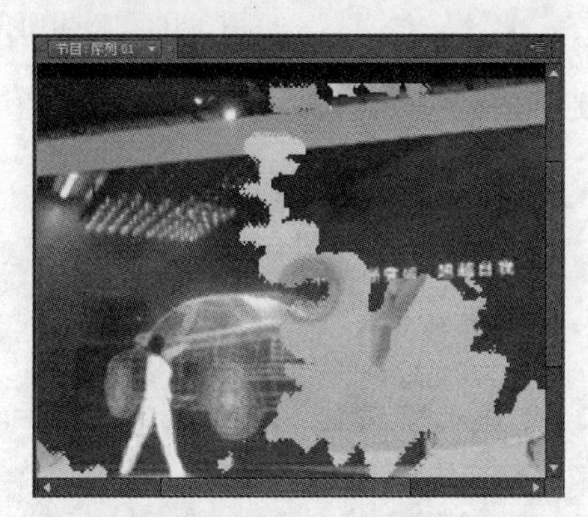

图 3-104　应用油漆飞溅的过渡效果

● 渐变擦除：使剪辑 B 从剪辑 A 的一角扫入画面。
● 百叶窗：使剪辑 B 在逐渐加粗的线条中逐渐显示，类似于百叶窗效果。
● 螺旋框：使剪辑 B 以螺旋块状旋转出现。
● 随机块：使剪辑 B 以方块形式随意出现覆盖剪辑 A。
● 随机擦除：使剪辑 B 产生随意方块并以由上向下擦除形式覆盖剪辑 A。
● 风车：使剪辑 B 以风车轮状旋转覆盖剪辑 A，如图 3-105 所示。

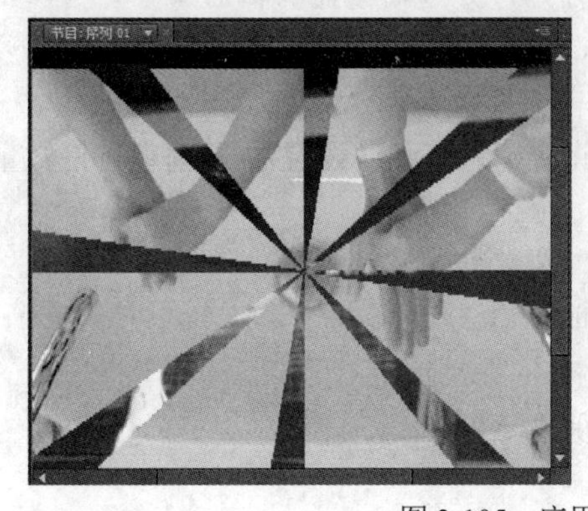

图 3-105　应用风车的过渡效果

3.5.7 映射类过渡

映射类过渡只有明亮度映射和通道映射两种效果。

- 明亮度映射：将剪辑 A 的亮度映射到剪辑 B，产生融合效果，如图 3-106 所示。

图 3-106 应用明亮度映射的过渡效果

- 通道映射：使剪辑 A 或剪辑 B 选择通道并映射出来实现过渡，如图 3-107 所示。

图 3-107 应用通道映射的过渡效果

3.5.8 滑动类过渡

滑动类过渡效果包括了中心合并、中心拆分、互换、多旋转、带状滑动、拆分、推、斜线滑动、滑动、滑动带、滑动框、旋绕 12 种效果。

- 中心合并：使剪辑 A 分裂成 4 块由中心分开，并逐渐覆盖剪辑 B。
- 中心拆分：使剪辑 A 从中心分裂为 4 块，向四角滑出。
- 互换：使剪辑 B 从剪辑 A 的后方转向，前方覆盖剪辑 A。
- 多旋转：使剪辑 B 被分割成若干小方格旋转铺入。可以设置水平/垂直方格数量，如图 3-108 所示。
- 带状滑动：使剪辑 B 以条状进入，并逐渐覆盖剪辑 A。
- 拆分：使剪辑 A 像自动门一样打开显示剪辑 B。
- 推：使剪辑 B 将剪辑 A 推出屏幕。
- 斜线滑动：使剪辑 B 呈自由线条状滑入剪辑 A。
- 滑动：使剪辑 B 滑入覆盖剪辑 A。
- 滑动带：使剪辑 B 在水平或垂直的线条中逐渐显示。

- 滑动框：使剪辑 B 的形成更像积木的累加。

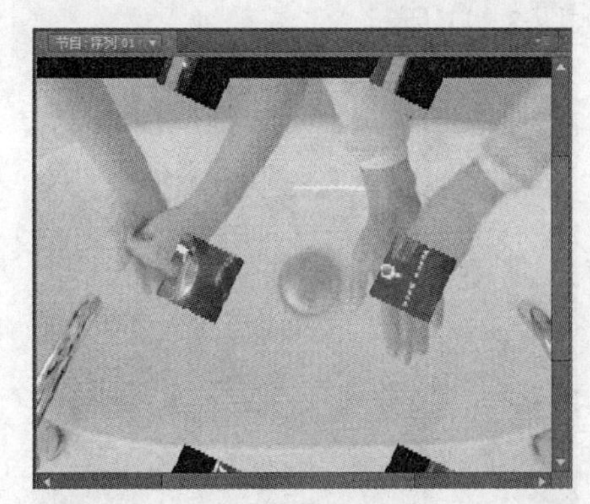
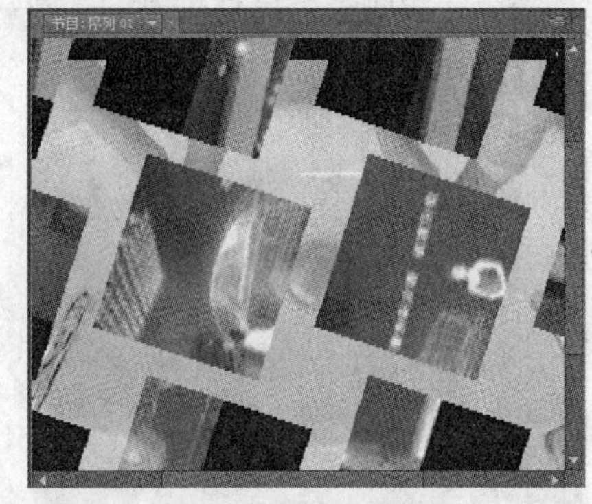

图 3-108　应用多旋转的过渡效果

- 旋绕：使剪辑 B 打破为若干方块从剪辑 A 中旋转而出。可以设置水平/垂直方块的数量和旋转度，如图 3-109 所示。

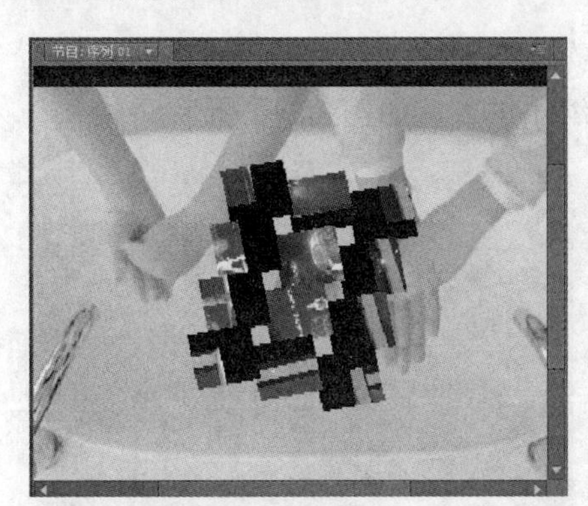
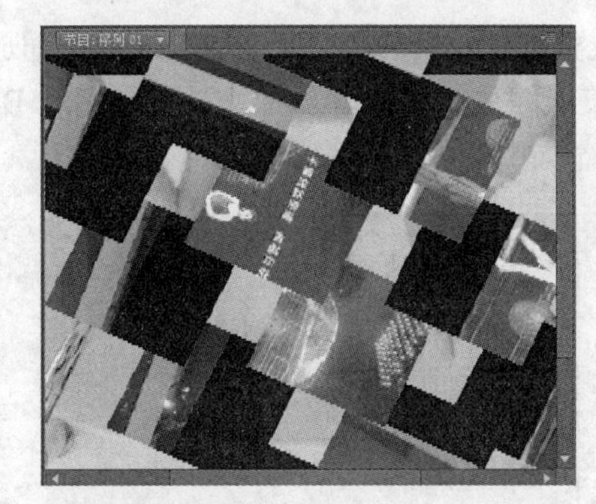

图 3-109　应用旋绕的过渡效果

3.5.9　特殊效果类过渡

特殊效果类过渡效果包括三维、纹理化、置换 3 种效果。

- 三维：将剪辑 A 中的红蓝通道映射混合到剪辑 B。
- 纹理化：使剪辑 A 作为纹理贴图映像给剪辑 B，如图 3-110 所示。

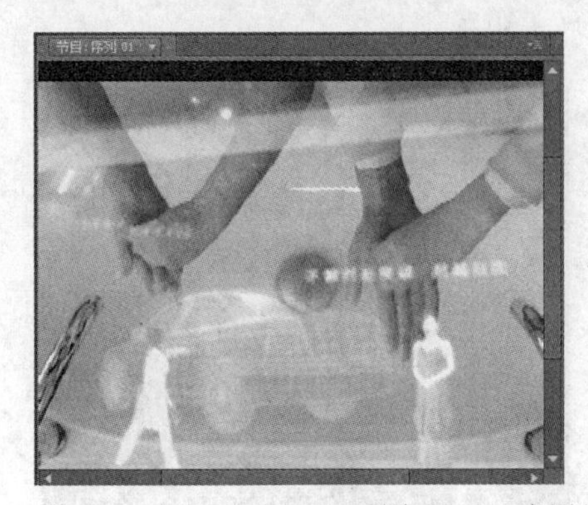

图 3-110　应用纹理化的过渡效果

- 置换：将处于时间线前方的片断作为位移图，以其像素颜色的明暗，分别用水平和垂直的错位，影响与其进行过渡的片断，如图 3-111 所示。

图 3-111　应用置换的过渡效果

3.5.10　缩放类过渡

缩放类过渡效果包括交叉缩放、缩放、缩放轨迹、缩放框 4 种效果。

- 交叉缩放：使剪辑 A 放大冲出，剪辑 B 缩小进入，如图 3-112 所示。
- 缩放：使剪辑 B 从剪辑 A 中放大出现。

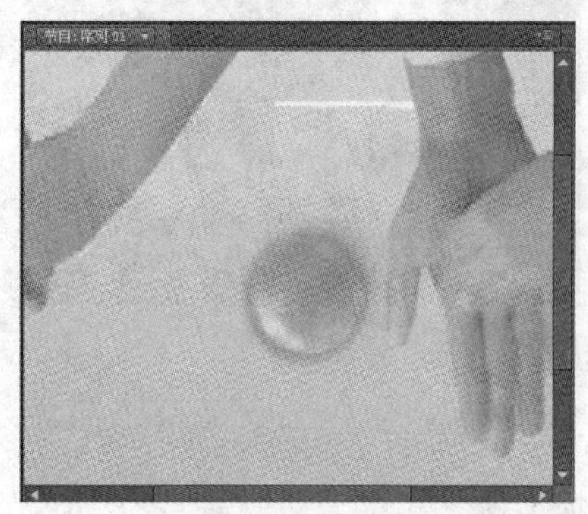
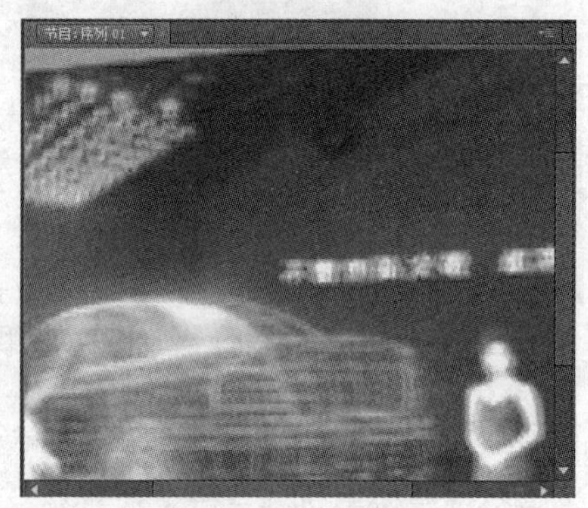

图 3-112　应用交叉缩放的过渡效果

- 缩放轨迹：使剪辑 A 缩小并带有轨迹消失，如图 3-113 所示。
- 缩放框：使剪辑 B 分为多个方块从 A 中放大出现。

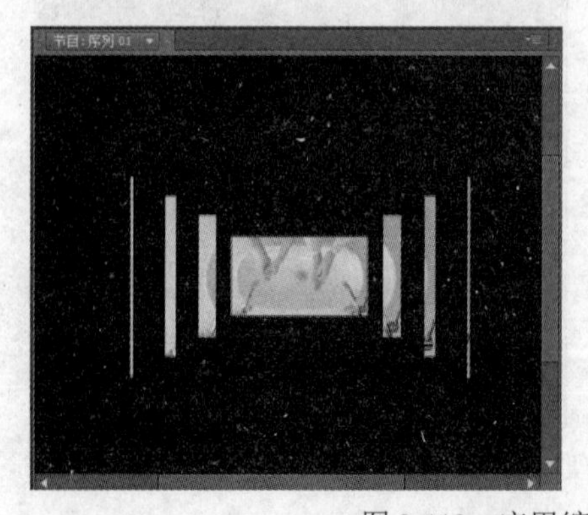

图 3-113　应用缩放轨迹的过渡效果

3.6 技能训练

下面通过多个上机练习实例，巩固所学知识。

3.6.1 上机练习 1：制作剪辑缩放淡入效果

本例先选择序列上的剪辑，通过【效果控件】面板为剪辑起点插入不透明度的关键帧，再制作剪辑的淡入效果，然后切换缩放动画并插入关键帧，接着制作剪辑从 10%到 100%大小缩放显示的效果，最后通过【节目监视器】面板查看结果。

操作步骤

1 打开光盘中的“..\Example\Ch03\3.6.1.prproj”练习文件，在【时间轴】面板上选择剪辑，打开【效果控件】面板，将播放指示器移到剪辑起点处并添加一个关键帧，设置关键帧的不透明度为 0%，如图 3-114 所示。

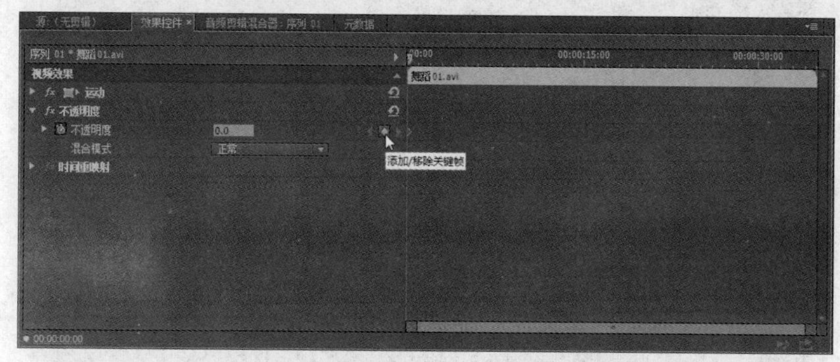

图 3-114　添加关键帧并设置不透明度

2 在【效果控件】面板中将播放指示器向右移动到适合位置，然后添加第二个关键帧，设置该帧的不透明度为 100%，如图 3-115 所示。

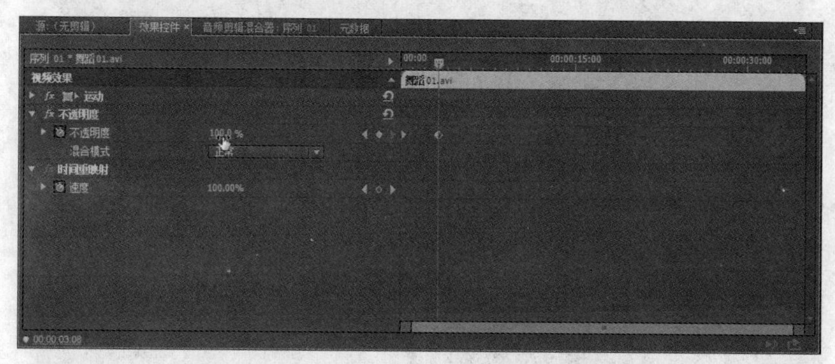

图 3-115　再次添加关键帧并设置不透明度

3 在【效果控件】面板中打开【运动】列表，然后将播放指示器移到剪辑起点处，再单击【缩放】项左侧的【切换动画】按钮，启用缩放动画，如图 3-116 所示。

4 在当前播放指示器中添加一个缩放运动的关键帧，然后设置剪辑的缩放大小为 10%，如图 3-117 所示。

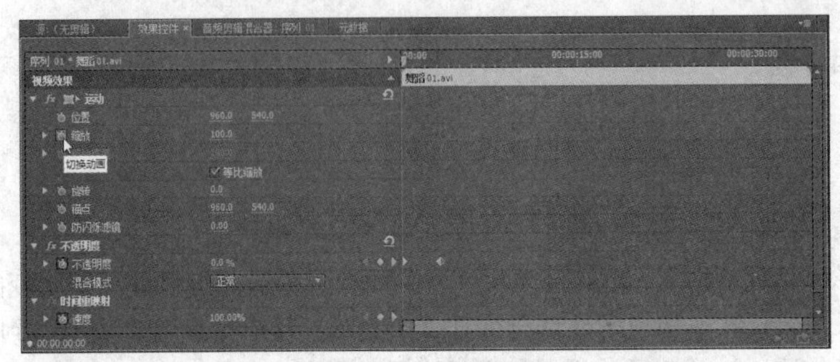

图 3-116　启用缩放动画

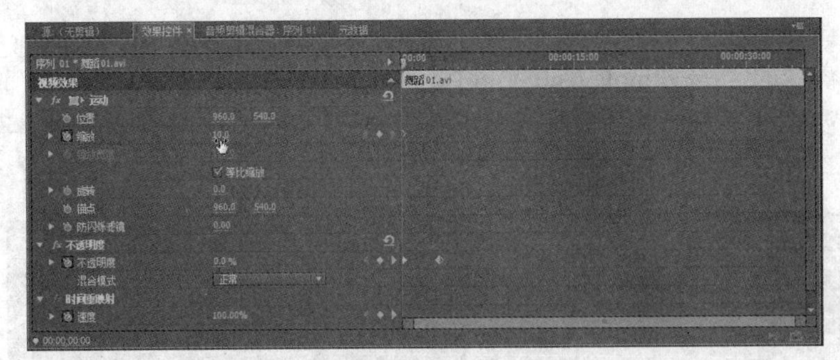

图 3-117　添加关键帧并设置缩放参数

5 将播放指示器移到不透明度第二个关键帧处，然后为【缩放】项添加第二个关键帧，接着设置剪辑的缩放大小为 100%，如图 3-118 所示。

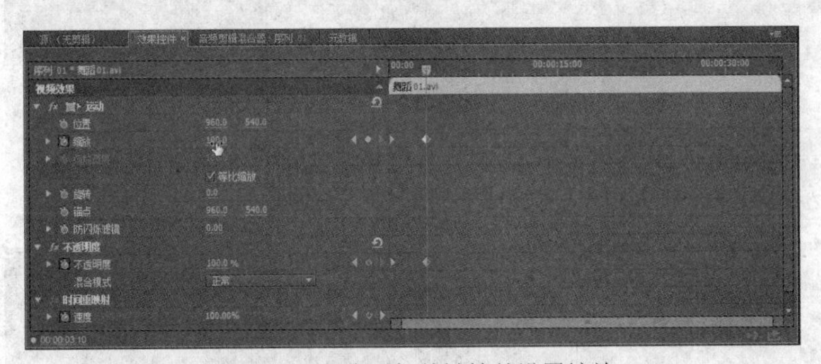

图 3-118　再次添加关键帧并设置缩放

6 将播放指示器移到剪辑起点处，然后单击【节目监视器】面板上的【播放-停止切换】按钮，播放时间轴以查看剪辑效果，如图 3-119 所示。

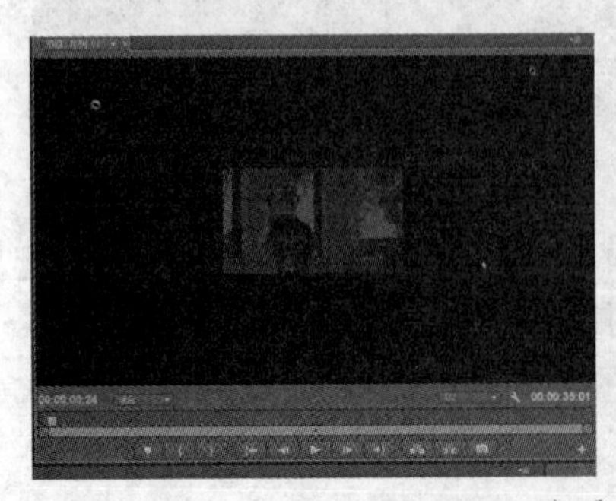

图 3-119　查看节目播放的效果

3.6.2 上机练习 2：制作剪辑旋转移入效果

本例先选择序列上的剪辑，并通过【效果控件】面板为剪辑起点插入旋转的关键帧，再制作剪辑的–270° 到 0° 的旋转效果，然后切换位置动画并插入关键帧，接着制作剪辑从左到右移入屏幕的效果，最后通过【节目监视器】面板查看结果。

操作步骤

1 打开光盘中的“..\Example\Ch03\3.6.2.prproj”练习文件，选择序列上的剪辑并打开【效果控件】面板，将播放指示器移到剪辑起点处，然后打开【运动】列表并启用【旋转】效果，此时播放指示器中添加了旋转关键帧，如图 3-120 所示。

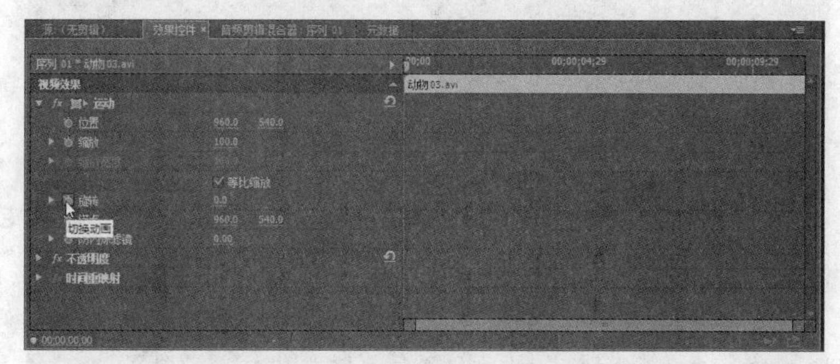

图 3-120 启用旋转效果并添加关键帧

2 在【旋转】项右侧的参数框中设置该关键帧的角度为–270° ，如图 3-121 所示。

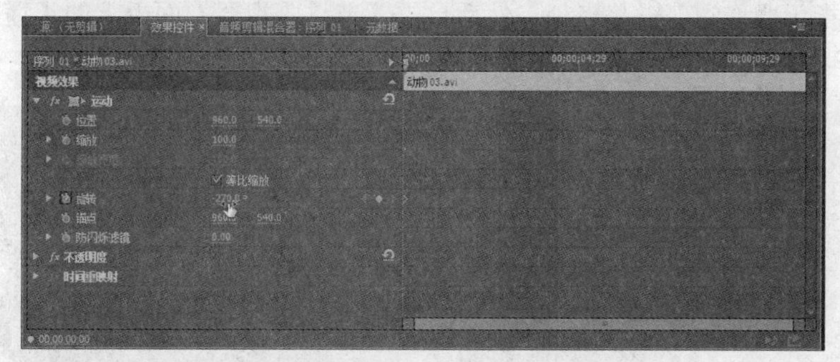

图 3-121 设置关键帧的角度

3 在【效果控件】面板中将播放指示器向右移动到适合位置，然后添加第二个关键帧，再设置该帧的旋转角度为 0° ，如图 3-122 所示。

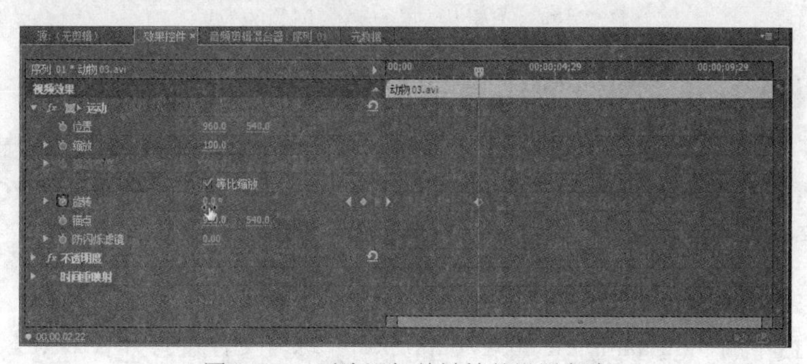

图 3-122 再次添加关键帧并设置角度

4 维持播放指示器的位置，然后单击【位置】项左侧的【切换动画】按钮，启用位置效果，接着将播放指示器移到剪辑起点处并添加关键帧，设置 X 轴的位置为–450，如图 3-123 所示。

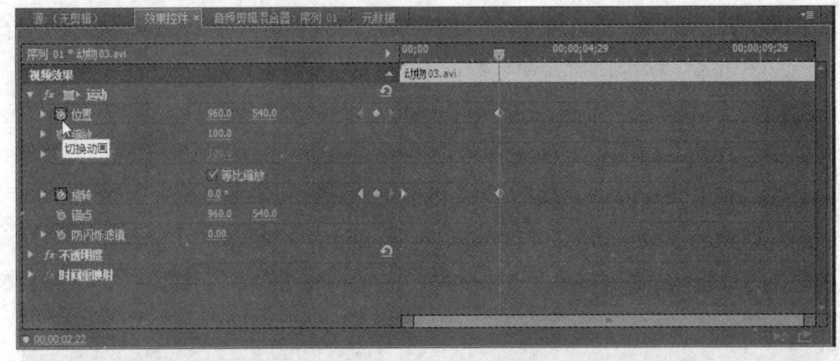

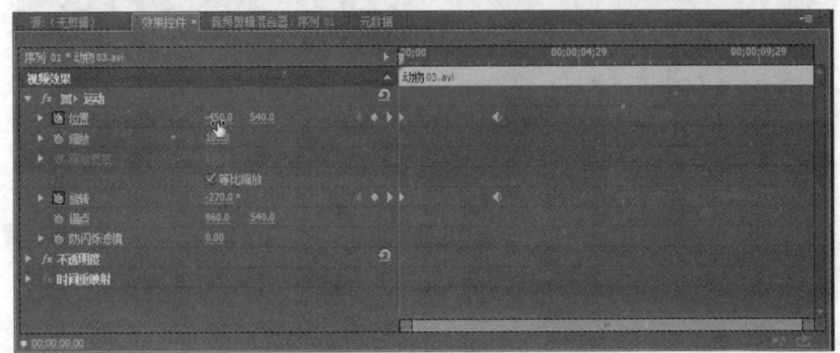

图 3-123　启用位置动画并设置剪辑起点关键帧的位置

5 将播放指示器移到剪辑起点处，然后单击【节目监视器】面板上的【播放-停止切换】按钮，播放时间轴以查看剪辑效果，如图 3-124 所示。

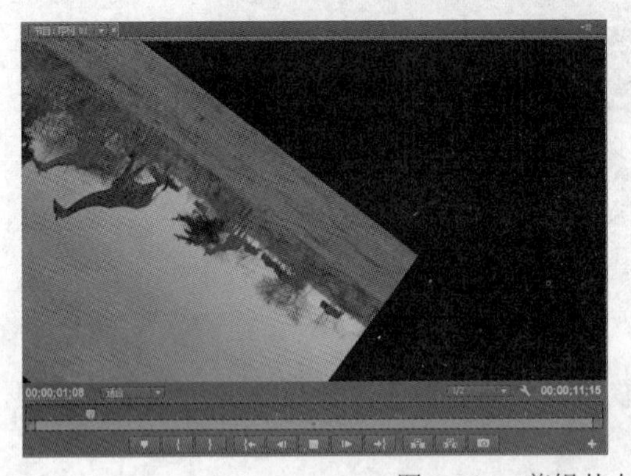

图 3-124　剪辑从左旋转移入屏幕的效果

3.6.3　上机练习 3：制作剪辑黄昏颜色效果

本例先为剪辑应用【灰度系数校正】效果，再应用【自动颜色】效果，改善剪辑的颜色，然后应用【光照效果】并设置光照类型和光照颜色，接着应用【颜色平衡（RGB）】，将剪辑颜色调整为黄昏效果，最后通过【节目监视器】预览结果。

操作步骤

1 打开光盘中的“..\Example\Ch03\3.6.3.prproj”练习文件，打开【效果】面板的【视频效果】|【图像控制】列表，然后将【灰度系数校正】效果拖到剪辑中，如图 3-125 所示。

2 打开【效果控件】面板，设置灰度系数的参数为 0，如图 3-126 所示。

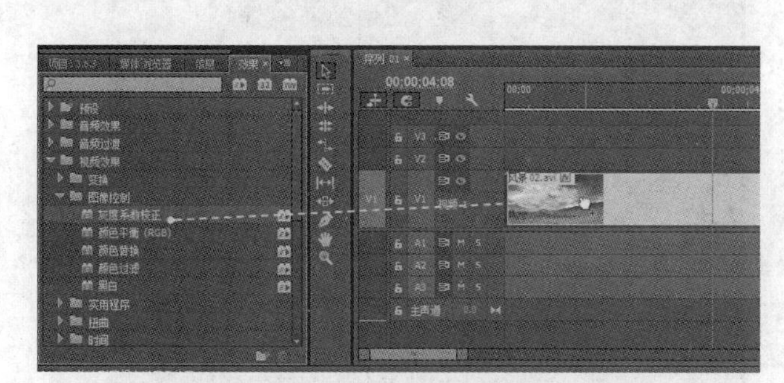

图 3-125　应用灰度系数校正效果

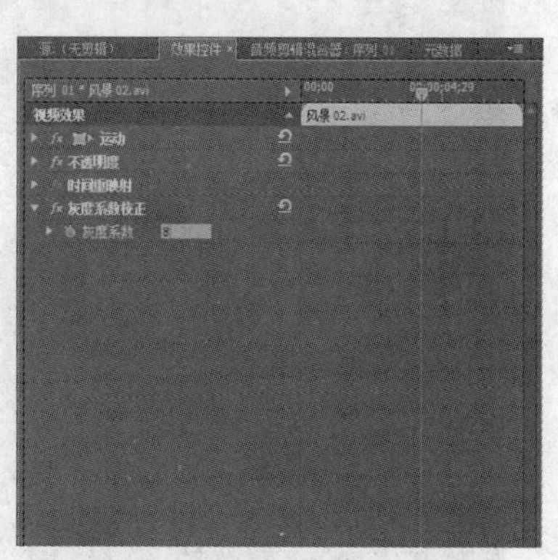

图 3-126　设置灰度系数参数

3 通过【效果】面板打开【视频效果】|【调整】列表，然后将【自动颜色】效果拖到剪辑中，接着打开【效果控件】面板，设置各项自动颜色的参数，如图 3-127 所示。

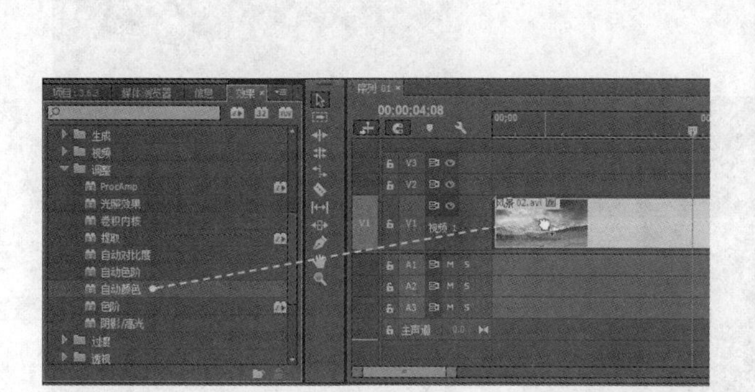

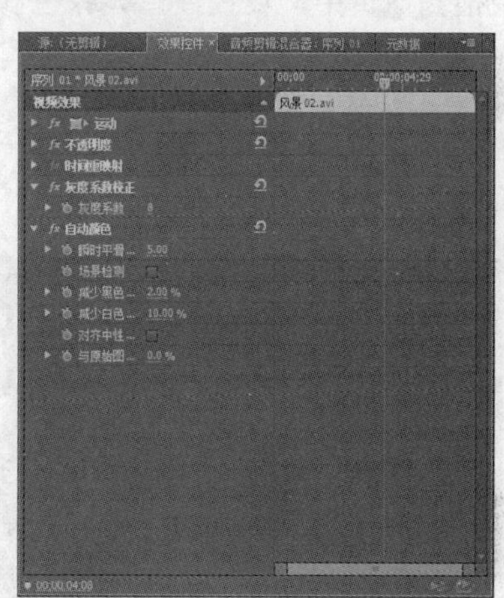

图 3-127　应用【自动颜色】效果并设置参数

4 在【视频效果】|【调整】列表中选择【光照效果】项目，然后将该效果拖到剪辑中，如图 3-128 所示。

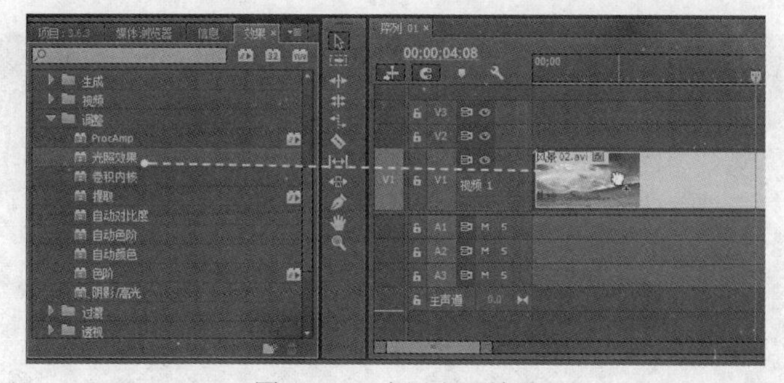

图 3-128　应用光照效果

5 打开【效果控件】面板，设置【光照效果】项光照 1 的光照类型为【全光源】、光照颜色为【#FFB9EE】，如图 3-129 所示。

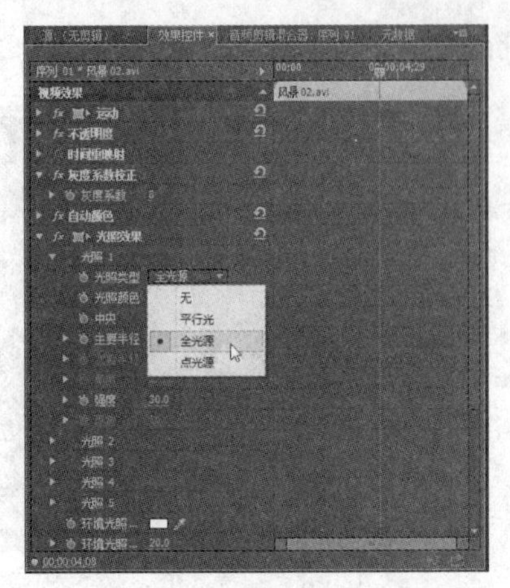

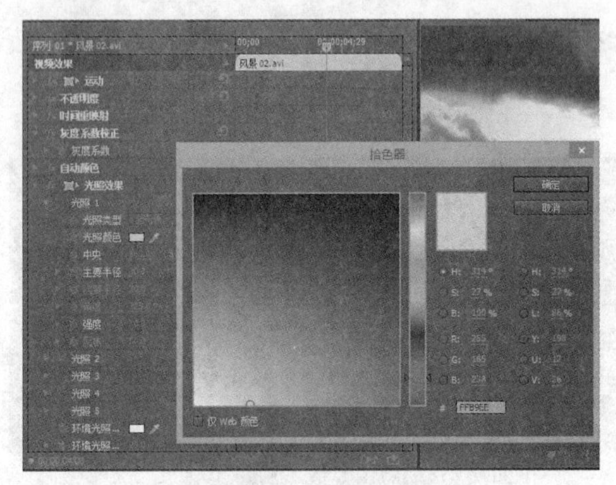

图 3-129　设置光照类型和光照颜色

6 在【效果】面板中打开【视频效果】|【图像控制】列表，然后将【颜色平衡（RGB）】效果拖到剪辑中，设置红色、绿色和蓝色的参数，如图 3-130 所示。

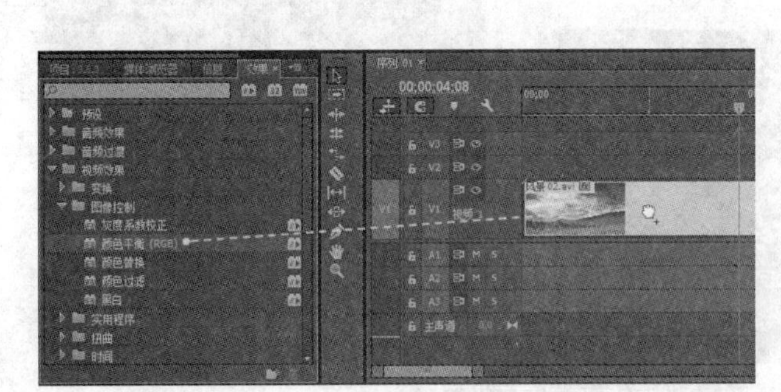

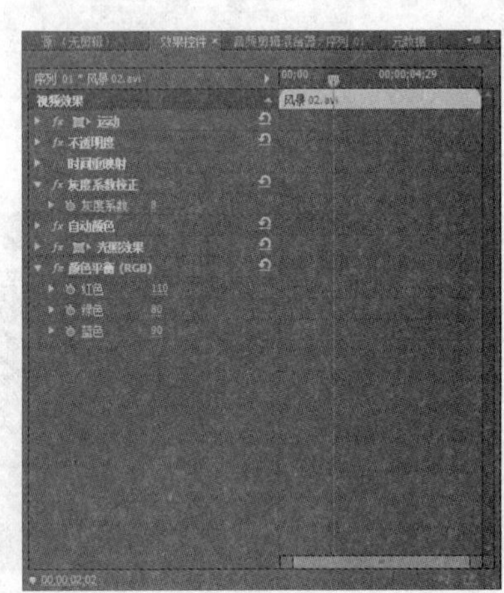

图 3-130　应用颜色平衡效果并设置参数

7 将播放指示器移到剪辑起点处，然后单击【节目监视器】面板上的【播放-停止切换】按钮，播放时间轴以查看剪辑效果，如图 3-131 所示。

图 3-131　查看剪辑应用效果的结果

3.6.4 上机练习 4：制作风景剪辑过渡效果

本例将为两个连续排列的风景剪辑之间添加【立方体旋转】过渡效果，然后通过【效果控件】设置对齐和持续时间，最后通过【节目监视器】查看过渡的效果。

操作步骤

1 打开光盘中的“..\Example\Ch03\3.6.4.prproj”练习文件，打开【效果】面板的【视频过渡】|【3D 运动】列表，然后选择【立方体旋转】效果，将效果拖到两段剪辑之间，如图 3-132 所示。

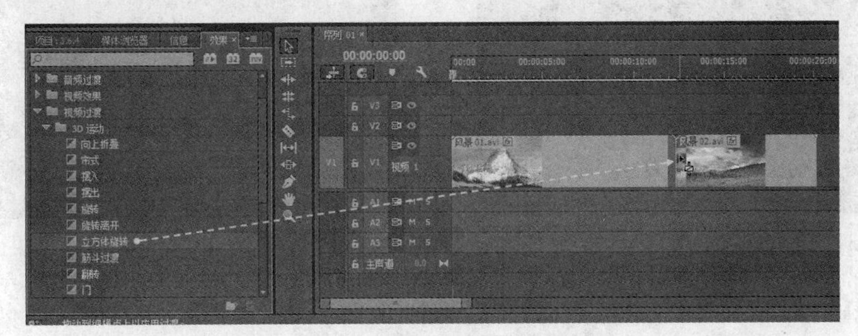

图 3-132　应用过渡效果到剪辑之间

2 程序弹出【过渡】对话框，此时只需单击【确定】按钮即可，如图 3-133 所示。

图 3-133　确定包含重复帧

3 打开【效果控件】面板，然后打开【对齐】列表框，根据需要选择过渡对齐方式，如图 3-134 所示。除上述方法外，也可以将鼠标移到过渡编辑点上，当出现图标时左右拖动，调整对齐方式，如图 3-135 所示。

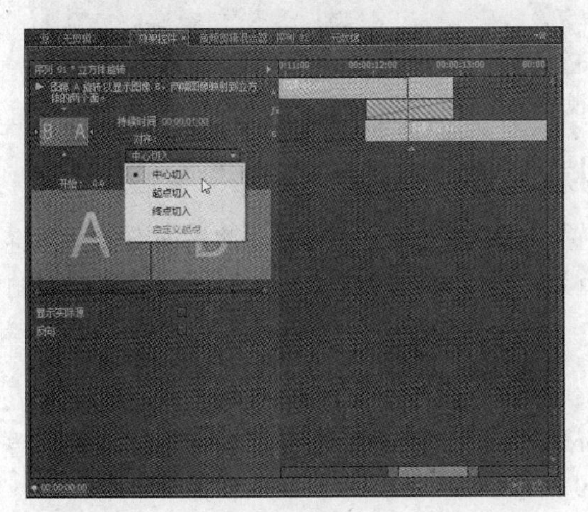

图 3-134　通过列表框设置对齐方式

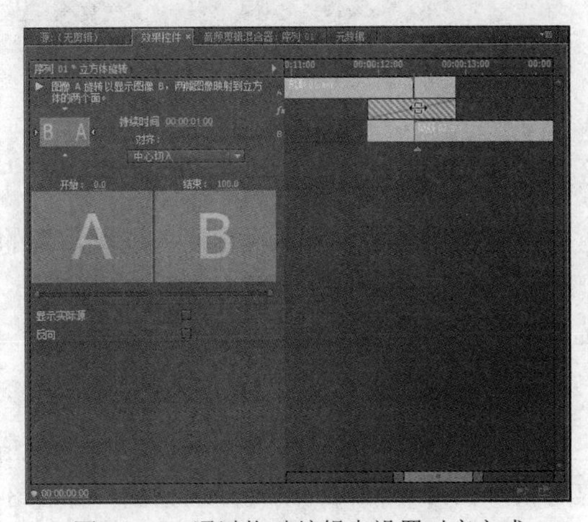

图 3-135　通过拖动编辑点设置对齐方式

4 将鼠标移到过渡效果持续时间码上，左右拖动调整过渡效果的持续时间，如图 3-136 所示。

5 选择【显示实际源】复选框，显示实际来源，然后拖动监视框下方的滑块，查看过渡效果，如图 3-137 所示。

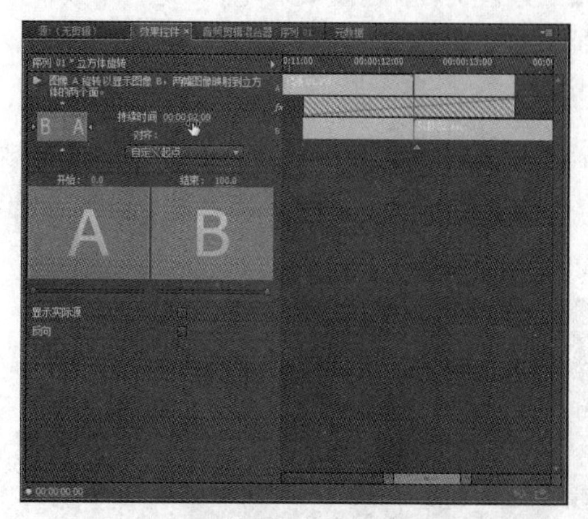

图 3-136　设置过渡持续时间

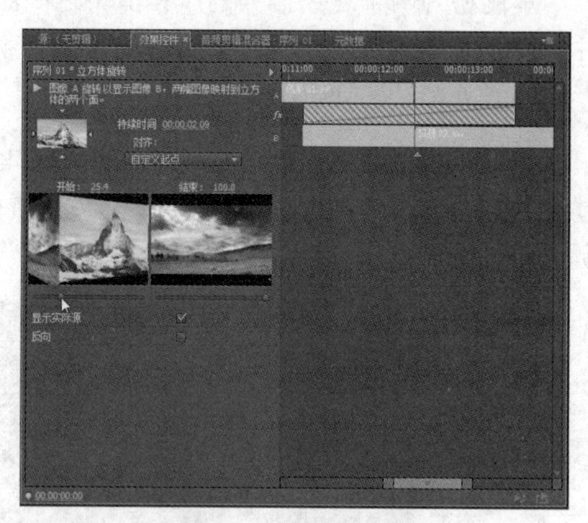

图 3-137　查看过渡效果

6 通过【节目监视器】面板播放剪辑，预览效果，如图 3-138 所示。

图 3-138　通过节目监视器预览过渡效果

3.6.5　上机练习 5：制作广告影片创意过渡

本例先通过播放剪辑找到插入过渡效果的位置，然后使用【剃刀工具】将剪辑分割，并将【旋绕】过渡效果应用到分割后的第二个剪辑入点处，接着通过【效果控件】面板设置过渡的选项，最后查看过渡结果。

操作步骤

1 打开光盘中的“..\Example\Ch03\3.6.5.prproj”练习文件，在【节目监视器】面板中播放剪辑，在需要添加过渡处停止播放，如图 3-139 所示。

2 在【工具】面板中选择【剃刀工具】，然后在【时间轴】面板的播放指示器上单击，分割剪辑，如图 3-140 所示。

图 3-139　播放剪辑并在需要添加转场位置上停止

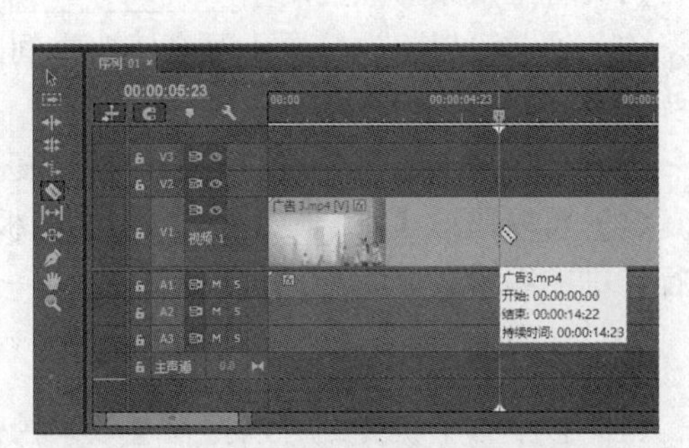

图 3-140　分割视频轨道上的剪辑

3 打开【效果】面板的【视频过渡】|【滑动】列表，然后选择【旋绕】过渡效果，并将效果拖到第二段剪辑入点处，如图 3-141 所示。

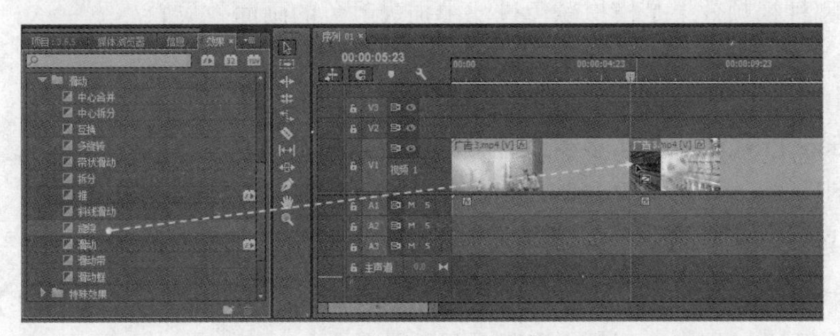

图 3-141　为剪辑加入视频过渡效果

4 选择应用于剪辑的过渡效果，然后打开【效果控件】面板并设置相关参数，如图 3-142 所示。

5 在【节目监视器】面板上播放剪辑，查看广告中的过渡效果，如图 3-143 所示。

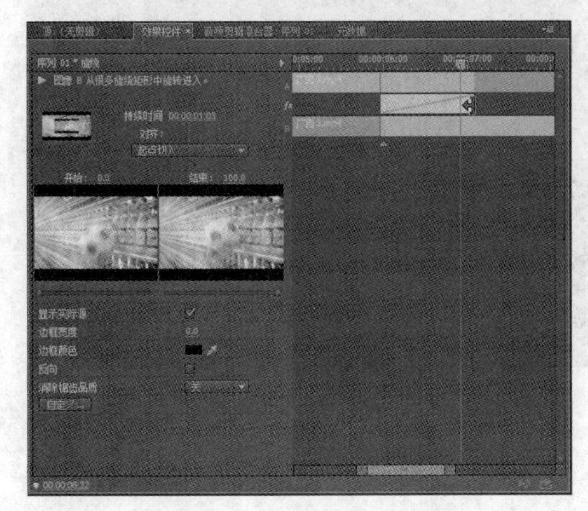

图 3-142　设置视频过渡效果

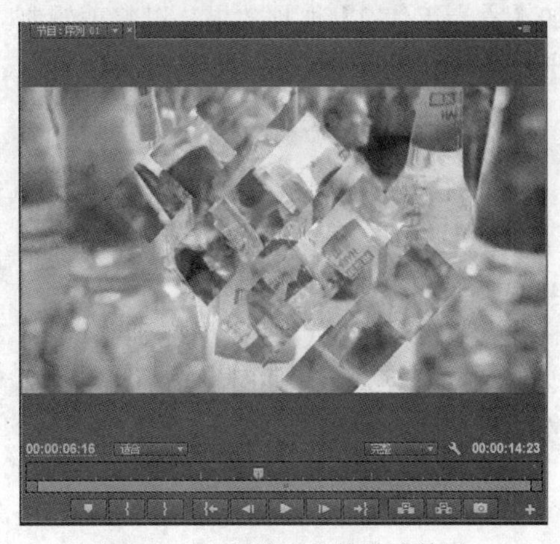

图 3-143　预览广告的过渡效果

3.7 评测习题

一、填充题

（1）标准效果必须应用于____________，然后在【效果控件】面板中作调整。

（2）通常可以将过渡置于两个镜头之间的__________上，也可以只将过渡应用于剪辑的开头或结尾。

（3）如果加入过渡效果的某个素材长度不够，可以让过渡效果包含__________。

（4）可以通过【______________】面板来更改效果的默认设置，并对效果或过渡的选项进行详细的编辑。

二、选择题

（1）按下哪个快捷键可以打开【效果控件】面板？（ ）

A. Shift+2　B. Shift+5　C. Shift+7　D. Shift+9

（2）在 Premiere Pro CC 中，视频效果包含了多少种效果分类？（ ）

A. 11　B. 16　C. 18　D. 24

（3）以下哪种视频效果是模拟颜色过滤中损失颜色的画面效果？（ ）

A. 灰度系数校正　B. 颜色平衡（RGB）

C. 颜色过滤　D. 颜色替换

（4）Premiere Pro CC 提供了多少个种类的过渡效果？（ ）

A. 8 种　B. 20 种　C. 12 种　D. 10 种

三、判断题

（1）应用效果后，通过设定的值可以控制效果的强度，还可以在【效果控件】面板或【时间轴】面板中使用关键帧来动画化大多数效果的控件。（ ）

（2）固定效果是必须先应用于剪辑以创建期望结果的附加效果。（ ）

四、操作题

本章操作题要求为序列上的视频剪辑添加【六十年代 2】视频效果，以将剪辑制作出六十年代的颜色效果，如图 3-144 所示。

图 3-144　应用效果后剪辑的播放结果

操作提示

（1）打开光盘中的“..\Example\Ch03\3.7.prproj”练习文件，打开【效果】面板的【Lumetri Looks】|【风格】列表。

（2）将【六十年代 2】效果拖到剪辑上。

（3）应用效果后，通过【节目监视器】播放剪辑，查看效果。

第4章　音频的录制、编辑与效果

学习目标

一个优秀的影视作品，除了画面效果外，声音的效果同样很重要。本章将详细介绍在Premiere Pro CC中进行录制、调音、编辑音频，以及为音频应用效果和过渡并对音效进行修改的方法。

学习重点

☑ 操作音频和使用序列音频
☑ 使用音轨混合器
☑ 实时调音和实时录音
☑ 编辑剪辑或音轨的音频
☑ 应用音频效果和过渡
☑ 管理音频和音轨效果

4.1　音频概述

在 Premiere Pro CC 中，可以编辑音频、向音频添加效果以及混合序列中音频的轨道（计算机系统能够处理的数量）。

4.1.1　操作音频

1. 设置音频轨道

在创建序列时，可以设置音频轨道。音频轨道可以包含单声道或5.1环绕立体声声道。此外，还有标准轨道和自适应轨道，如图4-1所示。

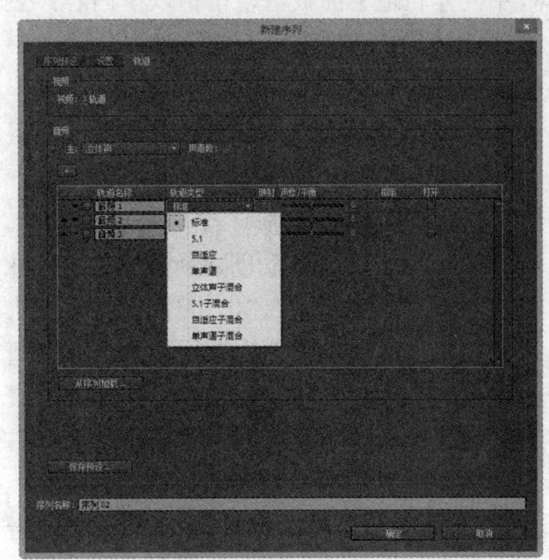

图4-1　创建序列时设置音频轨道

标准音频轨道可以在同一轨道中同时容纳单声道和立体声。如果将音频轨道设为【标准】，则可在同一音频轨道上使用带有各种不同类型音频轨道的素材。

对于不同种类的媒体，可以选择不同种类的轨道。例如，可以为单声道剪辑选择仅编辑到单声道音轨上。默认情况下，可以选择多声道，单声道音频会导向自适应轨道。

2. 操作音频

在操作音频前，需要将其导入项目或者将其直接录制到音轨。可以导入音频剪辑或包含音频的视频剪辑。

在音频剪辑处于项目中后，可以将它们添加至序列并以类似编辑视频剪辑的方式对其进行编辑。在将音频添加到序列之前，还可以查看音频剪辑的波形并在【源监视器】中对其进行修剪。

另外，还可以直接在【时间轴】或【效果控件】面板中调整音频轨道的音量和声像/平衡设置。也可以使用【音频轨道混合器】对混合进行实时更改，或者将效果添加到序列的音频剪辑中。如果正在准备与多个音轨之间的复杂混合，可以考虑将它们整理到子混合和嵌套序列中。

4.1.2 序列的音轨

1. 音轨的组合

序列可以包含以下音轨的任何组合：

- 标准：标准音轨替代了旧版本的立体声音轨类型。它可以同时容纳单声道和立体声音频剪辑。标准音轨可同时包含单声道和立体声剪辑，但不能包含自适应和 5.1 剪辑。标准音轨用作音轨的默认预设。
- 单声道：包含一条音频声道。如果将立体声音轨添加至单声道音轨，立体声音轨会转换为单声道音轨。
- 自适应：自适应音轨可包含单声道和立体声音轨。对于自适应音轨，可通过对工作流效果最佳的方式将源音频映射至输出音频声道。处理可录制多个音轨的摄像机录制的音频时，这种音轨类型非常有用。处理合并后的剪辑或多机位序列时，也可使用自适应音轨。
- 5.1：包含以下声道（5.1 轨道只能包含 5.1 剪辑）：包括三条前置音频声道（左声道、中置声道、右声道）、两条后置或环绕音频声道（左声道和右声道）、通向低音炮扬声器的低频效果（LFE）音频声道。

2. 添加或删除音轨

在编辑项目时，可以随时添加或删除音轨。在创建音轨后，将无法更改其使用的声道数目。序列始终包含一条主音轨，用于控制序列中所有轨道的合成输出。

在新建序列时，通过【新建序列】对话框中的【轨道】面板可以指定以下内容：主音轨的格式、序列中轨道的数目以及轨道中声道的数目，如图 4-2 所示。

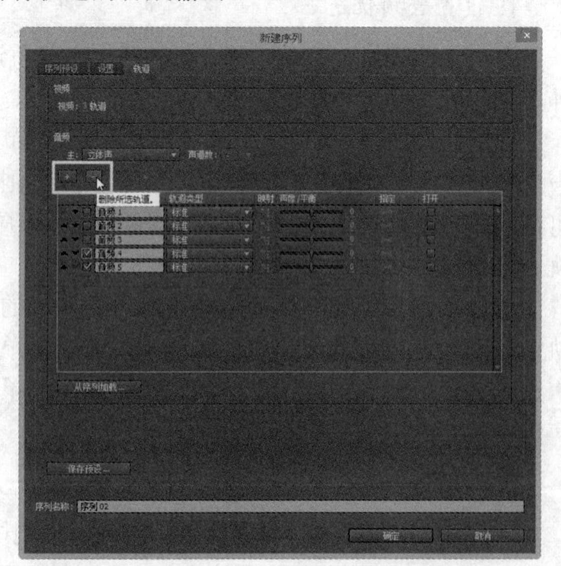

图 4-2　创建序列时添加或删除音频轨道

每个序列都会在【时间轴】面板中指定音轨数目。但是，如果将某个音频剪辑置于【时间轴】面板中最后一个音轨的下面，Premiere Pro CC 会自动创建新音轨。如果堆叠的音频剪辑的数目超出了序列中可用轨道的数目，则该功能尤为有用。如果音频剪辑中的声道数目与默认音轨中的声道数目不匹配，此功能也很有用。可以通过鼠标右键单击轨道标头并选择【添加轨道】命令，或选择【序列】|【添加轨道】命令来添加音轨，如图 4-3 所示。

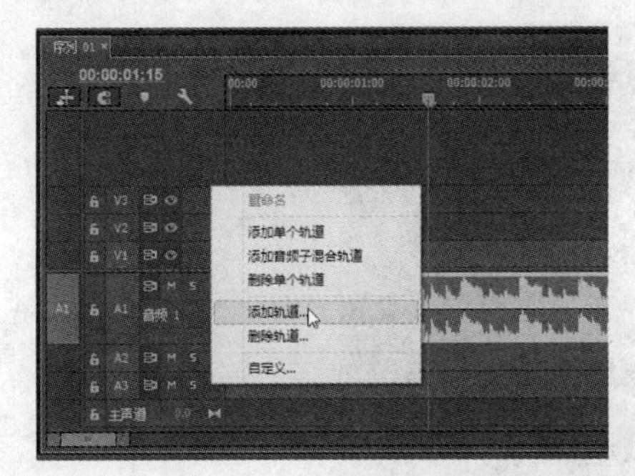

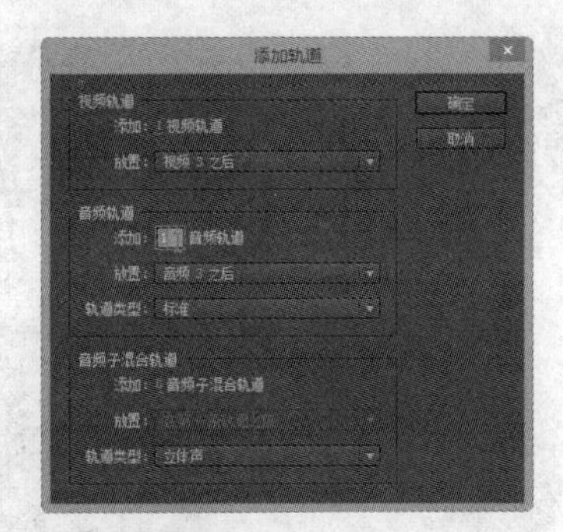

图 4-3　通过【时间轴】面板添加音轨

4.1.3　音频剪辑中的声道

剪辑可以包含一条音频声道（单声道）、两条音频声道-左和右（立体声）或带低频效果音频声道的五条环绕声道（5.1 环绕声）。序列可容纳任何剪辑组合。但是，所有音频都会混合为主音轨的音轨格式（单声道、立体声、5.1 环绕声）。

1. 设置剪辑的音频轨道数

可以将立体声剪辑置于一个轨道或两个轨道上。用鼠标右键单击【项目】面板中的某个剪辑，选择【修改】|【音频声道】命令，然后在【修改剪辑】对话框中设置音频轨道数即可，如图 4-4 所示。如果选择跨两个轨道放置立体声剪辑，则【剪辑声像器】将使用其默认行为模式（左到左，右到右）。

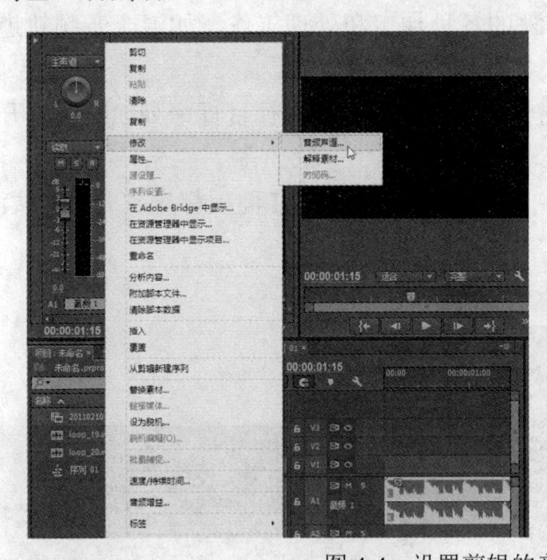

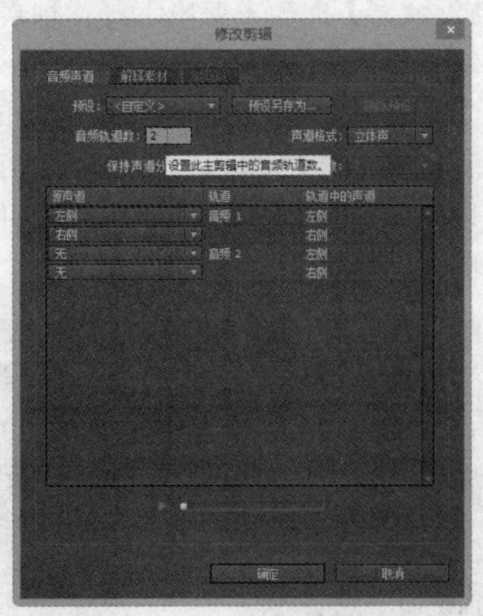

图 4-4　设置剪辑的音频轨道数

2. 更改剪辑声道格式和声道分配

Premiere Pro CC 允许更改音频剪辑中的轨道格式（音频声道的组合）。例如，在立体声或 5.1 环绕声剪辑中，可以将音频效果分别应用至各条声道。在这种情况下，在向序列添加剪辑时，将把音频置于单独的单声道音轨上。

只有在将剪辑添加至序列之前，才可以更改主剪辑的轨道格式。Premiere Pro CC 还允许重新映射剪辑音频声道的输出声道或轨道。例如，可以重新映射立体声剪辑中的左声道音频，从而将其输出至右声道，如图 4-5 所示。

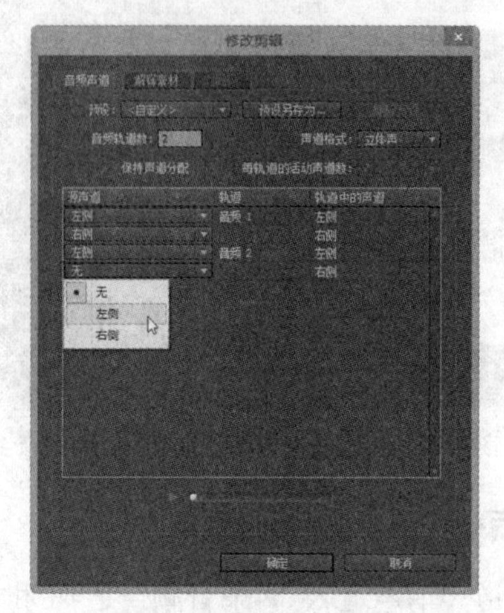

图 4-5　重新映射声道

4.2　了解音轨混合器

Premiere Pro CC 的【音轨混合器】面板是用来录音和调整声音的主要场所。通过【音轨混合器】，可以实时调音、实时录音、应用和编辑音效等。

4.2.1　打开音轨混合器

【音轨混合器】面板主要用于对音频素材的各种加工和处理工作，如混合音频轨道、调整各声道音量平衡或录音等。

打开【窗口】菜单，然后打开【音轨混合器】子菜单，再选择目标序列，即可打开该目标序列的【音轨混合器】面板，如图 4-6 所示。

除此以外，还可以在默认的程序界面中，单击【音轨混合器】面板标题打开【音轨混合器】面板，如图 4-7 所示。

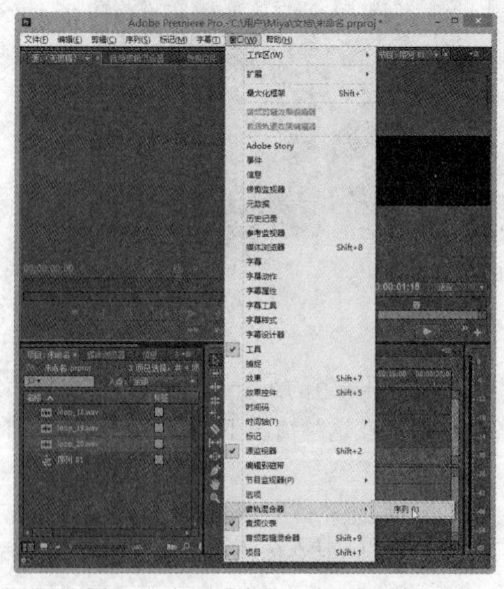

图 4-6　打开【音轨混合器】面板

图 4-7　音轨混合器

4.2.2 关于音轨混合器

【音轨混合器】面板由若干个轨道音频控制器、主音频控制器和播放控制器组成，如图 4-8 所示。可以通过控制器调整音频的音量，或者通过控制按钮设置静音、启用录音等。

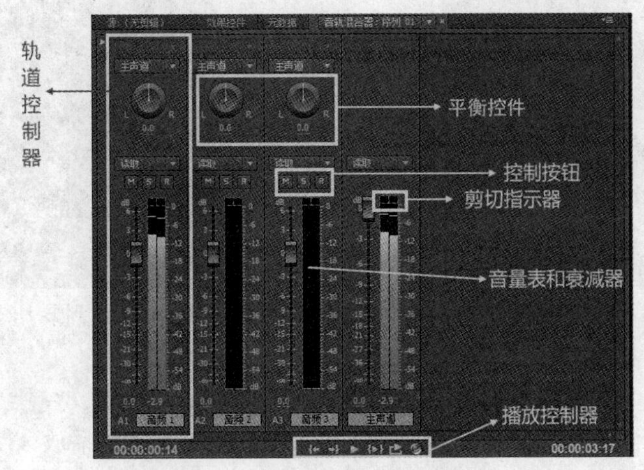

图 4-8　音轨混合器组成示意图

1. 轨道控制器

轨道控制器用于调整与其相对应轨道上的音频对象，其中轨道控制器 1 对应【音频 1】轨道，轨道控制器 2 对应【音频 2】轨道，以此类推，其数目由【时间轴】面板中的音频轨道数目决定。

轨道控制器由平衡控件、控制按钮、自动模式、音量表和衰减器、剪切指示器组成。

- 控制按钮：用于控制音频调整的调整状态，由静音轨道、独奏轨道、启用轨道以进行录制 3 个按钮组成。
  - ➢ 静音轨道M：此轨道音频设置为静音状态。
  - ➢ 独奏轨S：使其他轨道自动设置为静音状态。
  - ➢ 启用轨道以进行录制R：启用录制音频功能，以便在所选轨道上录制声音信息。
- 平衡控件：用于控制左、右声道的声音大小。向左转动，左声道声音增大，向右转动，右声道声音增大。
- 音量表和衰减器：用于控制当前轨道音频对象音量，向上拖动滑杆可以增加音量；向下拖动滑杆可以减小音量。
- 剪切指示器：在轨道的音量表顶部有两个小方块，表示系统能处理的音量最大值，当小方块显示为红色时，表示音频音量超过最大值，音量过大。如图 4-9 所示为音量未达到最大值时的音频波动图示，如图 4-10 所示为音量达到最大值时，图标出现红色。

默认情况下，音频轨道混合器会显示所有音频轨道和主音量衰减器以及音量计监视器输出信号电平。音频轨道混合器只显示活动序列中的轨道，而非所有项目范围内的轨道。如果希望从多个序列创建主项目混合，可以设置一个主序列并在其中嵌套其他序列。

图 4-9　音量未达到最大

图 4-10　音量达到最大时，图标出现红色

2. 播放控制器

播放控制器位于【音轨混合器】面板最下方，主要用于音频的播放，使用方法与【源监视器】面板下方的播放控制面板一样。

3. 效果和发送

在默认的情况下，【音轨混合器】面板只显示调音功能组。单击面板左侧的▶按钮，打开【效果和发送】面板，可以为文件的声音素材添加各种音效并进行音效设置，如图 4-11 所示。

图 4-11　打开【效果和发送】面板

4.2.3　调音的自动模式

在调整音量时，可以设置“关”、“读取”、“闭锁”、“触动”和“写入”5 种自动模式，如图 4-12 所示。这些自动模式的说明如下。

- 关：系统会忽略当前音频轨道上的调整，仅按照默认的设置播放。
- 读取：系统会读取当前音频轨道上的调整效果，但是不能记录音频调整过程。
- 闭锁：指当使用自动模式功能实时播放记录调整数据时，每调整一次，下一次调整时调整滑块初始位置会自动转为音频对象在进行当前编辑前的参数值。

- 触动：指当使用自动书写功能实时播放记录调整数据时，每调整一次，下一次调整时调整滑块在上一次调整后位置，当单击停止按钮停止播放音频后，当前调整滑块会自动转为音频对象在进行当前编辑前的参数值。
- 写入：指当使用自动书写功能实时播放记录调整数据时，每调整一次，下一次调整滑块在上一次调整后位置。

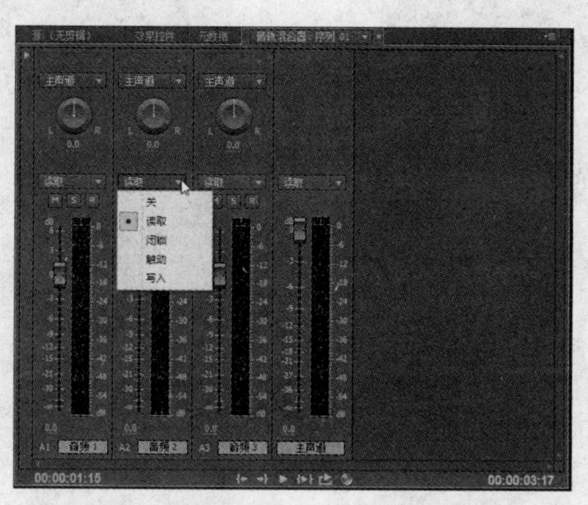

图 4-12　设置音轨混合器的自动模式

4.3　使用音轨混合器

通过【音轨混合器】面板可以对剪辑的音频进行实时调音，即在播放剪辑时可以通过【音轨混合器】面板调整音量，也可以通过【音轨混合器】面板录音。

4.3.1　实时调整音频

【音轨混合器】面板的功能与实物的音轨混合器很相似，通过推动音量表调整滑块来调整素材的音量。

动手操作　实时调整广告音频

1 打开光盘中的“..\Example\Ch04\4.3.1.prproj”练习文件，在【节目监视器】面板的控制面板上单击【播放-停止切换】按钮▶，播放剪辑，以预览素材的声音效果，方便后续调音，如图 4-13 所示。此时可以通过【音轨混合器】面板查看声音波动，如图 4-14 所示。

图 4-13　播放素材

图 4-14　查看声音播放效果

2 为了使调音的效果更加符合要求，在播放剪辑时，可以使用鼠标在【音轨混合器】面板上按住音量表调整滑块，向上推动提高素材音量，如图 4-15 所示。

3 如果要降低音量，可以使用鼠标在【音轨混合器】面板上按住音量表调整滑块，向下推动，如图 4-16 所示。

图 4-15　提高音量

图 4-16　降低音量

4 确定目前设置的调音效果后，打开轨道的【自动模式】列表框，然后选择【闭锁】选项，以便可以将当前调音设置保存起来，如图 4-17 所示。

5 设置编辑模式后，可以再次播放素材，通过移动音量调整滑块来实时调整素材的音量，如图 4-18 所示。

图 4-17　设置调音自动模式

图 4-18　再次实时调整音量

6 实时调整音量后，可以拉宽音频 1 轨道，然后单击【显示关键帧】按钮并选择【轨道关键帧】命令，通过关键帧查看音量线在调音后出现的变化，如图 4-19 所示。

如图 4-20 所示，可以看到音频线呈现逐渐升高后回落到正常的音量状态。途中逐渐升高的一段就是在播放素材时推高音量调节滑块而产生的。

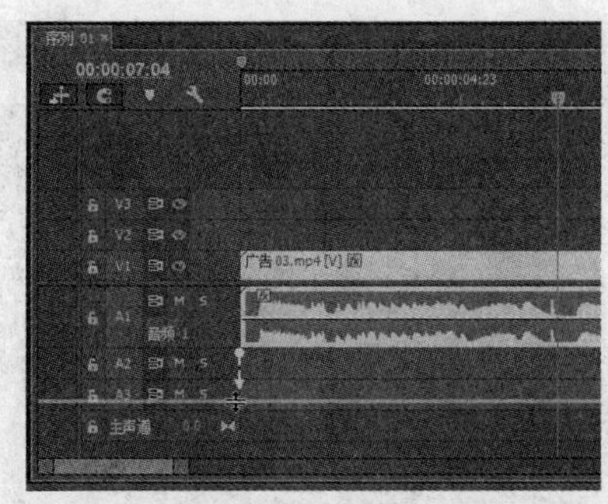

图 4-19　显示音频轨道关键帧

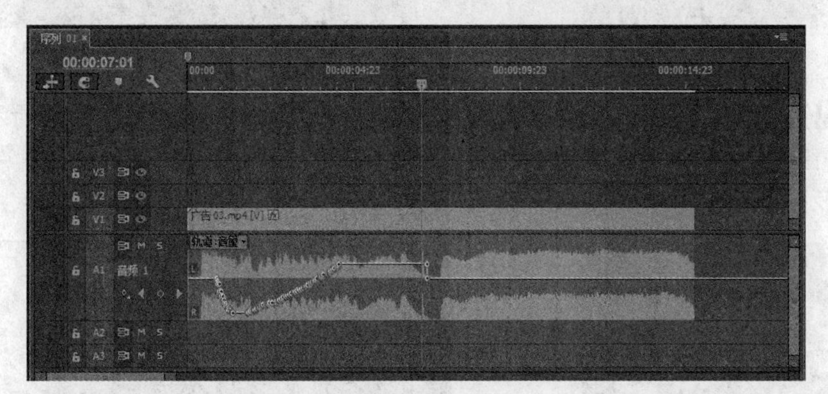

图 4-20　查看音频调整音量的结果

4.3.2　实时录制音频

Premiere Pro CC 的【音轨混合器】面板除了能对剪辑的音频轨道进行调整外，还提供了录音的功能，可以直接在计算机上完成解说或者配乐的工作。

可以录制新序列中的一条音轨，也可以录制现有序列中的一条新音轨。录制会保存为音频剪辑，以添加到项目中。

在录制音频之前，需要确保计算机有声音输入。Premiere Pro CC 支持 ASIO（音频流输入输出）设备（Windows）和 Core Audio 设备（Mac OS）。许多设备都配有用于连接扬声器、麦克风电缆和接线盒的连接器。

动手操作　实时录制音频

1 将适合录制的声道数量的音轨添加到时间轴。如果使用一个单声道麦克风录制语音，则会录制到一条单声道音轨。对于添加到时间轴中的每条轨道，音轨混合器也会相应显示一条轨道。如果要录制多条轨道，则需重复此步骤。

2 在音轨混合器中，单击已为音频设备添加的轨道所对应的【启用轨道以进行录制】按钮R，如图 4-21 所示。

3 从【轨道输入声道】菜单中选择录制输入声道，如图 4-22 所示。单击【启用轨道以进行录制】按钮后R，【轨道输入声道】菜单即会出现。

4 创建新序列（可选操作），或者可以录制现有序列。此操作非常适用于录制画外音。可以在观看序列回放的同时录制语音。在将画外音录制到现有序列时，最好在【音轨混合器】中单击要录制的轨道对应的【独奏轨道】按钮S。单击此按钮将使其他音轨静音。

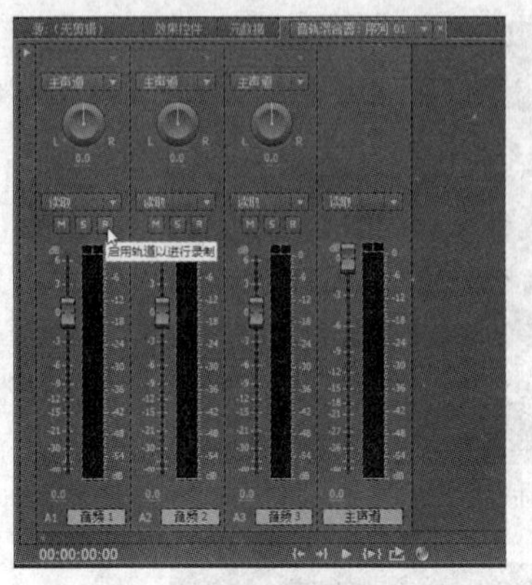
图 4-21　启用轨道以进行录制

图 4-22　选择录制输入声道

5 调整输入设备的电平，以实现适当的录制电平（可选操作），如图 4-23 所示。

6 在【音轨混合器】面板菜单中选择【仅计量器输入】命令，以实现仅计量声卡的输入，如图 4-24 所示。

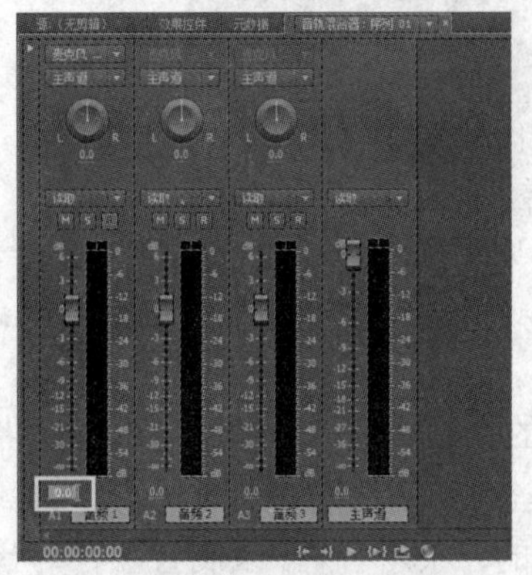
图 4-23　设置录制电平

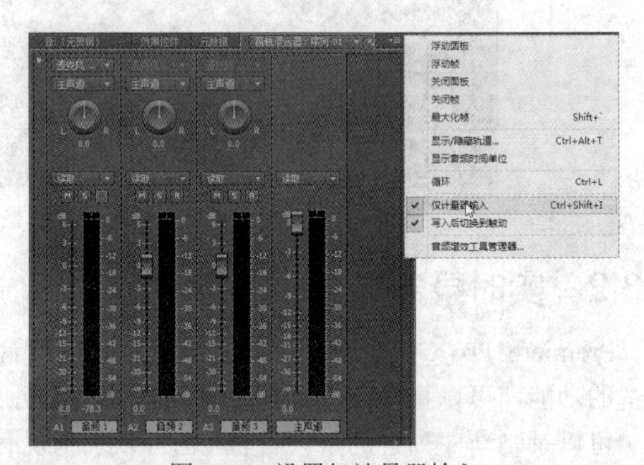
图 4-24　设置仅计量器输入

7 单击音轨混合器底部的【录制】按钮进入【录制】模式，如图 4-25 所示。

8 通过从模拟源播放选择部分或让录音者对着麦克风讲话，测试输入电平。观察音轨混合器电平计，以确保已启用录制的轨道的输入电平为高电平，但未剪切（未触到剪切指示器），如图 4-26 所示。

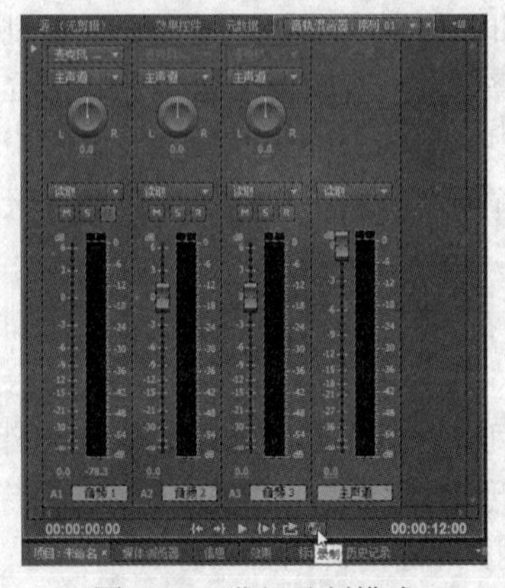
图 4-25　进入录制模式

图 4-26　测试输入电平

9 完成测试后，可以根据情况决定是否取消选择【音轨混合器】面板菜单中的【仅计量器输入】命令，以同时计量项目的音轨。

10 单击【播放-停止切换】按钮开始录制音频，如图 4-27 所示。

11 如果需要，在录制时将轨道音量表滑块向上（增加音量）或向下（减小音量）调整，以保持所需的监视电平。如果剪辑被剪切，音量表顶部的红色指示器会点亮。确保音频电平不大，不会导致剪切。通常，大音量的音频出现在 0 dB 附近，而小音量的音频出现在 –18 dB 附近。

12 单击【播放-停止切换】按钮停止录制。已录制的音频将以剪辑形式出现在音轨中，并以主剪辑形式出现在【项目】面板中，如图 4-28 所示。

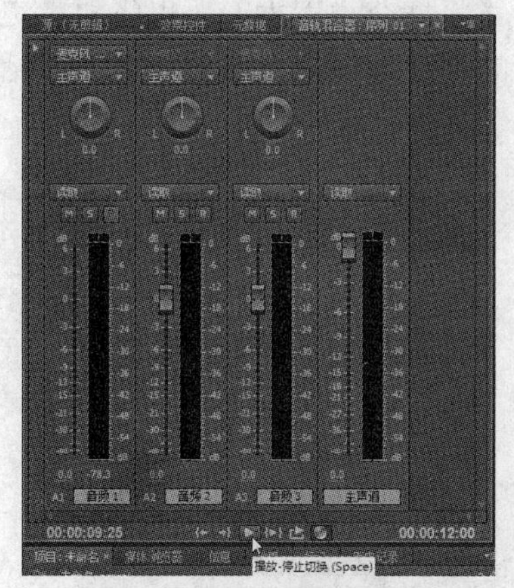

图 4-27　开始录制音频

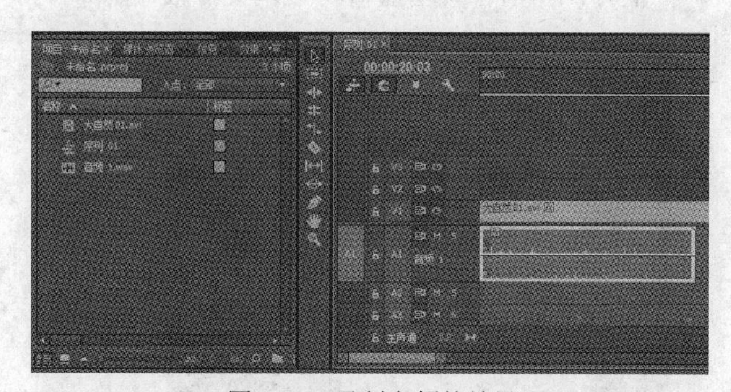

图 4-28　录制音频的结果

4.4　编辑剪辑的音频

除了使用【音轨混合器】面板进行调音外，还可以通过音频轨道对剪辑的音频进行编辑。

4.4.1　设置剪辑的音频增益

音频增益通常指剪辑中的输入电平或音量。这里的音量是指序列剪辑或轨道中的输出电平或音量。可以对音频增益或音量电平进行设置，使各轨道或剪辑之间的电平更加一致，或更改轨道或剪辑的音量。如果在对音频剪辑进行数字化时将其电平设置得过低，增加音频增益或音量可能只是会放大噪音。为获得最佳效果，可以按照标准实践使用最佳电平录制或数字化源音频。

可以使用【音频增益】命令调整一个或多个选定剪辑的增益电平。【音频增益】命令独立于【音轨混合器】和【时间轴】面板中的输出电平设置，但其值将与最终混合的轨道电平整合。

动手操作　设置剪辑的音频增益

1 执行以下操作之一：

（1）在【项目】面板中选择主剪辑。可以调整主剪辑的音频增益，使已添加到【时间轴】面板的该剪辑的所有实例都具有相同的增益电平。

（2）要仅调整序列中现有的一个主剪辑实例的音频增益时，可以在【时间轴】面板中选择该剪辑。

（3）要调整多个主剪辑或剪辑实例的音频增益时，可以在【项目】面板或序列中选择相应剪辑。

2 选择【剪辑】|【音频选项】|【音频增益】命令，如图 4-29 所示。

3 打开【音频增益】对话框，Premiere Pro CC 会自动计算选定剪辑的峰值振幅，并在【峰值振幅】字段中报告计算值，如图 4-30 所示。计算完之后，会为所选内容存储该值。可以根据该值来调整音频增益。

4 选择以下任一选项，设置其值，然后单击【确定】按钮即可：

- 将增益设置为：默认值为 0.0dB。此选项允许用户将音频增益设置为某一特定值。该值始终更新为当前音频增益，即使未选择该选项且该值灰显也是如此。例如，当使用第二个选项【调整增益值】将音频增益调整–1 dB 时，【将增益设置为】值也将随之更新，以显示结果增益电平。当打开已调整其音频增益的选定剪辑的【音频增益】对话框时，当前音频增益值将显示此字段中。

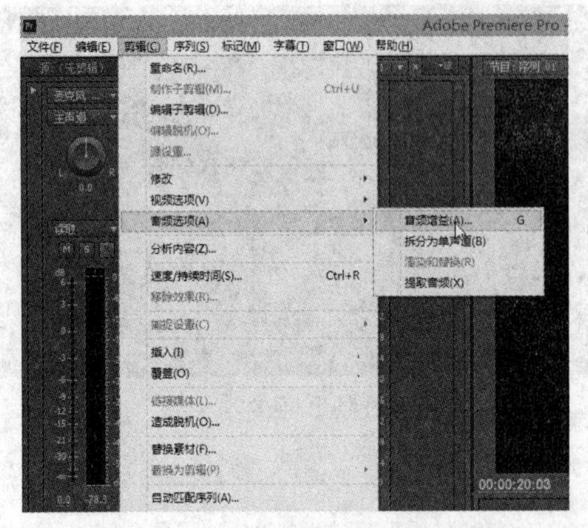

图 4-29 选择【音频增益】命令

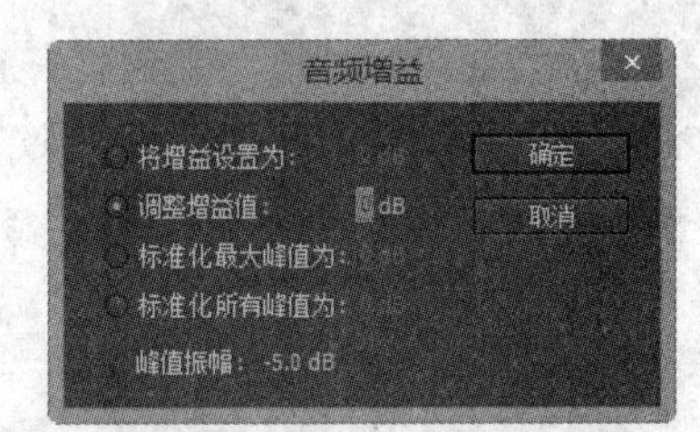

图 4-30 【音频增益】对话框

- 调整增益值：默认值为 0.0dB。此选项允许用户将音频增益调整+ or – dB。如果在此字段中输入非零值，【将增益设置为】值会自动更新，以反映应用于该剪辑的实际音频增益值。
- 标准化最大峰值为：默认值为 0.0 dB。可以将此设置为低于 0.0 dB 的任何值。例如，可以留出峰值储备量，并将此设置为–3dB。此标准化选项可以将选定剪辑的最大峰值振幅调整到用户指定的值。例如，如果“标准化最大峰值为”设置为 0.0 dB，则峰值振幅为–6 dB 的剪辑的音频增益将调整+6dB。如果选择了多个剪辑，则具有最大峰值的剪辑将调整到用户指定的值，而其他剪辑将按此相同量进行调整，并保留它们之间的相对音频增益差异。例如，假定剪辑 1 的峰值为–6 dB，剪辑 2 的峰值为–3 dB。由于剪辑 2 的峰值较大，因此它将调整+3dB 以增加到用户指定的音频增益 0.0 dB，而剪辑 1 也将调整+3 dB，从而增加到–3 dB，这保留了两个选定剪辑之间的音频增益偏移量。
- 标准化所有峰值为：默认值为 0.0 dB。可以将此设置为低于 0.0 dB 的任何值。例如，可以留出峰值储备量，并将此设置为–3dB。此标准化选项可将选定剪辑的峰值振幅调整到用户指定的值。例如，如果【标准化所有峰值为】设置为 0.0 dB，则峰值振幅为–6 dB 的单个剪辑的音频增益将调整+6dB。如果选择了多个剪辑，则每个选定剪辑的音频增益都将按照增加到 0.0 dB 所需的调整量进行调整。

4.4.2 显示与调整剪辑音量

在音频轨道中，Premiere Pro CC 提供了【显示音量级别】的功能，可以使用此功能查看当前剪辑的音量级别和调整音量。由于此功能只作用于选定的剪辑，因此这种调音的方法，通常用于调整指定剪辑的音量。

动手操作　显示与调整剪辑音量

1 选择【时间轴】面板的剪辑，然后单击鼠标右键并选择【显示剪辑关键帧】|【音量】|【级别】命令，如图 4-31 所示。

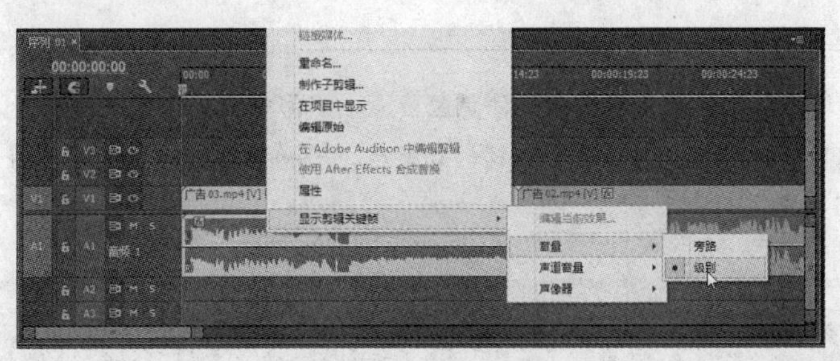

图 4-31　显示素材音量

2 此时剪辑的音轨中显示一条水平线，该水平线就是音量级别线，即表示剪辑当前音量，如图 4-32 所示。

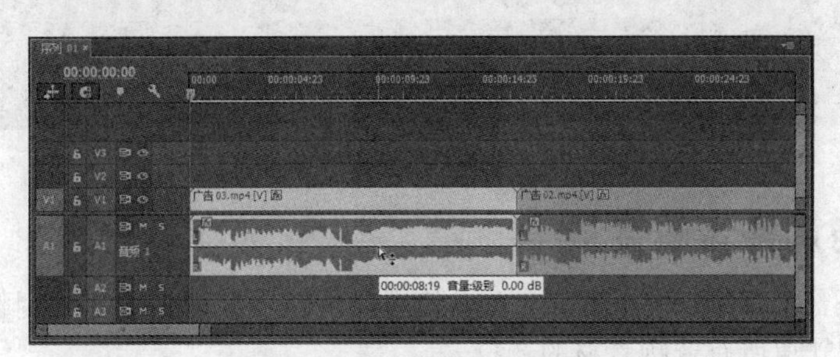

图 4-32　查看剪辑的音量级别

3 在想要提高剪辑音量，可以使用【选择工具】 并将指针移到音量级别线上，然后按住该线向上拖动，提高剪辑的音量，提高音量的具体电平数值会显示在鼠标旁，如图 4-33 所示。

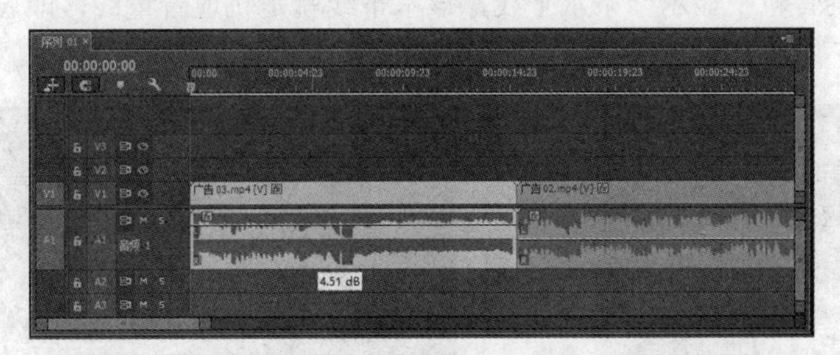

图 4-33　提高剪辑的音量

4 在需要降低剪辑音量时，可以使用【选择工具】 按住音量级别线向下拖动，降低音量的具体电平数值同样会显示出来，如图 4-34 所示。

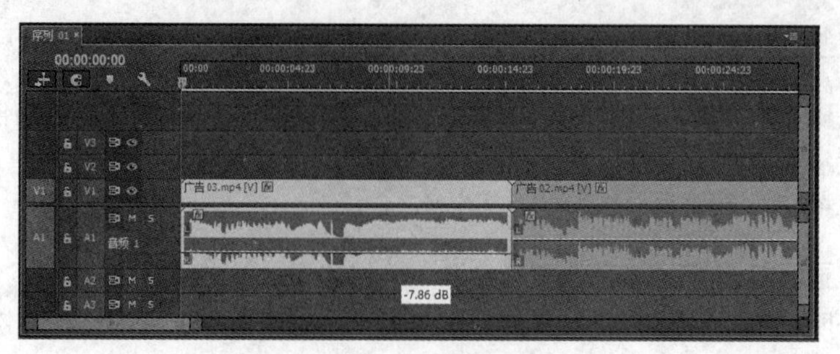

图 4-34　降低剪辑的音量

通过调整选定音量级别线方法调整音量，只影响当前选定的剪辑，不会影响同一音轨的其他剪辑。因此，调整选定剪辑的音量后，同一音轨上的其他剪辑的音量没有改变，如图 4-35 所示。

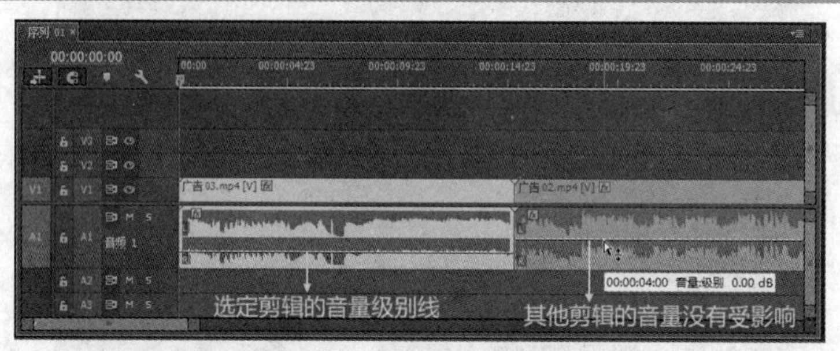

图 4-35　只调整选定剪辑的音量

4.4.3　显示与调整音轨音量

如果想要调整整个音频轨道的音量，可以使用显示轨道关键帧的方式调整音轨的音量。这种方式会影响当前轨道所有音频素材的音量。

动手操作　显示与调整音轨音量

1 拉宽需要调整音量的音频轨道，然后单击【显示关键帧】按钮并选择【轨道关键帧】命令，如图 4-36 所示。

2 此时剪辑的音轨中显示一条水平线，该水平线就是轨道音量线，即表示当前音频轨道的音量，如图 4-37 所示。

图 4-36　显示轨道关键帧

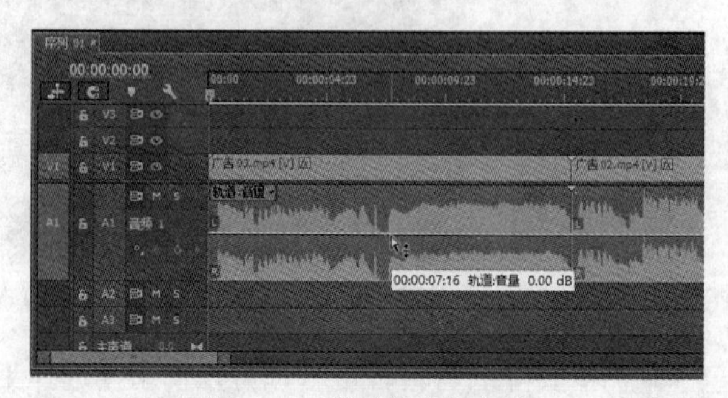

图 4-37　查看音轨的音量

3 如果想要提高音轨上所有剪辑的音量时，可以使用【选择工具】按住音量线向上拖动，提高音轨的音量，如图 4-38 所示。

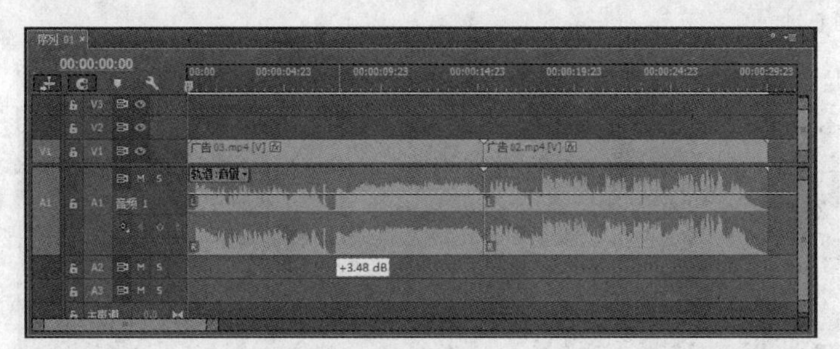

图 4-38　提高音轨的音量

4 如果想要降低音轨上所有剪辑的音量时，可以使用【选择工具】按住音量线向下拖动，降低音轨的音量，如图 4-39 所示。

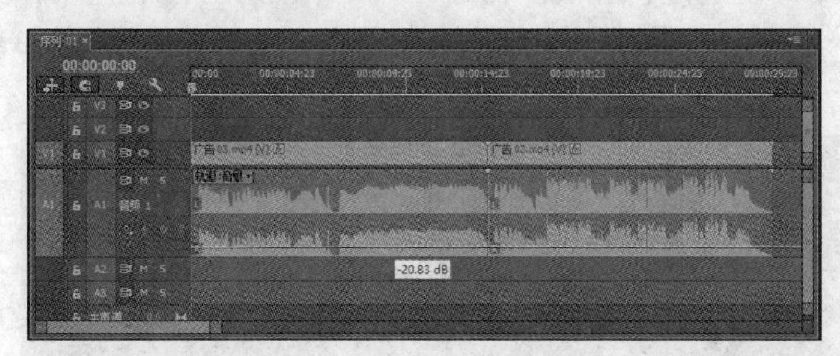

图 4-39　降低音轨的音量

4.4.4　使用关键帧调整音量

通过调整音轨的音量线，会影响剪辑的整体音量。如果要更自由地控制剪辑的音量，则可以通过添加关键帧的方法。

帧是计算机动画或影片的术语，是指动画或影片中最小单位的单幅画面，相当于电影胶片上的每一格镜头。在 Premiere Pro CC 中，帧表现为一个点标记，而关键帧是指一个能够定义属性的关键标记。对于音频来说，关键帧是指定义音频音量变化的关键动作所处的那一帧。

动手操作　使用关键帧调整音量

1 单击【显示关键帧】按钮，选择【轨道关键帧】命令。

2 将【时间轴】面板的播放指示器移到需要插入关键帧的位置，然后单击【添加-移除关键帧】按钮，在当前播放指示器位置上插入关键帧，如图 4-40 所示。

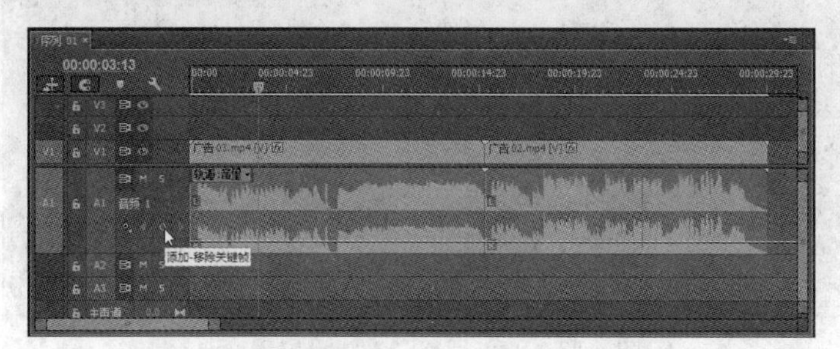

图 4-40　在播放指示器位置添加关键帧

3 在需要调整关键帧的轨道音量时，可以在【工具】面板上选择【钢笔工具】或者【选择工具】，然后选择关键帧，并向上或向下拖动关键帧，即可提高或降低关键帧所在音轨的音量，如图 4-41 所示。

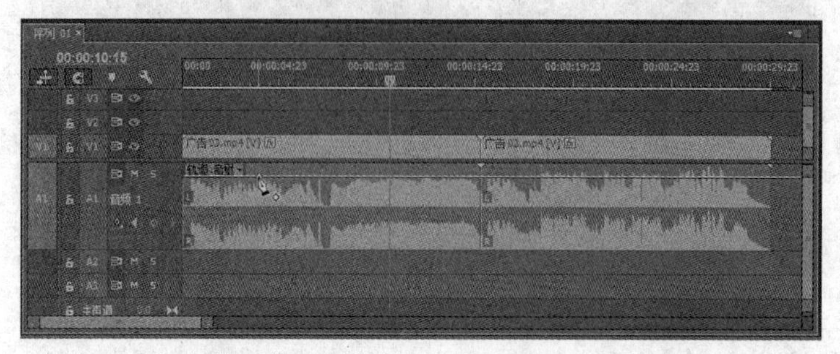

图 4-41　调整关键帧所在音轨的音量

4 在音量线上只有一个关键帧时，通过调整该关键帧，将影响整个音轨的音量。如果音量线上有多个关键帧，在调整其中一个关键帧时，不会影响其他关键帧的音量，如图 4-42 所示。

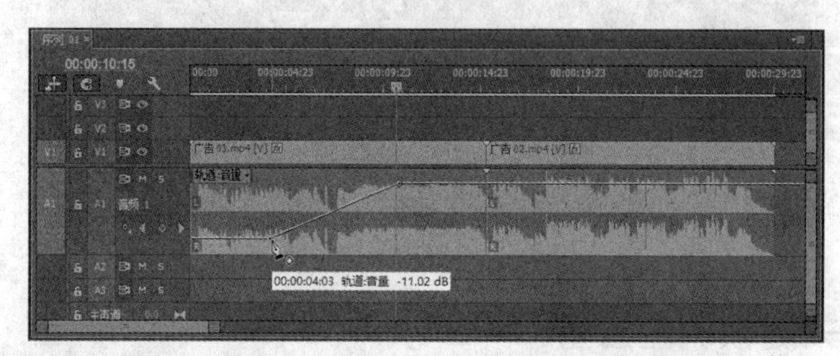

图 4-42　多个关键帧时只影响当前关键帧的音量

4.4.5　为音频轨道设置静音

在一些测试和音频混合处理中，将个别音频轨道的音量设置为 0，即静音状态，可以更好地完成对单独声音的处理。

方法 1　单击【显示关键帧】按钮，选择【轨道关键帧】命令，然后按住音量线向下移到最低点，当电平数值显示为–00 dB，即表示已经静音，如图 4-43 所示。

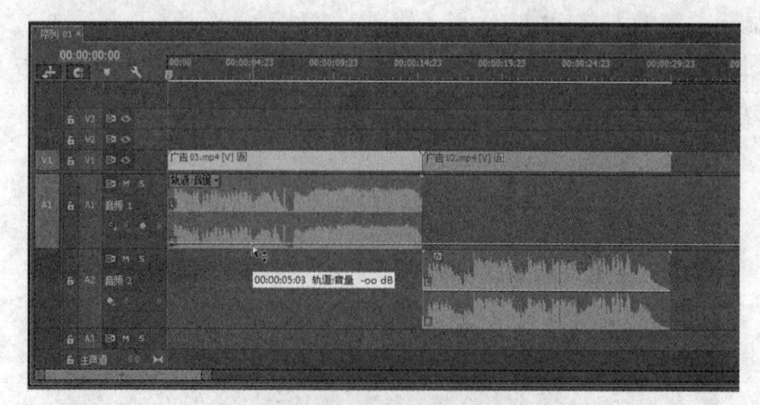

图 4-43　通过调整音量线设置静音

方法 2 单击【显示关键帧】按钮，选择【轨道关键帧】命令，然后打开轨道菜单，再选择【轨道】|【静音】命令即可，如图 4-44 所示。

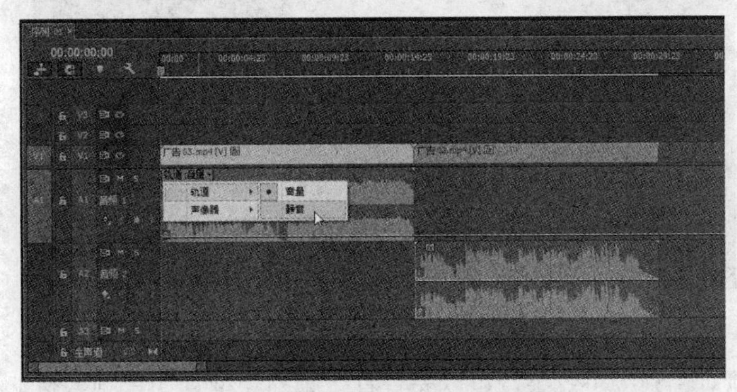

图 4-44 通过菜单命令设置静音

4.5 应用音频效果与音频过渡

在 Premiere Pro CC 中，提供了许多音频效果和音频过渡。用户可以利用音频效果改变声音的效果，也可以利用音频过渡使剪辑声音的衔接更加融合。

Premiere Pro CC 提供了 46 种音频效果，如图 4-45 所示。

除了音频效果外，Premiere Pro CC 还提供了音频过渡效果，包括恒定功率、恒定增益、指数淡化 3 种，如图 4-46 所示。

图 4-45 音频效果列表

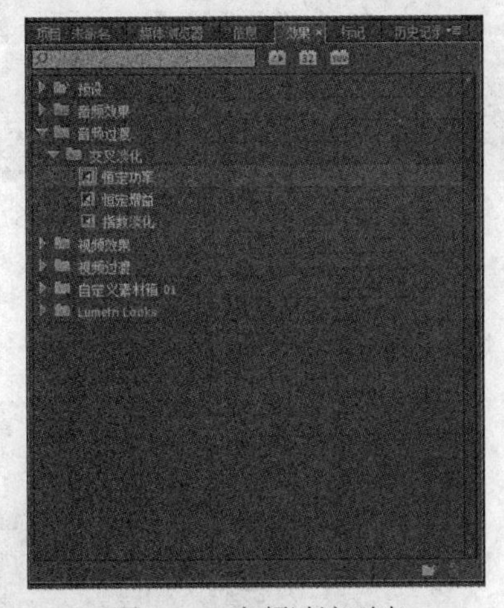

图 4-46 音频过渡列表

4.5.1 为剪辑应用音频效果

打开音频效果列表，然后将选中的效果拖到剪辑的音频上再放开即可将音频效果应用到剪辑上。

动手操作 为剪辑应用音频效果

1 打开光盘中的“..\Example\Ch04\4.5.2.prproj”练习文件，在音频上单击鼠标右键，再选择【显示剪辑关键帧】|【音量】|【级别】命令，如图 4-47 所示。

图 4-47　显示音量级别

2 为了更好地对音频应用效果，可以先查看音频的类型。在音频素材上单击鼠标右键，然后选择【属性】命令，打开【属性】对话框后，查看音频的格式属性，以查看音频是单声道还是立体声，如图 4-48 所示。

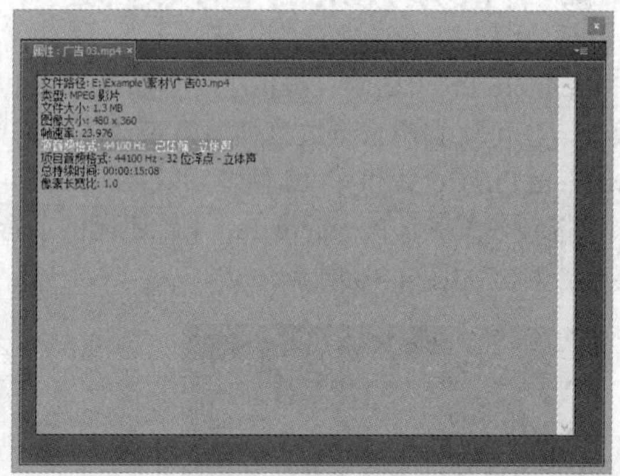

图 4-48　查看剪辑的音频类型

3 打开【音频效果】列表，然后选择【Reverb（混响）】效果，并将效果拖到音频素材上，应用该效果，如图 4-49 所示。

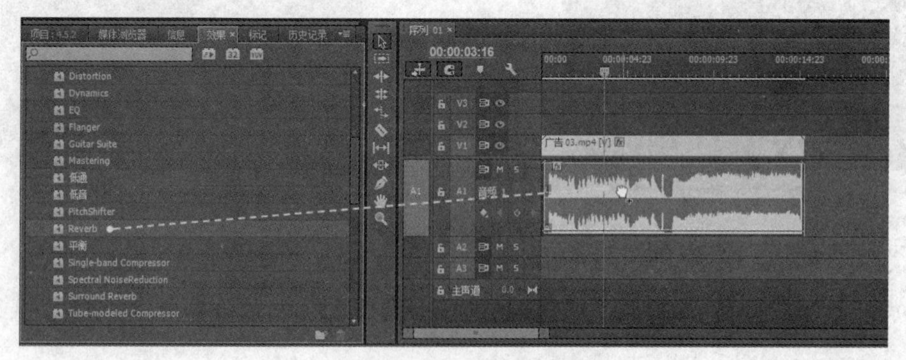

图 4-49　为音频应用效果

4 打开【效果控件】面板，再打开【Reverb】列表，可以设置个别参数，如图 4-50 所示。

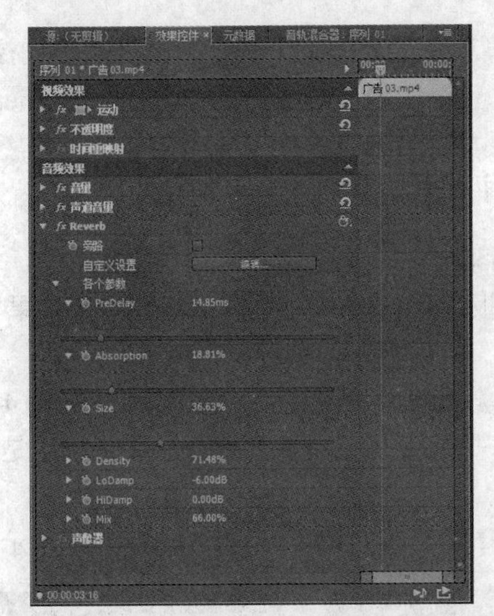

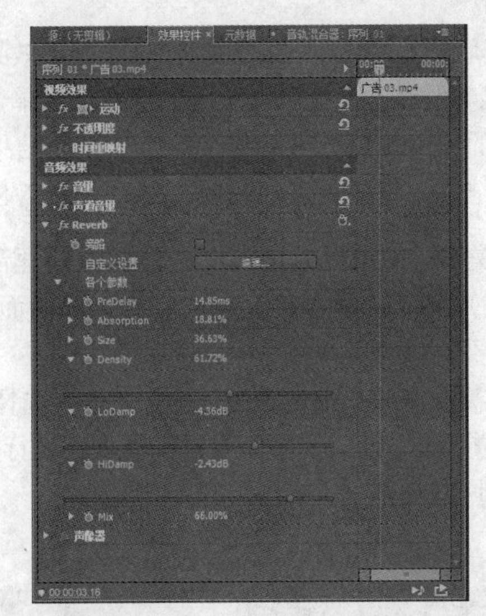

图 4-50　设置音频效果的参数

4.5.2　为剪辑应用音频过渡

将过渡效果拖到前一剪辑音频的出点或下一剪辑音频的入点即可应用音频过渡。

当拖动过渡效果到两个音频的编辑点时，可以交互地控制过渡的对齐方式。如图 4-51 所示为将过渡效果应用到音频出点，如图 4-52 所示为将过渡效果应用到音频的入点。

图 4-51　将过渡效果应用到音频出点

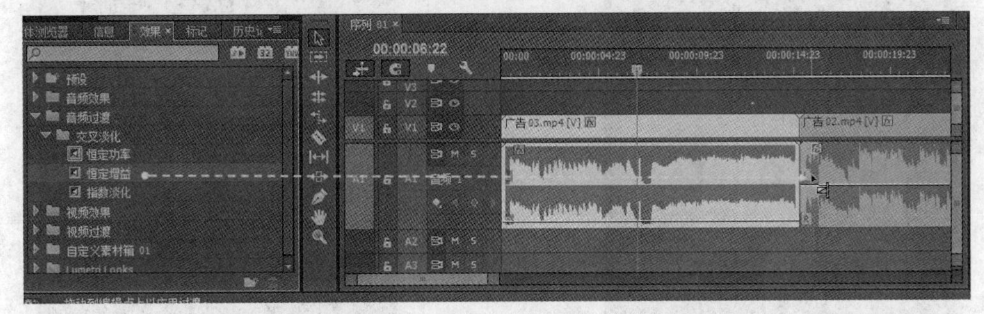

图 4-52　将过渡效果应用到音频的入点

4.5.3　【效果和发送】面板

除了可以为指定音频素材添加效果外，还可以通过【效果和发送】面板直接对音频轨道添加效果。

在音轨混合器中，轨道效果选项是在【效果和发送】面板中选择效果之后受到控制的。【效果和发送】面板包含【效果选择】菜单，可以应用多达 5 个轨道效果。Premiere Pro CC 按照效果的列出顺序处理效果，并将效果的结果发送给列表中的下一个效果。因此，更改顺序也会更改结果。效果列表还提供对所添加的 VST 增效工具的完全控制权。

动手操作　使用【效果和发送】面板处理音效

1 打开【音轨混合器】面板，然后单击面板左上方的三角形按钮，显示【效果与发送】面板，如图 4-53 所示。

2 在要应用效果的轨道中，单击【效果选择】三角形并从菜单中选择效果，如图 4-54 所示。在应用轨道效果之前，需要先对它们的顺序进行规划，因为在【效果和发送】面板中是无法将效果拖到其他位置的。

3 从【效果和发送】面板底部的菜单中选择要编辑的效果参数，如图 4-55 所示。

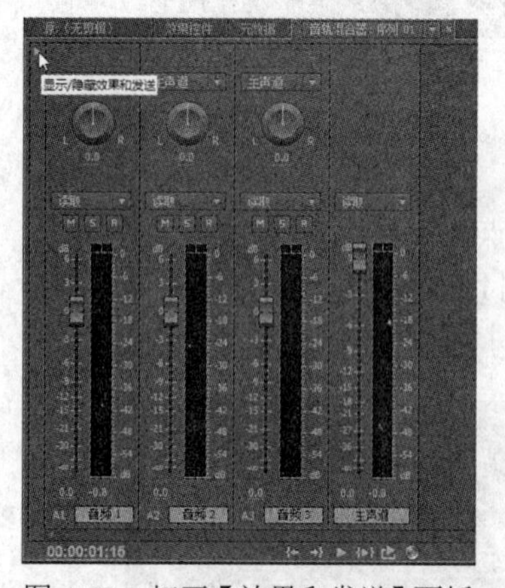

图 4-53　打开【效果和发送】面板

图 4-54　为音频轨道应用音频效果

图 4-55　选择要编辑的效果参数

4 使用位于参数菜单上方的控件来调整效果选项，如图 4-56 所示。

5 如果一种音频效果不够，还可以应用多种效果，但最多不能超过 5 种。如图 4-57 所示为音频轨道应用多种效果的结果。

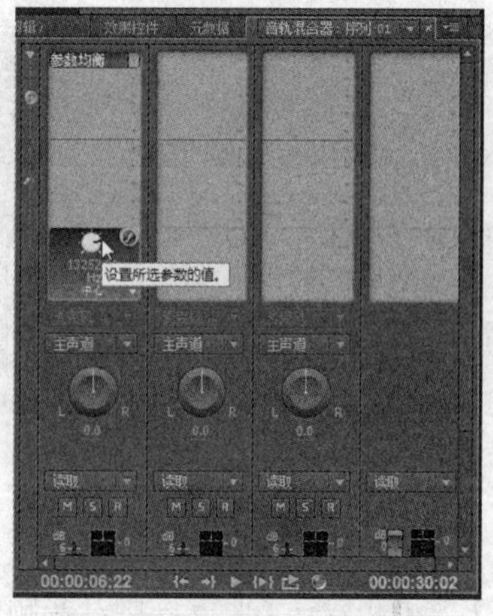

图 4-56　调整效果参数的值

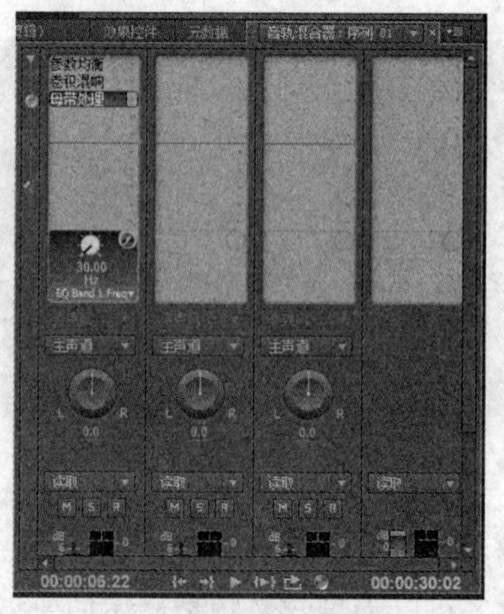

图 4-57　应用多种效果

4.6 管理音频和音轨效果

将效果应用到音频或音频轨道后，可以根据设计的需求编辑音频效果，将效果存储为预设、清除效果等。

4.6.1 通过效果控件编辑效果

将效果应用到音频上后，可以打开【效果控件】面板，在其中调整效果的参数，使效果的应用更加符合制作的要求。

动手操作 制作合唱音频效果

1 打开光盘中的“..\Example\Ch04\4.6.1.prproj”练习文件，打开【效果】面板的【音频效果】列表，选择【Chorus】音频效果并应用到音频素材上，如图4-58所示。

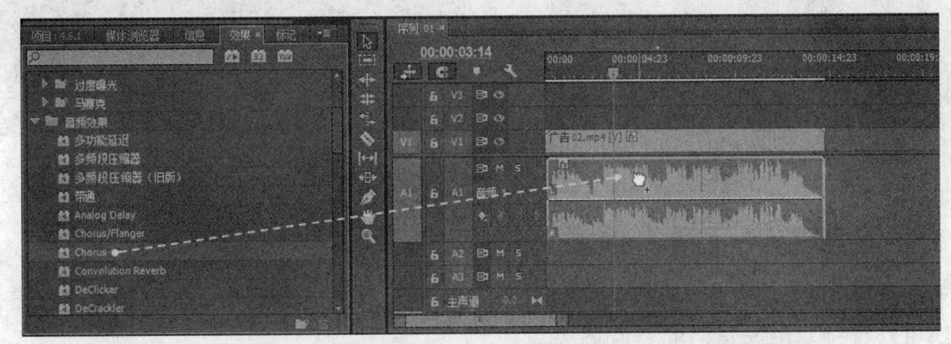

图4-58 应用音频效果

2 打开【效果控件】面板，再打开【Chorus】效果项目的【预设】菜单，选择一种预设方案，如图4-59所示。

3 单击【编辑】按钮，打开【自定义设置】项目的列表，设置音频效果的参数，如图4-60所示。

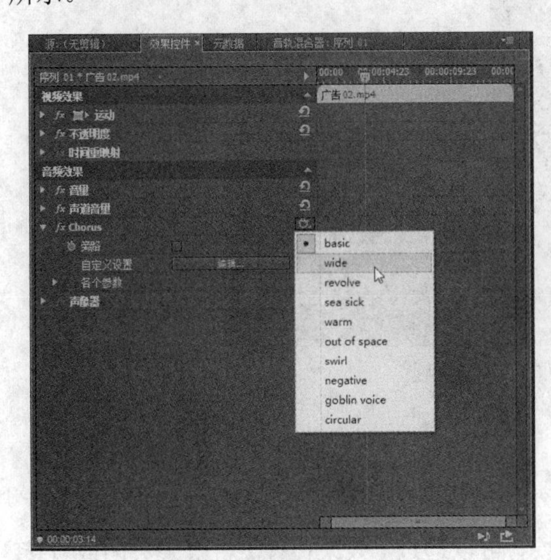

图4-59 设置预设方案

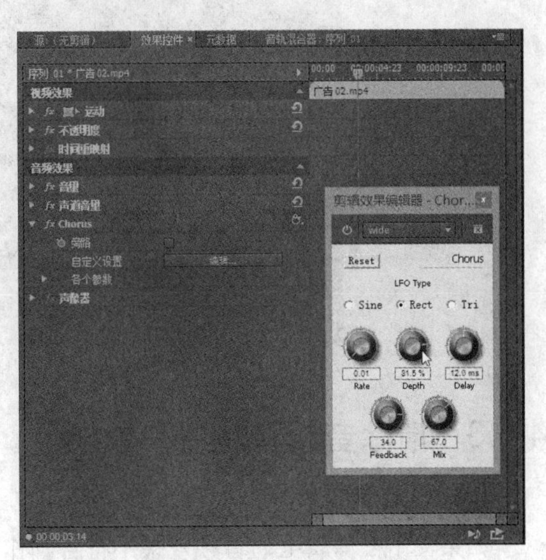

图4-60 自定义效果参数

4 编辑自定义设置后，还可以打开【各个参数】列表，然后根据需要修改参数的值，如图 4-61 所示。

5 编辑音频效果后，可以通过【节目监视器】面板播放剪辑，检查调整音频效果后的声音效果，如图 4-62 所示。

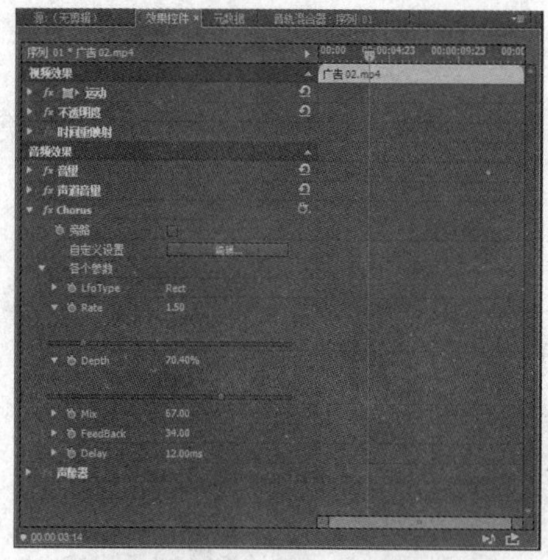

图 4-61　设置效果各个参数的值

图 4-62　播放剪辑预览音效

4.6.2　将音频效果存储为预设

在 Premiere Pro CC 中，可以对应用到素材上的音频效果进行编辑，然后存储为预设效果，以便下次可以直接套用编辑后的音频效果。

打开【效果控件】面板，然后在音频效果项目上单击鼠标右键并选择【保存预设】命令，接着在打开的对话框中设置属性即可将音频效果存储为预设，如图 4-63 所示。

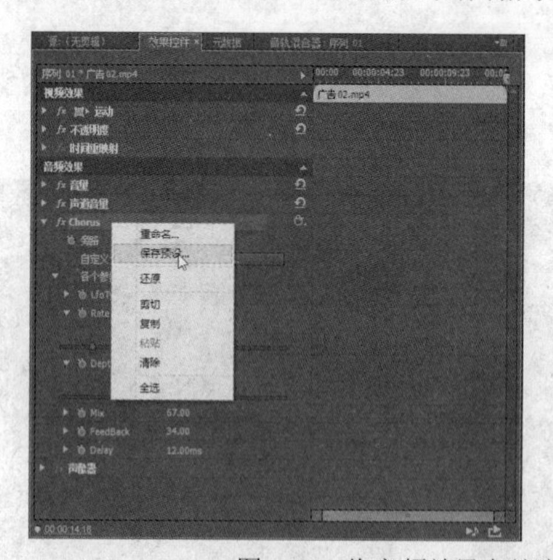

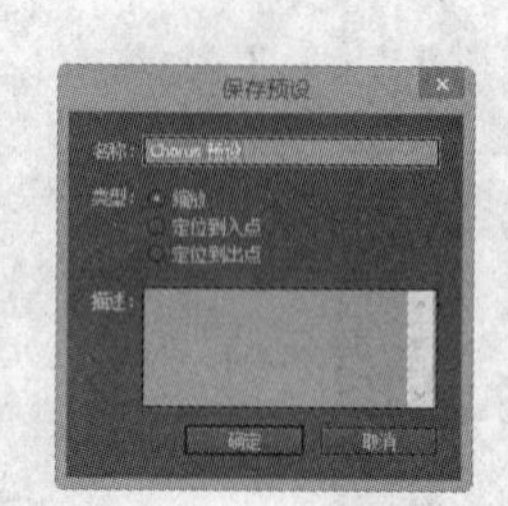

图 4-63　将音频效果存储为预设

4.6.3　清除音频和轨道的效果

1. 清除音频的效果

如果应用在剪辑上的音频效果不符合制作需要，可以通过【效果控件】将效果关闭或直接清除，如图 4-64 所示。

此外，也可以直接通过轨道音频的快捷菜单移除音频效果。在音频轨道上单击鼠标右键，然后从打开的菜单中选择【移除效果】命令，接着在打开的对话框中选择【音频效果】复选框，最后单击【确定】按钮即可，如图 4-65 所示。

图 4-64　通过【效果控件】面板清除音频效果

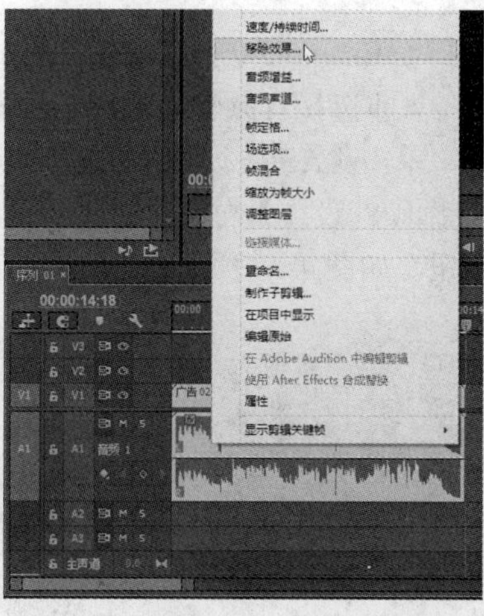

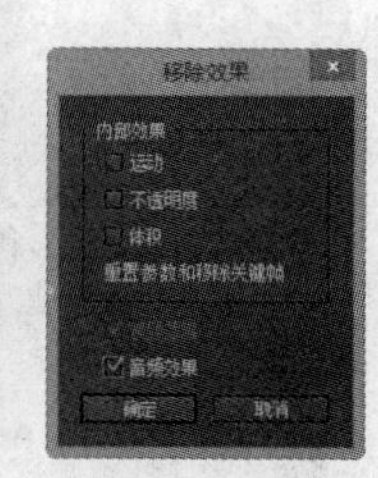

图 4-65　通过音频快捷菜单清除音频效果

2. 清除音轨的效果

如果是应用在轨道上的音频效果，则可以打开【效果控件】面板，然后打开音频效果列表框，并选择【无】选项清除，如图 4-66 所示。

3. 清除音频的过渡

如果是应用在音频上的过渡效果，则可以在轨道上选择过渡编辑点，然后单击鼠标右键，并选择【清除】命令即可，如图 4-67 所示。

图 4-66　清除应用在轨道上的效果

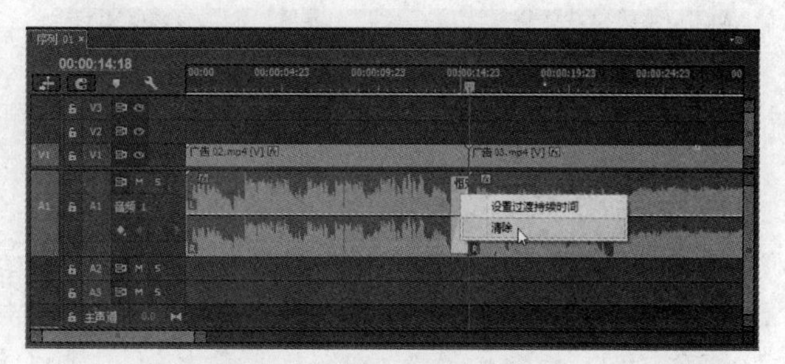

图 4-67　清除音频过渡效果

4.7　技能训练

下面通过多个上机练习实例，巩固所学知识。

4.7.1 上机练习 1：为教学片剪辑实时录音

本例将通过【音轨混合器】面板，对教学片剪辑进行配音，制作出完整的教学片效果。

操作步骤

1 打开光盘中的“..\Example\Ch04\4.7.1.prproj”练习文件，在启用录音轨前，需要先设置用于录音的音频硬件，即选择音频输入通道。首先选择【编辑】|【首选项】|【音频硬件】命令，打开对话框后，单击【ASIO 设置】按钮，如图 4-68 所示。

2 在打开的【音频硬件设置】对话框中选择【输入】选项卡，再选择【麦克风】复选框，最后单击【确定】按钮，如图 4-69 所示。

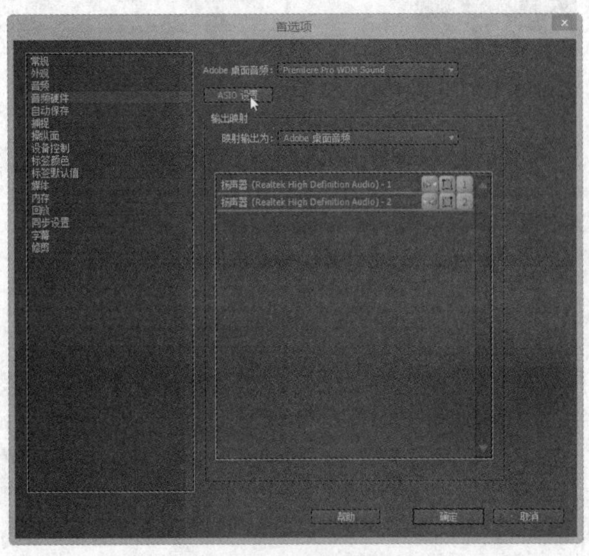

图 4-68　设置音频硬件

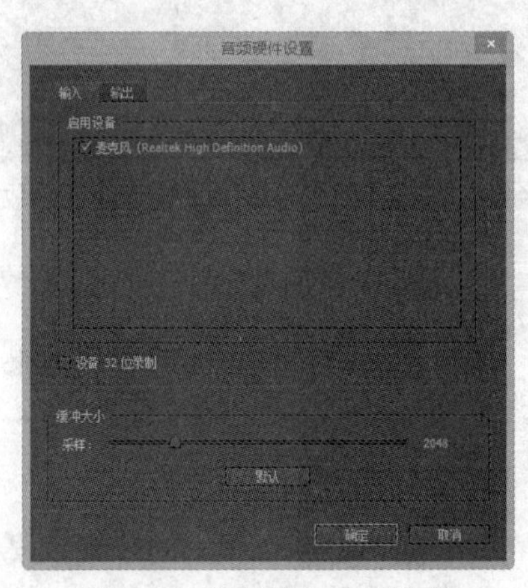

图 4-69　选择输入音频设备

3 返回【音轨混合器】面板，单击【音频 1】轨道控制器的【启用轨道以进行录制】按钮R，并选择轨道输入声道为【麦克风】，如图 4-70 所示。

4 为了使录音效果更好，还需要对录制设备进行配置。首先单击任务栏的【扬声器】图标，再单击【合成器】链接，如图 4-71 所示。

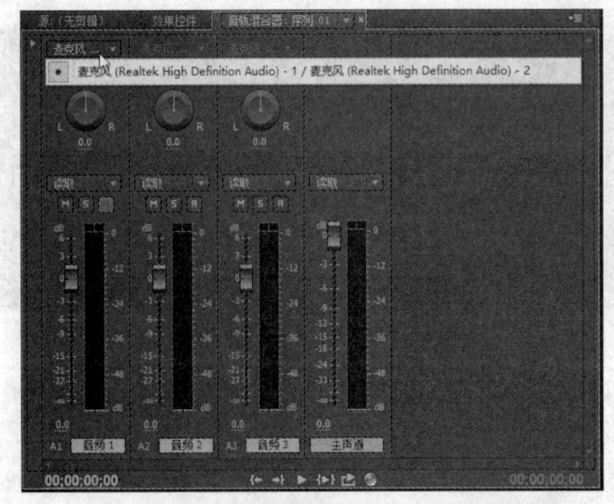

图 4-70　启用轨道录制并选择轨道输入声道

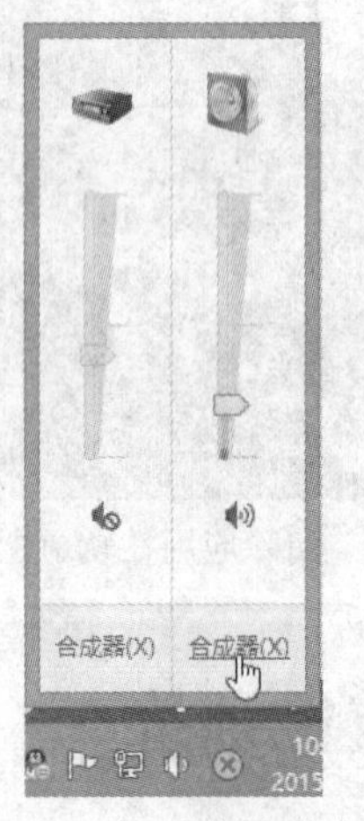

图 4-71　打开音量合成器

5 打开对话框后，确保所有音量没有被设置为【静音】，然后单击【系统声音】按钮，打开【声音】设置对话框，如图 4-72 所示。

6 在打开的【声音】对话框中选择【录制】选项卡，再选择合适的麦克风设备，然后单击【配置】按钮，如图 4-73 所示。

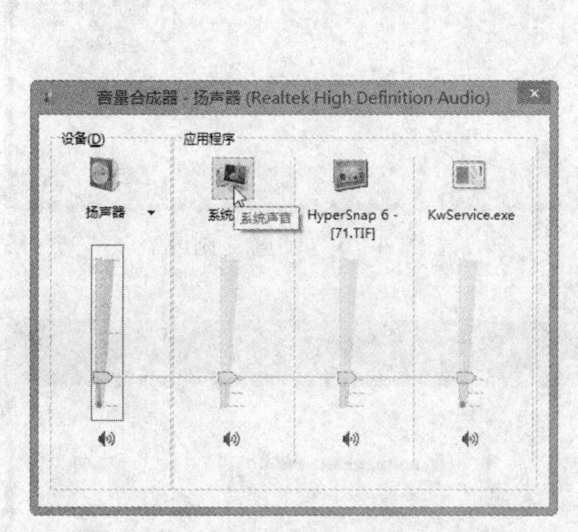

图 4-72　打开【声音】设置对话框

图 4-73　配置麦克风设备

7 在打开的【语音识别】窗口中单击【设置麦克风】链接，打开麦克风设置向导，如图 4-74 所示。

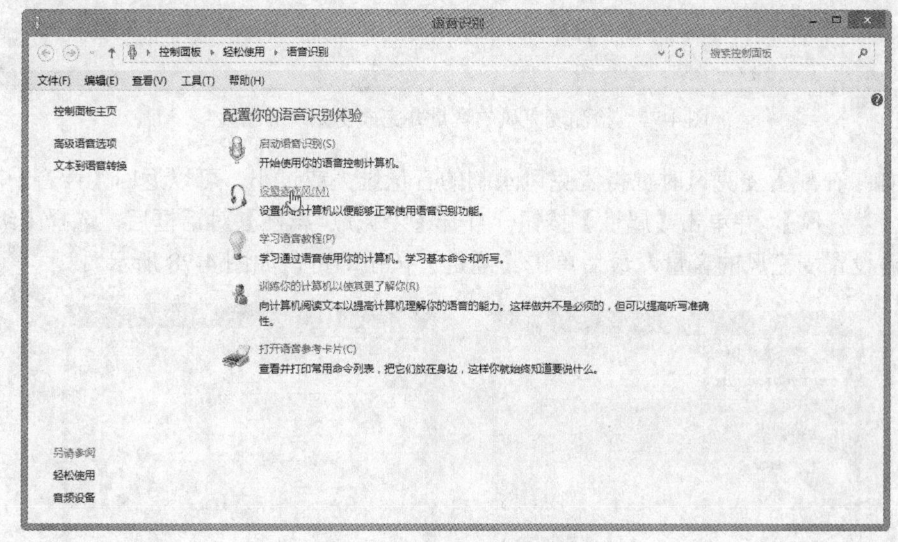

图 4-74　打开麦克风设置向导

8 在【麦克风设置向导】对话框中选择麦克风类型，然后单击【下一步】按钮，如图 4-75 所示。此时按照对话框的提示正确设置麦克风，再单击【下一步】按钮，如图 4-76 所示。

9 按照对话框的提示朗读一段内容，调整合适的麦克风音量，读完后进入下一步的操作。完成此一系列配置后，即可使麦克风能够正常录音，此时单击【完成】按钮，完成配置，如图 4-77 所示。

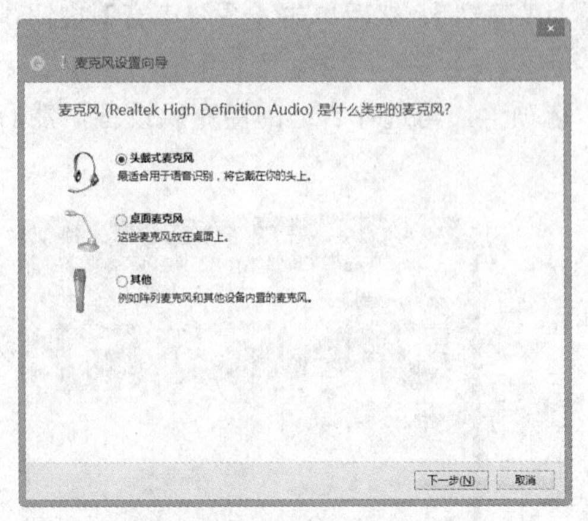

图 4-75　选择麦克风类型

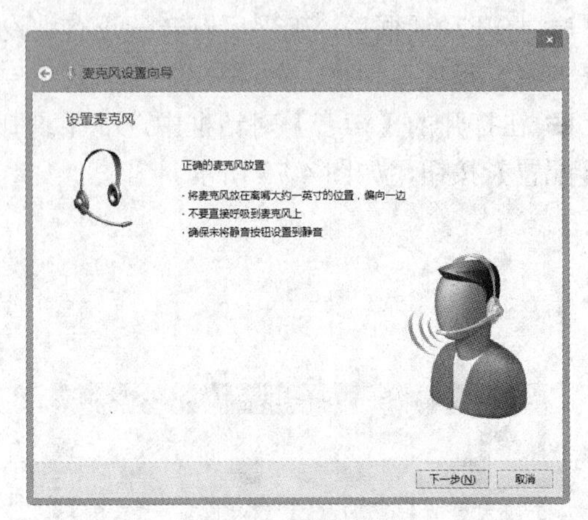

图 4-76　设置麦克风

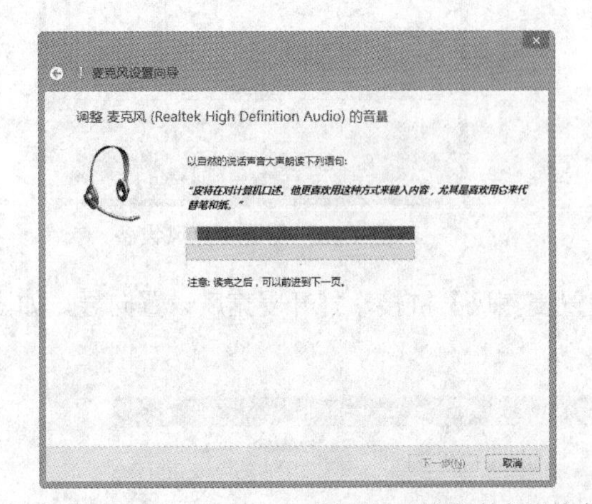

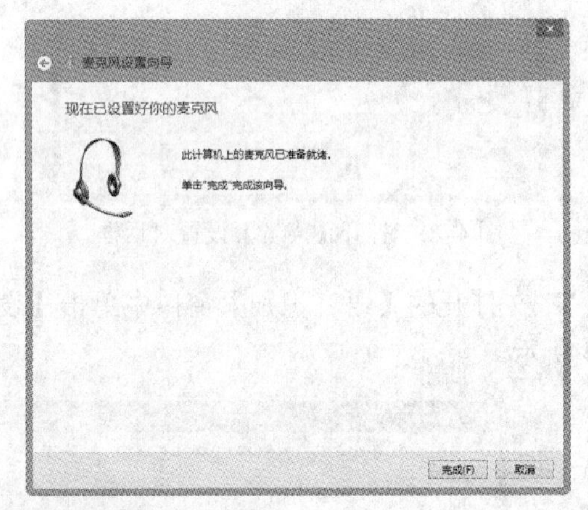

图 4-77　检测麦克风的音量并完成麦克风的配置

10 如果在配置麦克风时觉得麦克风录制的音量过大或过小，可以返回【声音】对话框，然后选择【麦克风】，并单击【属性】按钮。打开【麦克风 属性】对话框后，选择【级别】选项卡，接着设置麦克风的音量，最后单击【确定】按钮即可，如图 4-78 所示。

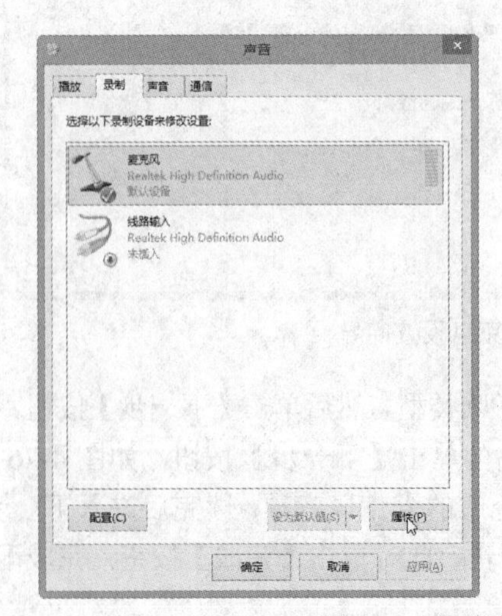

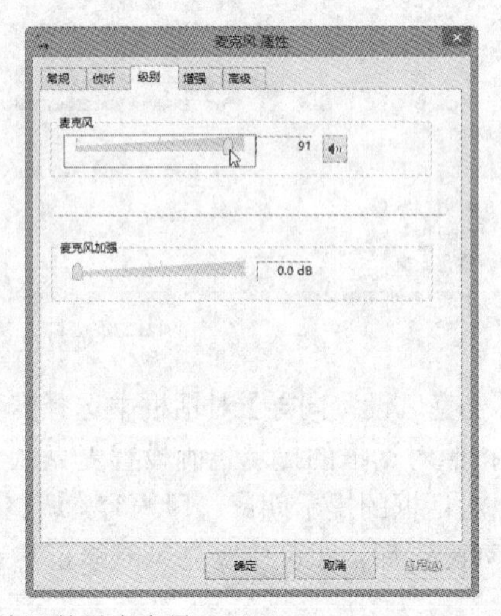

图 4-78　调整麦克风的录音音量

11 返回【音轨混合器】面板，按下【音轨混合器】面板下方的【录制】按钮，启用录制功能，如图 4-79 所示。

12 单击【音轨混合器】面板左下方的【播放-停止切换】按钮，开始录制声音。此时可以通过麦克风根据播放的教学内容进行录音，如图 4-80 所示。

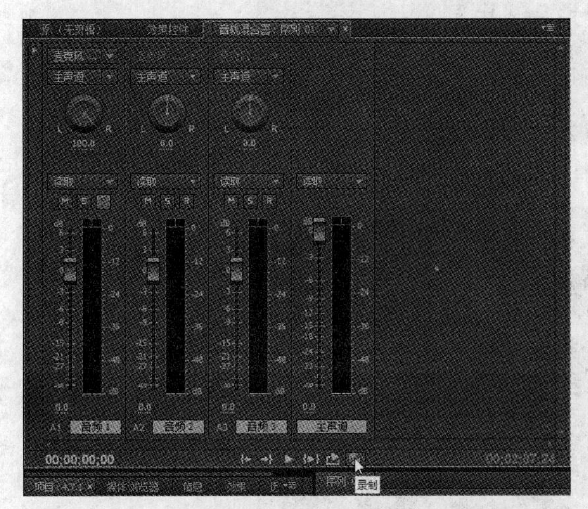

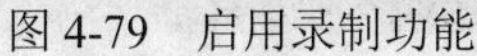
图 4-79　启用录制功能

图 4-80　播放剪辑并开始录音

13 录音完成后，再次单击【播放-停止切换】按钮停止录音。此时录制的声音会装配到【音频 1】轨道上，如图 4-81 所示。

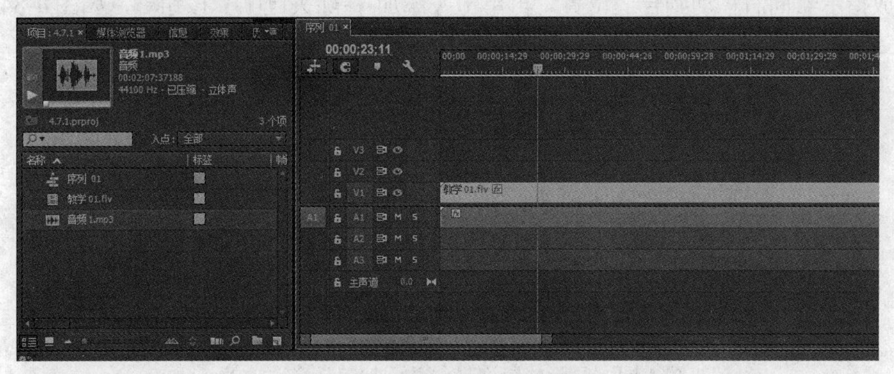

图 4-81　查看录制声音的结果

4.7.2　上机练习 2：为广告片调整音量效果

本例将为广告剪辑中的音频添加多个关键帧，然后通过调整各个关键帧的音量，使广告影片播放时产生特殊的音量效果。

操作步骤

1 打开光盘中的“..\Example\Ch04\4.7.2.prproj”练习文件，在【时间轴】面板中按住水平滚动滑块并向左移动，调整时间标尺，如图 4-82 所示。

2 双击打开音频 1 轨道，并拉宽音频 1 轨道，以便可以显示音频 1 轨道的功能按钮，如图 4-83 所示。

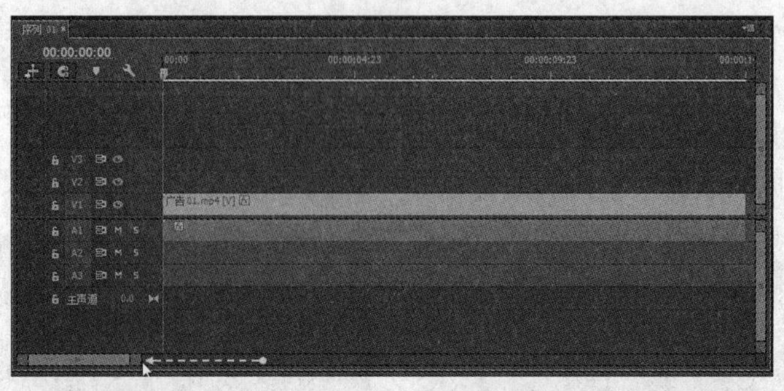

图 4-82　调整时间标尺

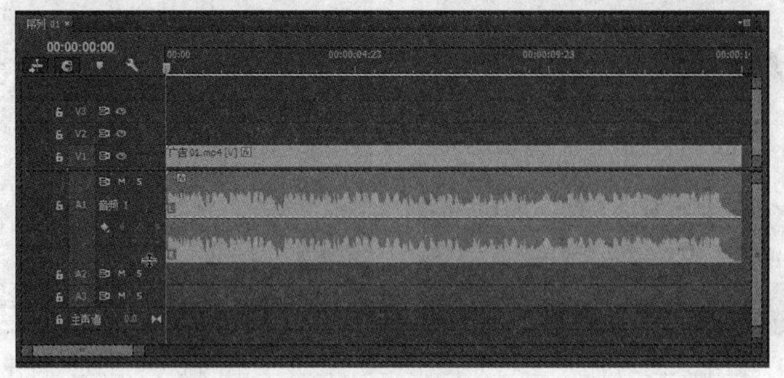

图 4-83　打开并拉宽音频 1 轨道

3 单击音频 1 轨道的【显示关键帧】按钮并选择【轨道关键帧】命令，以显示轨道音量线，然后将播放指示器向右移动到合适位置，再单击【添加-移除关键帧】按钮，如图 4-84 所示。

图 4-84　显示轨道音量线并添加第一个关键帧

4 移动播放指示器，然后通过【添加-移除关键帧】按钮为音量线添加另外两个关键帧，如图 4-85 所示。

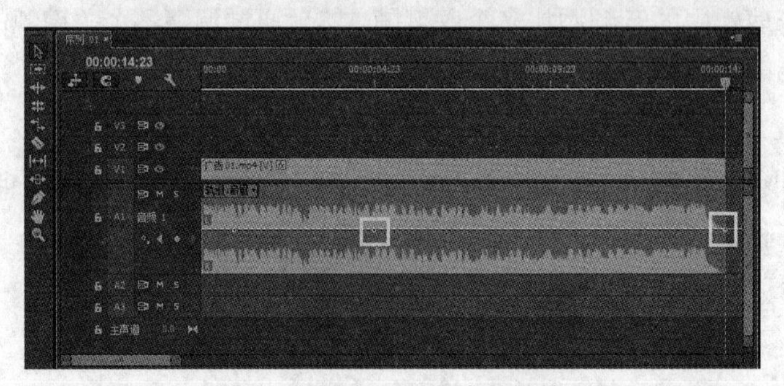

图 4-85　添加另外两个关键帧

5 在【工具箱】面板上选择【选择工具】，然后选择第一个关键帧，并向下拖动关键帧，以降低关键帧所在位置的音量，如图 4-86 所示。

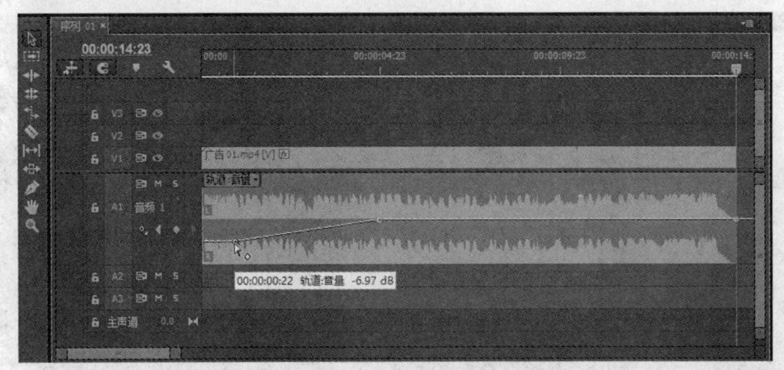

图 4-86　降低第一个关键帧的音轨音量

6 使用步骤 5 的方法，分别调整其他两个关键帧位置的音量，结果如图 4-87 所示。

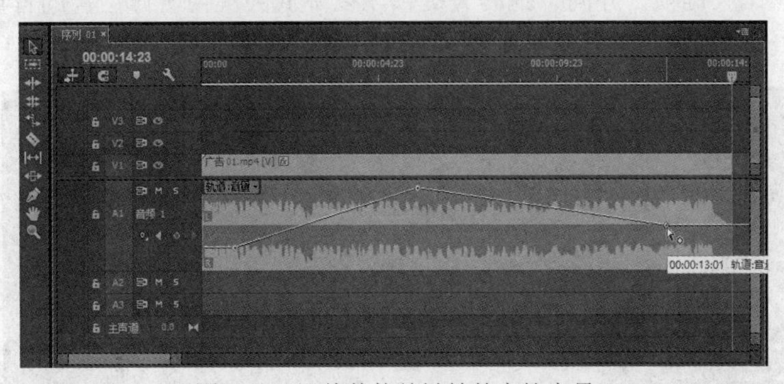

图 4-87　调整其他关键帧的音轨音量

4.7.3　上机练习 3：制作缓入和缓出的音效

本例将为剪辑中的音频添加多个关键帧，然后调整剪辑开始和结束的音量，再使用【缓入】和【缓出】功能，设置关键帧之间的音量产生曲线的缓入和缓出效果。

操作步骤

1 打开光盘的“..\Example\Ch04\4.7.3.prproj”练习文件，在【工具箱】面板中选择【选择工具】，然后按住 Ctrl 键，在音轨音量线开始处单击，添加关键帧，如图 4-88 所示。

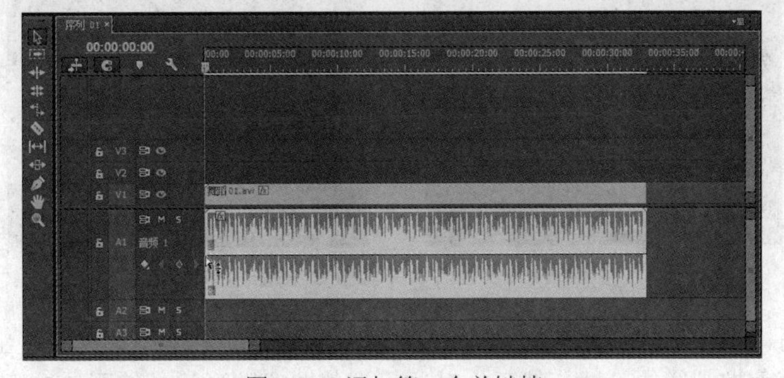

图 4-88　添加第一个关键帧

2 使用步骤 1 相同的方法，在音轨音量线其他位置上添加关键帧，用于后续制作缓入和缓出效果，如图 4-89 所示。

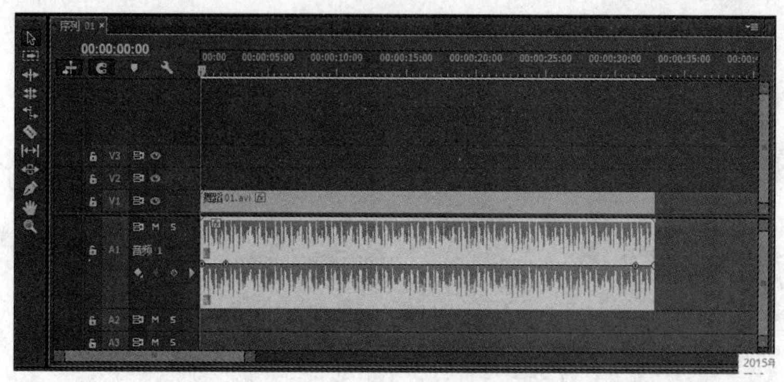

图 4-89　添加其他关键帧

3 选择第一个关键帧，并向下拖动关键帧，以降低关键帧所在位置的音量，使用相同的方法，降低最后一个关键帧的音量，如图 4-90 所示。

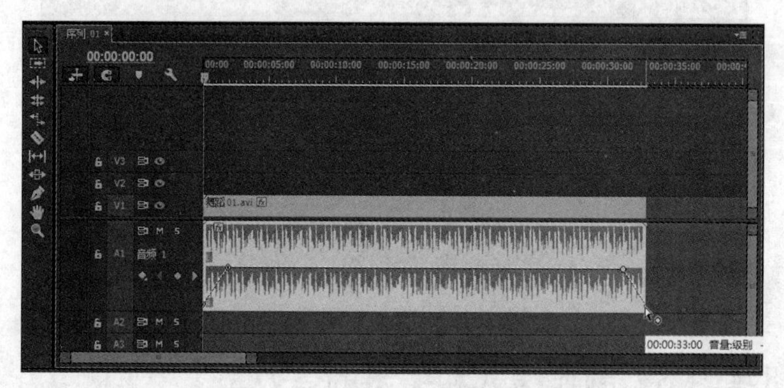

图 4-90　调整关键帧的音轨音量

4 选择第一个关键帧，然后单击鼠标右键并从打开的菜单中选择【缓入】命令，接着按住关键帧上蓝色方向线的一端，再拖动鼠标调整曲线的形状，使曲线过渡平滑，如图 4-91 所示。

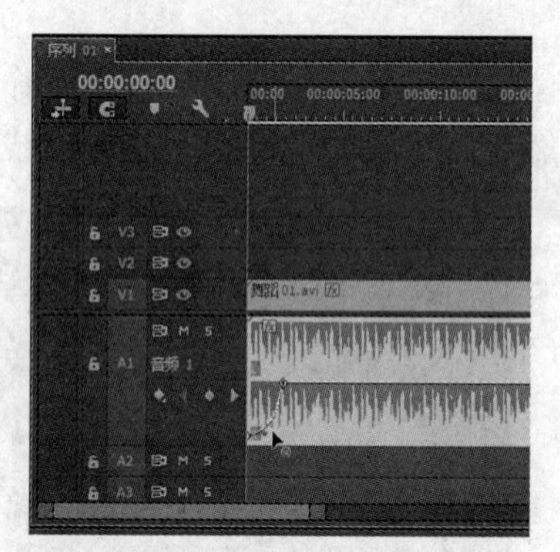

图 4-91　设置缓入并调整音量线的形状

5 选择最后一个关键帧，然后单击鼠标右键并从打开的菜单中选择【缓出】命令，接着按住关键帧上蓝色控制线的一端，然后拖动鼠标调整曲线的形状，如图 4-92 所示。

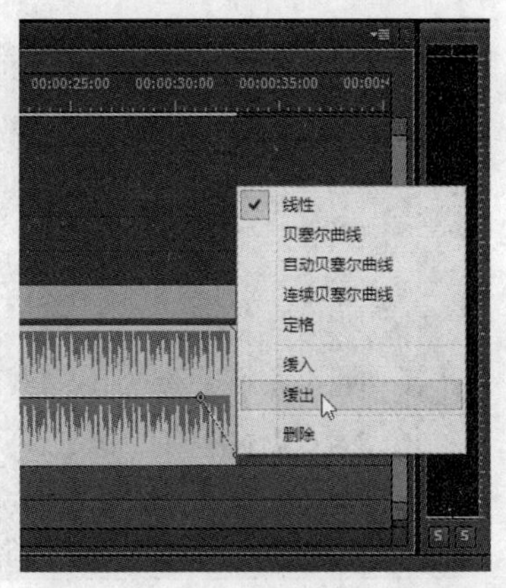

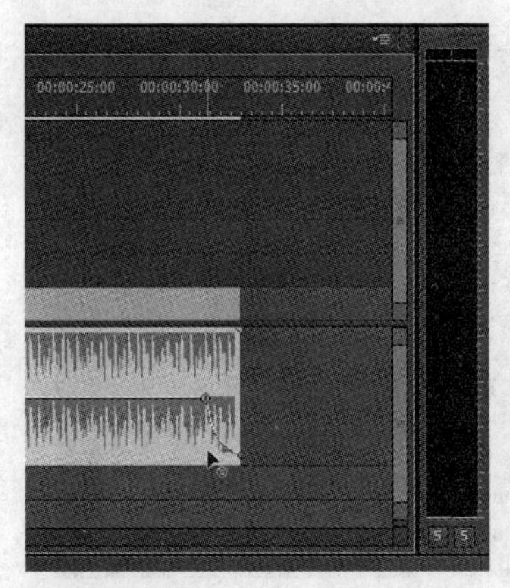

图 4-92　设置缓出并调整音量线的形状

4.7.3　上机练习 4：制作互换左右声道音效

本例将通过【音轨混合器】面板对素材声音进行调音处理，制作出剪辑素材的声音在左右声道上切换的听觉效果。

操作步骤

1 打开光盘中的“..\Example\Ch04\4.7.4.prproj”练习文件，在【音轨混合器】面板上选择剪辑音频所在的轨道，然后打开【自动模式】列表并选择【闭锁】选项，如图 4-93 所示。

2 将【时间轴】面板的播放指示器拖到开始处，然后在【节目监视器】面板中单击【播放-停止切换】按钮，开始播放素材，如图 4-94 所示。

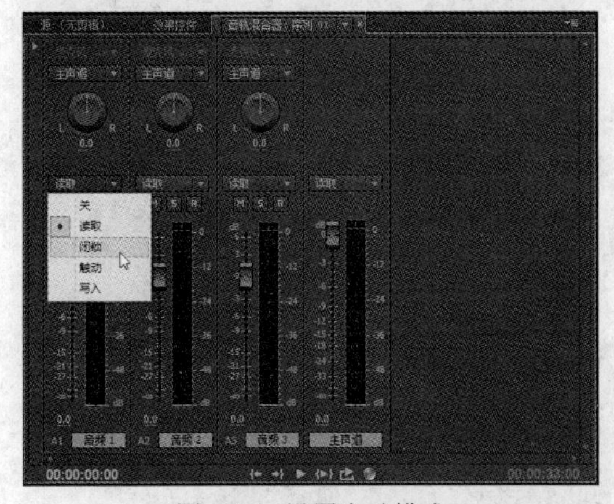

图 4-93　设置自动模式

图 4-94　从开始处播放素材

3 在播放剪辑的过程中，使用鼠标按住【音轨混合器】面板中【音频 1】轨道上平衡控件下方的数值，然后向左移动，直到数值变成–100，即声音变成左声道播放，如图 4-95 所示。

4 在剪辑大概播放到一半时，再使用鼠标按住【音轨混合器】面板中【音频 1】轨道上平衡控件下方的数值，然后向右移动，直到数值变成 100，使声音切换到右声道播放，如图 4-96 所示。

图 4-95　切换声道到左声道

图 4-96　切换声道到右声道

5 继续播放剪辑，在播放到剪辑末部时，使用鼠标按住【音轨混合器】面板上【音频 1】轨道上平衡控件下方的数值，然后向左移动，直到数值变成 0，使声音恢复到左右声道同时播放的状态，如图 4-97 所示。

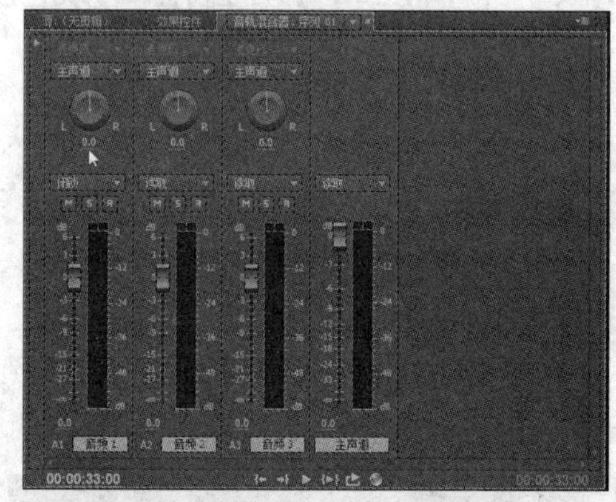

图 4-97　切换声道到左右声道平衡

6 停止素材播放，再将播放指示器拖到素材开始处，然后单击【播放-停止切换】按钮，开始播放素材以预览调音的效果，如图 4-98 所示。在播放过程中，【音频 1】轨道的调节滑轮会左右移动，同时声音也出现左右声道切换的效果。

图 4-98　播放剪辑预览音效并查看声道的左右切换

4.7.5　上机练习 5：制作游戏广告混音效果

本例将通过【效果与发送】面板为游戏广告剪辑的音轨应用多种效果，然后根据效果设置适合的参数，再使用效果的编辑器音效，为游戏广告影片制作良好的混音效果。

操作步骤

1 打开光盘中的“..\Example\Ch04\4.7.5.prproj”练习文件，打开【音轨混合器】面板，

然后打开【效果与发送】面板，接着为音轨分别应用多种效果，如图 4-99 所示。

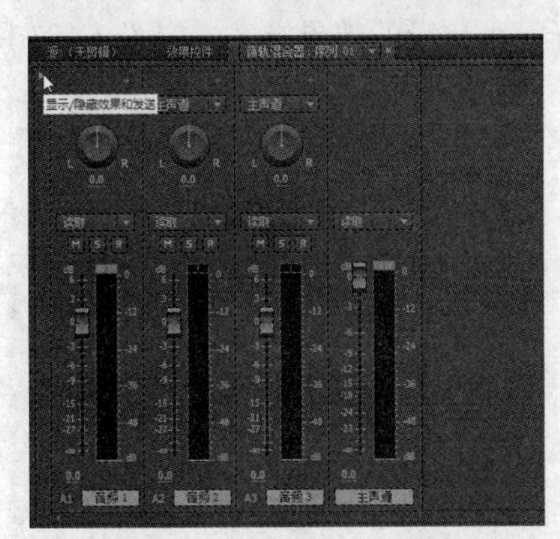

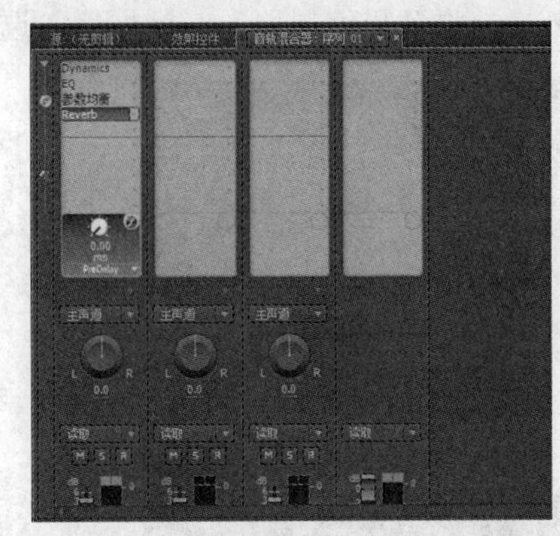

图 4-99　通过【效果与发送】面板为音轨添加效果

2 在【效果】列表框中选择【EQ】效果，然后在效果下方选择一种参数选项，再拖动【设置所选择参数值】旋钮，调整效果的参数，如图 4-100 所示。

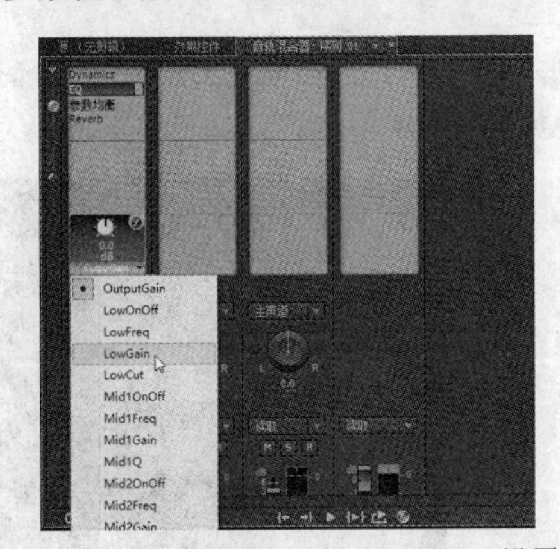

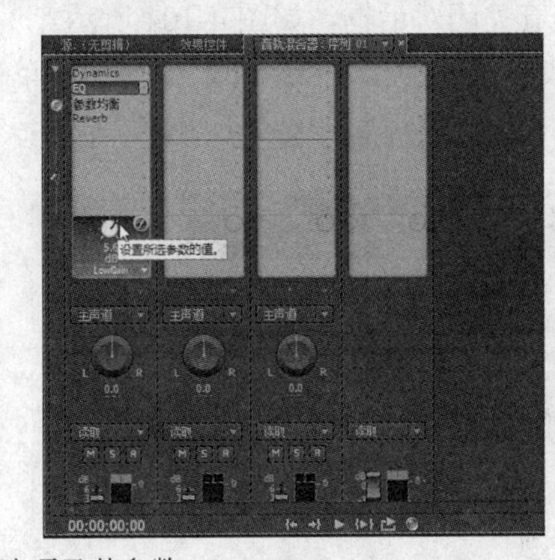

4-100　设置选项及其参数

3 在【效果】列表中选择【Dynamics】效果项，然后拖动【设置所选择参数值】旋钮，调整效果的参数为【On】，如图 4-101 所示。

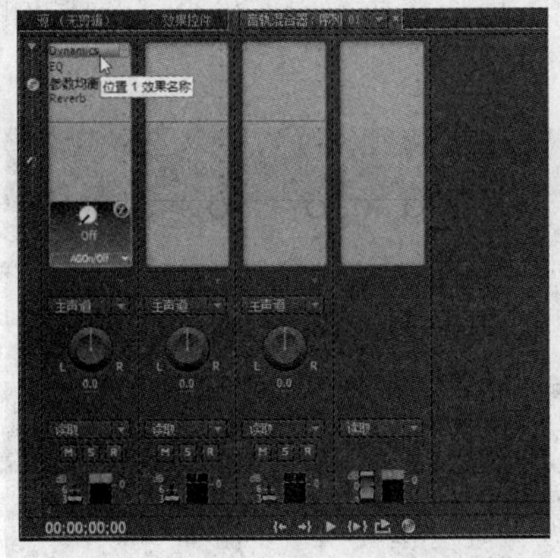

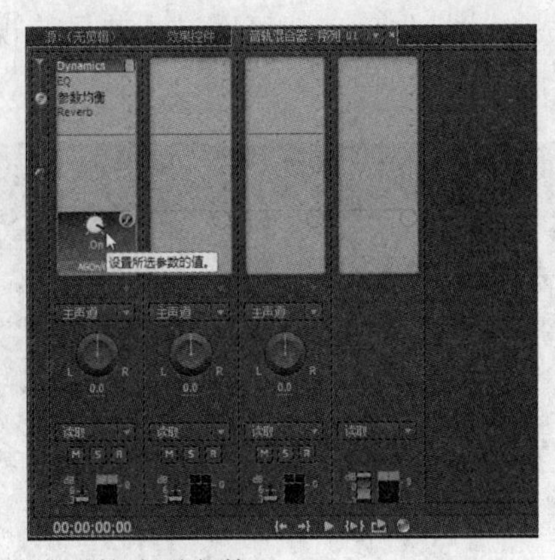

图 4-101　更改另一个效果的选项参数

4 在【效果】列表中选择【Reverb】效果项，然后在该效果项目上单击鼠标右键，从打开的菜单中选择【编辑】命令，如图 4-102 所示。

5 打开【轨道效果编辑器】对话框后，选择一种预设的效果方案，如图 4-103 所示。

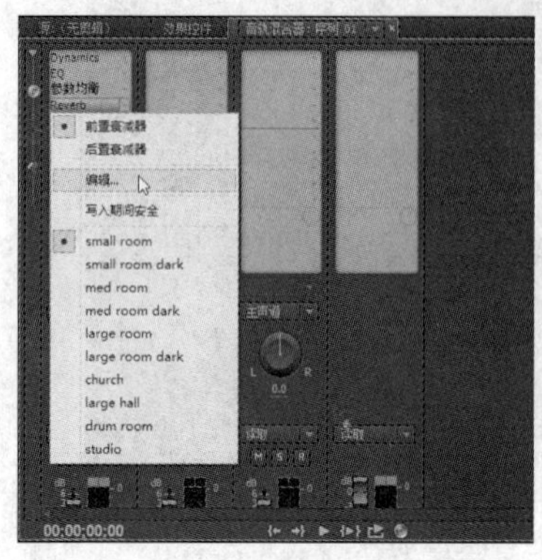

图 4-102　编辑音频效果项目

图 4-103　选择效果的预设方案

6 选择预设方案后，通过【轨道效果编辑器】对话框下方的各个参数项旋钮，设置各项参数值，接着关闭对话框，如图 4-104 所示。

7 完成编辑后，在【Reverb】效果项上单击鼠标右键，然后从打开的菜单中选择【写入期间安全】命令，将编辑的结果应用到音轨上，如图 4-105 所示。

图 4-104　设置各个项目的参数值

图 4-105　写入音频效果设置

8 完成上述操作后，即可通过【节目监视器】面板播放剪辑，检查声音播放的效果，如图 4-106 所示。

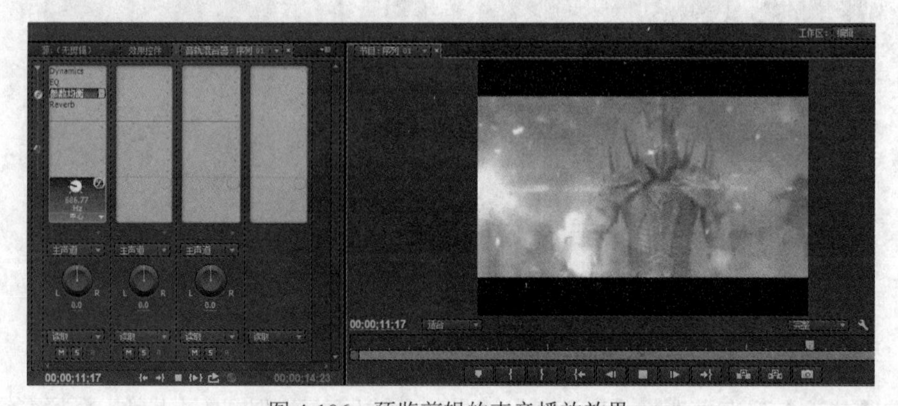

图 4-106　预览剪辑的声音播放效果

4.8 评测习题

一、填充题

（1）______________轨道可在同一轨道中同时容纳单声道和立体声。

（2）【________________】面板主要用于完成对音频素材的各种加工和处理工作，如混合音频轨道、调整各声道音量平衡或录音等。

（3）控制按钮用于控制音频调整的调整状态，由静音轨道、____________、启用轨道以及进行录制 3 个按钮组成。

（4）除了音频效果，Premiere Pro CC 还提供了音频过渡效果，包括__________、恒定增益、指数淡化 3 种。

二、选择题

（1）Premiere Pro CC 提供的音频过渡不包括以下哪个效果？（　　）

A. 恒定功率　　B. 重低音　　C. 恒定功率　　D. 指数淡化

（2）当剪辑的音量达到最大时，【音轨混合器】面板上主音频控制器的剪切指示器会出现什么颜色？（　　）

A. 绿色　　B. 蓝色　　C. 红色　　D. 黄色

（3）通过【音轨混合器】面板，最多可以给同一个音轨添加几种音频效果？（　　）

A. 5 种　　B. 7 种　　C. 10 种　　D. 12 种

（4）【音轨混合器】面板的轨道控制器的控制按钮中不包含以下哪个按钮？（　　）

A. 【静音轨道】按钮　　B. 【独奏轨道】按钮

C. 【中音轨道】按钮　　D. 【启用轨道以进行录制】按钮

三、判断题

（1）除了为指定音频添加效果外，还可以直接对音频轨道添加效果。为音频轨道添加效果的操作可以通过音轨混合器的【效果和发送】面板完成。（　　）

（2）使用【音频增益】命令只能调整一个选定剪辑的增益电平。（　　）

四、操作题

为练习文件上剪辑的音频素材应用【消频】效果，并通过【效果控件】面板设置效果的参数，结果如图 4-107 所示。

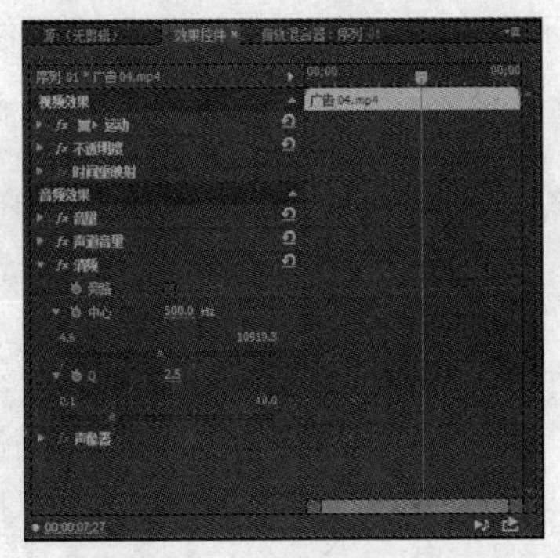

图 4-107　为音频应用【消频】效果

操作提示

（1）打开光盘中的“..\Example\Ch04\4.8.prproj”练习文件，打开【效果】面板中的【音频效果】列表。

（2）选择【消频】效果，然后将该效果拖到音频中。

（3）打开【效果控件】面板，并设置【消频】效果项目的各项参数数值即可。

第 5 章　影像的合成和混合处理

学习目标

影像合成是编辑影视作品时不可缺少的技法，通过对素材的合成，可以制作出各种画面变化和场景过渡的效果。本章从影像合成的基础讲起，详细介绍合成的透明度设置、应用键控和使用混合模式合成影像的方法，并通过多个实例介绍影像合成的制作技巧。

学习重点

☑ 了解合成的概念
☑ 了解与查看 Alpha 通道
☑ 定义影像的透明效果
☑ 应用键控效果合成影像
☑ 应用混合模式合成影像

5.1　影像合成基础

对于影视作品制作来说，合成就是通过添加多个影像素材来产生一个合成影片的处理过程。通过各种合成的处理，可以使作品产生很多不同效果的画面元素。

5.1.1　合成的概念

要从多个影像创建一个合成，需要使一个或多个影像的一部分变得透明，以使其他影像可以通过透明部分显示出来。在 Premiere Pro CC 中，可以使用多种功能（包括遮罩和效果）使某影像的一部分变得透明。

当影像的某部分是透明时，透明信息会存储在素材的 Alpha 通道中。通过覆叠轨道可以将影像透明部分合成在一起，并通过使用影像的颜色通道在低层轨道素材中创建效果，如图 5-1 所示为利用影像透明部分产生影像合成的效果。

图 5-1　影像合成的效果

影像一般是由三个通道（Red 通道、Green 通道和 Blue 通道）合成的。这样的影像称为 RGB 影像。RGB 影像中还包含有第四个通道——Alpha 通道。Alpha 通道用来定义影像中的哪些部分是透明的或者半透明的。

5.1.2 查看 Alpha 通道

在 Premiere Pro CC 中，当在【节目监视器】面板中查看 Alpha 通道时，白色区域表示不透明，黑色区域表示透明，而灰色区域表示不同程度的透明。

因为 Alpha 通道使用灰度深浅来存储透明信息，所以有些效果可以使用一个灰度图像（或一个彩色图像的亮度值）作为一个 Alpha 通道。如图 5-2 所示为原不透明的视频素材，显示 Alpha 通道后，素材变成白色，即表示不透明。如图 5-3 所示为设置 50%透明度的视频素材，显示 Alpha 通道后，素材变成灰色，即表示不完全透明。

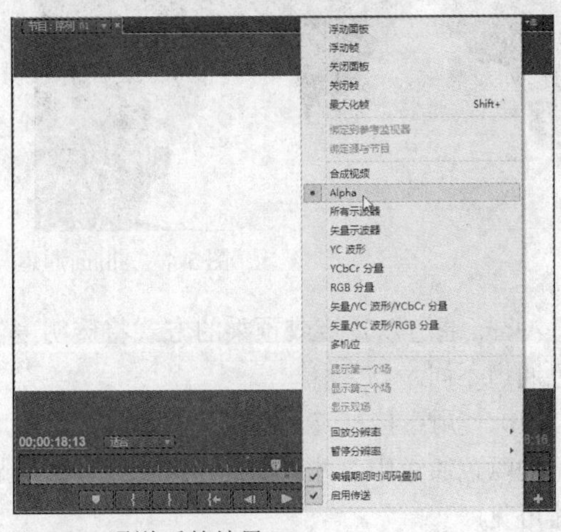

图 5-2 原不透明素材与显示 Alpha 通道后的结果

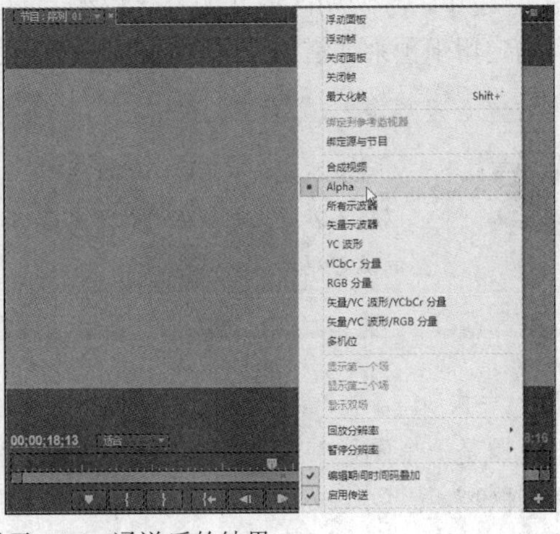

图 5-3 50%透明度素材与显示 Alpha 通道后的结果

5.1.3 定义素材的透明度

如果要合成影像素材，就必须保证素材有部分透明。因为合成素材时，需要去定义素材的透明度。在 Premiere Pro CC 中，可以通过 Alpha 通道、遮罩、键控等方式来定义素材的透明度。

1. Alpha 通道

颜色信息包含在三个通道内：红、绿和蓝。另外，影像可包含一个不可见的第四通道，称为 Alpha 通道，该通道包含透明度信息。

Alpha 通道表示透明度，但自身通常是不可见的。更重要的是，Alpha 通道提供了一个将影像和它的透明度信息存储在同一个文件中而并不妨碍颜色通道的方法，如图 5-4 所示。

图 5-4 Alpha 通道与所有通道合成的结果

Alpha 通道以直接或预乘的方式将透明度信息存储在文件中。虽然 Alpha 通道相同，但是颜色通道不同。

（1）使用直接（或无遮罩）通道时，透明度信息仅存储在 Alpha 通道中，而不存储在任何可见的颜色通道中。对于直接通道，只有影像显示在支持直接通道的应用程序中时，透明度效果才可见。

（2）使用预乘（或遮罩）通道时，透明度信息存储在 Alpha 通道以及带有背景色的可见 RGB 通道中。半透明区域（如羽化边缘）的颜色将依照其透明度比例转向背景色。一些软件允许指定用于预乘通道的背景色，否则背景色通常为黑色或白色。

许多文件格式包含 Alpha 通道，包括 PS、TGA、TIFF、EPS、PDF 和 AI。AVI 和 QuickTime（以数百万以上种颜色的位深度存储）也可包含 Alpha 通道，取决于用于生成这些文件类型的编解码器。

2. 遮罩

遮罩是一个图层（或其任何通道），用于定义该图层或另一个图层的透明区域。白色定义不透明区域，黑色定义透明区域。Alpha 通道通常用作遮罩，但是，如果通道或图层定义的所需透明区域比 Alpha 通道所定义的更好，或者如果源图像不包含 Alpha 通道，则可以使用遮罩，而不是 Alpha 通道。如图 5-5 所示为使用一个颜色遮罩定义素材透明的效果。

图 5-5　使用一个颜色遮罩定义素材透明的效果

3. 键控

键控按影像中的特定颜色值（使用颜色键或色度键）或亮度值（使用明亮度键）定义透明度。当键出某个值时，所有具有相似颜色或明亮度值的像素都将变为透明。

键控可以轻松地将颜色或亮度一致的背景替换为另一个影像，尤其是当使用的对象过于复杂而无法添加遮罩的情况下非常有用，如图 5-6 所示。键出颜色一致背景的方法通常称为蓝屏或绿屏，但不必一定使用蓝色或绿色，而是可以使用任何纯色作为背景。

差值键控根据特定基线背景图像定义透明度。利用差值键可以键出任意背景，而不是键出单色屏幕。

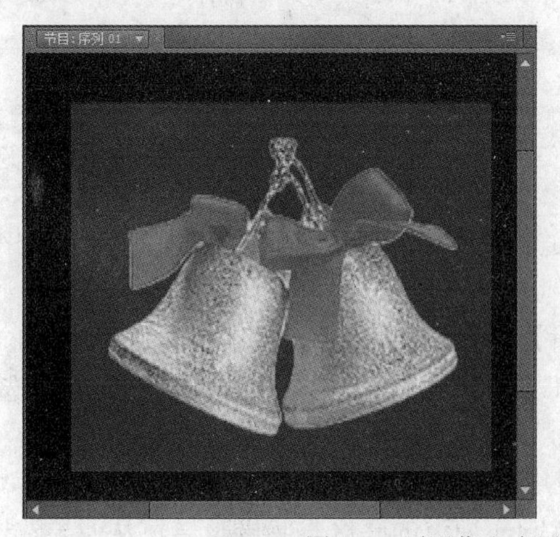

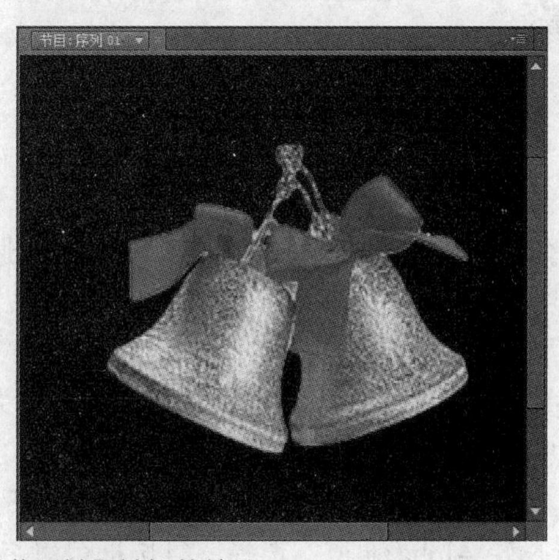

图 5-6　原影像和应用【蓝屏键】键控的效果

5.1.4　合成的指导原则

每一个在【时间轴】面板中的视频轨道都包含一个存储透明度信息的 Alpha 通道，所有的视频轨道可以是完全透明，除非添加了不透明的内容，如视频、图像或字幕等。

当进行影像和轨道合成时，应该遵循以下几个原则：

（1）如果想要对整个剪辑应用相同程度的透明度，只需在【效果控件】面板中调整该剪辑的不透明度。

（2）通常最有效的做法是，导入已包含定义了所需透明区域的 Alpha 通道的源文件。由于透明度信息与该文件一起保存，因此 Premiere Pro CC 会在所有使用该文件作为一个剪辑的序列中保存并显示该剪辑及其透明度。

（3）如果剪辑的源文件不包含 Alpha 通道，必须手动将透明度应用于要设为透明的各个剪辑实例。可以通过调整剪辑不透明度或通过应用效果，将透明度应用于序列中的视频剪辑，如图 5-7 所示。

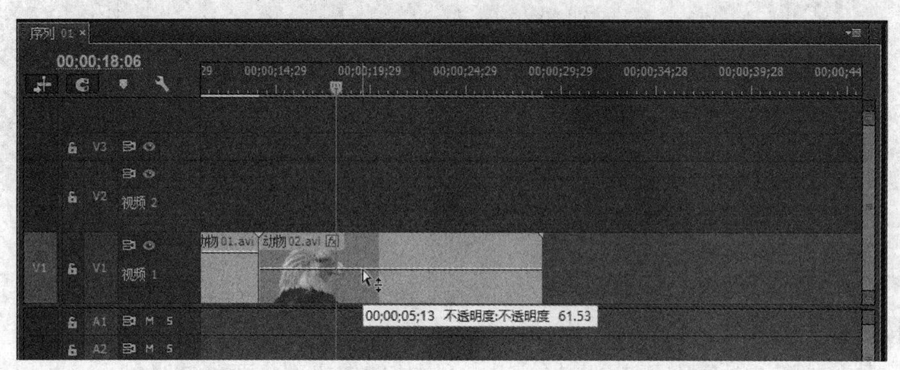

图 5-7　剪辑在序列上保持和显示透明度

（4）将文件保存为支持 Alpha 通道格式后，应用程序（如 Adobe After Effects、Adobe Photoshop 和 Adobe Illustrator）可以使用原始 Alpha 通道保存剪辑，或添加 Alpha 通道。

Premiere Pro CC 合成素材时从较低的轨道开始，而最终的视频帧将是所有可见轨道素材的合成，所有轨道的空白或透明区域均显示为黑色。

5.1.5　修改 Alpha 通道的解释

在默认的情况下，影像素材包含了 Alpha 通道的信息，可以通过修改素材的方法，修改影像通道的解释。

在【项目】面板中选中素材，然后选择【剪辑】|【修改】|【解释素材】命令，打开【修改剪辑】对话框的【解释素材】选项卡后，可以在【Alpha 通道】栏目中修改 Alpha 通道选项，如图 5-8 所示。

- 忽略 Alpha 通道：选择该复选框可以不应用素材自带的 Alpha 通道。
- 反转 Alpha 通道：选择该复选框可以将 Alpha 通道的亮区与暗区反转，从而导致透明与不透明区域反转。

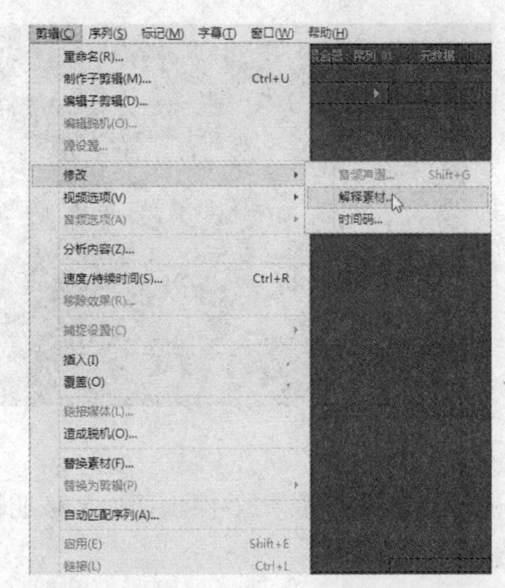

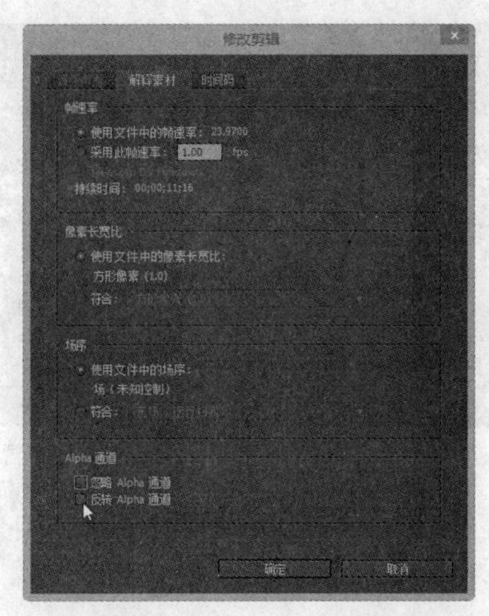

图 5-8 修改 Alpha 通道的解释

5.2 定义影像透明效果

如果要合成影像，必须定义影像的透明区域或影像本身的透明度。

5.2.1 定义剪辑整体的透明度

如果一个剪辑的不透明度设置低于 100%，在它之下轨道的剪辑就可以看见；当不透明度为 0%，那么这个剪辑是完全透明的；如果在透明素材的下面没有其他素材，序列就会显示黑色背景。

可以通过【效果控件】面板设置剪辑的不透明度低于 100%来实现剪辑的整体透明。这种方法会影响素材的整体透明度，即设置剪辑不透明度低于 100%后，素材从入点到出点都会产生透明效果。

动手操作 定义剪辑的不透明度

1 打开光盘中的“..\Example\Ch05\5.2.1.prproj”练习文件，然后将【项目】面板的【动物 03.avi】剪辑拖到视频 2 轨道上，如图 5-9 所示。

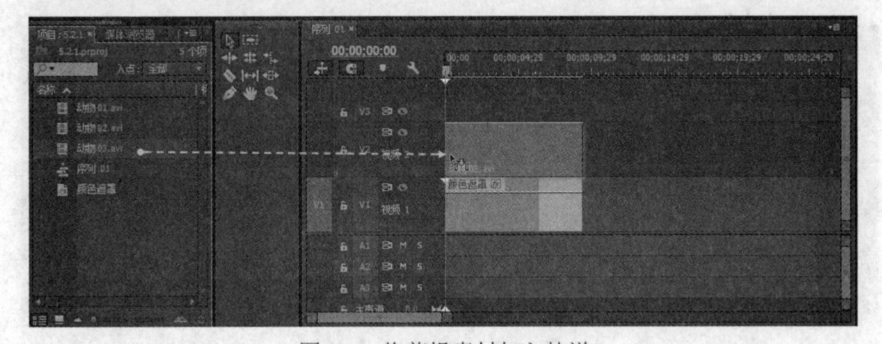

图 5-9 将剪辑素材加入轨道

2 选择视频 2 轨道上的剪辑素材，然后打开【效果控件】面板，再打开【不透明度】列表，设置不透明度为 80%，如图 5-10 所示。

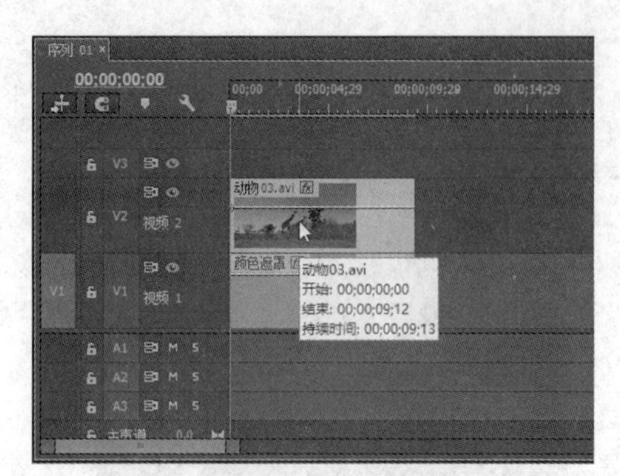

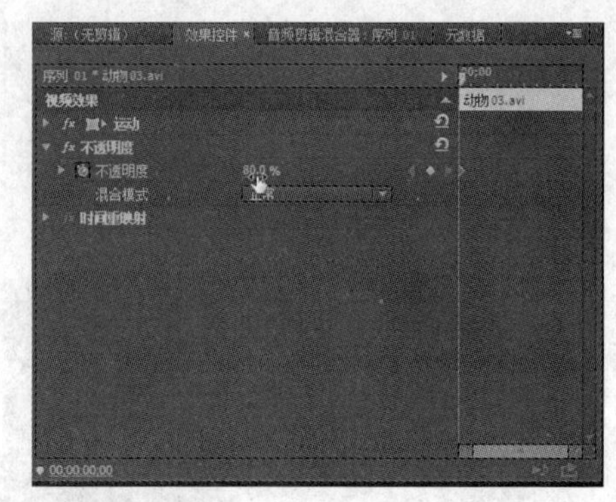

图 5-10　设置剪辑的不透明度

3 定义剪辑的不透明度后，单击【节目监视器】面板的【播放-停止切换】按钮，查看剪辑的透明效果，如图 5-11 所示。

图 5-11　未设不透明度与设置 80%不透明度的效果

5.2.2　使用关键帧定义剪辑透明度

利用关键帧可以定义剪辑在某点的透明度，从而使剪辑在透明变化中更可控。

动手操作　使用关键帧定义剪辑透明度

1 打开光盘中的“..\Example\Ch05\5.2.2.prproj”练习文件，然后将【项目】面板的【动物 02.avi】剪辑素材拖到视频 2 轨道上，如图 5-12 所示。

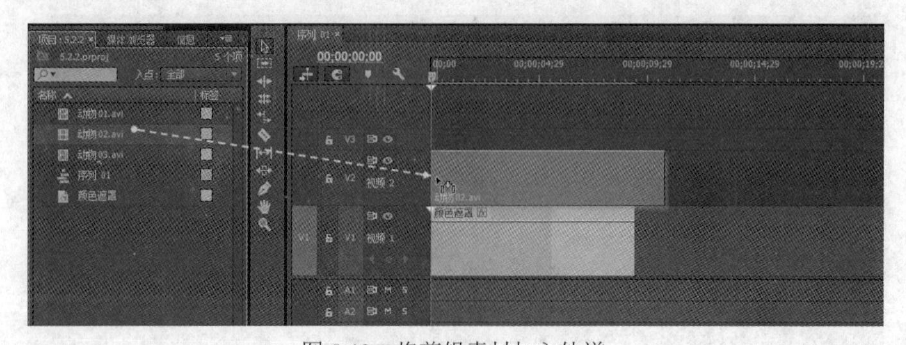

图 5-12　将剪辑素材加入轨道

2 选择视频 1 轨道的剪辑素材，然后将鼠标移到该剪辑出点处，再按住鼠标左键向右拖动，调整该剪辑与视频 2 轨道剪辑的出点在同一时间，如图 5-13 所示。

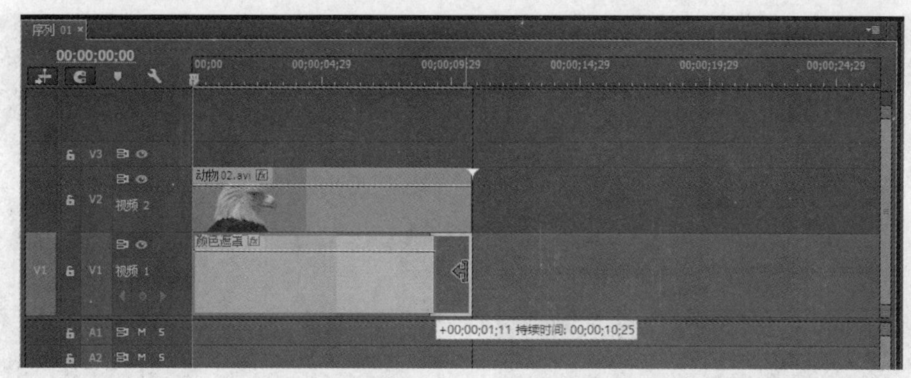

图 5-13　调整剪辑的出点

3 打开【效果控件】面板，将播放指示器拖到剪辑素材入点处，然后打开【不透明度】列表，并单击【添加/移除关键帧】按钮◇，在剪辑入点处添加一个关键帧，接着设置该关键帧的不透明度为0%，如图5-14所示。

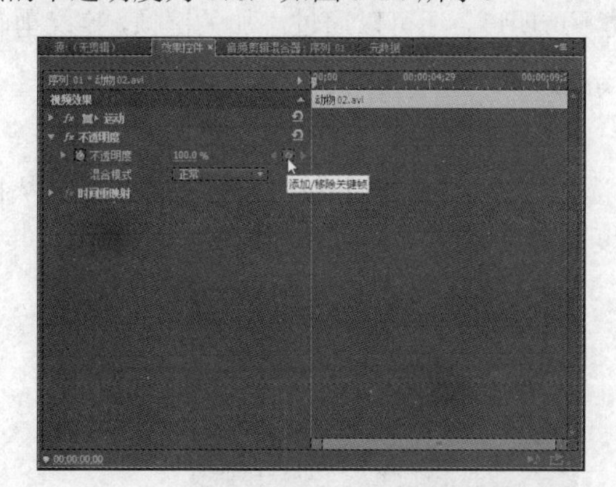

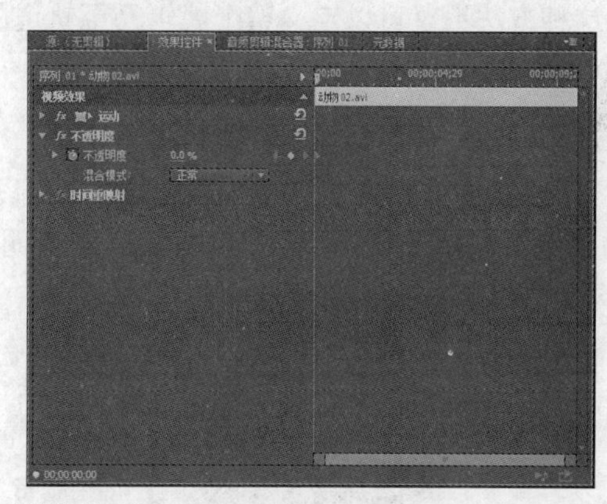

图 5-14　添加关键帧并设置不透明度

4 移动播放指示器，然后打开【不透明度】列表并单击【添加/移除关键帧】按钮◇，在剪辑的前段处添加一个关键帧，接着设置该关键帧的透明度为80%，如图5-15所示。

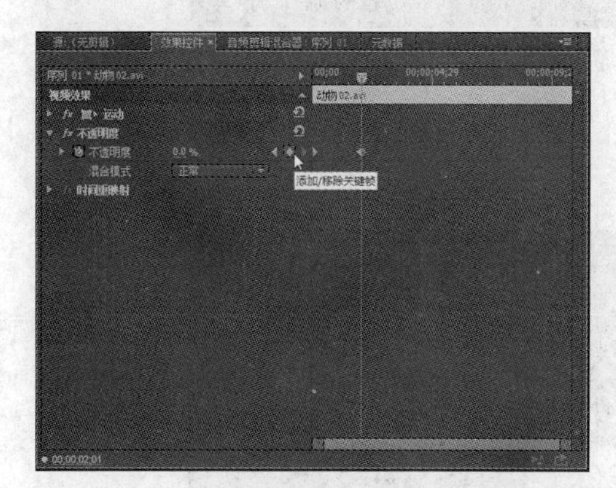

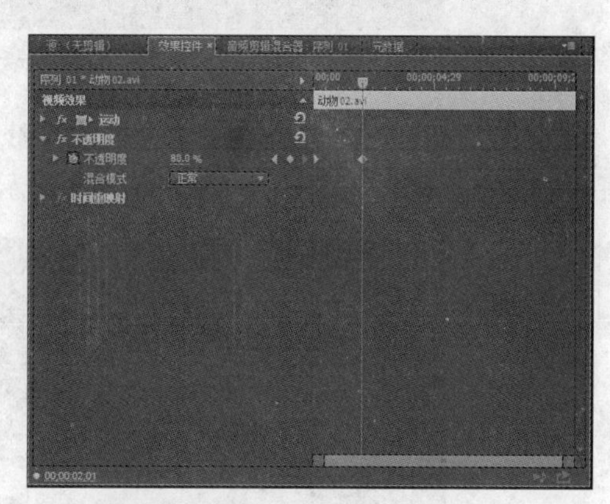

图 5-15　添加另一个关键帧并设置不透明度

5 设置剪辑各个关键帧的不透明度后，单击【节目监视器】面板的【播放-停止切换】按钮▶，查看剪辑通过关键帧设置不透明的效果，如图5-16所示。

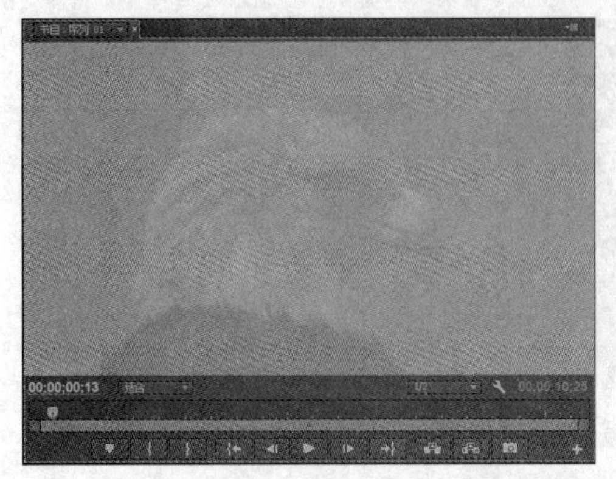

图 5-16　剪辑通过关键帧设置不透明的播放效果

5.2.3　通过轨道定义剪辑的透明度

如果要更自由地定义剪辑的透明效果，可以通过【时间轴】面板轨道的透明线定义透明效果。这种方法不仅可以定义整个剪辑乃至轨道的不透明度，还可以通过添加关键帧，定义剪辑任意位置的不透明度。

动手操作　通过轨道定义剪辑的透明度

1 要显示视频轨道上剪辑的透明线，可以选择轨道上的剪辑并单击鼠标右键，然后从打开的菜单中选择【显示剪辑关键帧】|【不透明度】|【不透明度】命令，如图 5-17 所示。

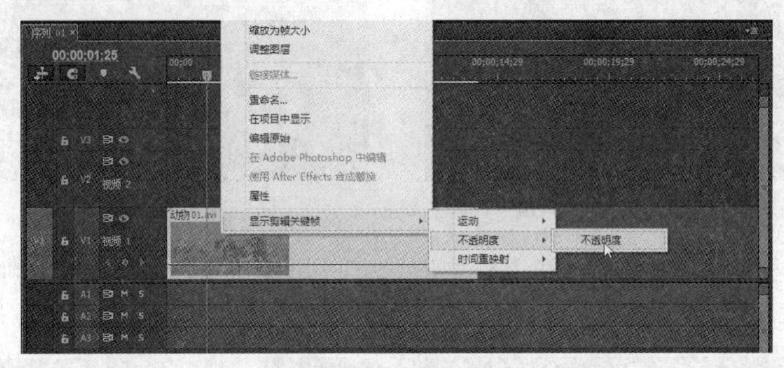

图 5-17　显示轨道透明线

2 显示透明线后，可以发现有一条水平线在剪辑所在的轨道中。将鼠标移到该水平线上，即可查看当前剪辑的不透明度，如图 5-18 所示。

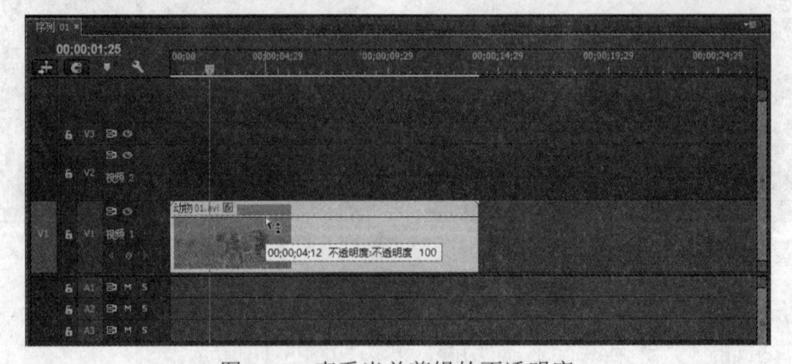

图 5-18　查看当前剪辑的不透明度

3 将鼠标移到剪辑素材的透明线上，向下移动透明线即可设置剪辑的不透明度，其中鼠标下方显示的数值就是不透明度数值，如图 5-19 所示。

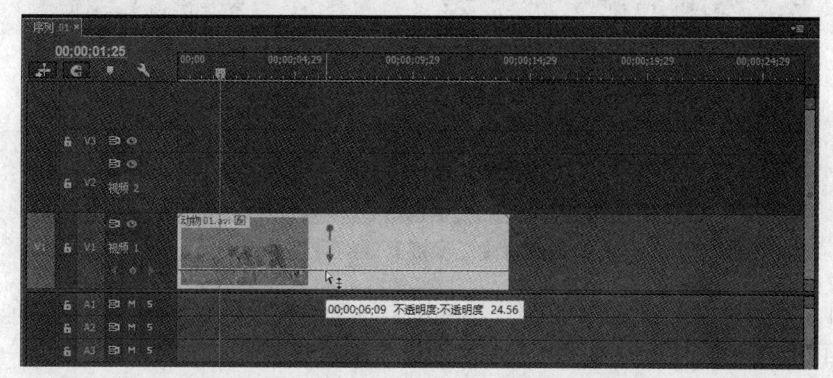

图 5-19　拖动透明线调整剪辑不透明度

4 按住 Ctrl 键在剪辑的透明线上单击可以添加关键帧，此时按住关键帧拖动可调整该关键帧所控制透明线的不透明度，如图 5-20 所示。

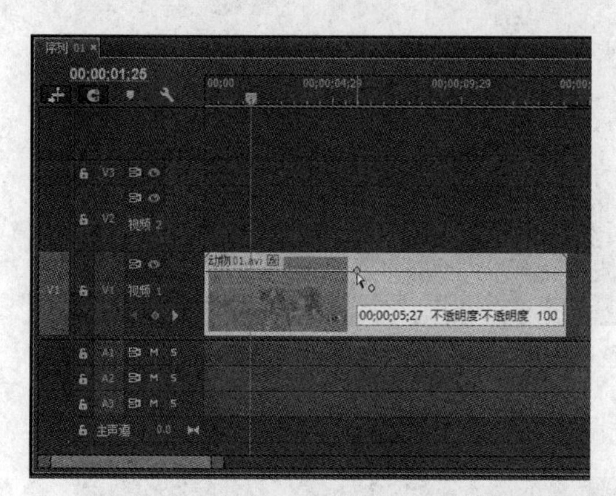

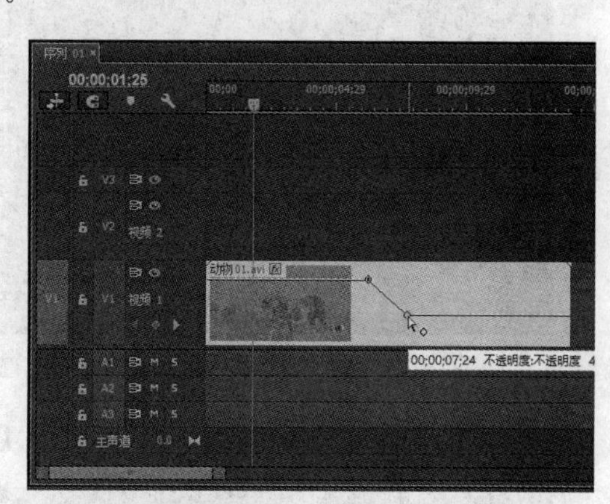

图 5-20　添加关键帧并设置关键帧的不透明度

5.3　应用键控合成影像

在 Premiere Pro CC 中，可以根据颜色或亮度应用键控来定义影像的透明区域。例如，使用色键可以消除背景，使用亮键可以添加纹理或特定的效果，使用 Alpha 调整键可以调整素材 Alpha 通道，使用遮罩键可以添加跟踪遮罩或将其他影像作为遮罩。

5.3.1　应用色度键

应用色度键，可以选择剪辑中的一种颜色或一定的颜色范围使其变透明。这种键控可以用于以包含一定颜色范围的屏幕为背景的场景，如从背景为蓝色的图片中抠出里面的影像。

动手操作　应用色度键

1 打开【效果】面板，再打开【视频特效】|【键控】列表，然后选择【色度键】效果，并将此效果应用到目标剪辑上，如图 5-21 所示。

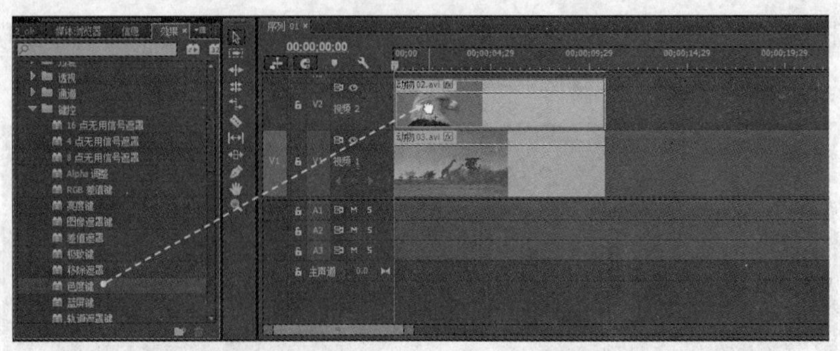

图 5-21　将【色度键】效果应用到剪辑

2 打开【效果控件】面板，再打开【色度键】列表，单击【颜色】选项右侧的吸管图标，然后在【节目监视器】面板的监视器上单击采样剪辑的背景色，如图 5-22 所示。

图 5-22　设置色度键的颜色

3 设置色度键颜色后，再设置色度键的【相似性】参数其他选项，如图 5-23 所示。

图 5-23　设置【色度键】的参数

5.3.2　应用亮度键

亮度键可以将影像中比较暗的颜色产生透明效果，而保留比较亮的颜色为不透明，同时可以产生敏感的叠印或键出黑色区域。

动手操作　应用亮度键

1 打开【效果】面板，再打开【视频特效】|【键控】列表，然后选择【亮度键】效果，并将此效果拖到目标剪辑素材上，如图 5-24 所示。

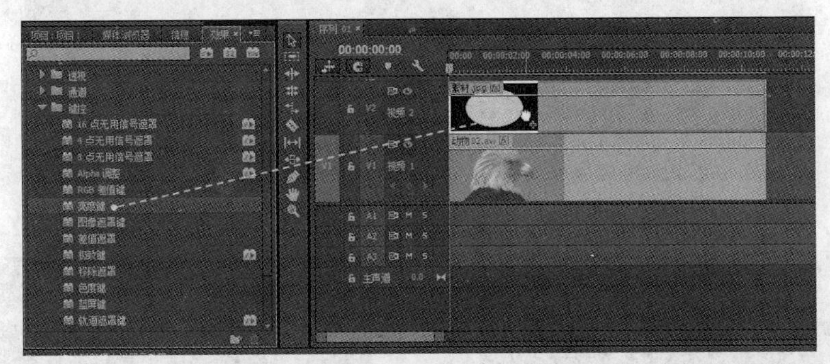

图 5-24　应用【亮度键】效果

2 打开【效果控件】面板，再打开【亮度键】列表，设置【阈值】为 0.0%，【屏蔽度】为 100.0%，如图 5-25 所示。

3 设置效果参数后，可以在【节目监视器】面板中播放序列，查看影像合成的效果，如图 5-26 所示。

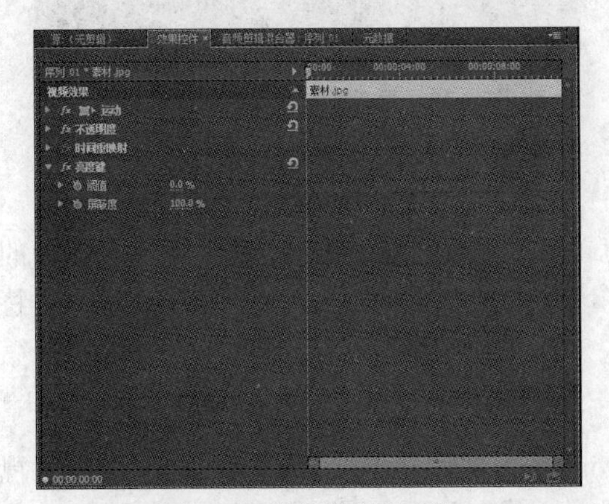

图 5-25　设置效果的参数

图 5-26　查看影像合成的效果

5.3.3　应用 Alpha 调整

Alpha 调整键控可以调整素材的 Alpha 通道，其效果就如同调整剪辑本身包含的 Alpha 通道透明效果一样。因此，Alpha 调整键控适合应用到本身没有包含 Alpha 通道的剪辑上。

动手操作　应用 Alpha 调整

1 打开【效果】面板，再打开【视频特效】|【键控】列表，然后选择【Alpha 调整】效果，并将此效果拖到剪辑上，如图 5-27 所示。

2 打开【效果控件】面板，再打开【Alpha 调整】列表，设置不透明度的参数值，如图 5-28 所示。

3 设置效果的参数后，可以在【节目监视器】面板中播放序列，查看影像合成的效果，如图 5-29 所示。

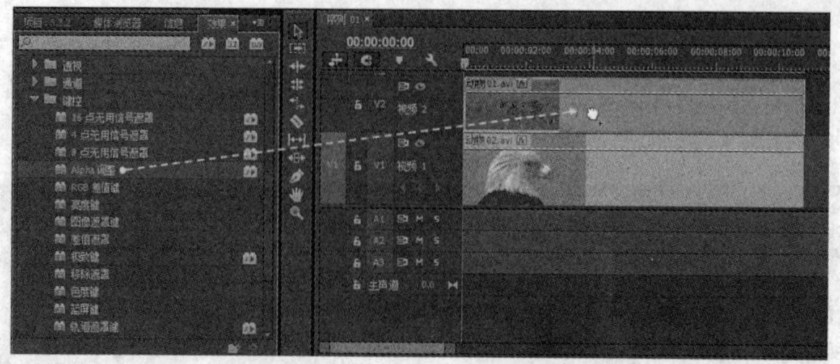

图 5-27　应用【Alpha 调整】效果

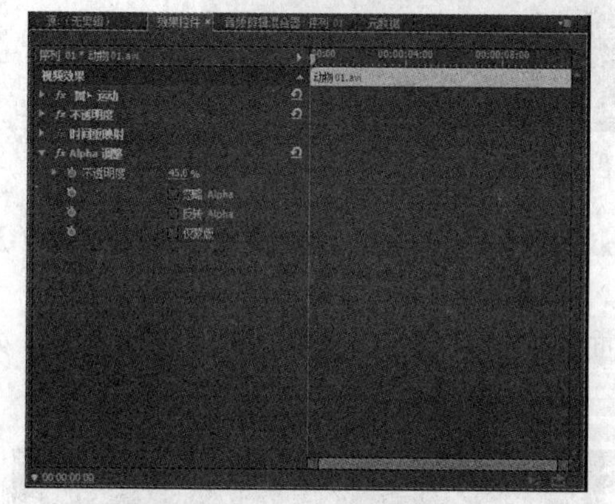

图 5-28　设置不透明度的参数

图 5-29　播放剪辑查看合成的效果

5.3.4　应用无用信号遮罩

在 Premiere Pro CC 中，可以使用无用信号遮罩效果混合影像。例如，有时要将场景中的主要对象完全键出，即可利用无用信号遮罩来制作场景键出的前幕，从而使场景的出现产生特殊的效果。

动手操作　制作 4 点无用信号遮罩效果

1 打开光盘中的"..\Example\Ch05\5.3.4.prproj"练习文件，打开【效果】面板，打开【视频特效】|【键控】列表，然后选择【4 点无用信号遮罩】效果，并将此效果拖到【视频 2】轨道的颜色遮罩剪辑上，如图 5-30 所示。

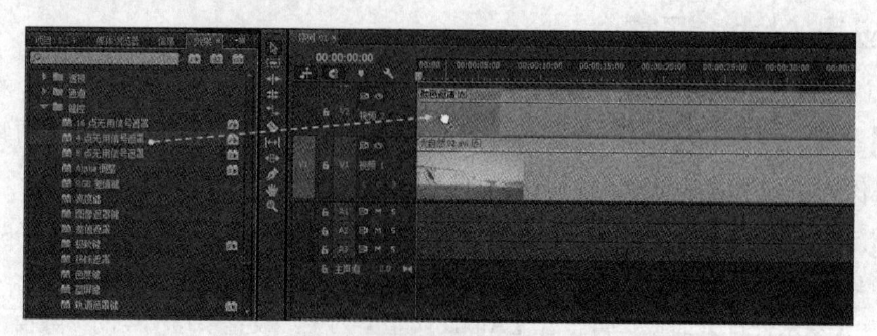

图 5-30　应用效果到剪辑上

2 打开【效果控件】面板，再打开【4 点无用信号遮罩】列表，单击【上左】选项左侧的【切换动画】按钮，接着将播放指示器移到入点处，单击【添加/移除关键帧】按钮，添加一个关键帧，并设置该关键帧的【上左】选项参数，如图 5-31 所示。

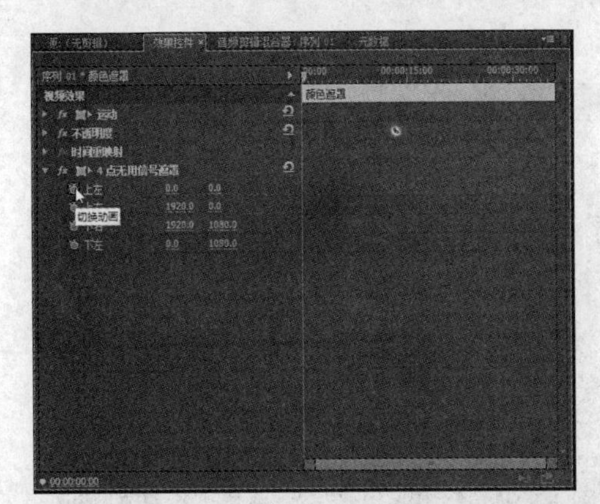
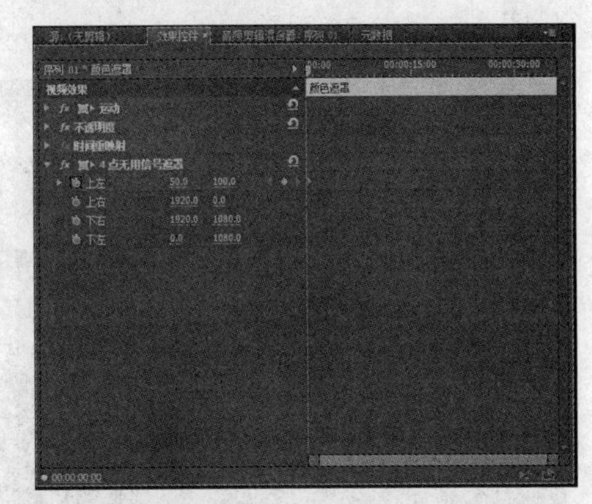

图 5-31　添加关键帧并设置关键帧的参数

3 将播放指示器向右移动一段位置，然后单击【添加/移除关键帧】按钮，接着为添加的关键帧设置效果参数，如图 5-32 所示。

4 使用步骤 3 的方法，在剪辑另一个时间点中添加关键帧，再修改该关键帧的【上左】选项参数，如图 5-33 所示。

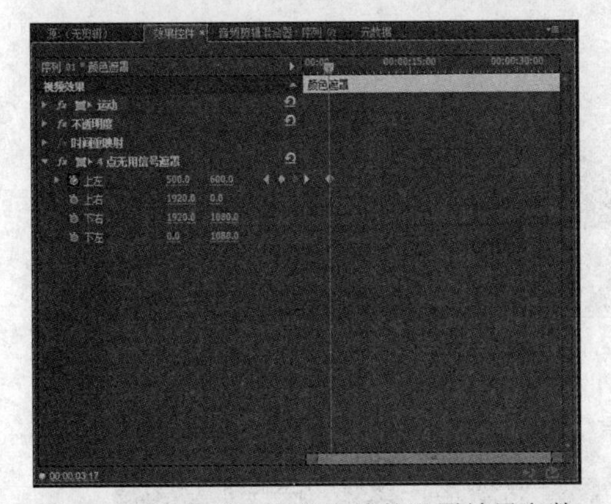

图 5-32　添加第二个关键帧并设置效果参数

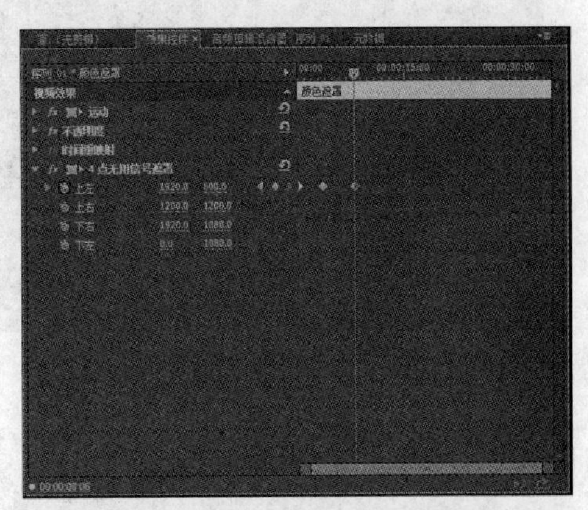

图 5-33　添加第三个关键帧并设置效果参数

5 单击其他选项左侧的【切换动画】按钮，然后在当前播放时间点上添加关键帧，并设置各个关键帧的效果参数，如图 5-34 所示。

图 5-34　切换各个选项的动画并添加关键帧

6 使用步骤 5 的方法，分别为各个选项添加其他关键帧，并分别设置各个关键帧的效果参数，如图 5-35 和 5-36 所示。

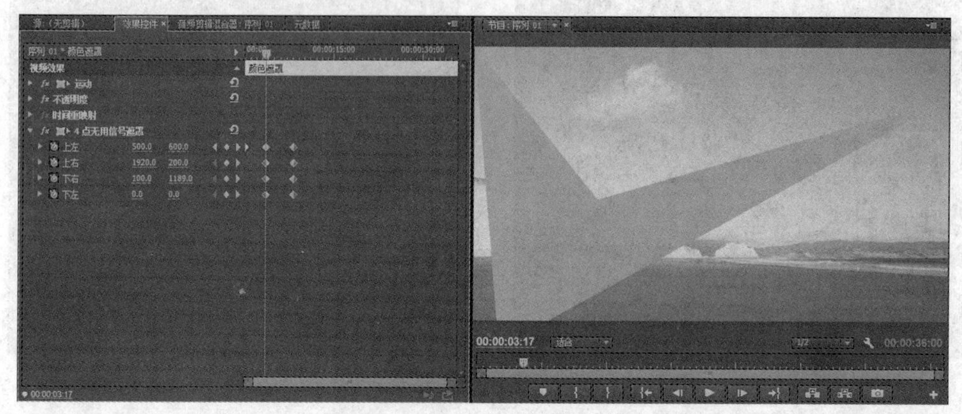

图 5-35　为各选项添加第二个关键帧并设置参数

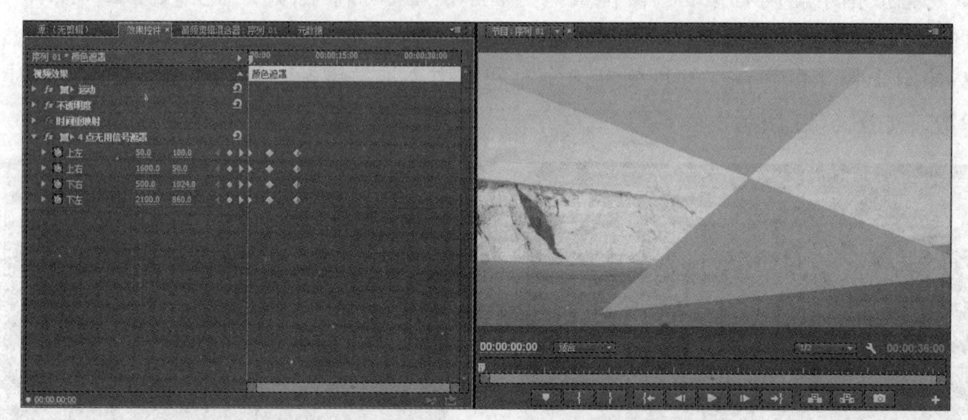

图 5-36　为各选项添加入点的关键帧并设置参数

7 在【节目监视器】面板中播放序列，查看剪辑应用遮罩后的效果，如图 5-37 所示。

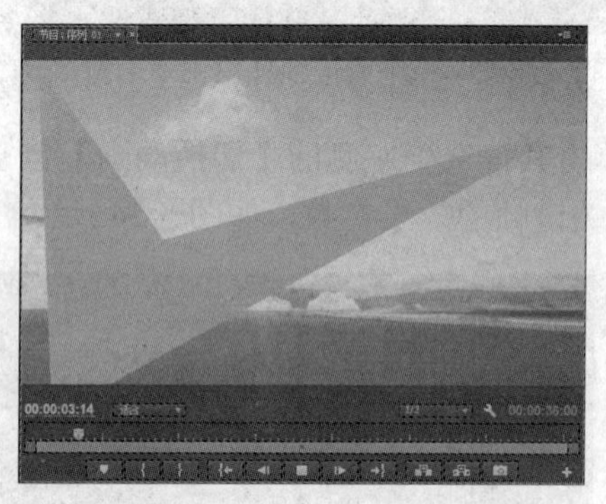

图 5-37　预览播放的效果

5.4　应用混合模式

除了通过定义透明度和键控来制作影像的合成效果外，还可以通过混合模式制作各种各样的影像合成效果。

5.4.1 设置混合模式

混合模式是影像处理技术中的一个技术名词，主要作用是用不同的方法将对象颜色与底层对象的颜色混合。

Premiere Pro CC 允许将时间轴内某轨道上的一个剪辑与下方轨道上的一个或多个剪辑进行混合处理。动手操作设置混合模式。

1 在时间轴中，将剪辑置于位于另一个剪辑所在轨道上方的一条轨道中。Premiere Pro CC 会将上方轨道中的剪辑叠加在下方轨道中的剪辑之上，如图 5-38 所示。

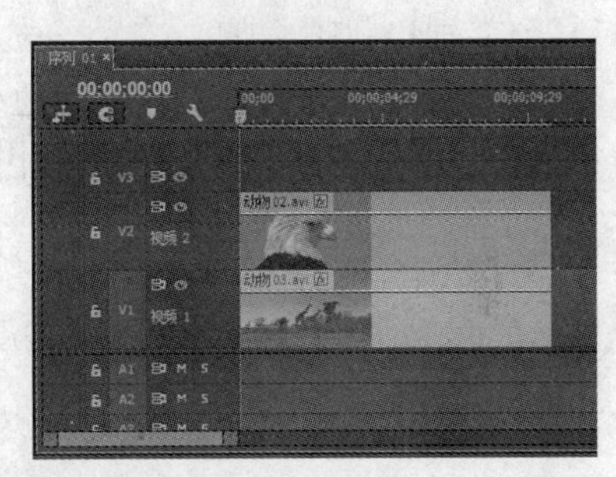

图 5-38　两条视频轨道上的剪辑叠加在一起

2 选择上方轨道中的剪辑，并打开【效果控件】面板以将其激活。

3 在【效果控件】面板中，单击【不透明度】旁边的三角形打开【不透明度】列表。

4 单击【混合模式】菜单中的三角形，通过列表框中选择一种混合模式，如图 5-39 所示。

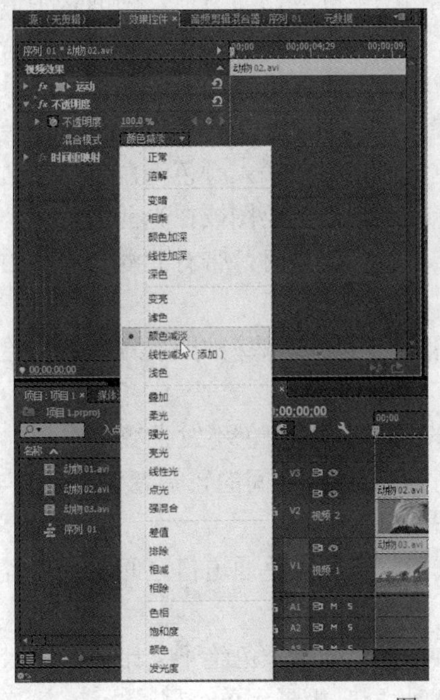

图 5-39　设置混合模式

5.4.2 了解混合模式

1. 混合模式的类别

【混合模式】菜单根据混合模式结果之间的相似度进一步分为 6 类。这些类别在菜单中只是以分隔线隔开（类别名称不会出现在菜单中）。

- 正常类别：包括正常、溶解。除非不透明度小于源图层的 100%，否则像素的结果颜色不受基础像素的颜色影响。“溶解”混合模式会将源图层的一些像素变成透明。
- 减色类别：包括变暗、相乘、颜色加深、线性加深、深色。这些混合模式往往会使颜色变暗，一些模式采用的颜色混合方式与在绘画中混合彩色颜料的方式大致相同。
- 加色类别：包括变亮、滤色、颜色减淡、线性减淡（添加）、浅色。这些混合模式往往会使颜色变亮，一些模式采用的颜色混合方式与混合投影光的方式大致相同。
- 复杂类别：包括叠加、柔光、强光、亮光、线性光、点光、强混合。这些混合模式会根据某种颜色是否比 50% 灰色亮，对源颜色和基础颜色执行不同的操作。
- 差值类别：包括差值、排除、相减、相除。这些混合模式会根据源颜色和基础颜色值之间的差值创建颜色。
- HSL 类别：包括色相、饱和度、颜色、发光度。这些混合模式会将颜色的 HSL 表示形式（色相、饱和度和发光度）中的一个或多个分量从基础颜色转换为结果颜色。

2. 混合模式的说明

- 正常：结果颜色为源颜色。此模式忽略基础颜色。正常是默认模式。
- 溶解：每个像素的结果颜色为源颜色或基础颜色。结果颜色为源颜色的概率取决于源的不透明度。如果源的不透明度为 100%，则结果颜色为源颜色。如果源的不透明度为 0%，则结果颜色为基础颜色。
- 变暗：每个结果颜色通道值是源颜色通道值和相应基础颜色通道值之间的较小值（较暗的一个）。
- 相乘：对于每个颜色通道，将源颜色通道值与基础颜色通道值相乘，并根据项目的颜色深度除以 8 bpc、16 bpc 或 32 bpc 像素的最大值。结果颜色绝不会比原始颜色亮。如果任一输入颜色为黑色，则结果颜色为黑色。如果任一输入颜色为白色，则结果颜色为其他输入颜色。此混合模式与使用多个标记笔在纸上绘图或在光前放置多个滤光板的效果相似。当与黑色或白色以外的其他某种颜色混合时，带有此混合模式的每个图层或绘画描边会产生更暗的颜色。
- 颜色加深：结果颜色比源颜色暗，以通过提高对比度反映出基础图层颜色。原始图层中的纯白色不会改变基础颜色。
- 线性加深：结果颜色比源颜色暗，以反映出基础颜色。纯白色不发生变化。
- 深色：每个结果像素的颜色为源颜色值与相应基础颜色值之间的较暗者。“深色”与“变暗”相似，但“深色”对单个颜色通道不起作用。
- 变凉：每个结果颜色通道值为源颜色通道值域相应基础颜色通道值之间的较高者（较亮者）。
- 滤色：将通道值的补色相乘，然后获取结果的补色。结果颜色绝不会比任一输入颜色暗。“滤色”模式的效果类似于将多个摄影幻灯片同时投影到单个屏幕之上。

- 颜色减淡：结果颜色比源颜色亮，以通过减小对比度反映出基础图层颜色。如果源颜色为纯黑色，则结果颜色为基础颜色。
- 线性减淡（添加）：结果颜色比源颜色亮，以通过增加亮度反映出基础颜色。如果源颜色为纯黑色，则结果颜色为基础颜色。
- 浅色：每个结果像素的颜色为源颜色值与相应基础颜色值之间的较亮者。“浅色”类似于“变亮”，但“浅色”对单个颜色通道不起作用。
- 叠加：根据基础颜色是否比 50% 灰色亮，对输入颜色通道值进行相乘或滤色。结果保留基础图层的高光和阴影。
- 柔光：根据源颜色，使基础图层的颜色通道值变暗或变亮。结果类似于漫射聚光灯照在基础图层上。对于每个颜色通道值，如果源颜色比 50%灰色亮，则结果颜色比基础颜色亮，就像被减淡了一样。如果源颜色比 50%灰色暗，则结果颜色比基础颜色暗，就像被加深了一样。带纯黑色或纯白色的图层会明显变暗或变亮，但不会变成纯黑色或纯白色。
- 强光：根据原始源颜色，对输入颜色通道值进行相乘或滤色。结果类似于耀眼的聚光灯照在图层上。对于每个颜色通道值，如果基础颜色比 50%灰色亮，则图层将变亮，就像滤色后的效果。如果基础颜色比 50%灰色暗，则图层将变暗，就像被相乘后的效果。此模式适用于在图层上创建阴影外观。
- 亮光：根据基础颜色增加或减小对比度，以使颜色加深或减淡。如果基础颜色比 50%灰色亮，则图层将变亮，因为对比度减小了。如果基础颜色比 50%灰色暗，则图层将变暗，因为对比度增加了。
- 线性光：根据基础颜色减小或增加亮度，以使颜色加深或减淡。如果基础颜色比 50%灰色亮，则图层将变亮，因为亮度增加了。如果基础颜色比 50%灰色暗，则图层将变暗，因为亮度减小了。
- 点光：根据基础颜色替换颜色。如果基础颜色比 50%灰色亮，则比基础颜色暗的像素将被替换，而比基础颜色亮的像素保持不变。如果基础颜色比 50%灰色暗，则比基础颜色亮的像素将被替换，而比基础颜色暗的像素保持不变。
- 实色混合：增强源图层遮罩下方的可见基础图层的对比度。遮罩大小决定了对比区域；反转源图层决定了对比区域的中心。
- 差值：对于每条颜色通道，从颜色较亮的输入值减去颜色较暗的输入值。用白色绘画可反转背景颜色；用黑色绘画不会发生变化。如果两个图层具有相同的可视元素要进行对齐，可将一个图层放在另一个图层之上，并将最上面图层的混合模式设置为“差值”。然后，可移动其中一个图层，直到要对齐的可见元素的像素全部为黑色，即各像素之间的差值为零，因而元素完全堆叠在一起。
- 排除：结果类似于“差值”模式，但对比度比差值模式低。如果源颜色为白色，则结果颜色为基础颜色的补色。如果源颜色为黑色，则结果颜色为基础颜色。
- 相减：从底色中减去源文件。如果源颜色为黑色，则结果颜色为基础颜色。在 3 bpc 项目中，结果颜色值可小于 0。
- 相除：基础颜色除以源颜色。如果源颜色为白色，则结果颜色为基础颜色。在 32bpc 项目中，结果颜色值可大于 1.0。
- 色相：结果颜色具有基础颜色的发光度和饱和度及源颜色的色相。
- 饱和度：结果颜色具有基础颜色的发光度和色相及源颜色的饱和度。

- 颜色：结果颜色具有基础颜色的发光度，以及源颜色的色相和饱和度。此混合模式会保留基础颜色的灰色阶。此混合模式适用于给灰度图像上色以及给彩色图像着色。
- 发光度：结果颜色具有基础颜色的色相和饱和度，以及源颜色的发光度。此模式与“颜色”模式正好相反。

以下是上述术语的说明：

- 源颜色是指应用混合模式的图层的颜色。
- 基础颜色是指位于源图层下方的合成图层的颜色。
- 结果颜色是指混合操作的输出颜色，即合成的颜色。

5.5 技能训练

下面通过多个上机练习实例，巩固所学知识。

5.5.1 上机练习 1：制作剪辑淡入淡出的效果

本例将通过【效果控件】面板为剪辑添加关键帧，并通过为关键帧设置不透明度的方式，制作出剪辑的淡入和淡出效果。

操作步骤

1 打开光盘中的“..\Example\Ch05\5.5.1.prproj”练习文件，选择序列上的剪辑素材并打开【效果控件】面板，再打开【不透明度】列表，然后将播放指示器移到剪辑的入点处，如图 5-40 所示。

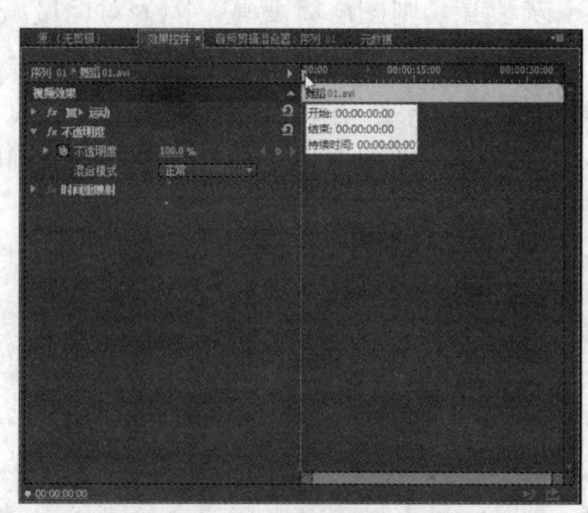

图 5-40 设置播放指示器的位置

2 在【不透明度】列表中单击【添加/移除关键帧】按钮◇，在素材入点处添加一个关键帧，接着设置该关键帧的不透明度为 0%，如图 5-41 所示。

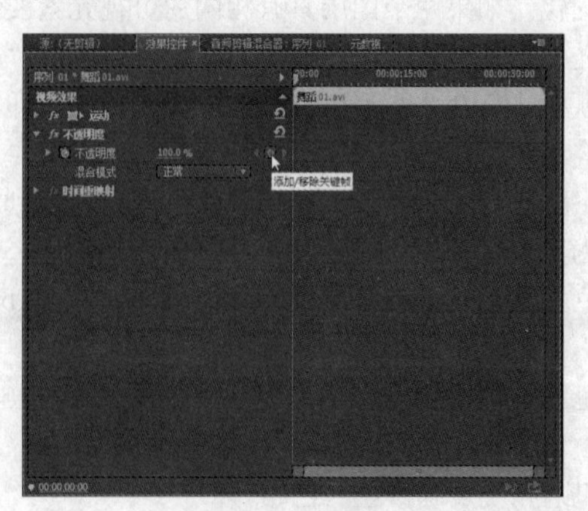

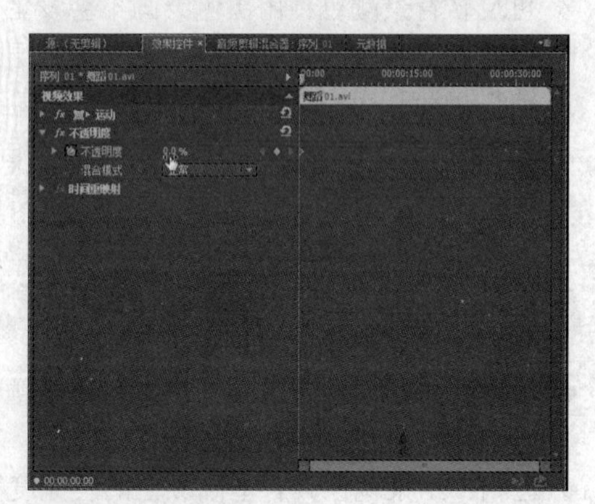

图 5-41 在入点处添加关键帧并设置不透明度

3 移动播放指示器，然后打开【不透明度】列表，并单击【添加/移除关键帧】按钮，在剪辑的前段处添加一个关键帧，接着设置该关键帧的不透明度为100%，如图5-42所示。

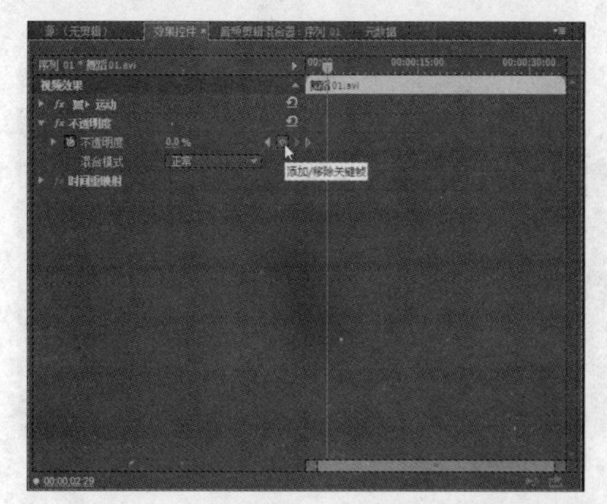
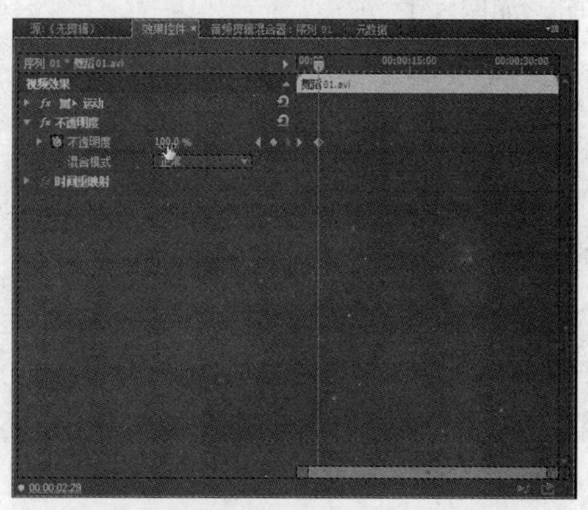

图5-42　再次添加关键帧并设置不透明度

4 移动播放指示器到接近剪辑出点附近，然后打开【不透明度】列表，并单击【添加/移除关键帧】按钮，再设置该关键帧的不透明度为100%，如图5-43所示。

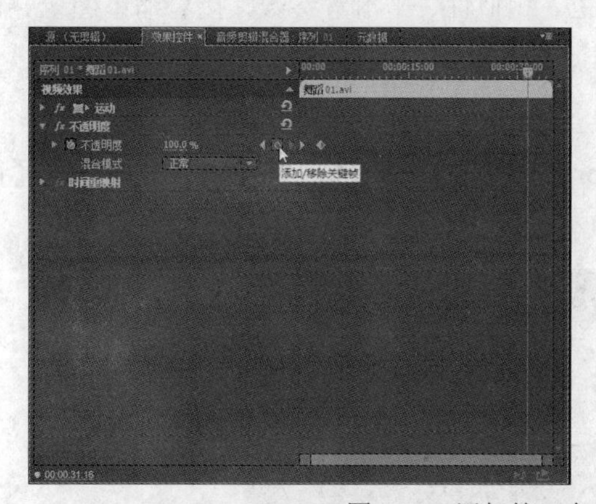
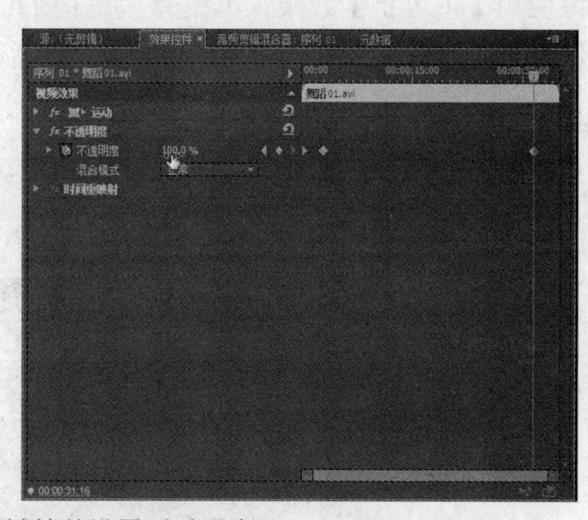

图5-43　添加第三个关键帧并设置不透明度

5 移动播放指示器到剪辑出点处，然后打开【不透明度】列表，并单击【添加/移除关键帧】按钮，接着设置该关键帧的不透明度为0%，如图5-44所示。

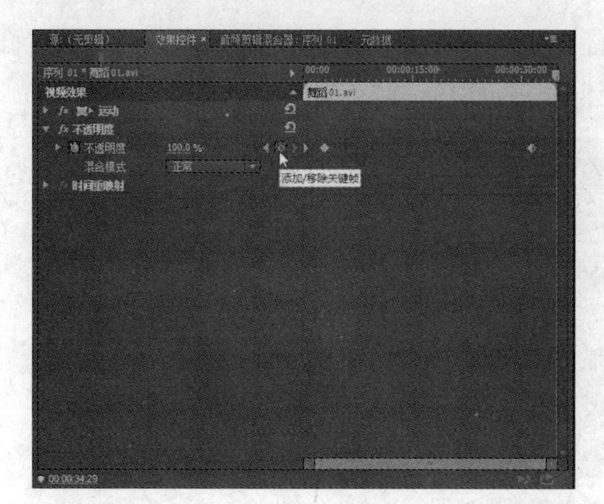
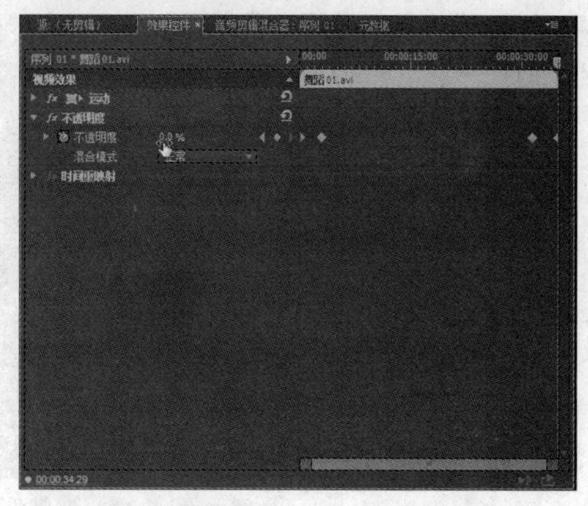

图5-44　添加第四个关键帧并设置不透明度

6 通过【时间轴】面板查看剪辑的透明线的变化，接着通过【节目监视器】面板播放序列，查看播放的效果。在播放过程中可以看到，剪辑从透明逐渐显示，然后在快播完时逐渐变成透明，如图 5-45 所示。

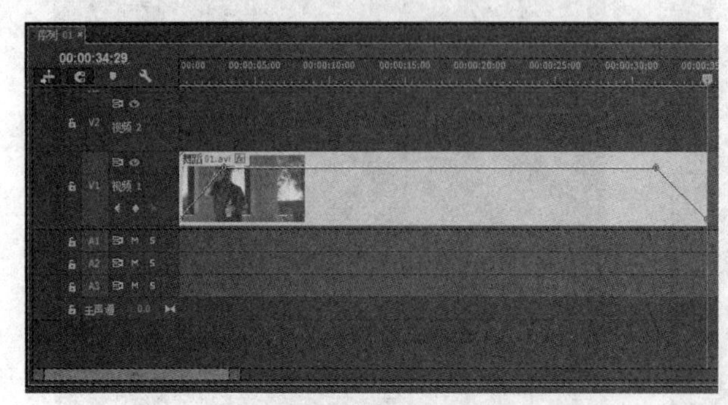

图 5-45　预览剪辑淡入和淡出的效果

5.5.2　上机练习 2：制作教学片图像合成效果

本例先将图像加入到教学片轨道的上方轨道，并设置与教学片一样的播放持续时间，然后为图像应用【色度键】效果，再设置色度键的颜色、相似性、平滑等参数，接着缩小图像并调整图像在屏幕的位置，制作出教学片剪辑与图像的合成效果。

操作步骤

1 打开光盘中的“..\Example\Ch05\5.5.2.prproj”练习文件，然后将【项目】面板的【图像 01.jpg】素材拖到视频 2 轨道上，如图 5-46 所示。

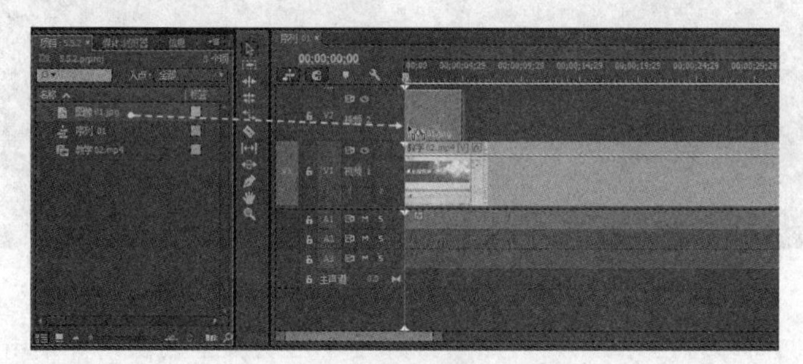

图 5-46　将图像素材加入轨道

2 使用鼠标按住图像剪辑的出点，然后向右拖动，使图像播放的持续时间与视频 1 轨道的剪辑一样，如图 5-47 所示。

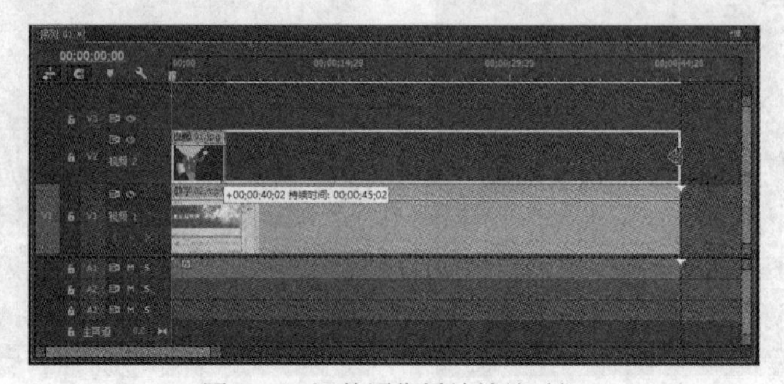

图 5-47　调整图像播放持续时间

3 打开【效果】面板，再打开【视频特效】|【键控】列表，然后选择【色度键】效果，并将此效果拖到图像上，如图 5-48 所示。

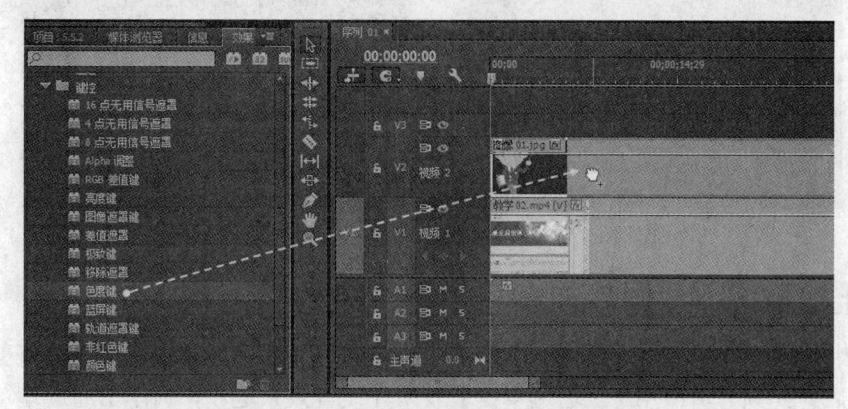

图 5-48　将【色度键】效果应用到图像上

4 打开【效果控件】面板，再打开【色度键】列表，单击【颜色】选项右侧的吸管图标，然后在【节目监视器】面板的监视器上吸取图像素材的背景色，如图 5-49 所示。

图 5-49　设置色度键的颜色

5 设置色度键颜色后，再设置色度键的【相似性】参数和【平滑】选项，如图 5-50 所示。

图 5-50　设置【色度键】的参数

6 在【节目监视器】面板的监视器上选择图像剪辑，并适当调整图像的大小和位置。此时可以看到应用【色度键】效果后，图像与视频剪辑产生了很好的合成效果，如图 5-51 所示。

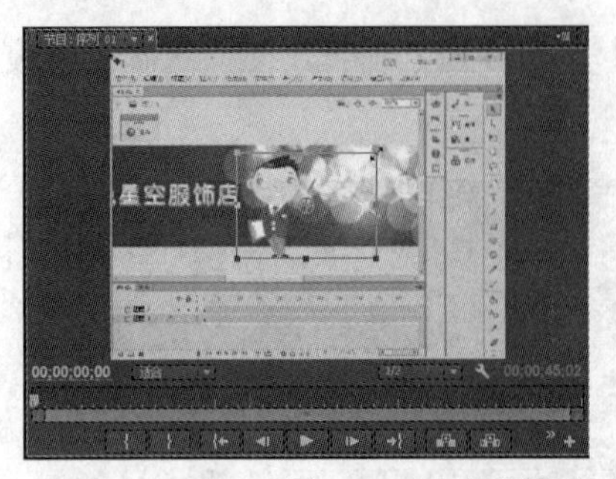

图 5-51　调整图像大小和位置并查看合成效果

5.5.3　上机练习 3：制作创意画中画合成效果

本例先将视频剪辑和遮罩图像剪辑加入序列，再通过【节目监视器】面板调整剪辑的大小和位置，然后为视频剪辑应用【轨道遮罩键】效果并设置效果选项，制作出通过遮罩图显示画中画的效果。

操作步骤

1 打开光盘中的“..\Example\Ch05\5.5.3.prproj”练习文件，将【项目】面板中的【舞蹈01.avi】剪辑和【图像 02.jpg】图像分别加入视频轨道 2 和视频轨道 3，并设置与视频轨道 1 剪辑相同的持续时间，如图 5-52 所示。

图 5-52　将剪辑添加到轨道并设置持续时间

2 在【节目监视器】面板的监视器上选择图像剪辑，然后拖动图像边框节点调整图像大小，并将图像放置在屏幕右上方。使用相同的方法，缩小视频 2 轨道上的视频剪辑并调整位置，结果如图 5-53 所示。

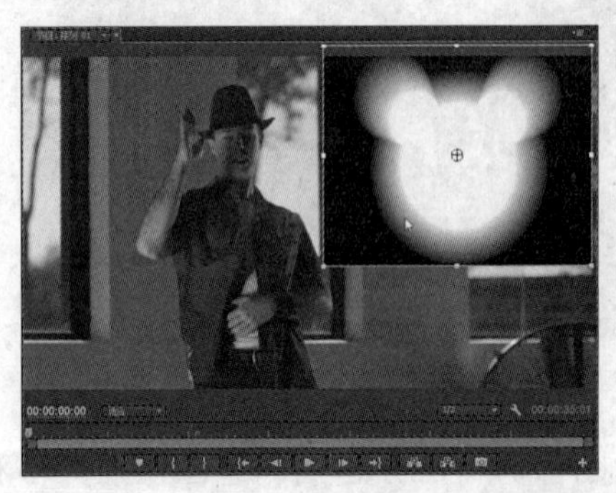

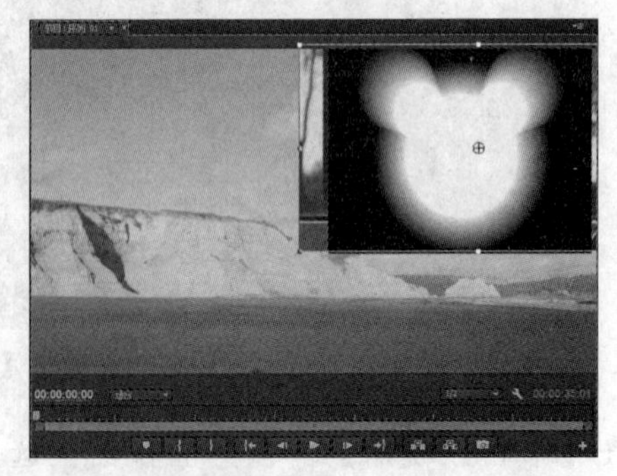

图 5-53　调整图像与剪辑的大小和位置

3 打开【效果】面板，再打开【视频特效】|【键控】列表，然后选择【轨道遮罩键】效果，并将此效果拖到视频 2 轨道的视频剪辑上，如图 5-54 所示。

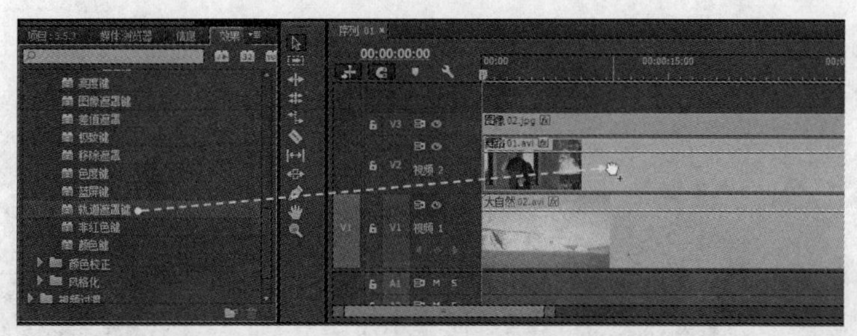

图 5-54　应用【轨道遮罩键】效果到剪辑上

4 打开【效果控件】面板，再打开【轨道遮罩键】列表，设置【遮罩】为【视频 3】轨道，合成方式为【亮度遮罩】，如图 5-55 所示。

5 在【节目监视器】面板中播放序列，查看剪辑合成的效果，如图 5-56 所示。

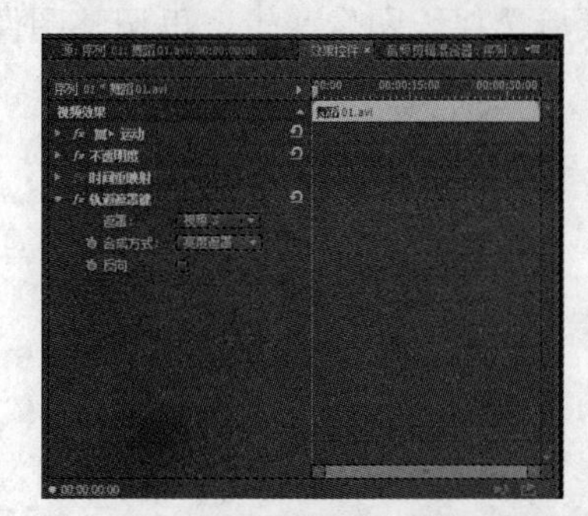

图 5-55　设置效果的选项

图 5-56　查看剪辑合成的效果

5.5.4　上机练习 4：为剪辑添加创意边框效果

本例将边框图像素材添加到项目并放置在轨道中，然后为框架图像剪辑应用【颜色键】效果，再设置效果的参数，以镂空框架图像中的白色颜色部分，使该部分显示被覆盖的视频剪辑，以制作出剪辑的边框效果。

操作步骤

1 打开光盘中的“..\Example\Ch05\5.5.4.prproj”练习文件，在【项目】面板中单击右键，并从打开的菜单中选择【导入】命令，打开【导入】对话框后，选择需要导入的边框图像素材，接着单击【打开】按钮，如图 5-57 所示。

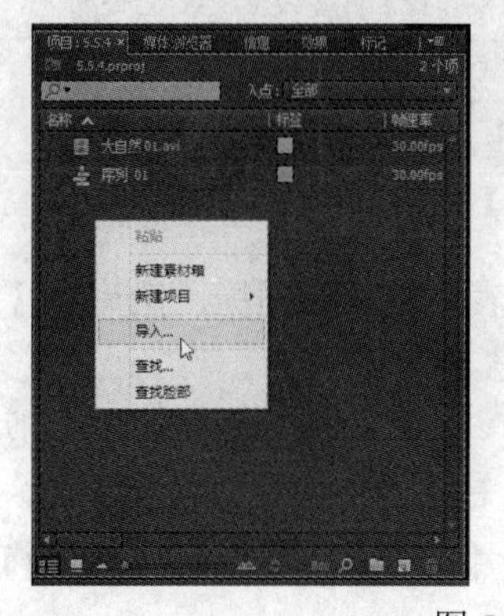

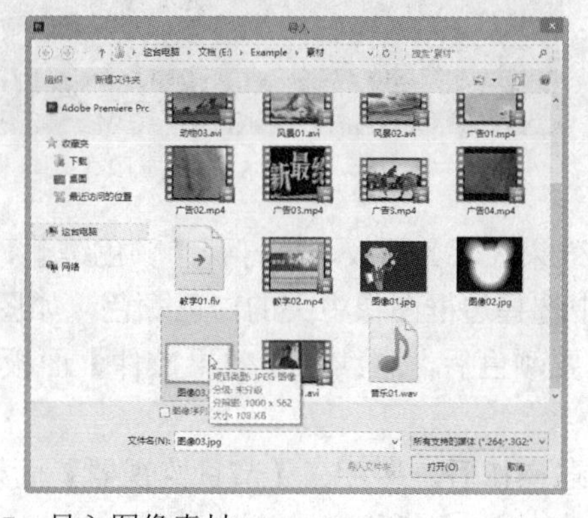

图 5-57　导入图像素材

2 返回【项目】面板，将刚导入的【图像 03.jpg】素材加入视频 2 轨道上，并设置它与视频 1 轨道的剪辑播放持续时间都一样，如图 5-58 所示。

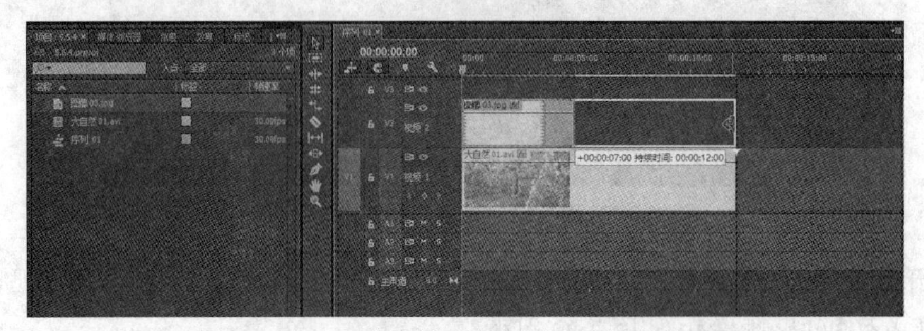

图 5-58　加入图像素材到轨道并设置播放持续时间

3 在【节目监视器】面板的监视器中双击图像素材，然后选择该图像剪辑，再调整图像剪辑的大小以填满屏幕，结果如图 5-59 所示。

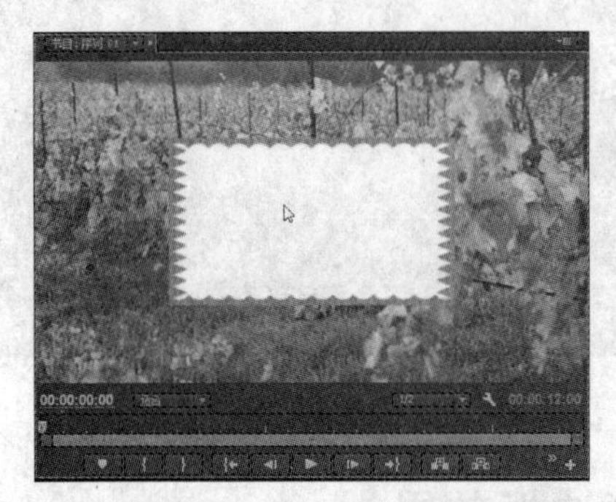

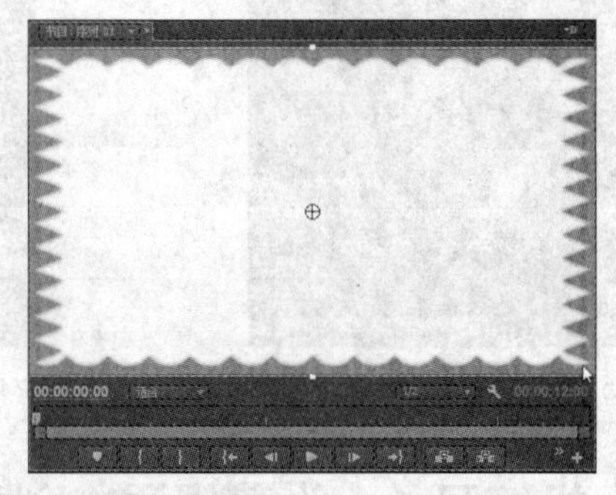

图 5-59　调整边框图像剪辑的大小

4 打开【效果】面板，再打开【视频特效】|【键控】列表，然后选择【颜色键】效果，并将此效果拖到视频 2 轨道的图像剪辑上，如图 5-60 所示。

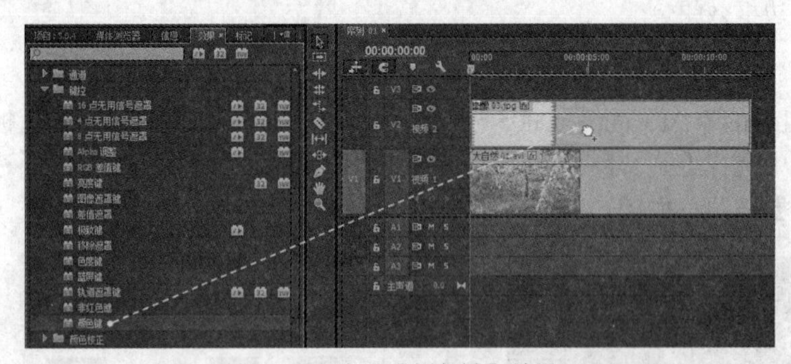

图 5-60　应用【颜色键】效果

5 打开【效果控件】面板，再打开【颜色键】列表，按下图标，然后在【节目监视器】面板的监视器中选择边框图像中央的白色颜色，如图 5-61 所示。

6 选择主要颜色后，继续在【效果控件】面板中设置【颜色键】各项参数，如图 5-62 所示。

7 完成上述操作后，即可在【节目监视器】面板中播放时间轴，查看视频剪辑与边框图像合成的效果，如图 5-63 所示。

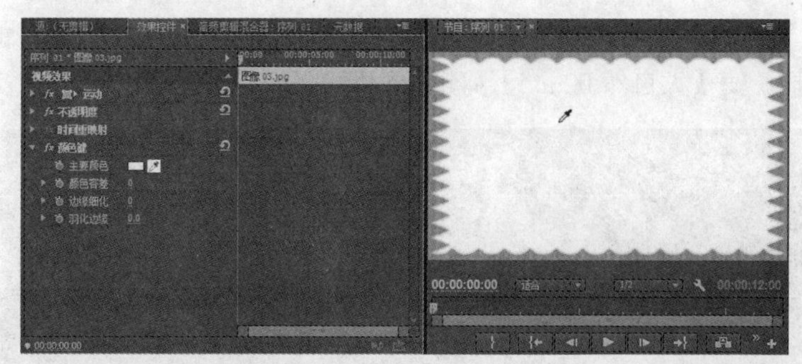

图 5-61　选择效果的主要颜色

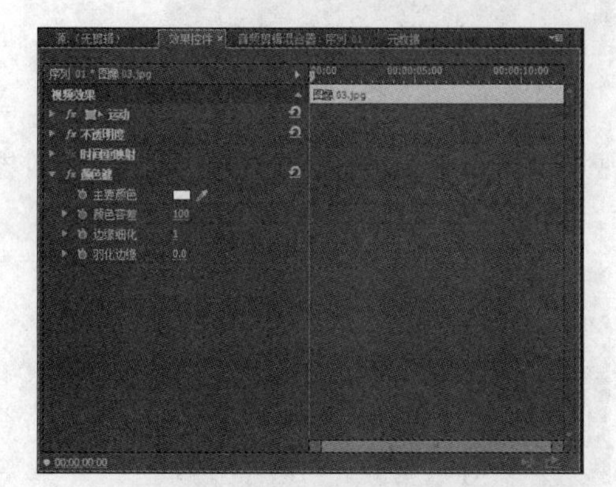

图 5-62　设置效果其他参数

图 5-63　播放时间轴预览合成效果

5.5.5　上机练习 5：制作蒙太奇式的剪辑过渡

本例先将两个视频剪辑分别加入视频 1 轨道和视频 2 轨道，并将其中一个视频剪辑前段与另一个视频剪辑末段进行覆叠，再使用【剃刀工具】将视频 2 轨道上覆叠的一段视频剪辑进行分割，然后为视频 1 轨道的剪辑末段设置淡出效果，接着设置视频 2 覆叠剪辑的混合模式，以制作出两个视频剪辑蒙太奇式的过渡效果。

操作步骤

1 打开光盘中的“..\Example\Ch05\5.5.5.prproj”练习文件，将【项目】面板上的【大自然 01.avi】和【大自然 02.avi】两个视频剪辑分别加入视频 1 轨道和视频 2 轨道，将【大自然 02.avi】剪辑前段覆叠【大自然 01.avi】剪辑末段，如图 5-64 所示。

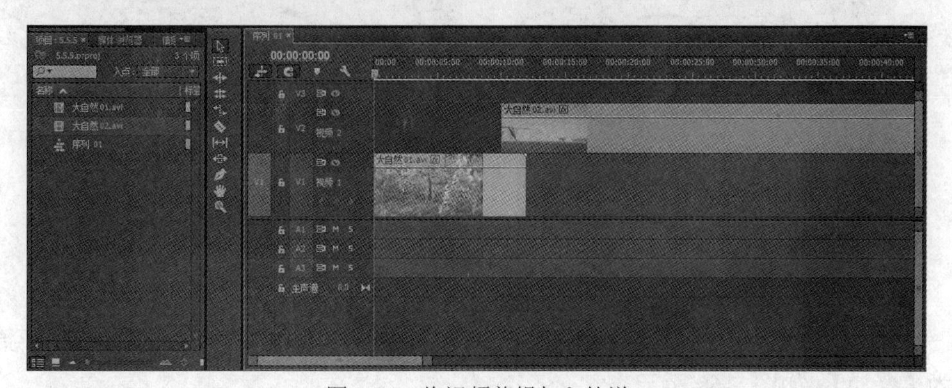

图 5-64　将视频剪辑加入轨道

2 在【工具】面板中选择【剃刀工具】，然后将【大自然 02.avi】剪辑与视频 2 轨道覆叠部分进行分割，使【大自然 02.avi】剪辑分为两部分，如图 5-65 所示。

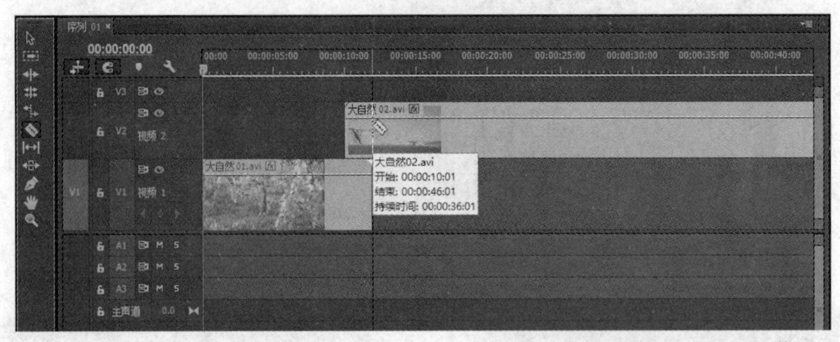

图 5-65　分割视频 2 轨道的剪辑

3 在【时间轴】面板中，将播放指示器移到视频 2 轨道剪辑的入点处，然后打开【效果控件】面板，并添加一个【不透明度】项的关键帧，如图 5-66 所示。

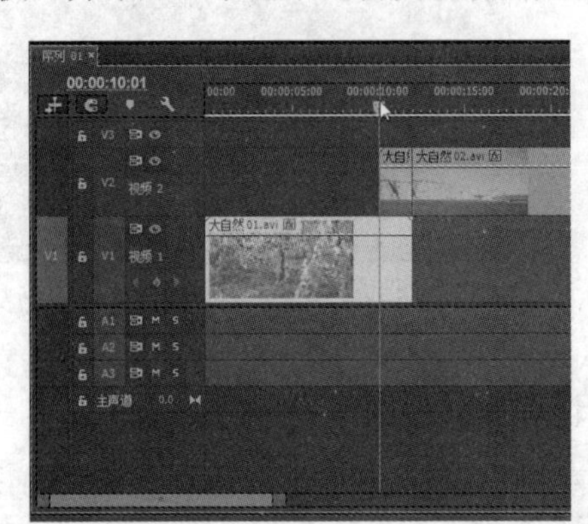

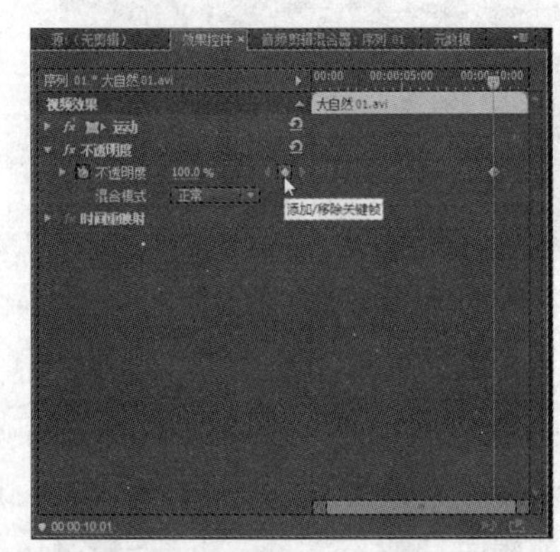

图 5-66　调整播放指示器位置并添加关键帧

4 将播放指示器移到【大自然 01.avi】剪辑出点，再添加一个关键帧，并设置该关键帧的不透明度为 0%，制作出剪辑的淡出效果，如图 5-67 所示。

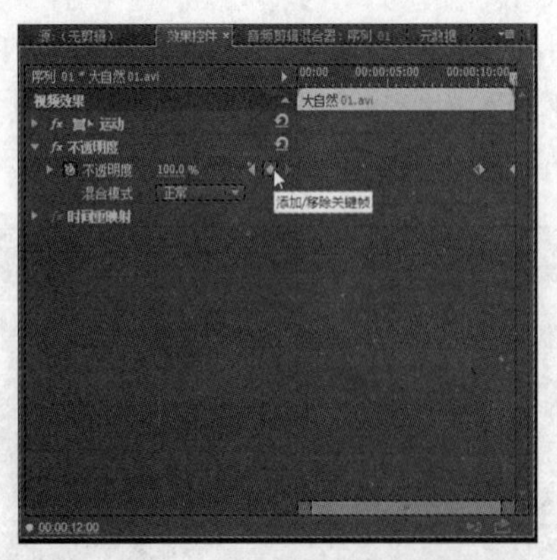

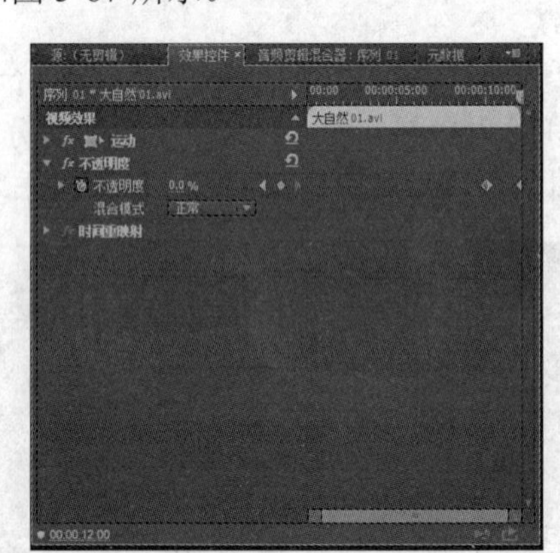

图 5-67　添加第二个关键帧并设置不透明度

5 选择视频 2 轨道上的前段视频剪辑，再打开【效果控件】面板，然后设置该剪辑的混合模式为【叠加】，如图 5-68 所示。

6 在【节目监视器】中播放时间轴，查看两个视频剪辑过渡时的蒙太奇效果，如图 5-69 所示。

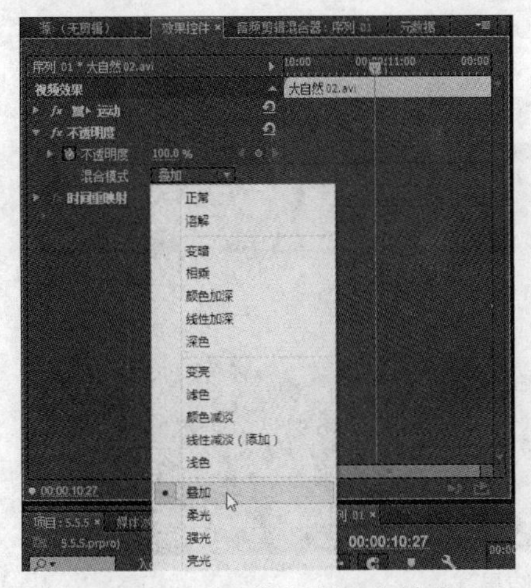

图 5-68　设置剪辑的混合模式

图 5-69　查看剪辑过渡的蒙太奇效果

5.6　评测习题

一、填充题

（1）当影像的某部分是透明时，透明信息会存储在素材的____________通道中。

（2）____________按影像中的特定颜色值（使用颜色键或色度键）或亮度值（使用明亮度键）定义透明度。

（3）____________可以将影像中比较暗的颜色产生透明效果，而保留比较亮的颜色为不透明，同时可以产生敏感的叠印或键出黑色区域。

二、选择题

（1）RGB 影像中还包含有第四个通道，这个通道是什么通道？（　　）

A. 黑白通道　　B. HLS 通道　　C. Alpha 通道　　D. 信息通道

（2）在 Adobe Premiere Pro CC 程序中，当在【节目监视器】面板中查看 Alpha 通道时，什么颜色的区域表示不透明？（　　）

A. 灰色　　B. 白色　　C. 黑色　　D. 蓝色

（3）一个素材的不透明度设置低于多少，在它下面轨道的素材就可以看见？（　　）

A. 100%　　B. 0%　　C. –100%　　D. 低于任何值都不行

（4）Alpha 通道以哪两种方式将透明度信息存储在文件中？（　　）

A. 直接或间接　　B. 预减或预乘　　C. 减去或相加　　D. 直接或预乘

三、判断题

（1）Alpha 通道表示透明度，但自身一定是可见的。（　　）

（2）因为 Alpha 通道使用灰度深浅来存储透明度信息，所以有些效果可以使用一个灰度图像（或一个彩色图像的亮度值）作为一个 Alpha 通道。（　　）

（3）混合模式是影像处理技术中的一个技术名词，主要作用是可以用不同的方法将对象颜色与底层对象的颜色混合。（　　）

四、操作题

使用添加关键帧的方式为视频 1 轨道的剪辑制作淡入效果，如图 5-70 所示。

图 5-70　本章操作题的结果

操作提示

（1）打开光盘的“..\Example\Ch05\5.6.prproj”练习文件，选择视频 2 轨道上的剪辑。

（2）打开【效果控件】面板，将播放指示器拖到剪辑素材入点处，然后打开【不透明度】列表，并单击【添加/移除关键帧】按钮，在剪辑入点处添加一个关键帧，接着设置该关键帧的不透明度为 0%。

（3）在【时间轴】面板中移动播放指示器到视频 1 剪辑的出点处。

（4）选择视频 2 轨道上的剪辑，打开【效果控件】面板的【不透明度】列表，并单击【添加/移除关键帧】按钮，接着设置该关键帧的不透明度为 100%。

第 6 章　字幕的创建、编辑与设计

学习目标

字幕对于影视作品来说是很重要的元素，作品的一些重要信息有时都需要字幕来呈现。本章将针对字幕在作品上的应用，详细介绍了新建字幕、将字幕添加到序列、应用与修改字幕样式、设计静态和动态字幕及设计基于模板的字幕等内容。

学习重点

☑ 认识字幕设计器
☑ 新建于编辑字幕
☑ 应用和修改字幕样式
☑ 设计滚动和游动的字幕
☑ 在字幕中使用图形
☑ 利用模板设计字幕

6.1　认识字幕设计器

在 Premiere Pro CC 中，字幕的编辑与设计都是通过字幕设计器完成的。在【字幕设计器】窗口中，不但可以制作普通的文本字幕，还可以制作简单的图形字幕。

6.1.1　关于字幕设计器

在字幕设计器中，用户能够完成字幕的创建和修饰、设置运动选项的制作以及图形字幕的制作等处理工作。

在创建字幕时会自动打开【字幕设计器】窗口，如果没有经过创建字幕的操作就要打开【字幕设计器】窗口，则可以打开【窗口】菜单，然后选择【字幕设计器】命令，即可打开【字幕设计器】窗口，如图 6-1 所示。

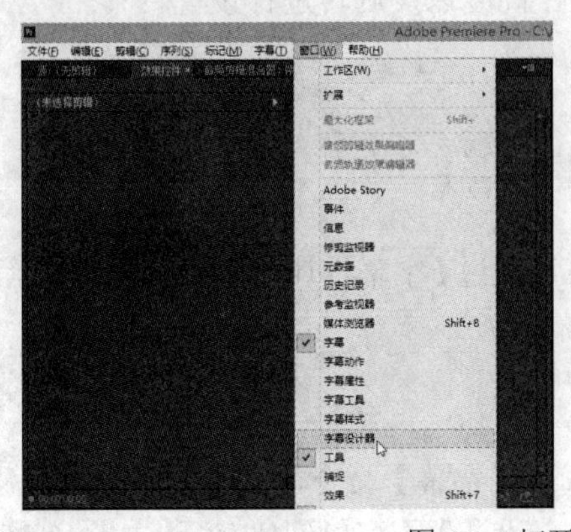

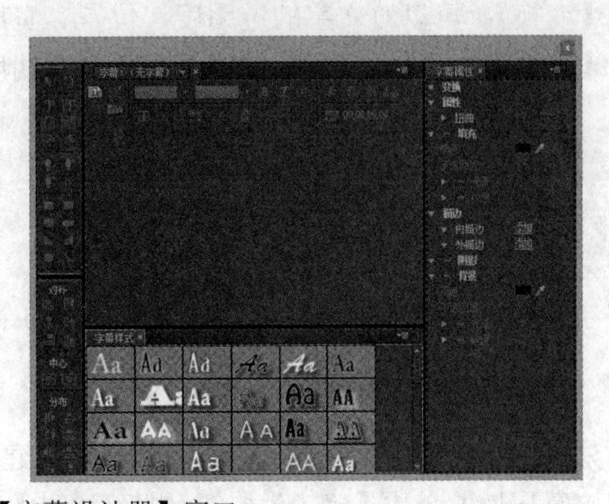

图 6-1　打开【字幕设计器】窗口

6.1.2 字幕设计器的组成

字幕设计器主要分为 4 个面板，如图 6-2 所示。

图 6-2 字幕设计器

(1)【字幕】面板：正中间的是【字幕】面板，字幕的制作就是在该面板中完成，包括输入字幕、设置字幕动作等功能。

(2)【工具】面板：左边是【工具】面板，包括制作字幕、绘图用的 20 种工具按钮以及对字幕、图形进行的排列和分布的相关按钮。

(3)【字幕样式】面板：窗口下方是【字幕样式】面板，样式库中有系统设置好的数十种文字样式。用户也可以将自己设置好的文字样式存入样式库中。

(4)【字幕属性】面板：右边是【属性】面板，包括对字幕、图形设置的变换、属性、填充、描边、阴影、背景等栏目。

- 【属性】：可以设置字幕文字的字体、大小、字间距等。
- 【填充】：可以设置文字的颜色、透明度、光效等。
- 【描边】：可以设置文字内部、外部描边。
- 【阴影】：可以设置文字阴影的颜色、透明度、角度、距离和大小等。
- 【变换】：可以对文字的透明度、位置、宽度、高度以及旋转进行设置。
- 【背景】：可以设置字幕的背景颜色和透明度。

6.2 新建与编辑字幕

在为影片设计字幕时，需要先新建字幕素材，可以通过【字幕设计器】窗口创建字幕素材，然后将字幕素材放置在视频轨道上，作为影片的字幕。

6.2.1 新建字幕素材

方法 1 打开【文件】菜单，然后选择【新建】|【字幕】命令，在【新建字幕】对话框中设置字幕属性并单击【确定】按钮，即可通过【字幕设计器】窗口创建字幕，如图 6-3 所示。

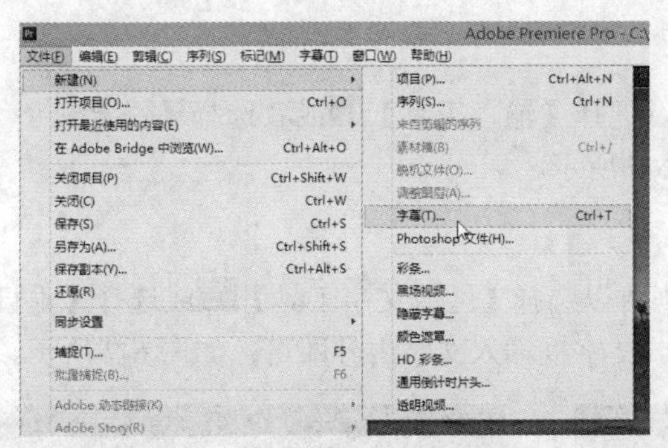

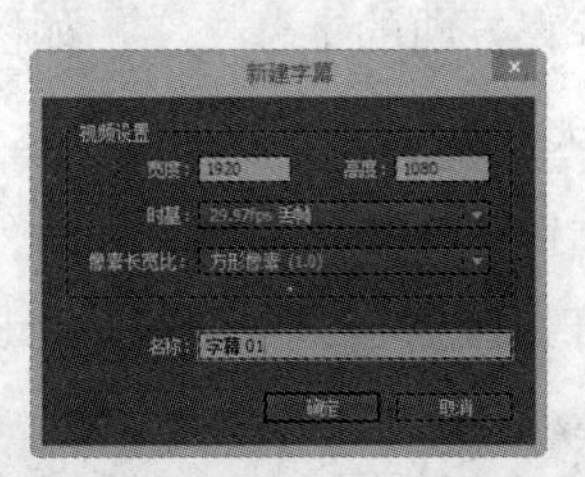

图 6-3　通过菜单命令新建字幕

方法 2　按 Ctrl+T 键，然后在【新建字幕】对话框中设置字幕属性并单击【确定】按钮，接着通过【字幕设计器】窗口创建字幕素材。

方法 3　在【项目】面板的空白处上单击鼠标右键，并从弹出的菜单中选择【新建项目】|【字幕】命令，然后在【新建字幕】对话框中设置字幕属性并单击【确定】按钮，接着通过【字幕设计器】窗口创建字幕素材，如图 6-4 所示。

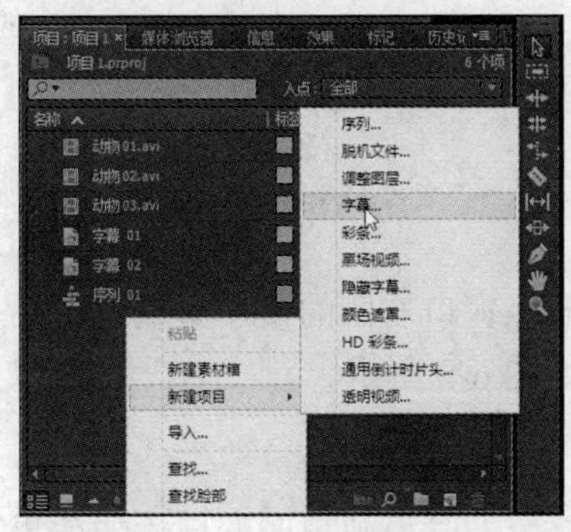

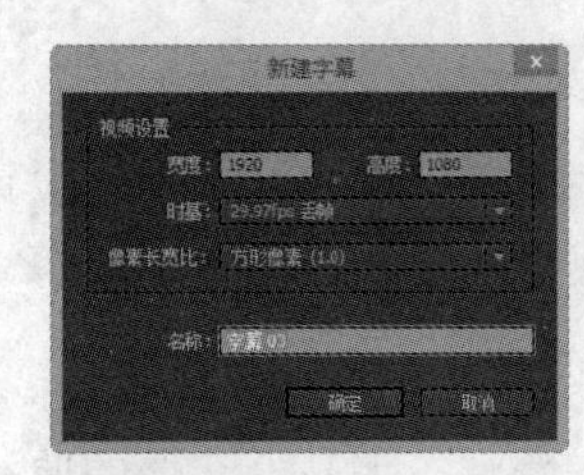

图 6-4　通过【项目】面板新建字幕

方法 4　打开【窗口】菜单，然后选择【字幕动作】、【字幕属性】、【字幕工具】、【字幕样式】和【字幕设计器】任意一个命令，即可打开【字幕设计器】窗口新建字幕素材。

方法 5　打开【字幕】菜单，再打开【新建字幕】子菜单，然后选择【默认静态字幕】、【默认滚动字幕】或【默认游动字幕】命令的任意一项，即可打开【字幕设计器】窗口新建字幕素材，如图 6-5 所示。

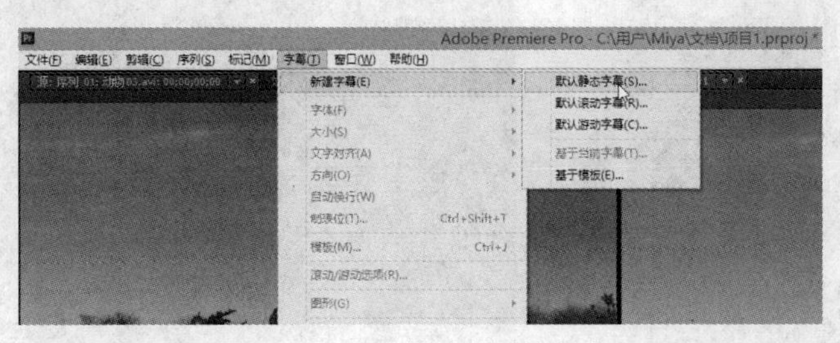

图 6-5　新建各种类型的字幕

6.2.2　输入字幕文字

新建字幕后会自动打开【字幕设计器】窗口，可以在此窗口上输入字幕文字并设置文字属性。

1．输入文字

打开【字幕设计器】窗口后，可以选择【输入工具】或者选择【垂直文字工具】输入水平或垂直方向的字幕文字，如图 6-6 所示。

2．输入区域文字

如果想输入大量字幕文本内容，则可以选择【区域文字工具】或选择【垂直区域文字】，然后在监视器窗口中拖出一个区域文字框输入文字内容即可，如图 6-7 所示。

图 6-6　输入水平方向的字幕文字

图 6-7　输入垂直方向的区域文字

6.2.3　设置文字属性

1．设置文字属性

输入字幕文字后，可以通过【字幕设计器】窗口右侧的【字幕属性】面板设置文字属性，如字体、大小、填充颜色、行距、字距等，如图 6-8 所示。

2．预览文字效果

设置文字的属性后，字幕设计器的监视器会即时反映出改变属性的效果，如图 6-9 所示。

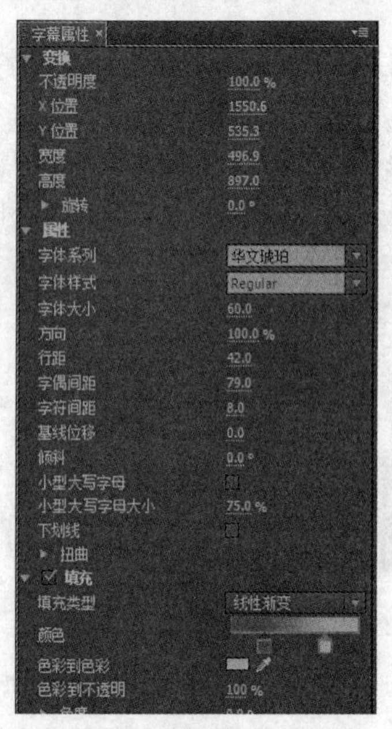

图 6-8　设置字幕文字属性

图 6-9　预览字幕效果

6.2.4　将字幕添加到序列

通过【字幕设计器】窗口创建字幕后，该字幕保存在【项目】面板中，还没有添加到序列，即没有显示在作品上。因此，制作字幕后，需要将字幕添加到序列的视频轨道上，作为轨道上的剪辑在项目中播放。

1. 添加字幕到序列

将字幕添加到序列的方法与将一般剪辑素材添加到序列的方法一样，可以通过【项目】面板将字幕拖到序列的视频轨道上，如图 6-10 所示。

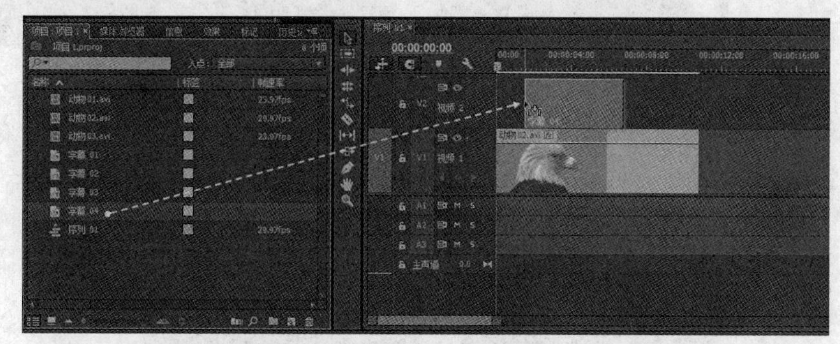

图 6-10　将字幕添加到序列上

2. 查看字幕播放效果

将字幕放置到视频轨道上后，可以通过【节目监视器】面板播放序列，查看字幕在作品上的显示效果。此外，也可以直接将字幕素材拖到【源监视器】面板，通过【源监视器】面板播放字幕，如图 6-11 所示。

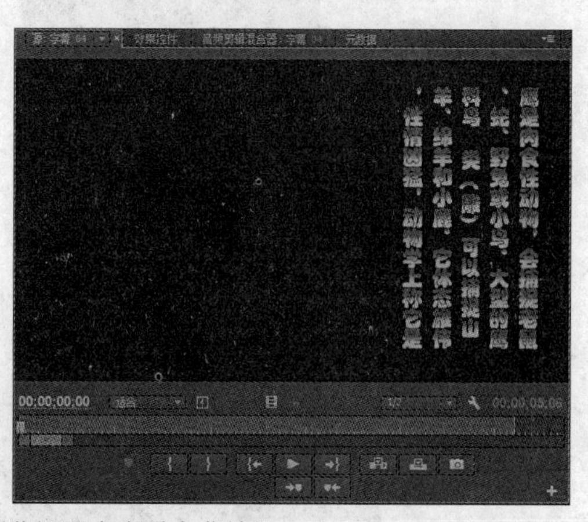

图 6-11　从节目监视器和源监视器中查看字幕效果

动手操作　创建剪辑标题字幕

1 打开光盘中的“..\Example\Ch06\6.2.4.prproj”练习文件，在【项目】面板上单击鼠标右键，从打开的菜单中选择【新建项目】|【字幕】命令，在打开的【新建字幕】对话框中设置各项属性，再单击【确定】按钮，如图 6-12 所示。

2 打开【字幕设计器】窗口后，选择【输入工具】，然后在监视器显示的剪辑画面左上方输入字幕文字，如图 6-13 所示。

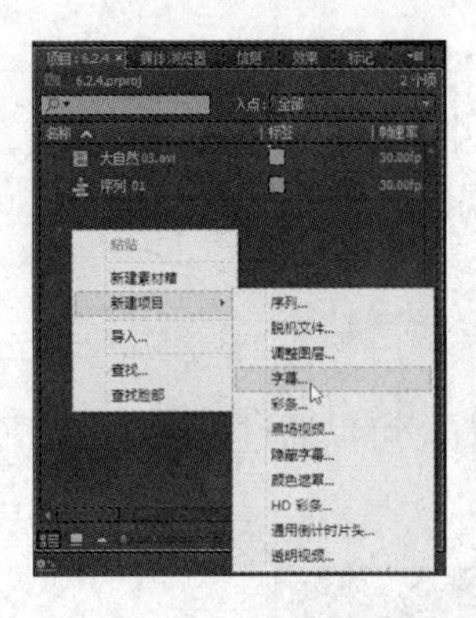
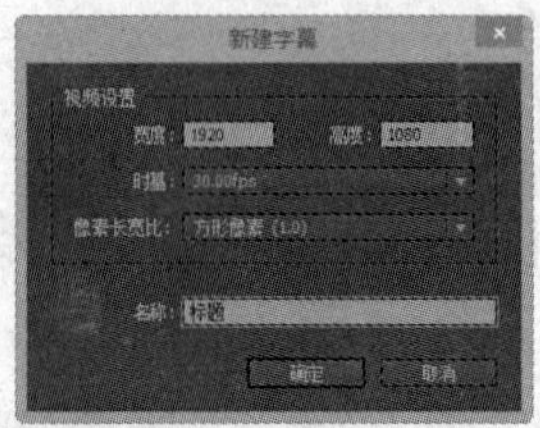

图 6-12　新建字幕

图 6-13　输入字幕文字

3 选择字幕文字对象，然后在字幕设计器右侧的【字幕属性】面板中设置字体系列、字体样式等属性，接着设置填充类型为【线性渐变】，并设置红色到黄色的渐变颜色，再设置渐变角度为 45°，如图 6-14 所示。

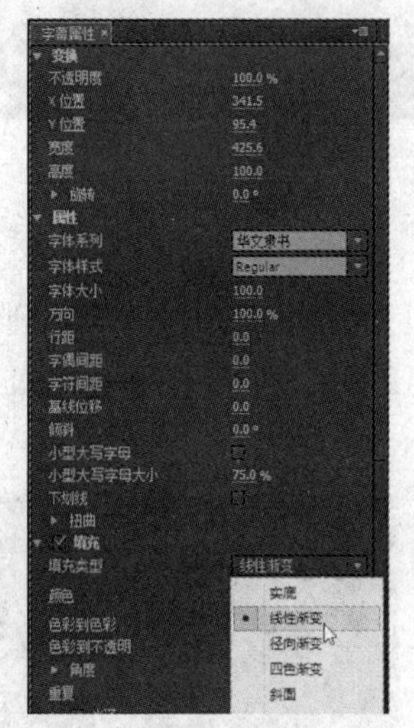
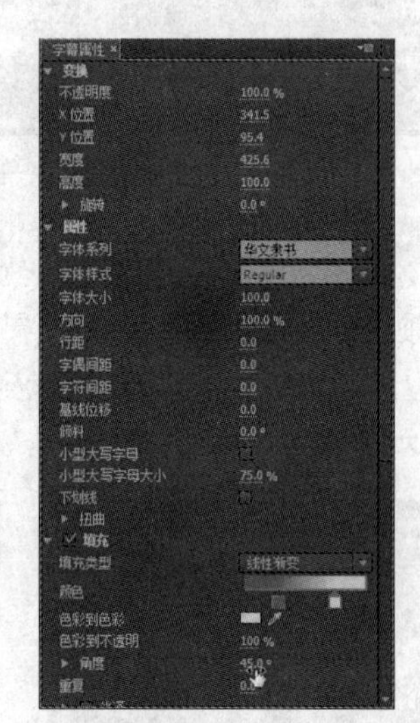

图 6-14　设置字幕文字的属性

4 关闭【字幕设计器】窗口，然后将【项目】面板中的【标题】字幕拖到视频 2 轨道上，如图 6-15 所示。

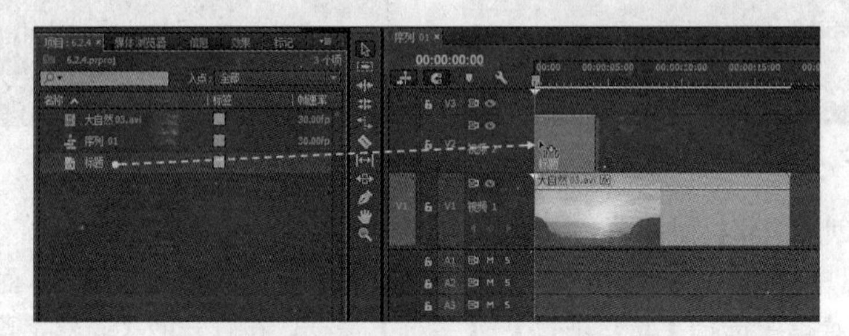

图 6-15　将字幕添加到序列的视频轨道上

5 将鼠标移到字幕剪辑出点，然后按住鼠标左键将字幕剪辑的出点拖动到与视频 1 轨道上剪辑的出点一样的位置，如图 6-16 所示。

6 在【节目监视器】面板上单击【播放-停止切换】按钮，通过播放时间轴查看字幕在序列上的效果，如图 6-17 所示。

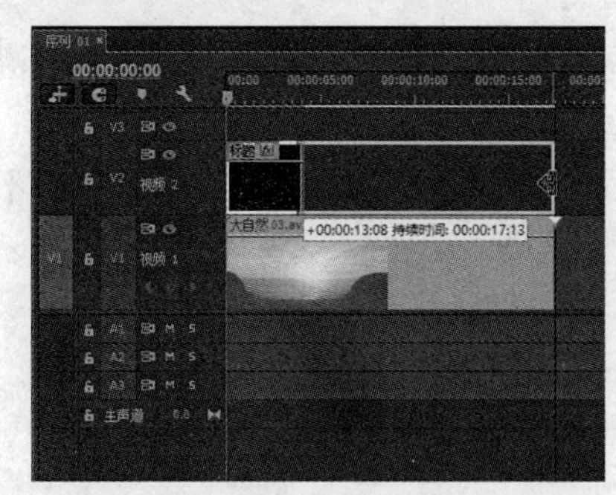

图 6-16 调整字幕剪辑的出点

图 6-17 查看字幕播放的效果

6.2.5 编辑序列上的字幕

如果想要编辑添加到序列的字幕剪辑，可以在序列上双击字幕剪辑，打开【字幕设计器】窗口，然后通过窗口调整字幕的属性和相关设置，如调整字幕的位置等，如图 6-18 所示。

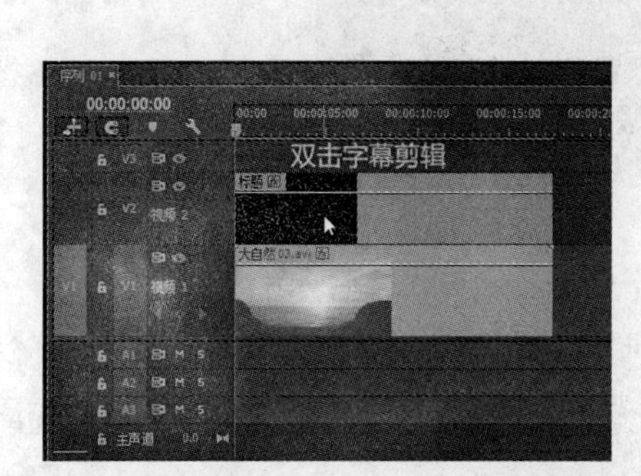

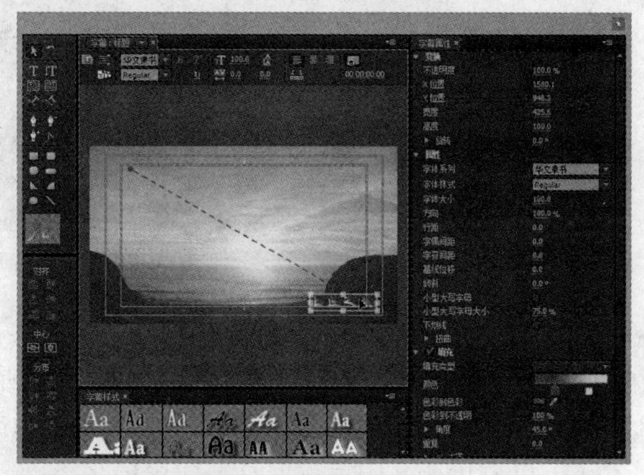

图 6-18 双击字幕剪辑打开【字幕设计器】窗口编辑字幕

在【字幕设计器】窗口中编辑字幕时，最重要的是背景视频的参考。因此，在调整字幕位置和其他属性时，最好能够按下【显示背景视频】按钮，以便在字幕设计器上显示视频内容。否则，字幕窗口只显示灰色背景，如图 6-19 所示。

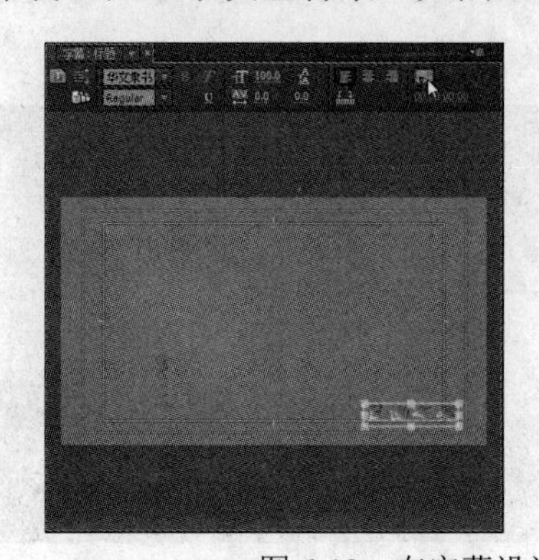

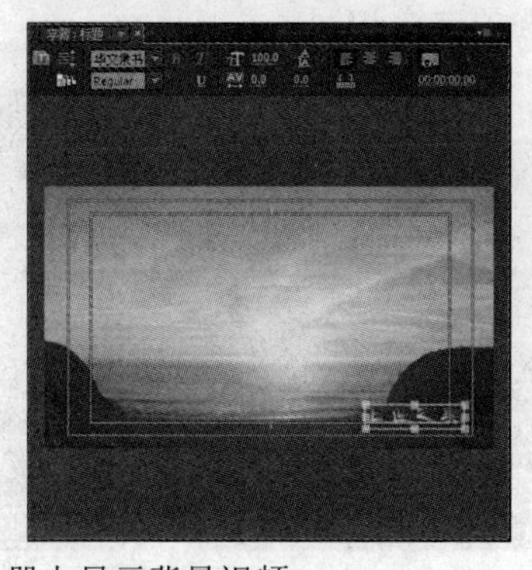

图 6-19 在字幕设计器上显示背景视频

6.2.6 为字幕添加描边和阴影

1. 添加描边

通过字幕设计器可以为字幕添加描边效果，包括添加内描边和外描边。内描边是指沿对象内边缘的轮廓；外描边是指沿对象外边缘的轮廓。

每个字幕最多可以添加 12 个描边。添加描边之后，可以调整其颜色、填充类型、不透明度、光泽和纹理。默认情况下，描边按创建顺序列出和渲染，但很容易更改这一顺序。

动手操作　为字幕添加描边

1 打开【字幕设计器】窗口，选择字幕对象。

2 展开【字幕属性】面板的【描边】类别。

3 单击【内描边】或【外描边】旁边的【添加】选项，如图 6-20 所示。

图 6-20　添加描边

4 设置下列选项，如图 6-21 所示。

- 类型：指定所应用描边的类型。【深度】类型所创建的描边会使对象产生凸出效果。【边缘】类型所创建的描边将包含对象的内边缘或外边缘。【凹进】类型将创建对象的副本，以后可在其中更改偏移并应用值。
- 大小：指定描边的大小（以扫描行为单位）。此选项不适用于【凹进】描边类型。
- 角度：指定描边的偏移角度（以度为单位）。此选项不适用于【边缘】描边类型。
- 强度：指定描边的高度。此选项只适用于【凹进】描边类型。
- 填充类型：指定描边的填充类型。所有填充类型（包括【光泽】和【纹理】）的作用与【填充】选项完全相同。

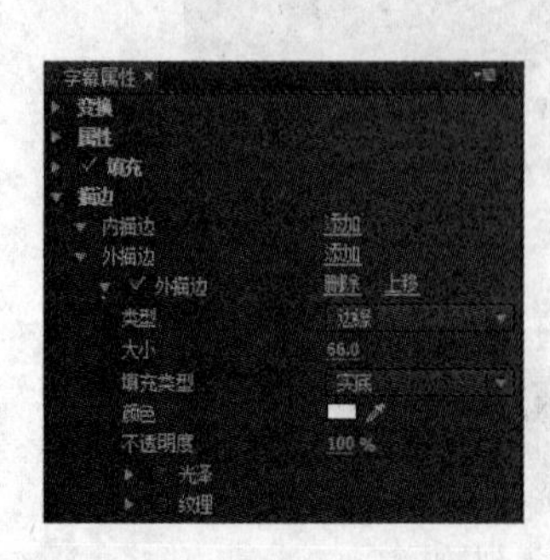

图 6-21　设置描边选项

2．添加阴影

通过字幕设计器可以向在【字幕】面板中创建的任何对象添加阴影。通过各种阴影选项，可以控制颜色、不透明度、角度、距离、大小和扩展。

动手操作　为字幕添加阴影

1 在【字幕设计器】窗口中选择对象。

2 在【字幕属性】面板中，选择【阴影】复选框。

3 设置如下选项的值，如图 6-22 所示。

- 颜色：指定阴影的颜色。
- 不透明度：指定阴影的不透明度。
- 角度：指定光照对象产生阴影的角度。
- 距离：指定阴影偏离对象的像素数目。
- 大小：指定阴影的大小。
- 扩展：指定对象的 Alpha 通道边界在进行模糊处理前的扩展程度。【扩展】适用于微小而细化的特征，例如，草书体字母下缘或上缘，因为这些特征往往会在应用显著的模糊时消失。

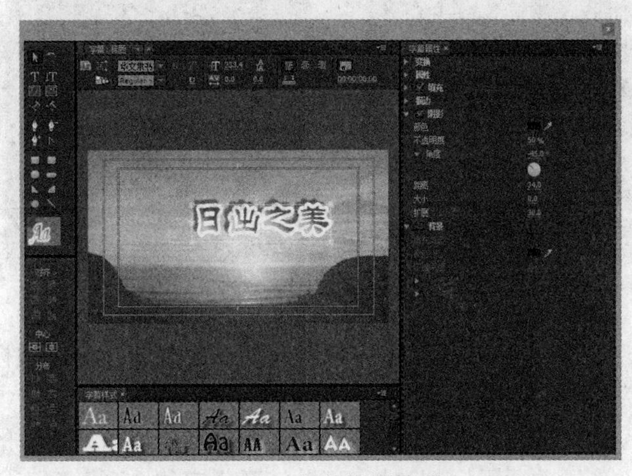

图 6-22　设置阴影选项

6.3　应用与修改字幕样式

【字幕设计器】默认提供了 89 种字幕样式，在输入字幕文字后，可以直接套用预设的样式设计字幕。套用预设样式后，也可以根据设计需求对样式进行修改，如改变颜色、改变阴影等。

6.3.1　为字幕应用样式

打开【字幕设计器】窗口，然后输入字幕文字或选择字幕对象，在【字幕样式】面板中单击需要应用的字幕样式图标即可应用字幕样式。

动手操作　使用预设样式设计字幕

1 打开光盘中的“..\Example\Ch06\6.3.1.prproj”练习文件，在【项目】面板上双击字幕素材，打开【字幕设计器】窗口，如图 6-23 所示。

图 6-23 双击字幕素材打开字幕设计器

2 使用鼠标左键按住【字幕设计器】窗口中【字幕样式】面板上方的分界框，然后向上拖动，以显示更多的字幕样式，如图 6-24 所示。

图 6-24 调整【字幕样式】面板的大小

3 选择窗口上的字幕对象，然后在【字幕样式】面板上选择合适的样式，并在样式图标上双击鼠标，为字幕应用样式，如图 6-25 所示。

4 当应用样式后，会改变原来字幕的字体，因此可能或使原来字幕的文字变成符号（这是因为字体不符合中文使用的原因）。此时，可以打开【字体系列】列表，为文字选择一种适用于中文的字体，如图 6-26 所示。

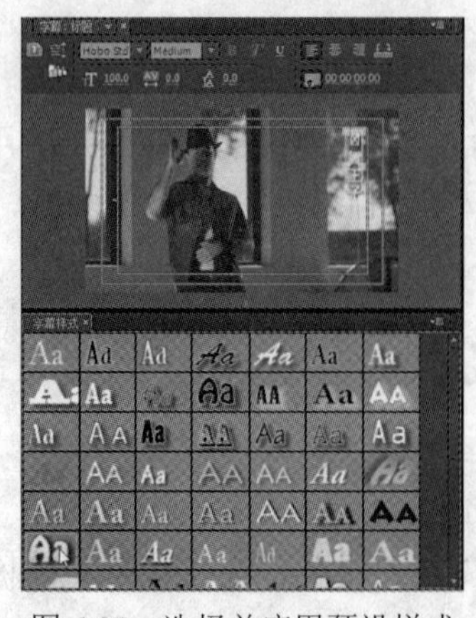
图 6-25 选择并应用预设样式

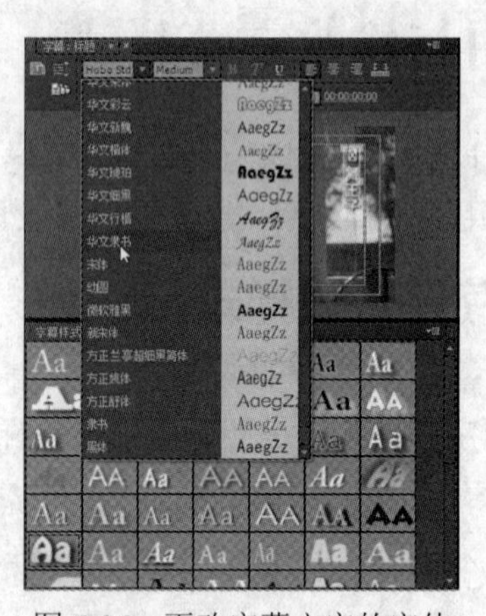
图 6-26 更改字幕文字的字体

5 关闭【字幕设计器】窗口，然后通过【节目监视器】面板查看字幕的效果，如图 6-27 所示。

图 6-27 预览字幕应用样式的效果

6.3.2 修改字幕的样式

虽然 Premiere Pro CC 预设了多种字幕样式，但并非所有的样式都适合不同作品的字幕设计。可以针对设计的需求，对应用样式后的字幕进行适当的修改。

动手操作 修改字幕的样式

1 打开光盘中的“..\Example\Ch06\6.3.2.prproj”练习文件，在【时间轴】面板上双击字幕剪辑，打开【字幕设计器】窗口，如图 6-28 所示。

2 打开字幕设计器后，选择字幕对象，然后将鼠标移到【字距】图标右侧的数值上，当出现手指图标后按住数值拖动，调整字幕文字的字距，如图 6-29 所示。

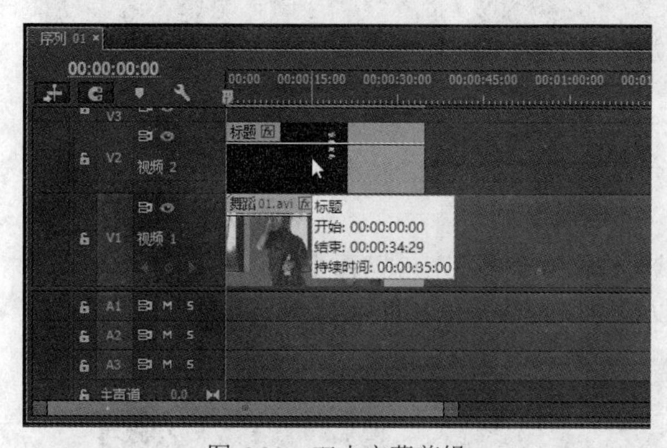

图 6-28 双击字幕剪辑

图 6-29 修剪字幕文字的字距

3 将鼠标移到【大小】图标右侧的数值上，当出现手指图标后按住数值拖动，调整字幕文字的大小，如图 6-30 所示。

4 打开【描边】|【外描边】属性列表，再打开【填充类型】下拉列表框，并选择【线性渐变】选项，接着双击颜色控点并选择颜色，设置黄色到红色的渐变颜色，如图 6-31 所示。

图 6-30　调整字幕文字的大小

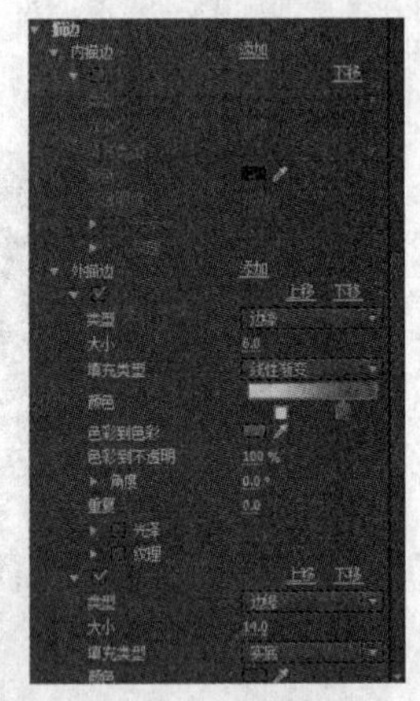

图 6-31　设置填充的类型和颜色

5 在【描边】|【外描边】属性列表的【大小】项目的数值上单击，当出现输入框后，输入合适的数值，调整外边框的大小，如图 6-32 所示。

6 打开【阴影】属性列表，然后单击【颜色】项目的颜色图标，并通过拾色器选择一种阴影颜色，如图 6-33 所示。

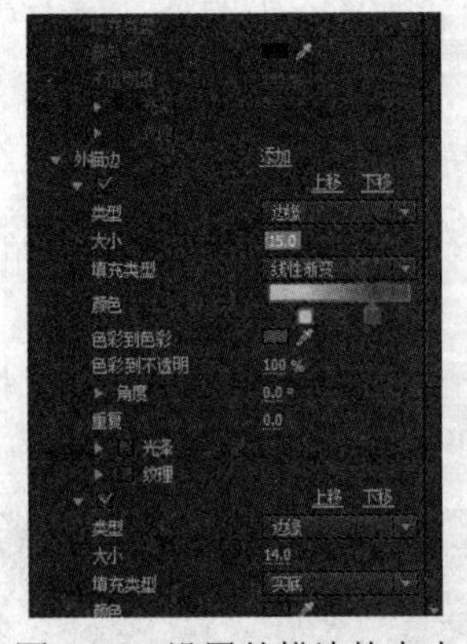

图 6-32　设置外描边的大小

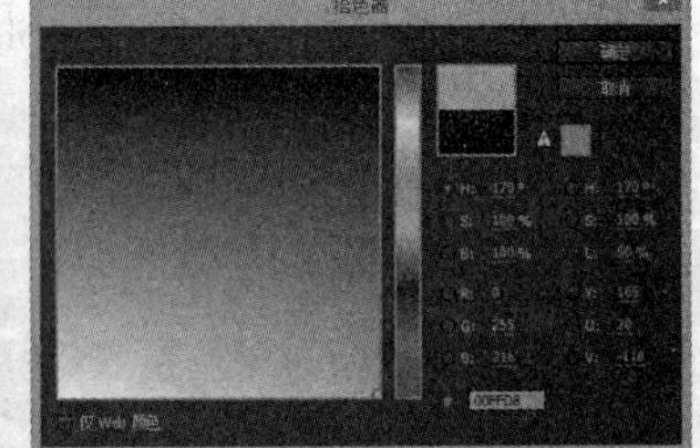

图 6-33　设置字幕的阴影颜色

7 在【阴影】属性列表中设置透明度、角度、距离、大小、扩散等属性的参数，然后单击【关闭】按钮，关闭字幕设计器，如图 6-34 所示。

8 为了查看修改后的字幕样式是否适合影片的整体设计，可以在【节目监视器】面板上单击【播放-停止切换】按钮，播放序列以检查字幕效果，如图 6-35 所示。

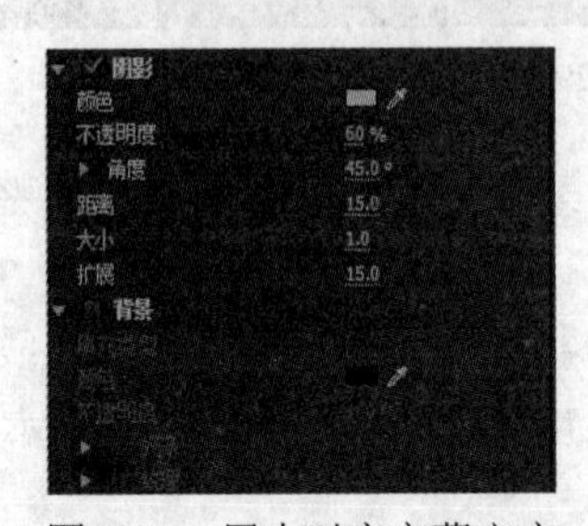

图 6-34　居中对齐字幕文字

图 6-35　播放序列以检查字幕效果

6.3.3 新建字幕样式

除了 Premiere Pro CC 本身预设的字幕样式外，用户可以自行创建字幕样式，以便自己定义适合作品设计的字幕效果。例如，上例修改字幕样式后，就可以将该样式新建成一种新样式，并保存在样式库里，后续可以直接套用该样式。

新建并编辑字幕后，在【字幕样式】面板中单击按钮，然后从打开的菜单中选择【新建样式】命令，再通过打开的对话框设置样式的名称，并单击【确定】按钮即可新建字幕样式，如图 6-36 所示。

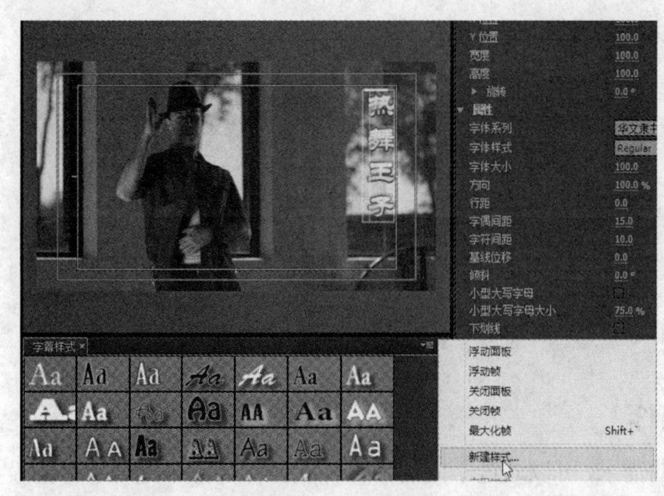

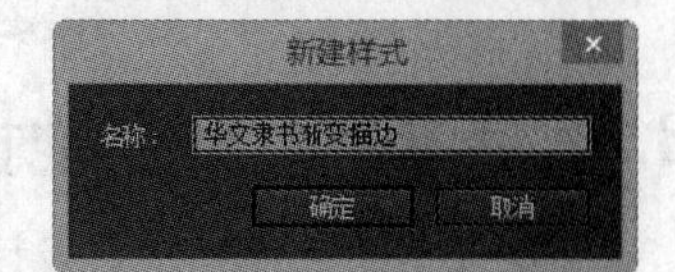

图 6-36 新建字幕样式

新建的字幕样式会显示在【字幕样式】面板中，只需将鼠标移到新建的字幕样式上，即可显示该样式的名称，如图 6-37 所示。

图 6-37 查看新建的样式

6.3.4 保存样式库

当新建字幕样式后，可以将当前【字幕样式】面板的样式保存为新的样式库，以保存新建字幕样式。

动手操作　保存样式库

1 在【字幕样式】面板中单击按钮，然后从打开的菜单中选择【保存样式库】命令，如图 6-38 所示。

2 打开【保存样式库】对话框后，设置样式库文件名，再单击【保存】按钮，如图 6-39 所示。

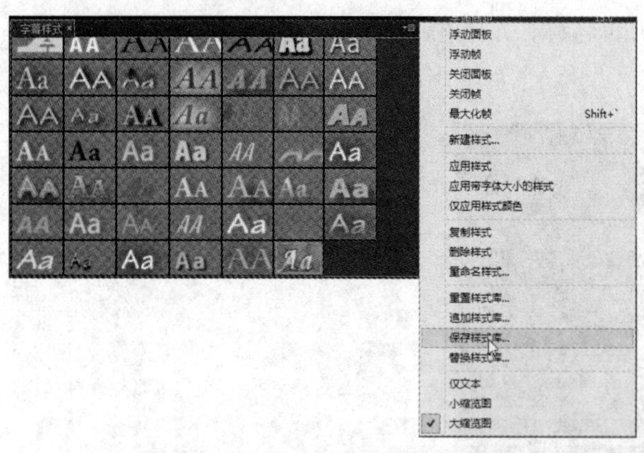

图 6-38　选择【保存样式库】命令

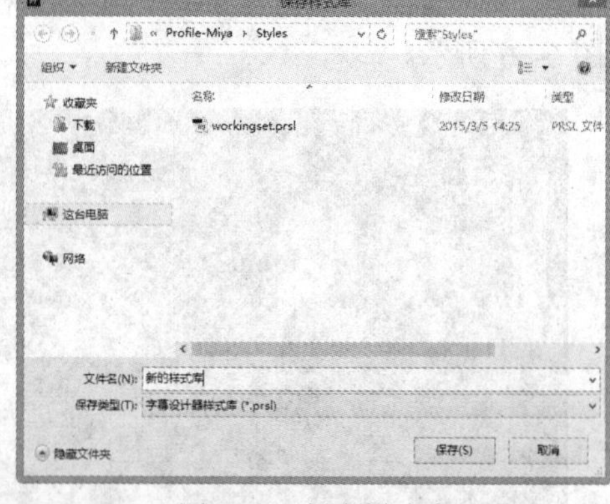

图 6-39　保存样式库

6.3.5　字幕样式的其他操作

为了操作上的方便和字幕设计的需求，可以通过不同的字幕样式操作方法来配合字幕的设计。

1．浮动面板与集合面板

在默认的情况下，【字幕样式】面板集合在【字幕设计器】窗口上，如果想要设计字幕时移动【字幕样式】区，可以将它设置为浮动的窗口，即可浮动面板。在【字幕样式】面板中单击按钮，然后从打开的菜单中选择【浮动面板】命令，如图 6-40 所示。

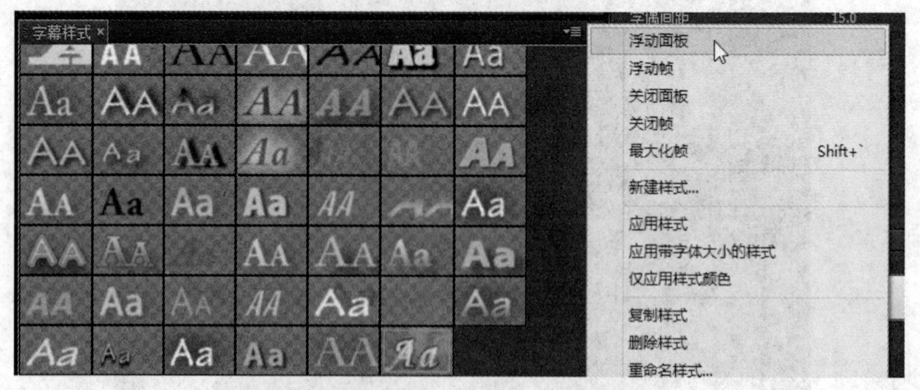

图 6-40　浮动【字幕样式】面板

使用鼠标左键按住【字幕样式】面板标题，然后拖到【字幕设计器】窗口上即可集合面板，如图 6-41 所示。

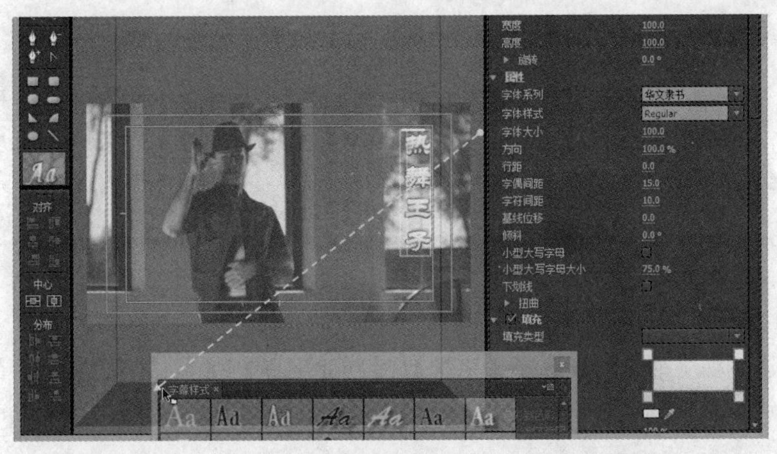

图 6-41　将【字幕样式】面板集合到【字幕设计器】窗口

2．删除样式

如果新建的字幕样式或者预设的字幕样式不需要使用了，可以将样式删除。

在需要删除的样式图标上单击鼠标右键，然后选择【删除样式】命令，打开【Adobe 字幕设计器】对话框后，单击【确定】按钮即可，如图 6-42 所示。

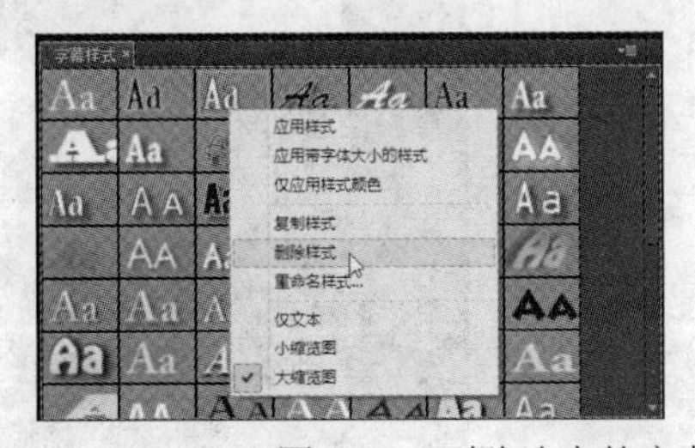

图 6-42　删除选中的字幕样式

3．重命名样式

在样式图标上单击鼠标右键并选择【重命名样式】命令，在打开的【重命名样式】对话框后，输入样式名称，再单击【确定】按钮即可，如图 6-43 所示。

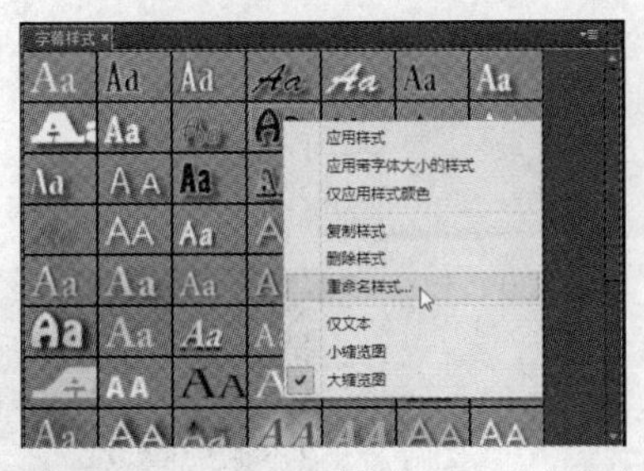

图 6-43　重命名字幕样式

6.4　设计动态的字幕

虽然对于某些项目而言静态字幕、图形和徽标就足够了，但是也有一些项目常常需要可在屏幕上移动的字幕。

字幕在屏幕上垂直移动称为滚动；字幕在屏幕上水平移动称为游动。

【时间轴】面板中字幕剪辑的长度决定滚动或游动的速度。字幕剪辑长度越长，移动速度就越慢。

动手操作　创建滚动/游动字幕

1 执行以下操作之一：

（1）要创建滚动字幕，可以选择【字幕】|【新建字幕】|【默认滚动字幕】命令。

（2）要创建游动标题，可以选择【字幕】|【新建字幕】|【默认游动字幕】命令，如图 6-44 所示。

2 为滚动或游动字幕创建文本和图形对象。使用【字幕】面板滚动条查看字幕的屏外区域，如图 6-45 所示。将此字幕添加到序列后，屏幕外区域会滚动或游动到屏幕视图内。

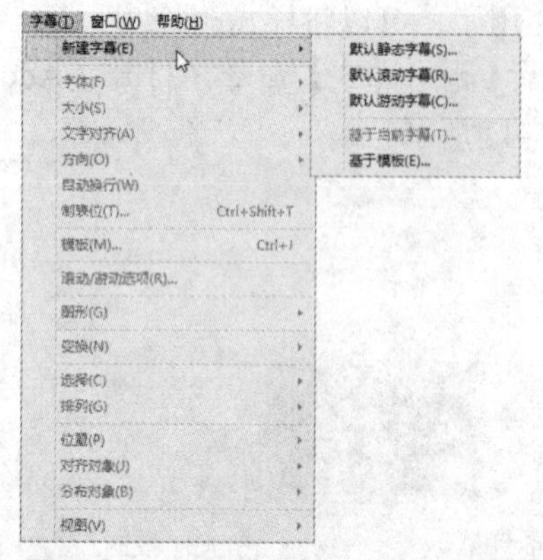

图 6-44　新建默认滚动或游动字幕

图 6-45　创建字幕内容并放置字幕位置

3 在【字幕】面板中，单击【滚动/游动选项】按钮，如图 6-46 所示。

4 指定适当的【方向】和【定时】选项，然后单击【确定】按钮，如图 6-47 所示。

图 6-46　单击【滚动/游动选项】按钮

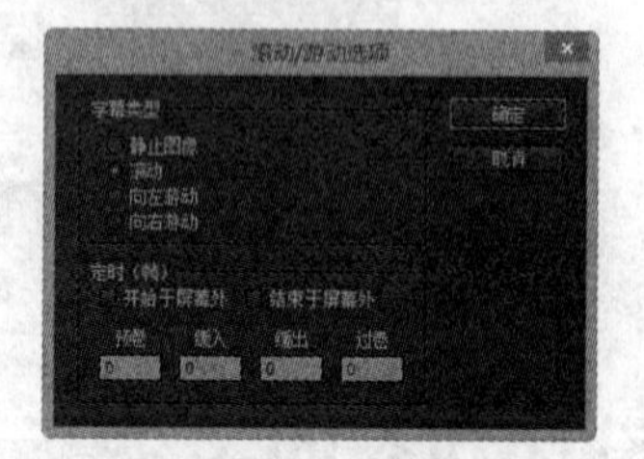

图 6-47　设置选项

【滚动/游动选项】说明如下：

- 开始于屏幕外：指定从屏幕视图外开始滚动到视图内，如图 6-48 所示。

- 结束于屏幕外：指定一直滚动到对象位于屏幕视图外为止。
- 预卷：指定在滚动开始之前播放的帧数。
- 缓入：指定标题滚动速度缓慢增加到播放速度期间所经过的帧数。
- 缓出：指定标题滚动速度缓慢减小一直到滚动完成期间所经过的帧数。
- 过卷：指定在滚动完成之后播放的帧数。
- 向左游动/向右游动：指定游动的方向。

图 6-48　滚动字幕开始于屏幕视图外

图 6-49　滚动字幕结束于屏幕视图外

6.5　在字幕中使用图形

下面将介绍在字幕设计中使用图形的方法，以丰富字幕设计的技巧。

6.5.1　向字幕添加图形

在 Premiere Pro CC 中，可以将图像放入字幕中，如添加徽标图形。可以将图像作为图形元素进行添加，也可将其放入文本框中使其成为文本的一部分。

“字幕”既接受位图图像，也接受矢量图形（如使用 Adobe Illustrator 创建的图形）。但是，Premiere Pro CC 会对矢量图形进行栅格化，并将其转换为“字幕”中的位图版本。默认情况下，插入的图像按其原始大小显示。

1．将图形放入字幕

动手操作　将图形放入字幕

1 先打开【字幕设计器】窗口，选择【字幕】|【图形】【插入图形】命令，如图 6-50 所示。

图 6-50　插入图形

2 打开【导入图形】对话框后，选择图形文件（可以是位图图像，也可以是矢量图像），然后单击【打开】按钮，如图 6-51 所示。

3 导入图形后，将图形对象拖到所需的位置。如有必要，可调整图形的大小、不透明度、旋转和缩放等属性，如图 6-52 所示。

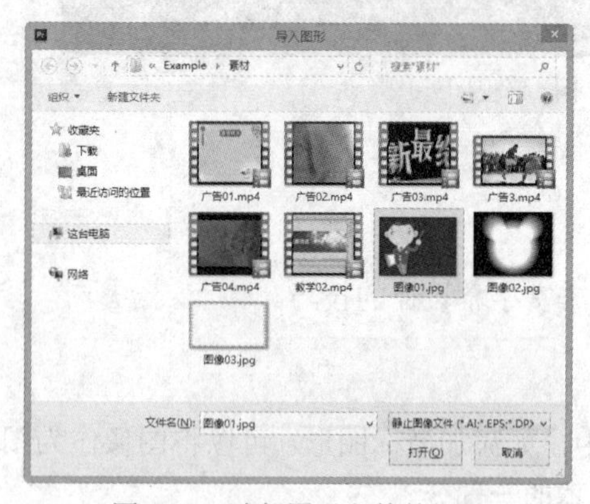

图 6-51　选择图形文件并打开

图 6-52　编辑导入的字幕图形

2．将图形放入文本框中

动手操作　将图形放入文本框中

1 打开【字幕设计器】窗口，使用【文字工具】![T]，单击要插入图形的位置，如图 6-53 所示。

2 选择【字幕】|【图形】|【将图形插入到文本中】命令，如图 6-54 所示。

3 打开【导入图形】对话框后，选择图形文件，然后单击【打开】按钮，如图 6-55 所示。

4 返回字幕设计器中，即可看到图形插入到文本框中，如图 6-56 所示。

图 6-53　使用文字工具定位图形插入位置

图 6-54　将图形插入到文本中

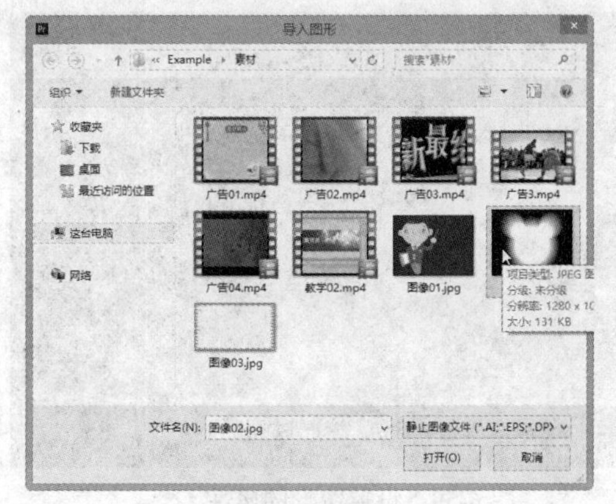

图 6-55　选择图形文件

图 6-56　图形文件插入文本框的结果

3．将图形恢复到原始大小或长宽比

选择图形，然后选择【字幕】|【图形】|【恢复图形大小】命令或【字幕】|【图形】|【恢复图形长宽比】命令即可，如图 6-57 所示。

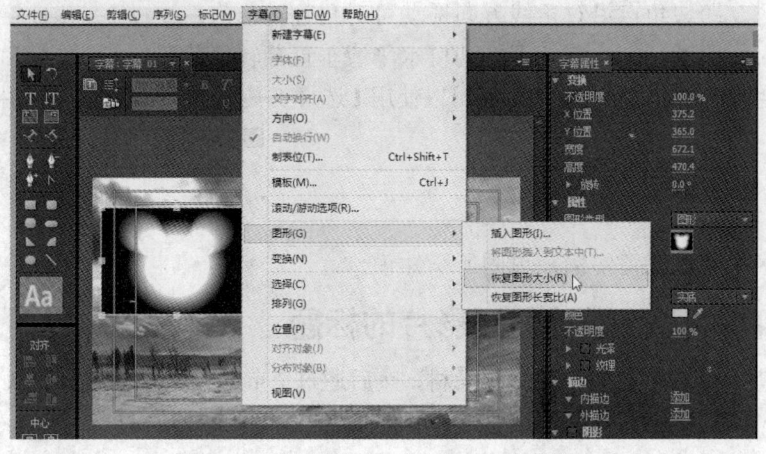

图 6-57　将图形恢复到原始大小或长宽比

6.5.2 在字幕中绘制图形

在 Premiere Pro CC 中，除了可以将图像作为图形对象添加到字幕上外，还可以通过【字幕设计器】窗口在字幕中绘制图形。

1. 创建形状

在字幕设计器中，可以使用【工具】面板中的绘图工具来创建各种形状，如矩形、椭圆形和线条。

动手操作　创建形状

1 在【工具】面板中选择绘图工具，如选择【矩形工具】。

2 在监视器中拖动鼠标绘制图形，如图 6-58 所示。

3 绘制图形后，可以通过窗口右侧的【字幕属性】面板设置图形的属性，如填充颜色、大小等，如图 6-59 所示。

图 6-58　绘制图形

图 6-59　设置图形的属性

2. 绘图的技巧

（1）按住 Shift 键拖动可限制形状的长宽比。

（2）按住 Alt 键拖动可从形状的中心进行绘制。

（3）按住 Shift+Alt 键拖动可限制长宽比并从中心进行绘制。

（4）绘制时，跨边角点沿对角线方向拖动可对角翻转形状。

（5）绘制时，跨越、向上或向下拖动可水平或垂直翻转形状。

（6）要在绘制完形状之后进行翻转，可以使用【选择工具】沿所需的翻转方向拖动一个角点。

6.6 技能训练

下面通过多个上机练习实例，巩固所学知识。

6.6.1 上机练习 1：设计舞蹈影片的标题

本例将新建一个静态字幕作为标题素材，然后通过【字幕设计器】窗口输入文字并设置属性，接着将字幕添加到序列并调整字幕的持续时间与影片剪辑播放时间一样。

操作步骤

1 打开光盘中的“..\Example\Ch06\6.6.1.prproj”练习文件，在【项目】面板上单击鼠标右键，并从打开的快捷菜单中选择【新建项目】|【字幕】命令，在打开的【新建字幕】对话框中设置字幕属性并单击【确定】按钮，如图 6-60 所示。

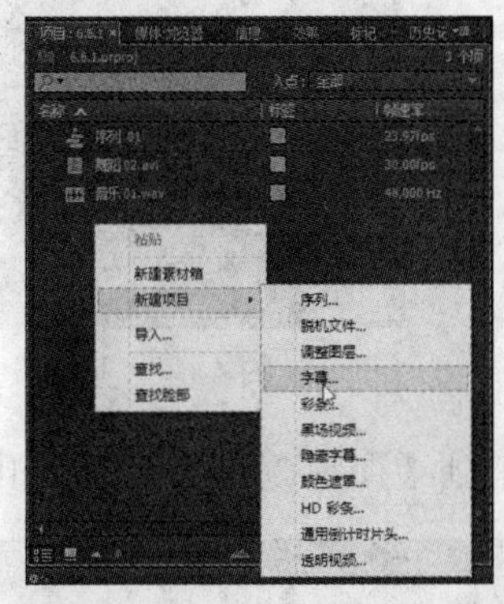

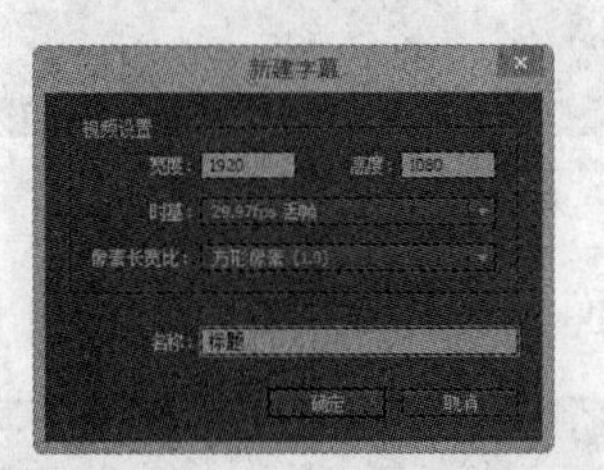

图 6-60　新建字幕素材

2 打开【字幕设计器】窗口后，选择【矩形工具】，然后在监视器左侧绘制一个矩形，并设置矩形填充颜色为【橙色】，如图 6-61 所示。

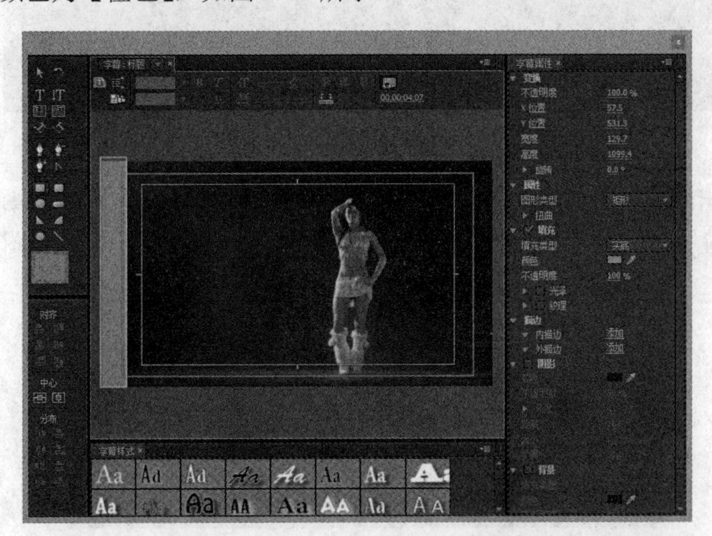

图 6-61　绘制一个矩形并设置颜色

3 选择【垂直文字工具】，然后在监视器窗口上输入字幕文字，如图 6-62 所示。

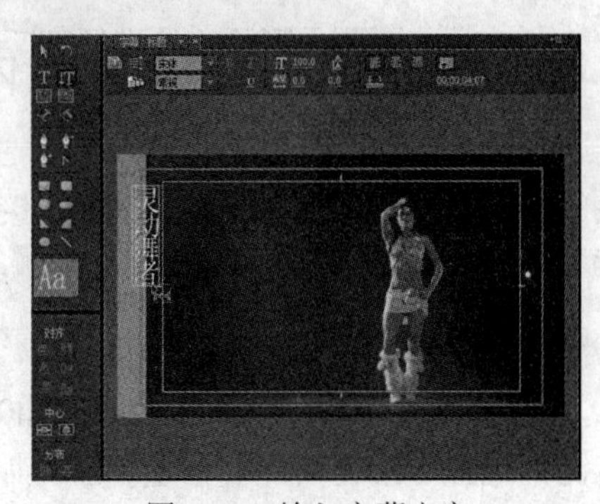

图 6-62　输入字幕文字

4 在【字幕设计器】窗口右侧的【字幕属性】面板中设置字幕的变换参数和基本属性，接着选择【填充】复选框，再添加【外描边】，分别设置这些项目的参数，如图 6-63 所示。

5 为了使字幕文字对齐屏幕，单击【字幕设计器】窗口的【垂直居中】按钮，最后关闭窗口即可，如图 6-64 所示。

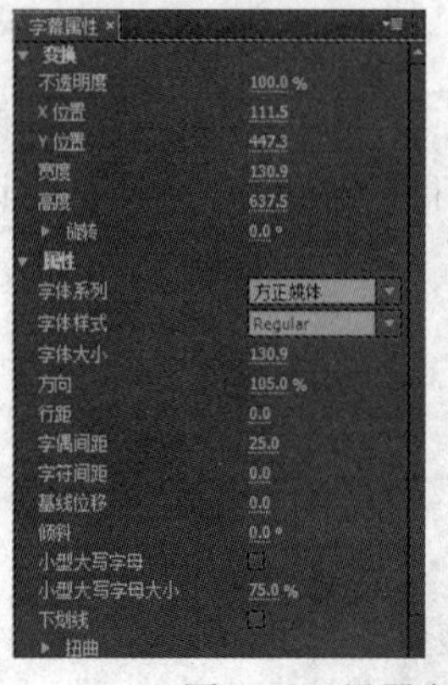

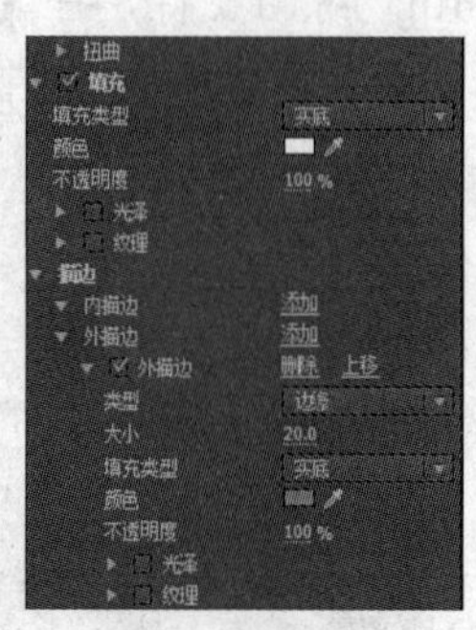

图 6-63　设置字幕文字的属性

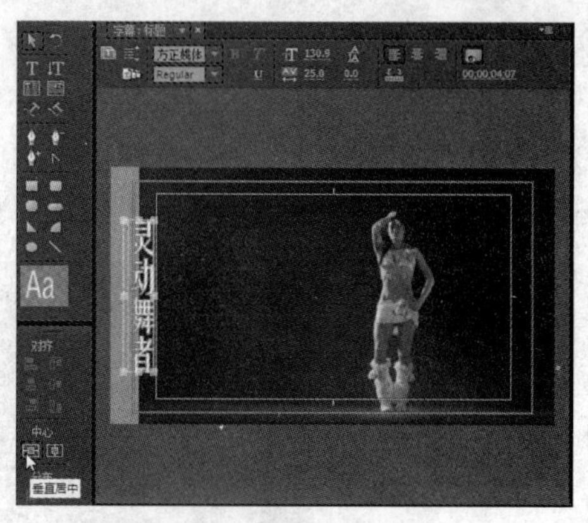

图 6-64　垂直居中对齐文字

6 在【项目】面板上选择字幕，然后将它拖到【视频 2】轨道上，如图 6-65 所示。

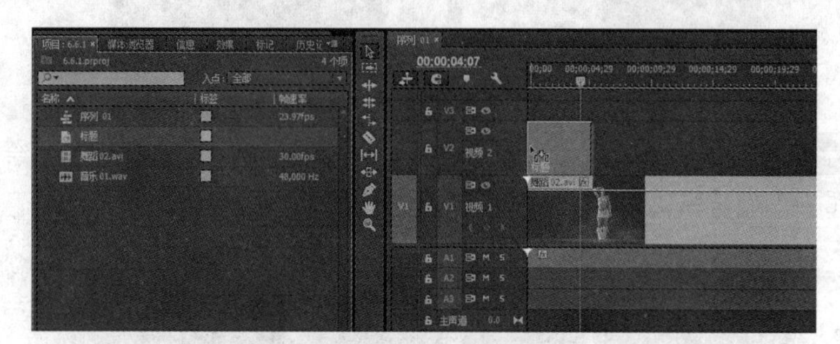

图 6-65　将字幕添加到轨道中

7 在【工具箱】面板上选择【选择工具】，用鼠标左键按住字幕剪辑的出点并向右拖动，使字幕播放持续时间与【视频 1】轨道上的剪辑播放持续时间一样，如图 6-66 所示。

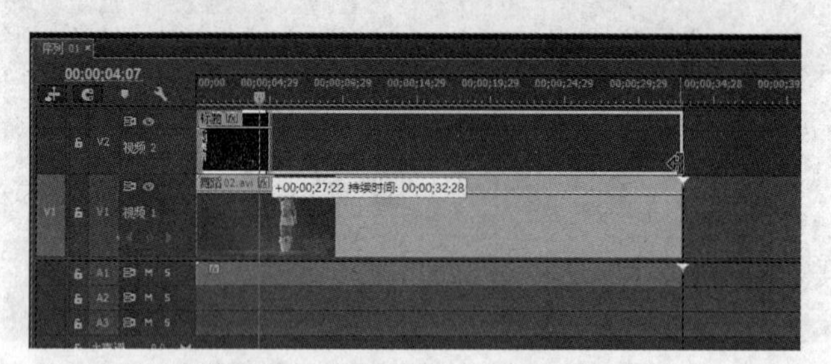

图 6-66　增加字幕的播放持续时间

6.6.2　上机练习 2：设计立体化的剪辑标题

本例先新建一个字幕素材，然后通过【字幕设计器】窗口输入字幕文字，通过设计文字属性的方式制作出文字的立体化效果，接着将设置的文字属性新建成一个字幕样式，最后将字幕添加到轨道上并查看结果。

操作步骤

1 打开光盘中的“..\Example\Ch06\6.6.2.prproj”练习文件，在【项目】面板上单击鼠标右键并选择【新建项目】|【字幕】命令，接着在对话框中设置字幕名称，再单击【确定】按钮，如图 6-67 所示。

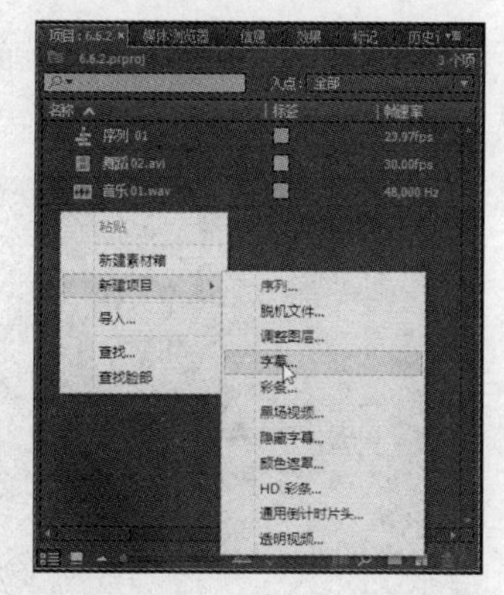

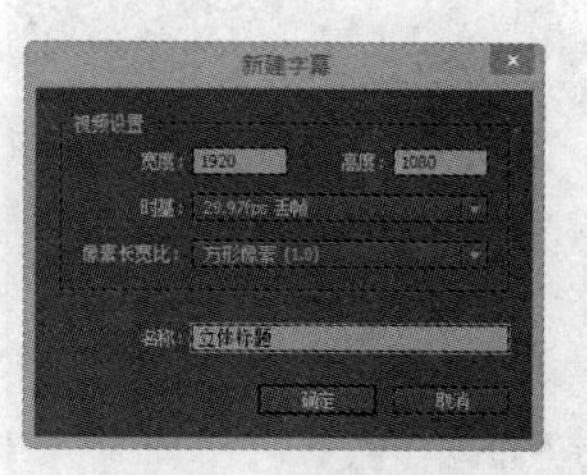

图 6-67　新建字幕素材

2 打开【字幕设计器】窗口后，选择【垂直文字工具】，然后在监视器窗口上输入字幕文字，并设置文字的字体、大小和字距等属性，如图 6-68 所示。

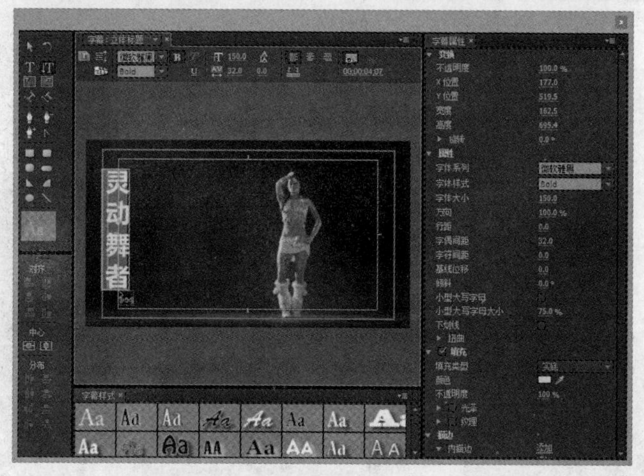

图 6-68　输入字幕文字并设置基本属性

3 在窗口右侧【字幕属性】面板上选择【填充】复选框，再打开【填充类型】列表框并选择【四色渐变】选项，接着通过拾色器设置红、蓝、黄、绿 4 种颜色，如图 6-69 所示。

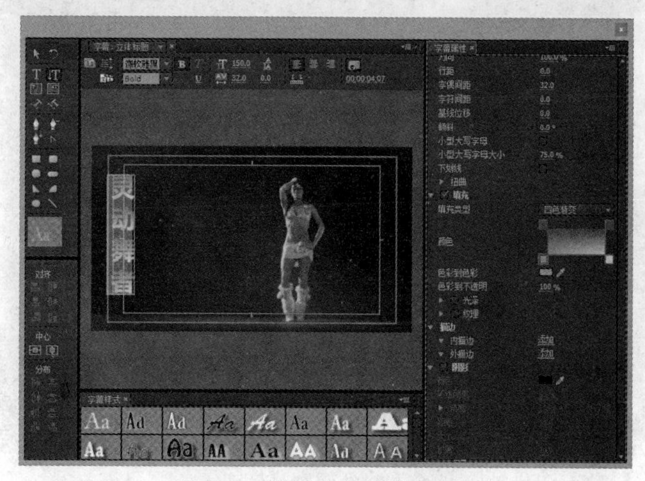

图 6-69　设置文字的填充颜色

4 打开【描边】列表，再单击【外描边】项的【添加】选项，然后选择填充类型为【线性渐变】，设置渐变颜色和描边大小，如图 6-70 所示。

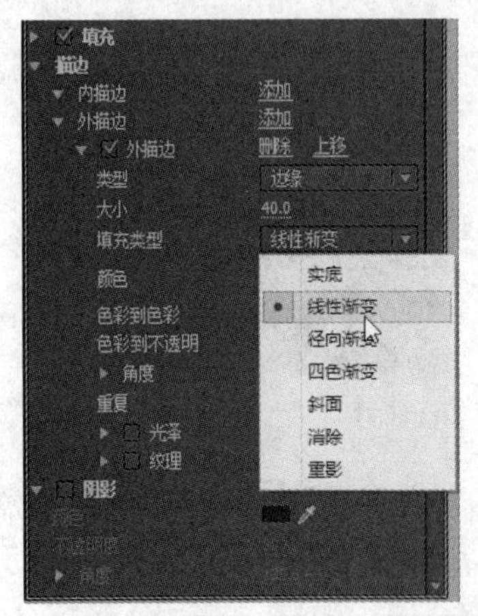

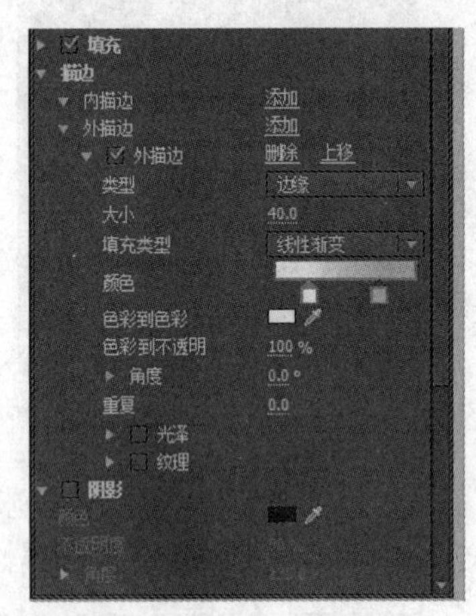

图 6-70　添加外描边并设置属性

5 选择【阴影】复选框，设置阴影的颜色、透明度、角度、大小和扩散选项，如图 6-71 所示。

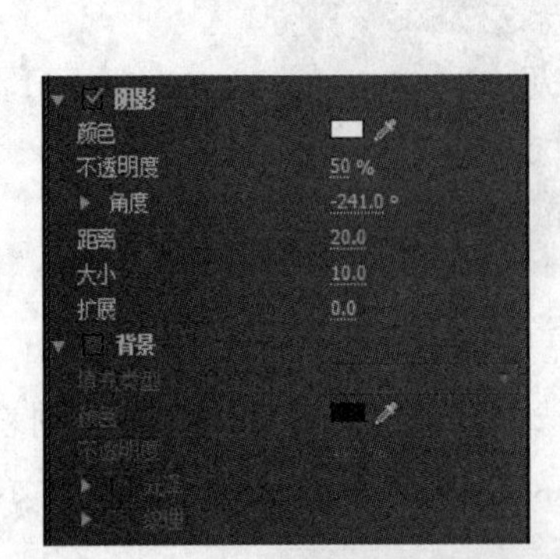

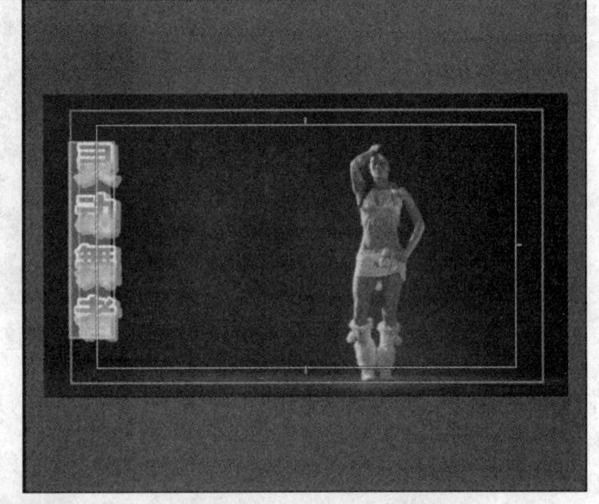

图 6-71　添加阴影并设置属性

6 在【字幕样式】面板中单击按钮，然后从打开的菜单中选择【新建样式】命令，再通过打开的对话框设置样式的名称为【立体化效果】，最后单击【确定】按钮，如图 6-72 所示。

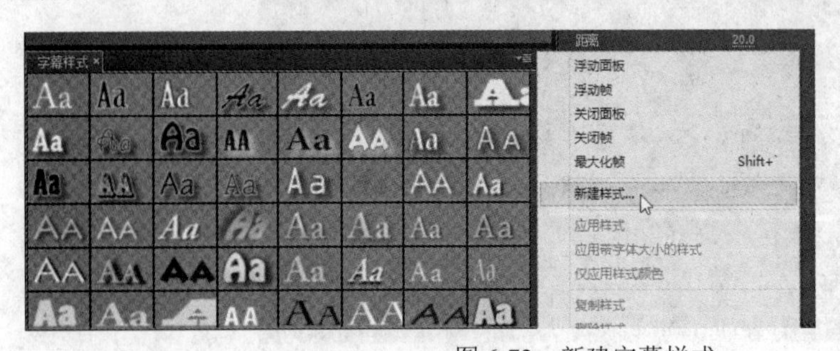

图 6-72　新建字幕样式

7 关闭【字幕设计器】窗口，将字幕添加到【视频 2】轨道上，接着设置字幕播放持续时间与【视频 1】轨道剪辑的持续时间一样，最后通过【节目监视器】面板预览字幕效果，如图 6-73 所示。

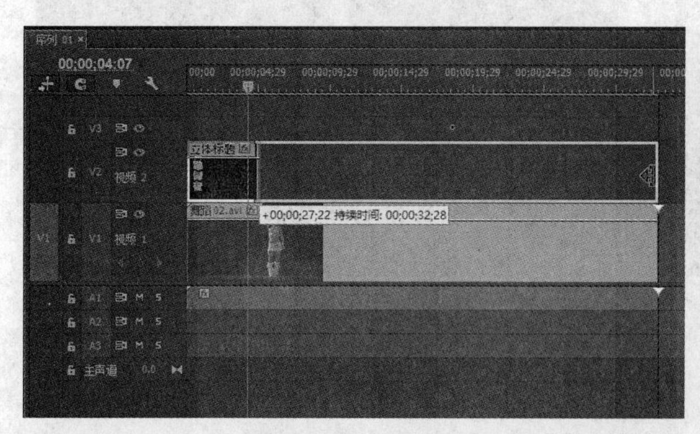

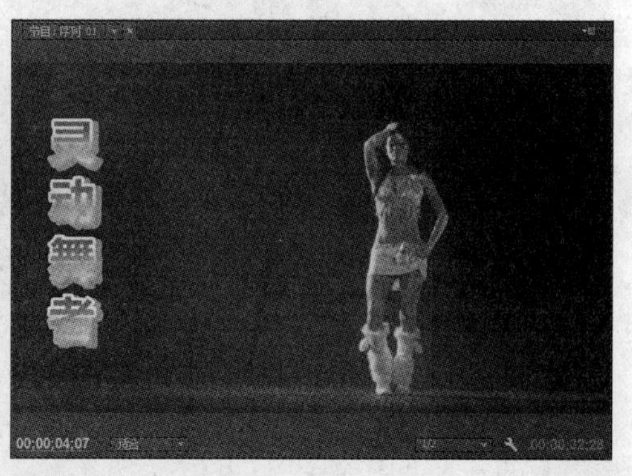

图 6-73　将字幕加入轨道并预览字幕效果

6.6.3　上机练习 3：设计沿曲线排列的标题

本例先新建一个字幕素材，然后通过【字幕设计器】窗口使用【路径文字工具】绘制一条曲线路径，接着使用【路径文字工具】在路径上输入文字并设置相关属性，最后将字幕添加到视频轨道上，作为剪辑的标题。

操作步骤

1 打开光盘中的“..\Example\Ch06\6.6.3.prproj”练习文件，在【项目】面板上单击鼠标右键并选择【新建项目】|【字幕】命令，在对话框中设置字幕名称，再单击【确定】按钮，如图 6-74 所示。

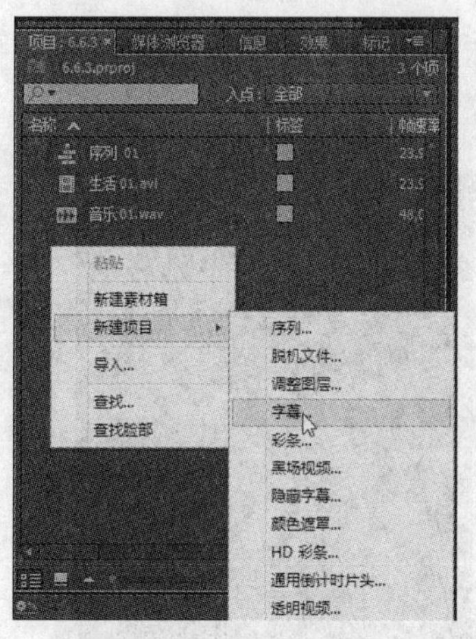

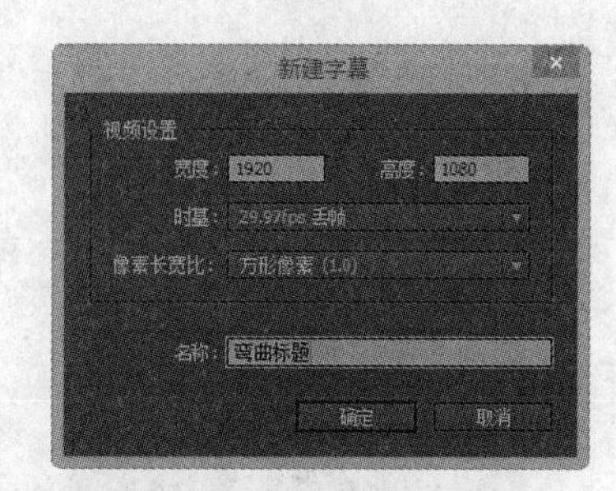

图 6-74　新建字幕素材

2 打开【字幕设计器】窗口后选择【路径文字工具】，此时工具在编辑区的指针变成钢笔图标，在监视器视图上单击确定路径的起点，如图 6-75 所示。

3 移动鼠标，再次单击就可以确定路径的第二个节点。在单击后即可按住鼠标左键拖出路径。使用相同的方法，绘制出提供字幕装配的路径，如图 6-76 所示。

图 6-75　使用路径文字工具确定路径起点　　　　图 6-76　绘制出曲线路径

4 选择【路径文字工具】，然后在路径上单击并输入字幕文字“悠闲自得的生活”，接着设置字幕的字体，如图 6-77 所示。

图 6-77　输入文字内容并设置字体

5 通过窗口右侧【字幕属性】面板设置字体大小、字距、基线位移等属性，接着设置文字的填充颜色和阴影属性，如图 6-78 所示。

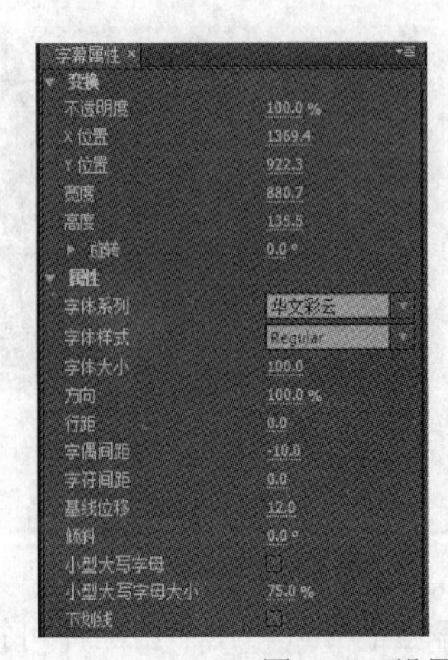

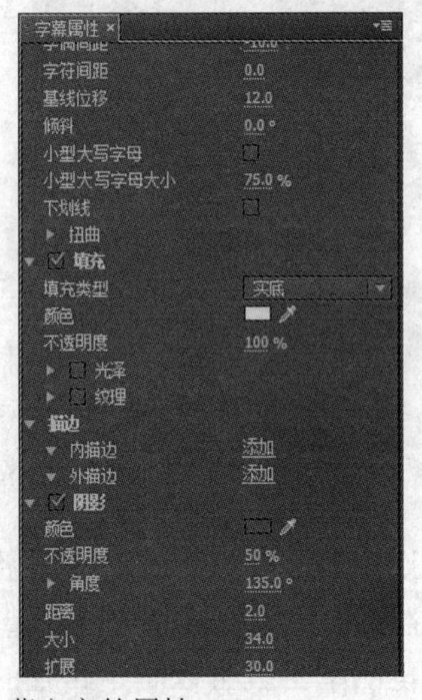

图 6-78　设置字幕文字的属性

6 在【字幕设计器】窗口的监视器中查看字幕的效果，然后选择【选择工具】，调整字幕的位置，最后关闭窗口完成字幕的设计，如图 6-79 所示。

7 返回程序界面，将字幕剪辑拖到【视频 2】轨道上，然后向右拖动字幕剪辑出点，使之播放持续时间与【视频 1】轨道的剪辑一样，如图 6-80 所示。

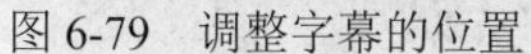
图 6-79　调整字幕的位置

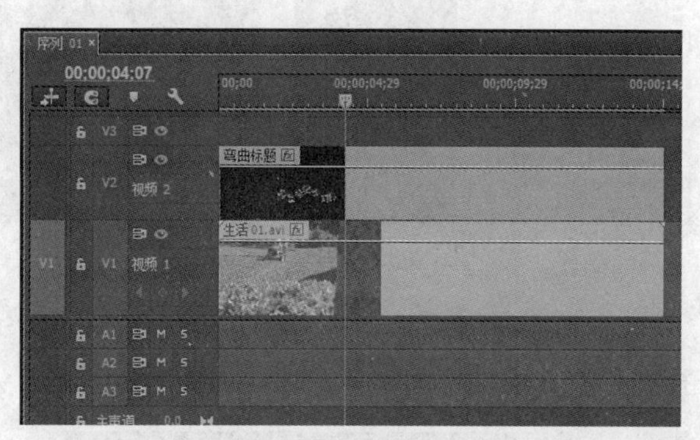

图 6-80　将字幕加入轨道并调整持续时间

8 单击【节目监视器】面板的【播放-停止切换】按钮，播放剪辑，检查字幕的最终效果，如图 6-81 所示。

图 6-81　检查弯曲排列标题字幕的效果

6.6.4　上机练习 4：设计滚动过屏字幕效果

本例先新建一个默认滚动的字幕素材，然后通过【字幕设计器】窗口输入字幕文字，设置文字的相关属性，接着设置滚动选项，将字幕添加到轨道上，最后调整字幕播放持续时间。

操作步骤

1 打开光盘中的“..\Example\Ch06\6.6.4.prproj”练习文件，打开【字幕】菜单，选择【新建字幕】|【默认滚动字幕】命令，在对话框中设置字幕名称，单击【确定】按钮，如图 6-82 所示。

2 打开【字幕设计器】窗口后，选择【输入工具】，然后在监视器窗口上输入字幕的文字，如图 6-83 所示。

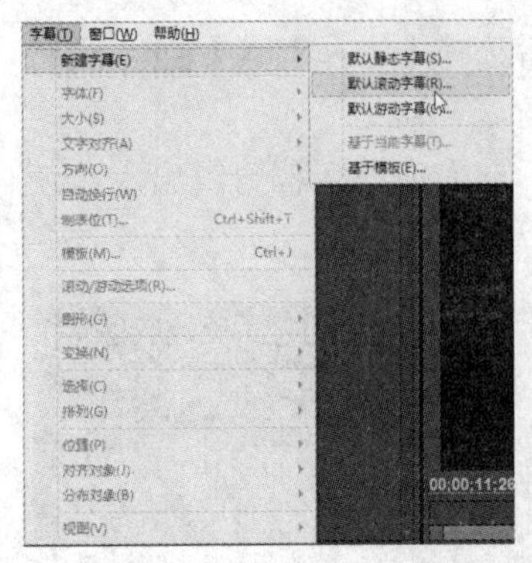

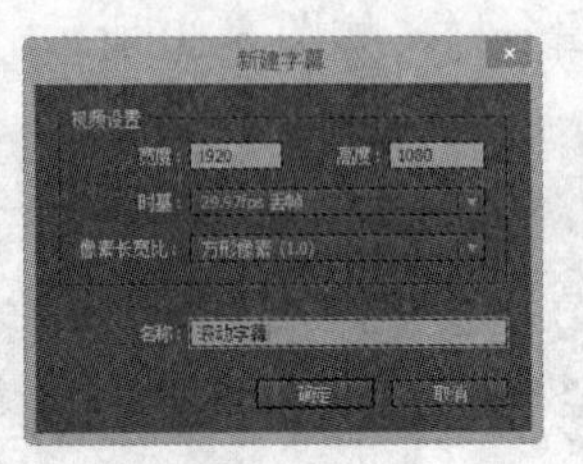

图 6-82　新建滚动字幕　　　　图 6-83　输入字幕文字

3 单击【字幕样式】面板上的样式，为文字应用一种字幕样式，通过【字体】列表框选择一种支持中文字的字体选项，如图 6-84 所示。

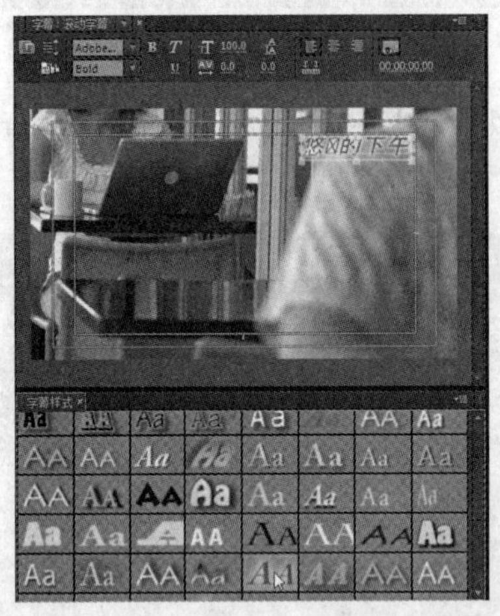

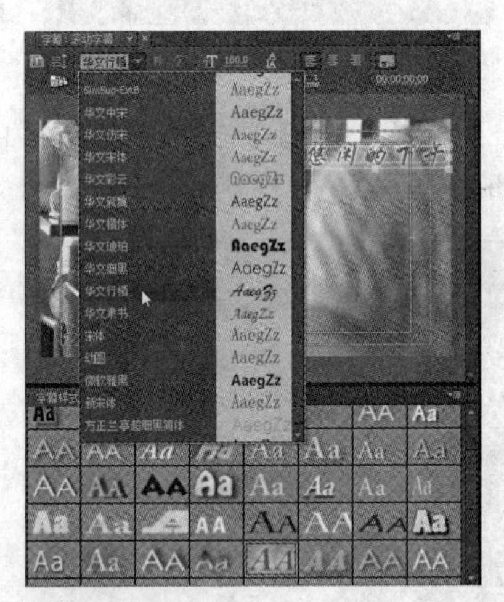

图 6-84　应用字幕样式并修改字体

4 单击编辑区左上角的【滚动/游动选项】按钮，打开对话框后已经默认选择了【滚动】字幕类型，此时只需选择【开始与屏幕外】和【结束与屏幕外】复选框，再单击【确定】按钮即可，如图 6-85 所示。

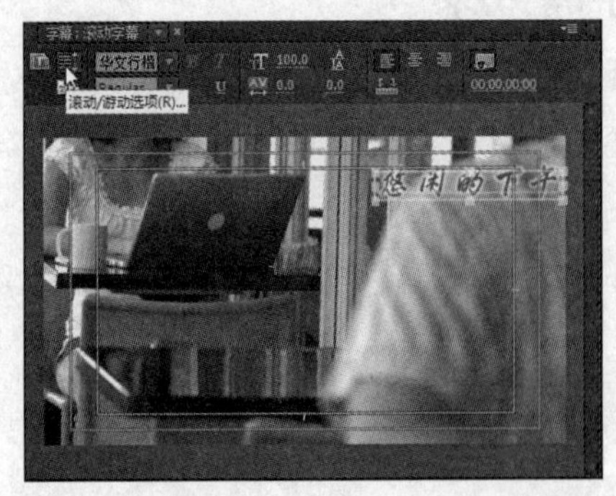

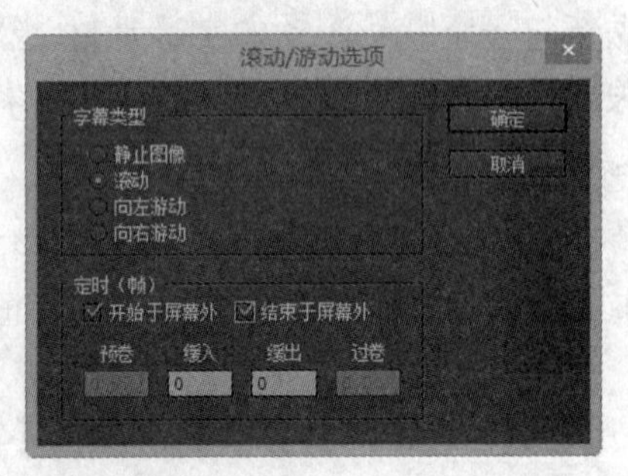

图 6-85　设置字幕的滚动属性

5 关闭【字幕设计器】窗口返回程序界面，将字幕剪辑拖到【视频 2】轨道上，然后向右拖动字幕剪辑出点，使之播放持续时间与【视频 1】轨道的剪辑一样，如图 6-86 所示。

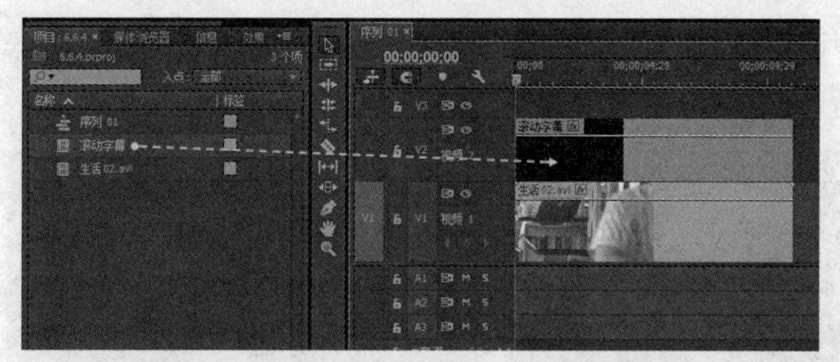

图 6-86　将字幕添加到轨道并调整播放持续时间

6 单击【节目监视器】面板的【播放-停止切换】按钮，预览字幕效果。此时可以看到字幕从监视器屏幕下方出现，并从屏幕上方滚出，如图 6-87 所示。

图 6-87　预览滚动字幕的效果

6.6.5　上机练习 5：设计游动过屏字幕效果

本例先新建一个默认游动的字幕素材，然后通过【字幕设计器】窗口输入字幕文字，设置文字的相关属性，接着设置游动选项并将字幕添加到轨道上，设计出由屏幕外开始移入屏幕并停止于屏幕内的游动字幕。

操作步骤

1 打开光盘中的“..\Example\Ch06\6.6.5.prproj”练习文件，打开【字幕】菜单，并选择【新建字幕】|【默认游动字幕】命令，接着在对话框中设置字幕名称，再单击【确定】按钮，如图 6-88 所示。

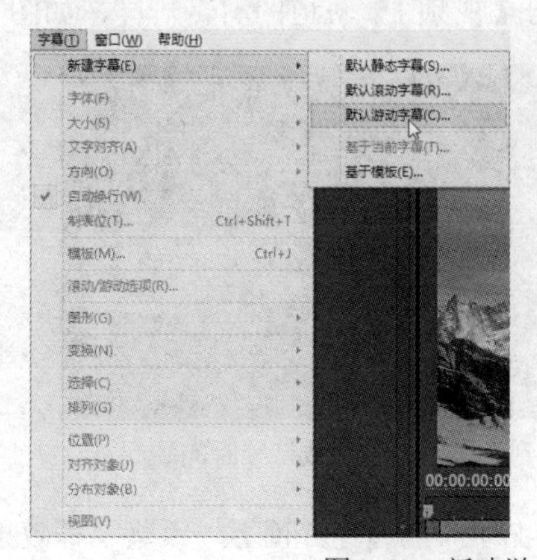

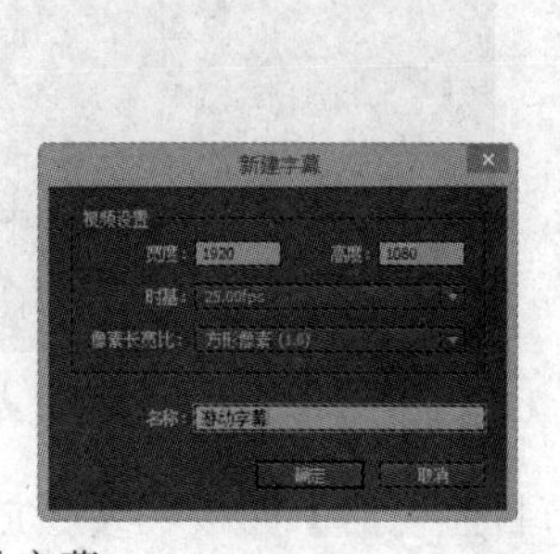

图 6-88　新建游动字幕

2 打开【字幕设计器】窗口后，选择【输入工具】，然后在监视器窗口上输入字幕文字，应用字幕样式并根据需要修改属性，如图 6-89 所示。

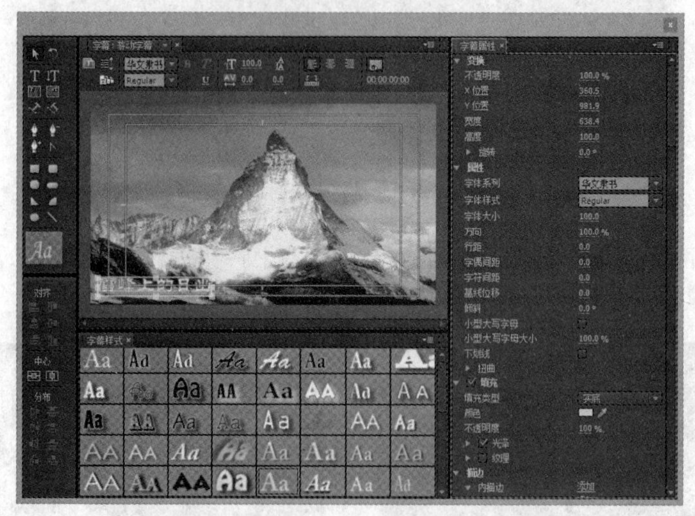

图 6-89　输入字幕并应用样式再设置属性

3 单击编辑区左上角的【滚动/游动选项】按钮，打开对话框后已经默认选择了【左游动】字幕类型，此时只需选择【开始与屏幕外】复选框，再单击【确定】按钮即可，如图 6-90 所示。

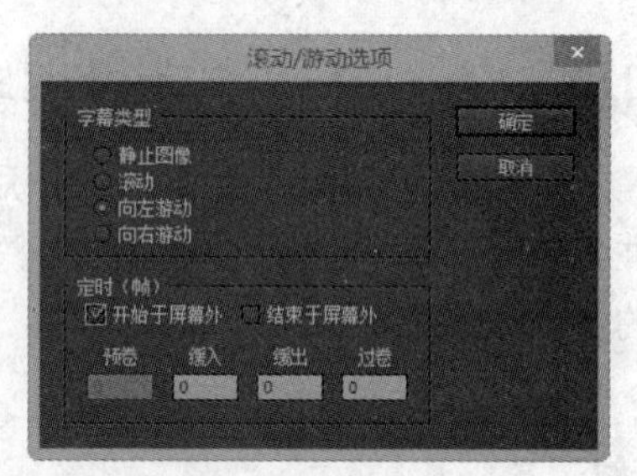

图 6-90　设置字幕的游动属性

4 关闭【字幕设计器】窗口返回程序界面，将字幕剪辑拖到【视频 2】轨道上，然后向右拖动字幕剪辑出点，使之播放持续时间与【视频 1】轨道的剪辑一样，如图 6-91 所示。

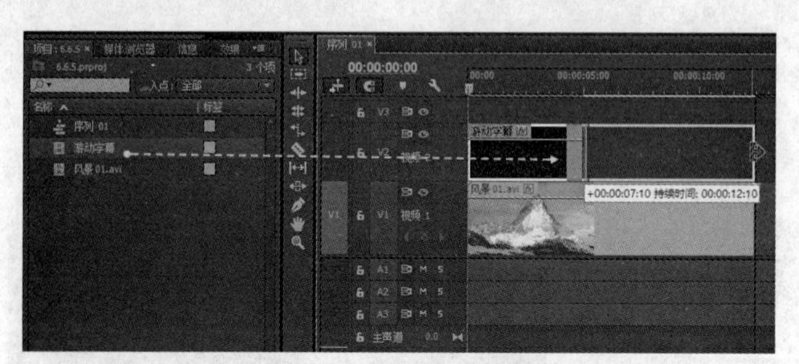

图 6-91　添加字幕到轨道并调整播放持续时间

5 单击【节目监视器】面板的【播放-停止切换】按钮，预览字幕效果。此时可以看到字幕从右往左水平移到屏幕左下方，如图 6-92 所示。

图 6-92　预览游动字幕的效果

6.6.6　上机练习 6：利用模板设计教学片字幕

为了达到快速设计字幕的目的，Premiere Pro CC 提供了多种字幕模板。只需应用这些字幕模板，然后修改字幕内容即可快速制作出字幕。本例将使用 Premiere Pro CC 提供的字幕模板，设计出教学影片的标题字幕。

操作步骤

1 打开光盘中的“..\Example\Ch06\6.6.6.prproj”练习文件，打开【字幕】菜单，选择【新建字幕】|【基于模板】命令，在【模板】对话框中选择一种字幕模板并设置字幕名称，单击【确定】按钮，如图 6-93 所示。

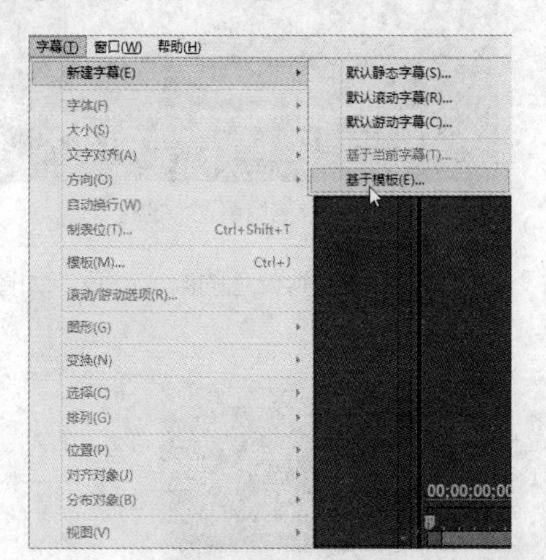

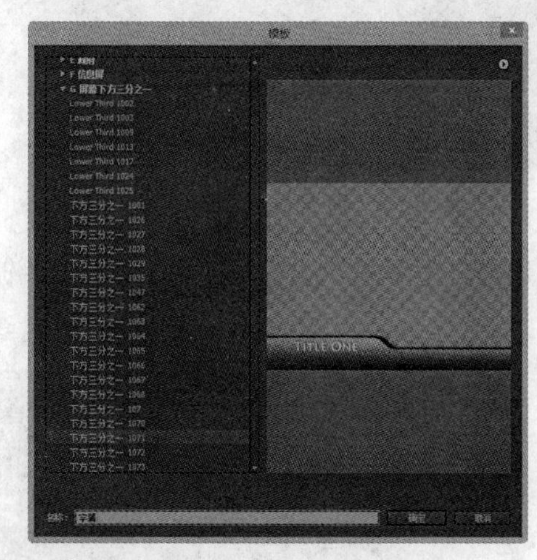

图 6-93　新建基于模板的字幕

问：为什么在【模板】对话框中没有看到模板？

答：如果没有安装 Adobe Premiere Pro CC 的字幕模板，则在【模板】对话框中是不会看到模板的。用户可以在【模板】对话框中看到如图 6-94 的提示。此时可以按照提示进入官方网站下载模板。如果用户已经安装了 Adobe Premiere Pro CS6，则可以在安装目录的位置（..\Adobe Premiere Pro CS6\Presets）中，将【Templates】文件夹复制到 Adobe Premiere Pro CC 安装目录的相同位置也可以使用模板。

2 打开【字幕设计器】窗口后，选择【输入工具】，然后在监视器窗口上选择字幕原文字并修改为新的文字，再设置文字字体，如图 6-95 所示。

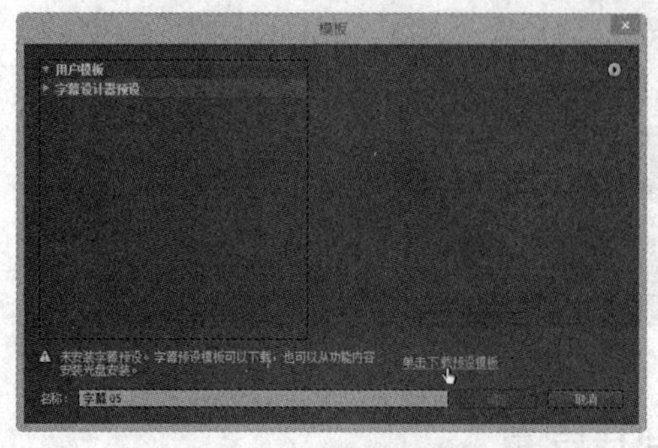

图 6-94 程序提示下载字幕模板

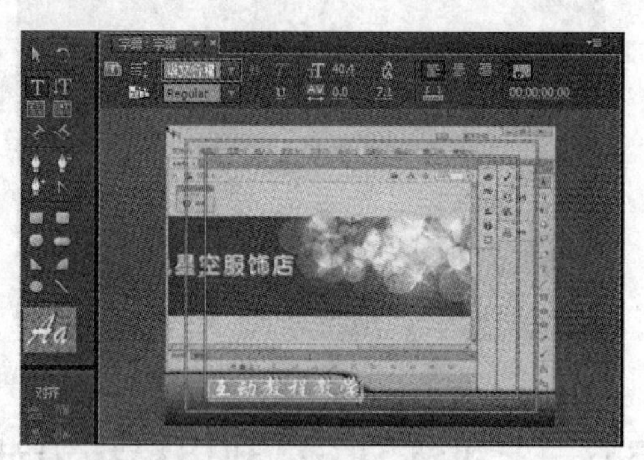

图 6-95 修改字幕内容并设置字体

3 为了避免字幕遮挡过多的教学影片内容，可以使用【选择工具】选择字幕的装饰图形，缩小图形的高度，如图 6-96 所示。

4 使用【选择工具】选择字幕文字，并适当调整文字的位置，结果如图 6-97 所示。

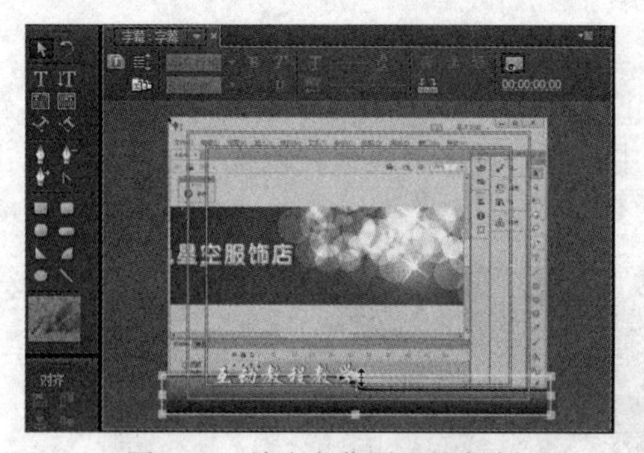

图 6-96 缩小字幕图形的高度

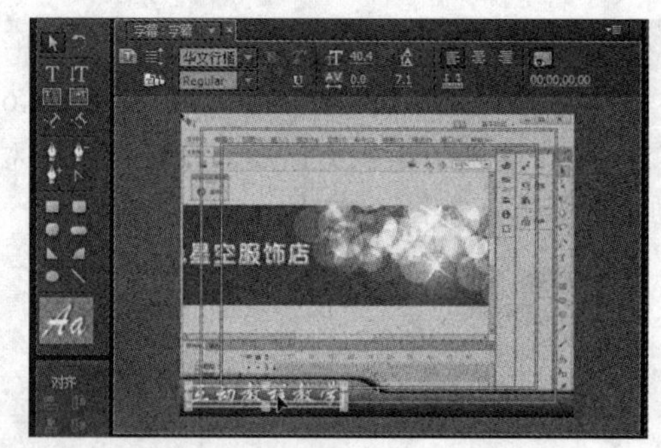

图 6-97 调整文字的位置

5 选择字幕文字，修改填充类型为【线性渐变】，再设置紫色到黄色的渐变颜色，如图 6-98 所示。

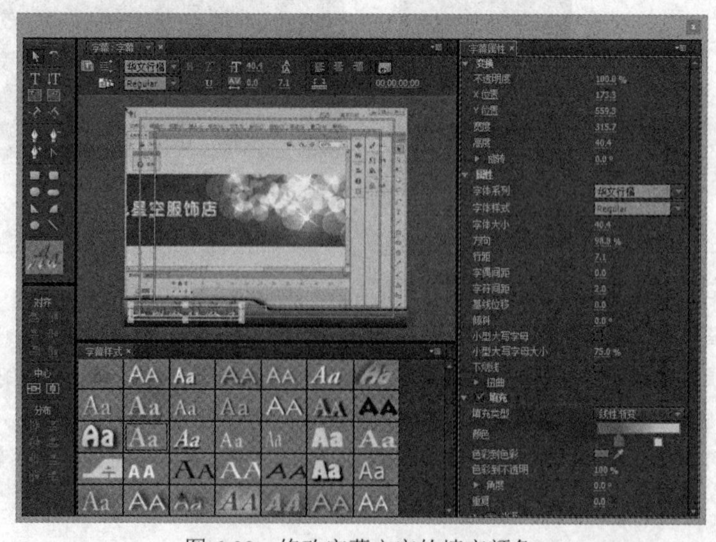

图 6-98 修改字幕文字的填充颜色

6 关闭字幕设计器，将字幕剪辑拖到【视频 2】轨道上，接着设置字幕播放持续时间与【视频 1】轨道上的剪辑一样，如图 6-99 所示。

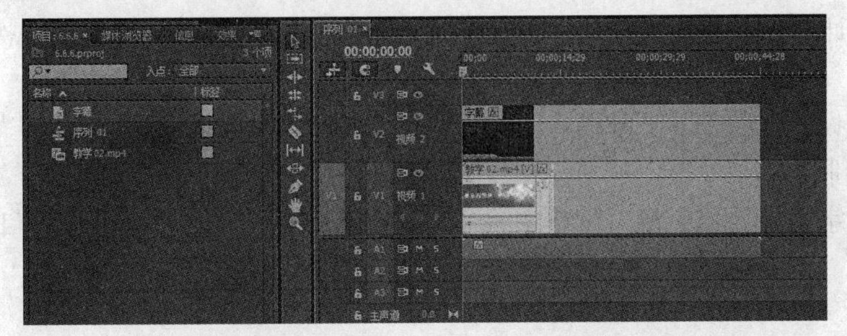

图 6-99 将字幕剪辑加入轨道并调整持续播放时间

7 单击【节目监视器】面板的【播放-停止切换】按钮，预览字幕效果，如图 6-100 所示。

图 6-100 预览字幕的效果

6.7 评测习题

一、填充题

（1）在 Premiere Pro CC 中，字幕的编辑与设计都是通过________________完成。

（2）如果想要编辑添加到序列的字幕剪辑，可以在序列上__________字幕剪辑。

（3）字幕在屏幕上垂直移动称为___________，字幕在屏幕上水平移动称为游动。

二、选择题

（1）按下哪个快捷键，可以打开【新建字幕】对话框？（ ）

A．Ctrl+T B．Ctrl+R C．Ctrl+V D．Ctrl+F5

（2）字幕设计器默认为用户提供了多少种字幕样式？（ ）

A．18 种 B．38 种 C．55 种 D．89 种

（3）游动字幕类型可以设置下面哪两个游动选项？（ ）

A．上游动和下游动 B．前上游动和前下游动

C．左游动和右游动 D．直线游动和曲线游动

三、判断题

（1）通过字幕设计器可向字幕中添加描边效果，包括添加内描边和外描边。（ ）

（2）字幕设计器允许将图像作为图形元素进行添加，也可将其放入文本框中使其成为文本的一部分。（ ）

（3）在字幕设计器中，不仅可以将图像作为图形对象添加到字幕上，还可以通过各种绘图工具在字幕中绘制图形。（ ）

（4）通过【字幕设计器】窗口创建字幕后，该字幕保存在【项目】面板并自动添加到序列上。（ ）

四、操作题

为练习文件创建一个静态字幕，并在字幕设计器中输入字幕文字，然后应用其中一种预设样式，将字幕添加到序列并设置持续播放时间，结果如图 6-101 所示。

图 6-101　制作字幕的结果

操作提示：

（1）打开光盘中的“..\Example\Ch06\6.7.prproj”练习文件，在【项目】面板中单击鼠标右键并选择【新建项目】|【字幕】命令，接着在对话框中设置名称为“字幕”，再单击【确定】按钮。

（2）在【工具箱】面板中选择【文字工具】，在监视器左上方输入字幕文字。

（3）选择字幕文字，为字幕应用样式，再更改字体为【华文行楷】。

（4）关闭【字幕设计器】窗口，将字幕添加到【视频 2】轨道，并设置播放持续时间。

第 7 章　文件的渲染和导出

学习目标

通过 Premiere Pro CC 程序完成项目的设计后，可以通过渲染和导出操作，将项目输出为成品。本章将详细介绍渲染序列、渲染音频和使用渲染文件的方法，以及将项目内容根据用途导出为各种文件的技巧。

学习重点

☑ 渲染序列和音频
☑ 使用渲染的文件
☑ 了解支持导出的格式
☑ 了解导出的各项设置
☑ 导出为各类文件
☑ 使用 Adobe Media Encoder 程序导出媒体

7.1　文件的渲染

Premiere Pro CC 会尝试以全帧速率实时播放任何序列。Premiere Pro CC 通常会对不需要渲染或 Premiere Pro CC 已经渲染预览文件的所有部分实现这一点。

但是，对于没有预览文件的复杂部分（未渲染的部分），实时的全帧速率播放并不是始终都能实现。因此，要以全帧速率实时播放复杂的部分，就需要先渲染这些部分的预览文件。

7.1.1　渲染序列

1．关于渲染序列

Premiere Pro CC 会使用显示在序列时间标尺中的彩色渲染栏标记序列的未渲染部分。

- 红色渲染栏：可能必须在进行渲染之后才可实时地以全帧速率播放未渲染部分。
- 黄色渲染栏：可能无须进行渲染即可实时地以全帧速率播放未渲染部分。
- 绿色渲染栏：已经渲染其关联预览文件的部分。

无论红色或黄色渲染栏下的部分的预览质量如何，都应该在将这些部分导出到磁带之前对其进行渲染。

2．定义要渲染的工作区域

可以执行以下任一操作定义要渲染的工作区域：

（1）将工作区域栏拖到要预览的部分之上，如图 7-1 所示。确保从工作区域栏的带纹理中心拖动工作区域栏，否则将改为定位播放指示器。

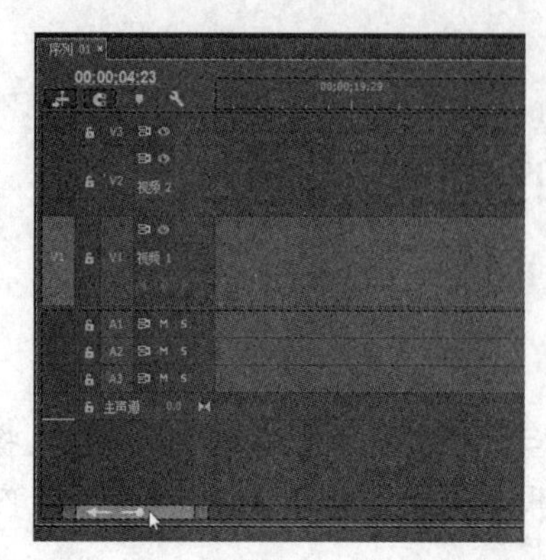

图 7-1　将工作区域栏拖到要预览的部分之上

（2）拖动工作区域标记（在工作区域栏的任一端）以指定工作区域的起始处和结束处，如图 7-2 所示。

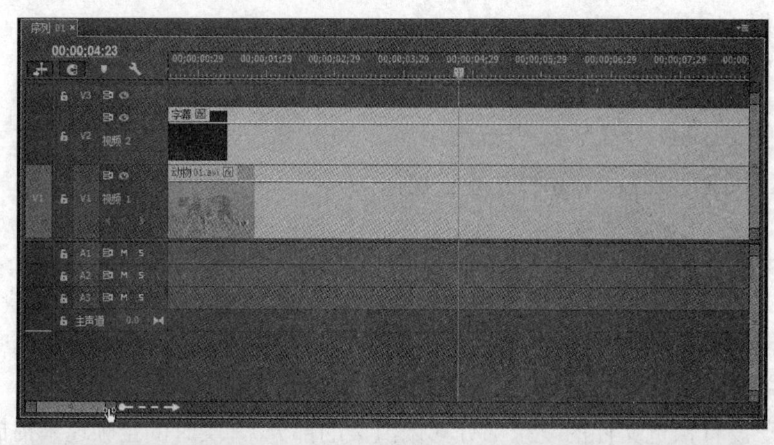

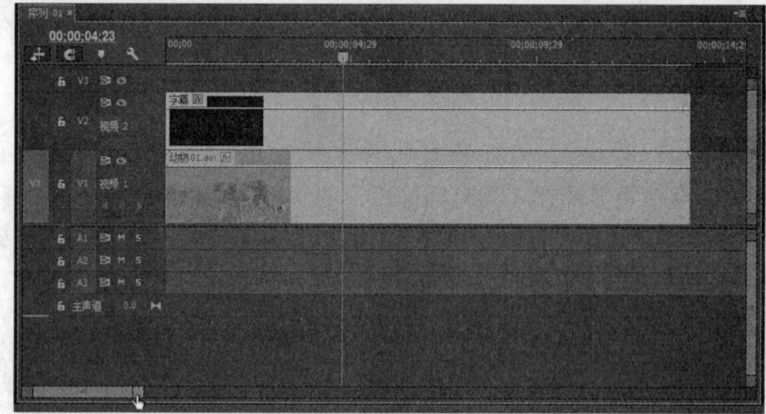

图 7-2　拖动工作区域标记以指定工作区域

（3）定位播放指示器，然后按 Alt+[键设置工作区域的起始处。

（4）定位播放指示器，然后按 Alt+]键设置工作区域的结束处。

双击工作区域栏，将其大小调整到时间标尺的宽度或整个序列的长度（取两者中的较小者）。如果要将整个序列定义为工作区域，整个序列必须在【时间轴】面板中可见，如图 7-3 所示。

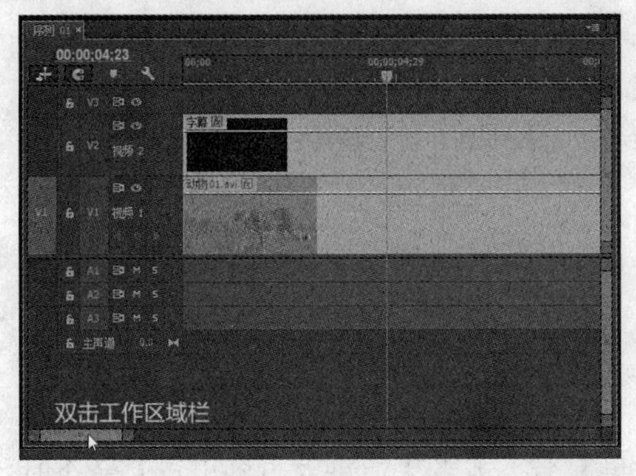

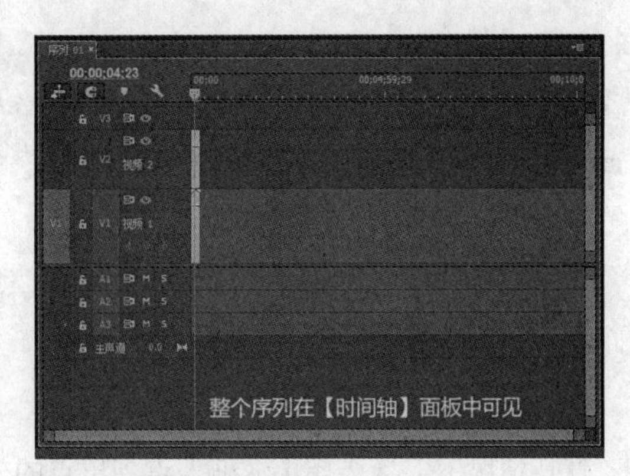

图 7-3　将整个序列定义为工作区域

通过设置工作区域栏定义要渲染的区域时，【序列】菜单中会显示【渲染入点到出点的效果】和【渲染入点到出点】选项，如图 7-4 所示。还可以使用【删除入点到出点的渲染文件】命令。如果未启用工作区域栏，这些选项将不会显示在【序列】菜单中。

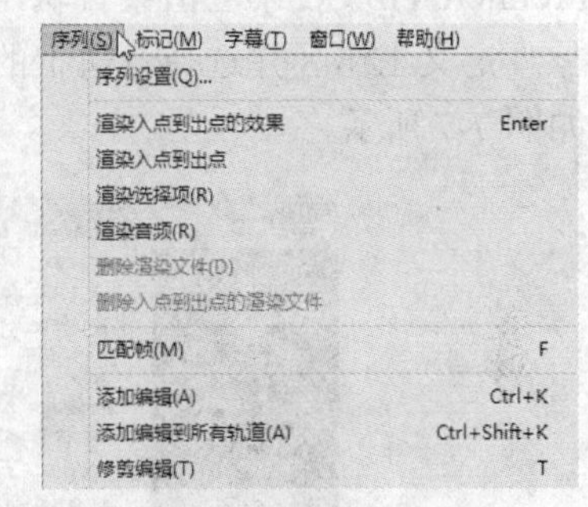

图 7-4　【序列】菜单

3．使用入点和出点定义渲染区域

可以通过标记入点和出点定义要渲染的区域。

动手操作　使用入点和出点定义渲染区域

1 标记入点和出点。

2 打开【序列】菜单，然后选择【渲染入点到出点的效果】命令或者【渲染入点到出点】命令。

3 执行【渲染】命令后，打开【渲染】对话框，显示渲染的进度和详细信息，如图 7-5 所示。另外，渲染后的文件会以新文件夹的方式，保存在项目文件所在的目录里，如图 7-6 所示。

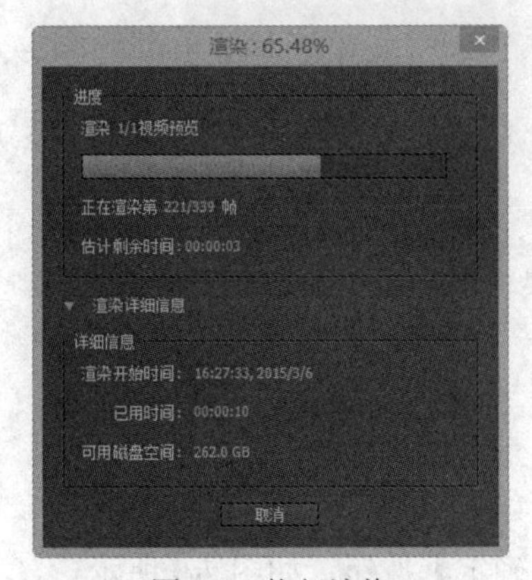

图 7-5　执行渲染

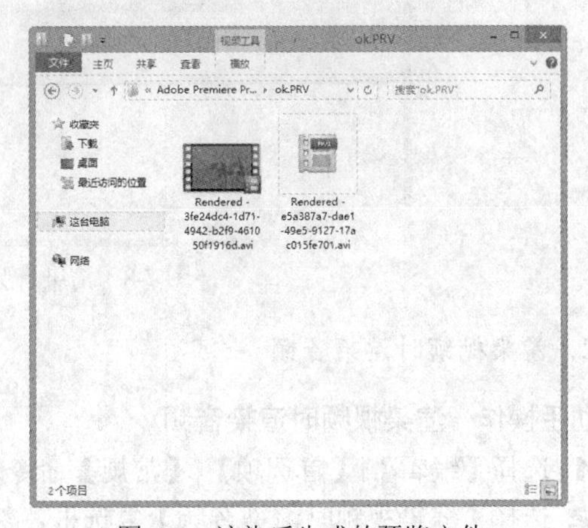

图 7-6　渲染后生成的预览文件

序列渲染后，会将预览文件保存在项目文件所在的目录里。因此用户在没有进行其他编辑时，执行一次渲染后，下次执行渲染的话，程序会自动直接播放上次渲染的结果，即不会再执行渲染过程。

7.1.2 渲染音频

1. 渲染音频

默认情况下，当选择【渲染入点到出点的效果】命令或者【渲染入点到出点】命令时，Premiere Pro CC 不会渲染音轨，如果想要导出序列音轨的声音，则可以进行渲染音频的处理。

定义工作区并选择音轨上的剪辑，然后选择【序列】|【渲染音频】命令即可渲染音频，如图 7-7 所示。

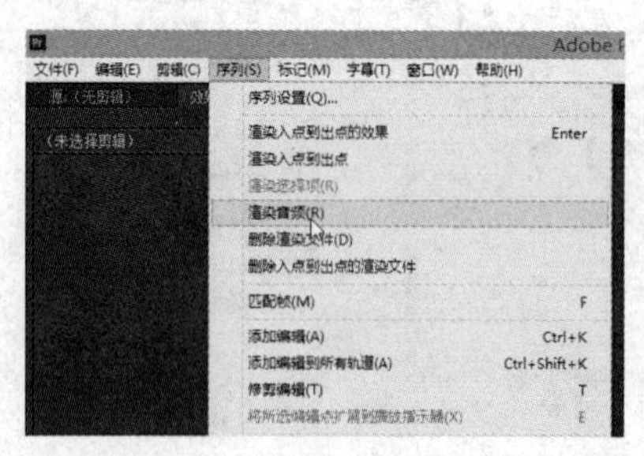

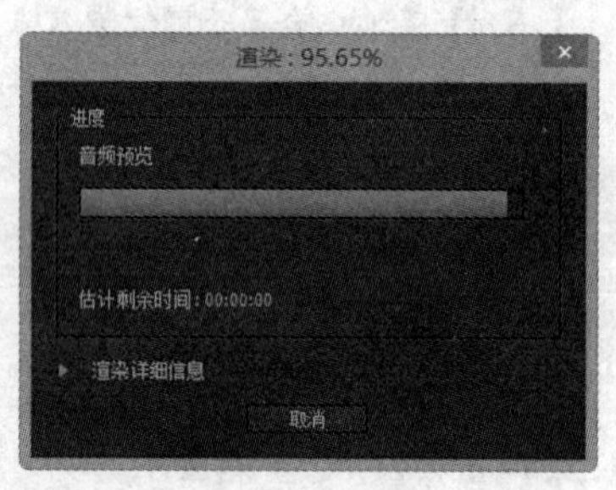

图 7-7 渲染音频

渲染音频后，对应的音频渲染文件会保存在项目文件所在的目录中，并与渲染出的预览视频文件放置在一起，如图 7-8 所示。

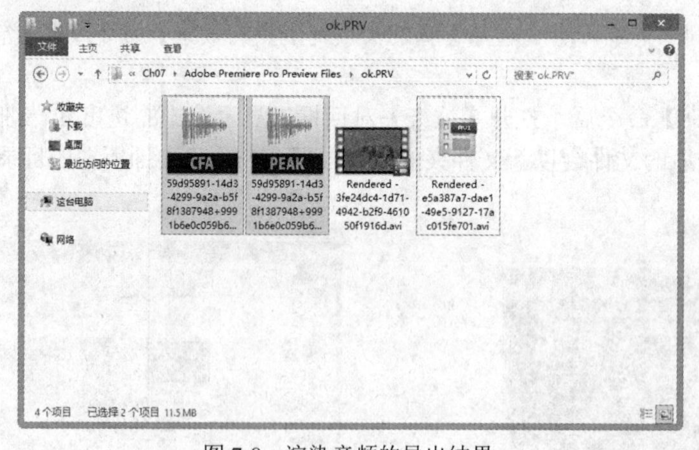

图 7-8 渲染音频的导出结果

2. 渲染视频时渲染音频

动手操作 渲染视频时渲染音频

1 选择【编辑】|【首选项】|【常规】命令。

2 选择【渲染视频时渲染音频】复选框，然后单击【确定】按钮，如图 7-9 所示。

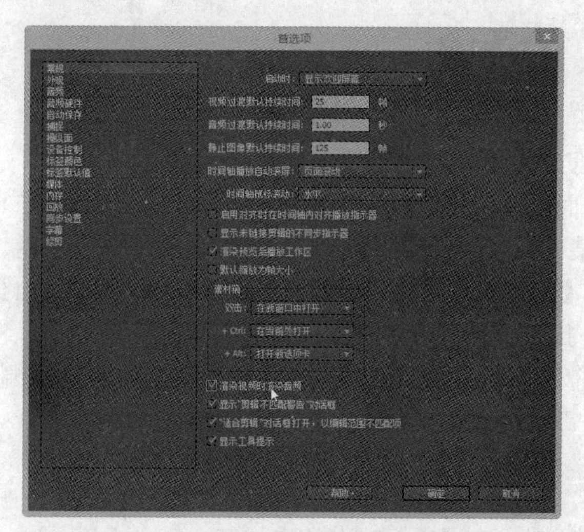

图 7-9　设置渲染视频时渲染音频

7.1.3　使用渲染文件

在渲染预览时，Premiere Pro CC 会在硬盘上创建文件。这些预览文件包含 Premiere Pro CC 在预览期间处理的任何效果的结果。如果对同一工作区域进行多次预览而没有做出任何更改，Premiere Pro CC 会即时播放预览文件，而不对序列重新进行处理。

Premiere Pro CC 将预览文件存储在指定的文件夹中。同样，预览文件可以通过使用已存储的处理效果节省导出最终视频程序的时间。

为了节省更多时间，Premiere Pro CC 会尽可能保留现有预览文件。在编辑项目时，预览文件会随其相关的序列段一起移动。当序列的某个段发生更改时，Premiere Pro CC 会自动修剪相应的预览文件，同时保存其他未更改的段。

1. 渲染时使用预览文件

在对项目进行导出处理时，在【导出设置】对话框中，选中【使用预览】复选框即可，如图 7-10 所示。

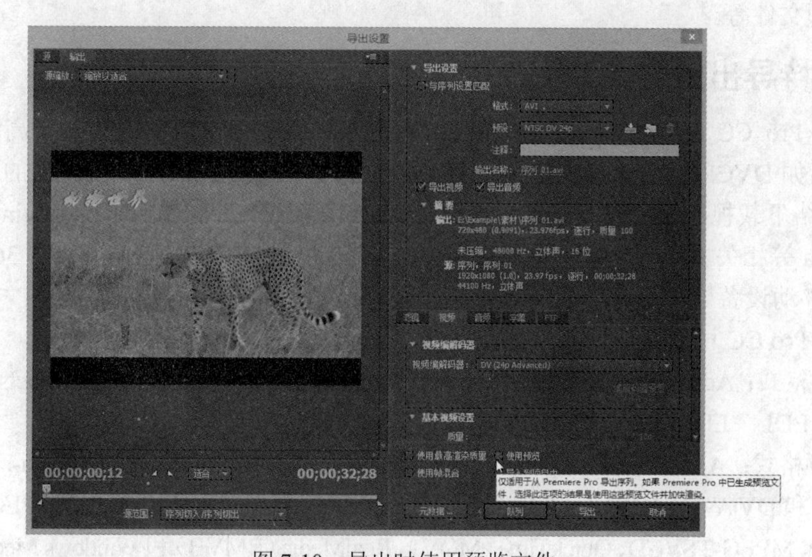

图 7-10　导出时使用预览文件

2. 删除预览文件

完全处理完项目之后，可以将渲染的文件删除，以节省磁盘空间。

动手操作　删除预览文件

1 激活【时间轴】面板后，执行以下操作之一：

（1）如果要仅删除某一范围剪辑的渲染文件，可以调整工作区域栏，使其仅包含所需的范围，然后选择【序列】|【删除入点到出点的渲染文件】命令，如图 7-11 所示。其关联剪辑的任何部分位于工作区域内的预览文件都将被删除。

（2）如果要删除一个序列的所有渲染文件，可以选择【序列】|【删除渲染文件】命令。

2 出现提示框时单击【确定】按钮即可，如图 7-12 所示。

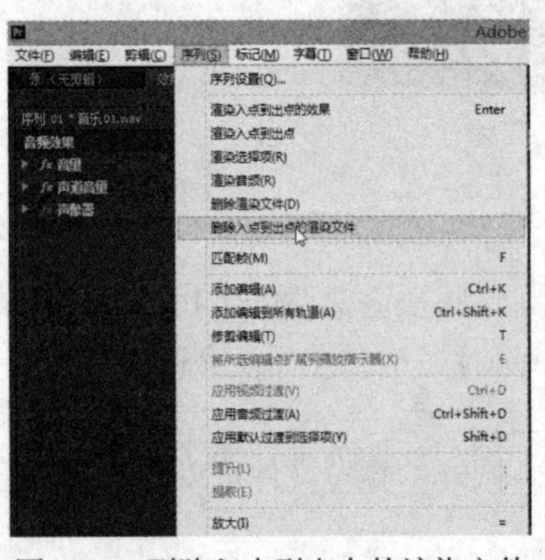

图 7-11　删除入点到出点的渲染文件

图 7-12　确认删除渲染文件

7.2　导出文件

在完成序列素材的组合和编辑后，就可以将项目导出为成品，以制成最终的影片。Adobe Premiere Pro CC 提供了多种导出方式，如导出为适合 DVD 光盘播放的影片、导出为在互联网上观看的视频文件等。

7.2.1　支持导出的格式

Premiere Pro CC 为各种导出途径提供了广泛的视频编码和文件格式。对于高清格式的视频，提供了诸如 DVCPRO HD、HDCAM、HDV、H.264、WM9 HDTV 和不压缩的 HD 等编码格式；对于网络下载视频和流媒体视频则提供了 Adobe Flash Video、QuickTime、Windows Media 和 Real Media 等相关格式；此外，Adobe Media Encoder 还支持为 Apple iPod、3GPP 手机和 Sony PSP 等移动设备导出 H.264 格式的视频文件。

Premiere Pro CC 可以分别导出项目、视频、音频、图片各种格式。

（1）项目格式：Advanced Authoring Format（AAF）、Adobe Premiere Pro projects（PRPROJ）和 CMX3600 EDL（EDL）。

（2）视频格式：Adobe Flash Video（FLV）、H.264（3GP 和 MP4）、H.264 Blu-ray（M4v）、Microsoft AVI 和 DV AVI、Animated GIF、MPEG-1、MPEG-1-VCD、MPEG-2、MPEG-2 Bluray、MPEG-2-DVD、MPEG-2 SVCD、QuickTime（MOV）、RealMedia（RMVB）和 Windows Media（WMV）。

（3）音频格式：Adobe Flash Video（FLV）、Dolby Digital/AC3、Microsoft AVI 和 DV AVI、MPG、PCM、QuickTime、RealMedia、Windows Media Audio（WMA）和 Windows Waveform（WAV）。

（4）图片格式：GIF、Targa（TGF/TGA）、TIFF、JPG、PNG 和 Windows Bitmap（BMP）。

7.2.2 使用【导出设置】窗口

如果要导出项目的序列或剪辑为媒体时，可以按 Ctrl+M 键或者打开【文件】菜单，然后选择【导出】|【媒体】命令，如图 7-13 所示。

此时程序会打开【导出设置】窗口，可以在此窗口中设置各种导出选项，如图 7-14 所示。

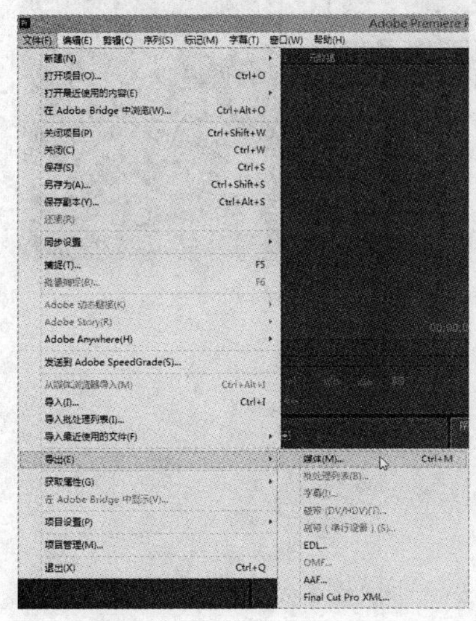

图 7-13　导出为媒体文件

图 7-14　【导出设置】窗口

7.2.3 【导出设置】窗口说明

【导出设置】窗口中各类设置项目说明如下。

1. 导出设置

- 与序列设置匹配：选择该复选框，可以忽略当前导出设置，而使用与项目文件所包含的序列的设置导出项目。
- 如果不选择【与序列设置匹配】复选框，则可以自定义下列导出设置。
  - ➢ 格式：设置导出媒体的格式，包括 AVI、MPEG、FLV 等视频格式，也包括 GIF、JPEG、PNG 等图片格式及其他常用媒体格式，如图 7-15 所示。
  - ➢ 预设：可以选择一种预设转换代码的设置，该设置包括广播制式和转换设备类型。如 NTSC DV、PAL DV 等，如图 7-16 所示。
  - ➢ 注释：添加导出媒体的注释内容。
- 输出名称：设置导出名称与序列名称命名。可以单击该名称来指定导出媒体保存的位置和名称，如图 7-17 所示。

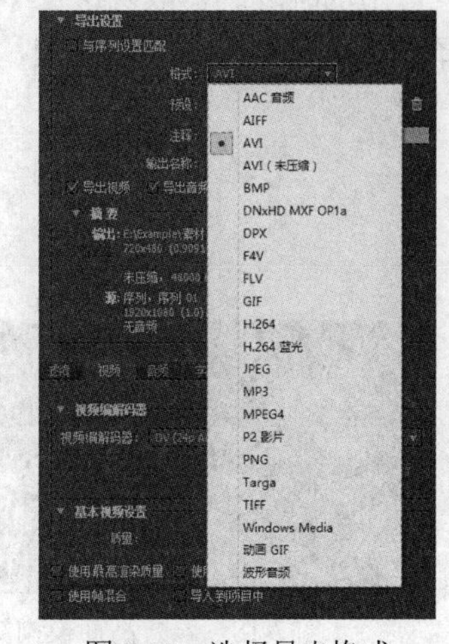

图 7-15　选择导出格式

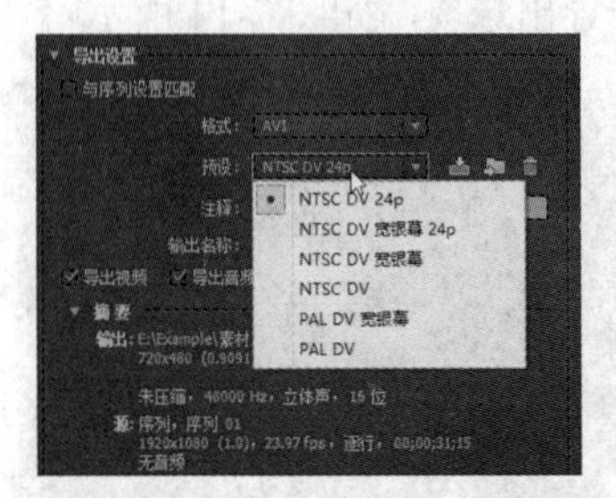

图 7-16　选择预设转换代码的设置

图 7-17　设置导出媒体的位置和名称

- 导出视频：选择该复选框可定义导出视频素材。
- 导出音频：选择该复选框可定义导出音频素材。
- 摘要：显示目前导出设置的各项信息。

2.【滤镜】选项卡

在此选项卡中，可以选择是否应用滤镜特效。默认提供【高斯模糊】滤镜。

当选择【高斯滤镜】复选框后，即可设置【模糊度】和【模糊尺寸】两个选项，如图 7-18 所示。

3.【视频】选项卡

在此选项卡中，可以设置【视频编解码器】选项和其他设置。不同的导出格式提供不同的视频选项，下面以【Microsoft AVI】格式为例说明视频设置选项。

（1）视频编解码器

可用的编解码器取决于在【导出设置】栏目中选择的导出格式类型。例如，在导出格式中选择了【Microsoft AVI】类型，那么就可以在【视频】选项卡中选择如图 7-19 所示的视频编解码器。

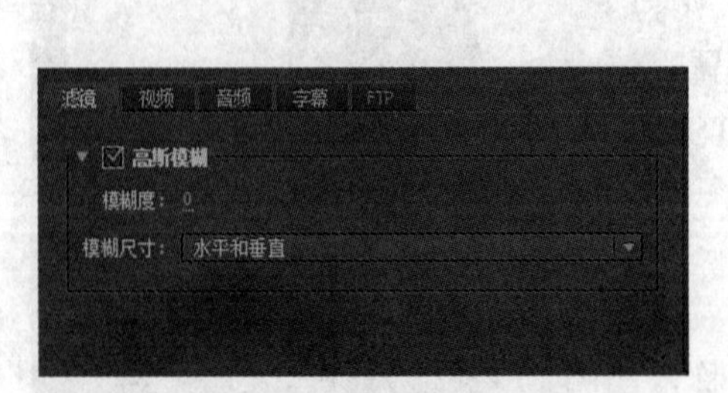

图 7-18　设置高斯模糊滤镜

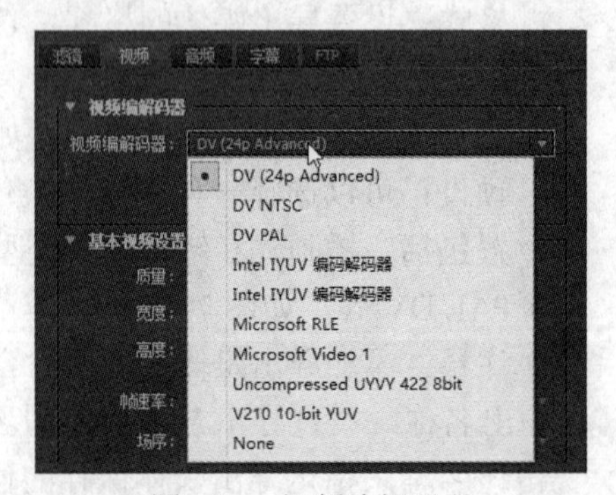

图 7-19　视频编解码器

问：为什么不能选择编解码器提供的选项？

答：如果发现不能选择编解码器提供的选项，可以参阅硬件使用手册，有一些编解码器是视频采集卡硬件自带的，需要在这些编解码器提供的对话框中设置编码（或压缩）选项，而不是通过上面描述的选项。

选择视频编解码器主要是为了使导出媒体可以在支持视频编解码器的播放器中播放。有些编解码器允许设置，此时可以单击【编解码器设置】按钮，设置编解码器选项，如图 7-20 所示。

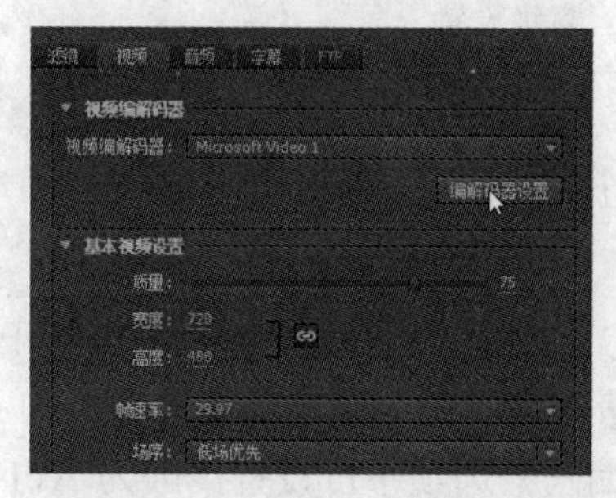

图 7-20　设置编解码器

（2）基本视频设置

基本视频设置栏目主要提供视频导出的基本设置项目，如图 7-21 所示。

- 质量：设置导出媒体时压缩素材的品质。
- 宽度/高度：设置视频帧的宽度和高度，即视频显示画面的尺寸。增大视频帧尺寸可以显示更多的细节，但会使用更多的磁盘空间，并在播放时需要更多的运算。
- 帧速率：选择要导出视频的每秒帧数，有部分编解码器支持特定的帧速率设置。选择数值高的帧速率可以产生更加平滑的运动（取决于源素材的正速率），但会占用更多的磁盘空间。
- 场序：设置视频的场序类型。
- 长宽比：选择一个与导出类型匹配的像素长宽比，如图 7-22 所示。如果长宽比不是 1.0，输出类型使用矩形像素，因为计算机通常以方形像素显示，所以使用非方形素材比的内容在计算机上观看将拉伸，但是当在一个视频监视器中观看时将显示正确的比例，如宽屏监视器。

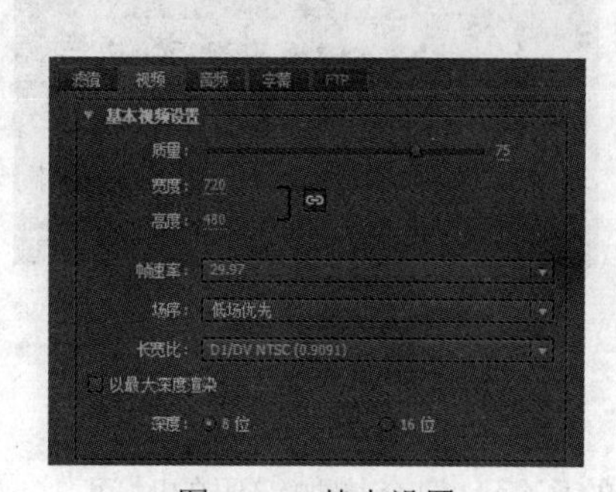

图 7-21　基本设置

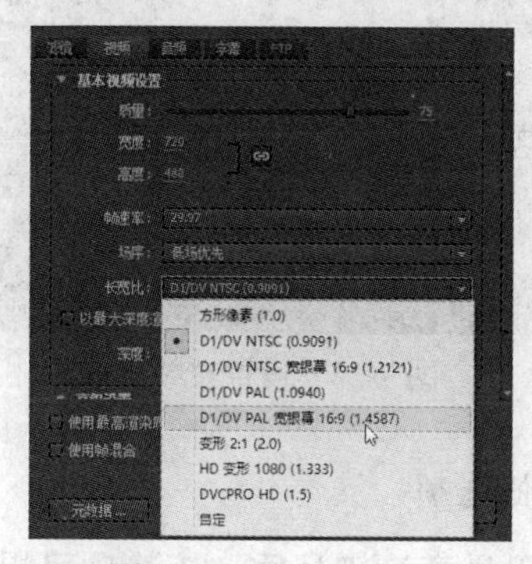

图 7-22　选择长宽比

- 深度：这个深度是指颜色深度，即导出的视频包含的颜色数量。如果选择的编解码器只支持单色，这个选项将不可用。
- 以最大深度渲染：选择这个复选框可以源素材的最大颜色深度导出媒体。

（3）高级设置

在【高级设置】栏目中可以设置关键帧间隔和优化静止图像，如图 7-23 所示。

图 7-23　高级设置

4.【音频】选项卡

在【音频】选项卡中，可以设置音频编码和基本音频属性。

（1）音频编解码器

该选项可以指定程序压缩音频时使用的编解码器，用户的编解码器取决于导出格式类型的设置。有一些文件类型和采集卡只支持无压缩音频，这也是最高的质量，如 AVI 格式。

如图 7-24 所示选择 AVI 格式后，【音频编码】选项不可设置。因为 AVI 格式导出不会压缩素材，即不会经过编码处理。

（2）基本音频设置

- 采样率：选择一个采样率以决定导出媒体音频的质量。采样率越高，音频质量也越高。
- 声道：指定导出媒体的声道，可以设置【单声道】或【立体声】。
- 样本大小：选择较高或较低的位深度，音频获得较高的质量，或使音频减少处理时间和节省磁盘空间。

5.【字幕】选项卡

设置导出字幕的相关选项，其中包括导出选项、字幕文件格式、帧速率。

6.【FTP】选项卡

可以通过该选项卡指定一个 FTP 空间，将媒体导出并上传到 FTP 空间，如图 7-25 所示。

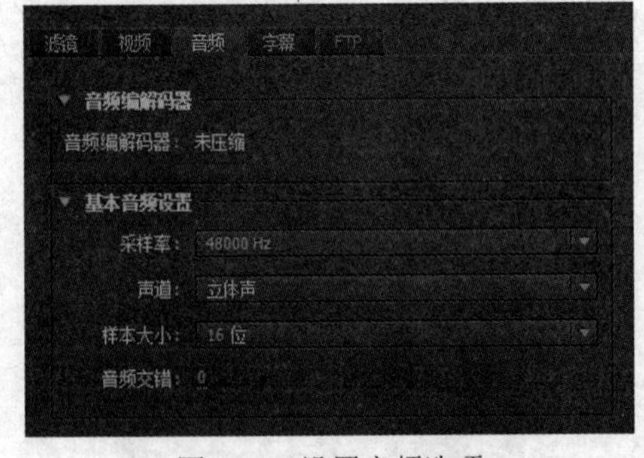

图 7-24　设置音频选项

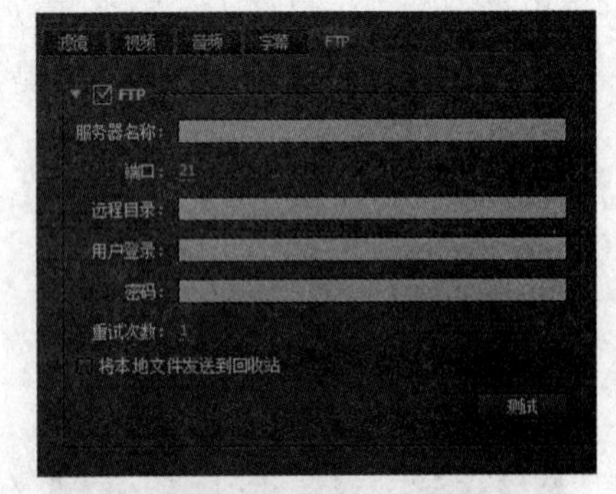

图 7-25　设置 FTP 选项

7. 其他选项

- 使用最高渲染品质：该选项可提供更高品质的压缩，但会增加编码的时间。

- 使用预览：如果程序已经渲染生成了预览文件，选择选项可使用这些预览文件加快导出渲染。该选项仅适用于从程序导出序列。
- 使用帧混合：当输入帧速率与导出帧速率不符时，可混合相邻的帧以生成更平滑的运动效果。
- 导入到项目中：设置媒体导入到指定项目文件中。
- 【元数据】按钮：单击此按钮可以打开【元数据导出】对话框，选择要写入导出的元数据，如图 7-26 所示。
- 【队列】按钮：单击此按钮可以将项目添加到 Adobe Media Encoder 程序队列，以便通过 Adobe Media Encoder 程序导出媒体，如图 7-27 所示。
- 【导出】按钮：单击此按钮可使用当前设置导出媒体。
- 【取消】按钮：单击此按钮取消导出。

图 7-26　选择要写入导出的元数据

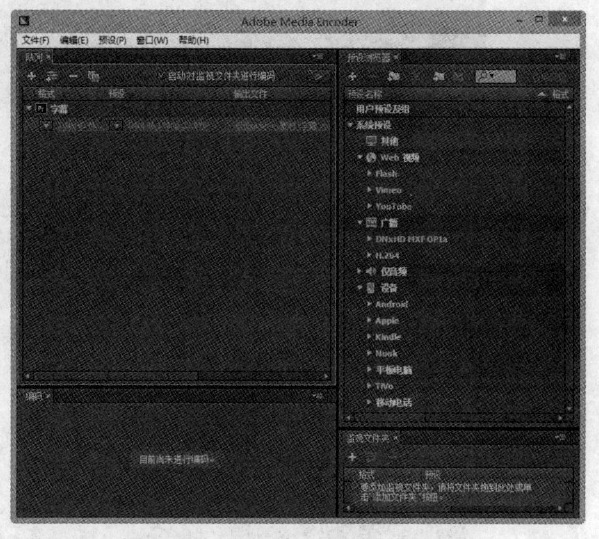

图 7-27　Adobe Media Encoder 程序

7.3　导出文件的应用

在 Premiere Pro CC 中，可以将项目、序列或素材导出各种用途的文件。

7.3.1　导出序列为媒体文件

将多个视频剪辑放置在序列后，就可以使剪辑依照序列进行顺序播放。只需将包含多个剪辑的序列导出为媒体，就可以使序列的剪辑组成一个媒体文件，也就是说，序列上的多个剪辑就合并成一个媒体。这种方式常应用在将多个视频合并为一个视频的处理上。

动手操作　导出序列为媒体文件

1 打开光盘中的“..\Example\Ch07\7.3.1.prproj”练习文件，然后将【项目】面板的视频剪辑加入序列中，并依照播放的先后顺序进行排列，如图 7-28 所示。

2 打开【效果】面板的【视频过渡】列表，然后分别选择两个过渡特效应用在序列的剪辑上，如图 7-29 所示。

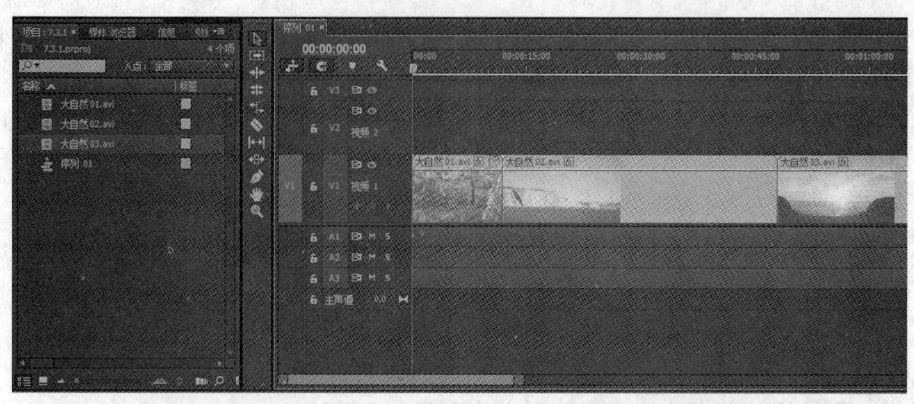

图 7-28　将剪辑加入序列

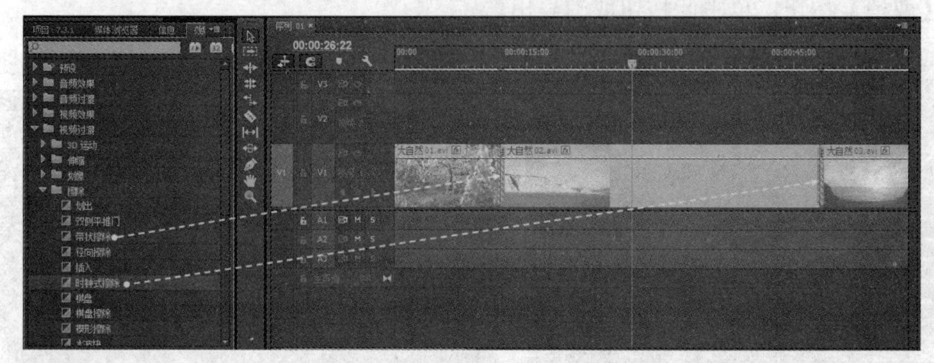

图 7-29　将过渡效果添加到序列

3 选择当前序列，再选择【文件】|【导出】|【媒体】命令，打开【导出设置】窗口后，设置视频格式并选择【导出视频】复选框，如图 7-30 所示。

图 7-30　设置视频导出选项

4 单击【输出名称】选项旁的名称，在打开的【另存为】对话框后中设置文件名，然后单击【保存】按钮，如图 7-31 所示。

图 7-31　设置文件名称和保存位置

5 打开【视频】选项卡，设置视频选项，接着选择【使用帧混合】复选框。完成所有的设置后，单击【导出】按钮，执行导出媒体的操作，如图 7-32 所示。

图 7-32　设置视频选项并执行导出

6 此时程序会自动对序列执行编码，编码完成后即完成导出的过程。导出媒体后，可以使用视频播放器播放导出的视频，如图 7-33 所示。

图 7-33　编码序列并播放导出的视频

7.3.2　导出字幕素材

在新建并设计字幕后，可以单独将字幕素材导出为字幕文件，以便可以将此字幕应用到其他项目设计上。

动手操作　导出字幕素材

1 打开光盘中的“..\Example\Ch07\7.3.2.prproj”练习文件，然后将【项目】面板的【标题】字幕素材加入【源监视器】面板，如图 7-34 所示。

2 在【源监视器】面板的控制面板上单击【播放-停止切换】按钮，播放字幕素材以预览字幕的效果，如图 7-35 所示。

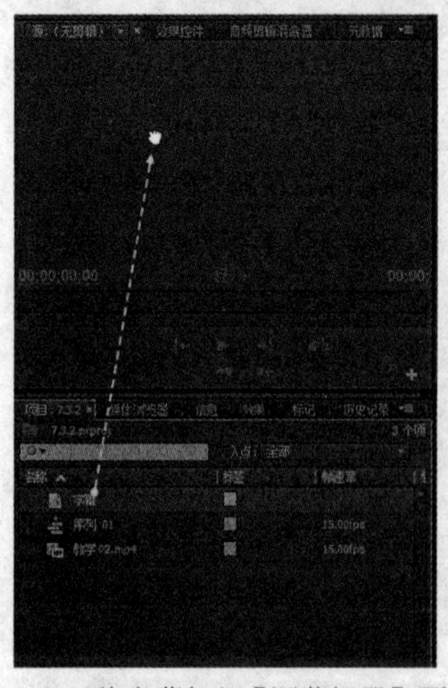

图 7-34　将字幕加入【源监视器】面板

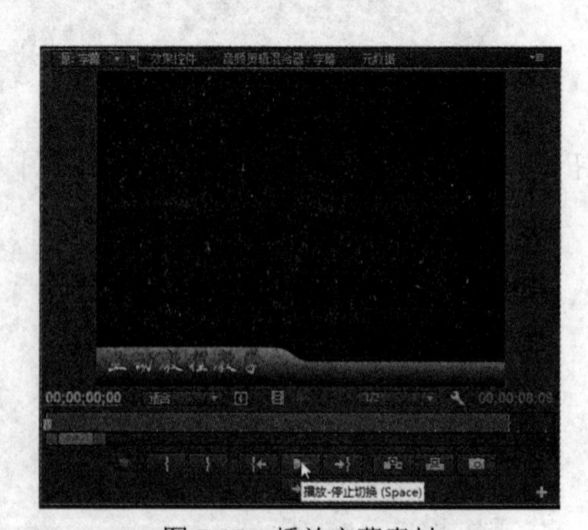

图 7-35　播放字幕素材

3 选择【项目】面板中的字幕素材，然后打开【文件】菜单，再选择【导出】|【字幕】命令，如图 7-36 所示。

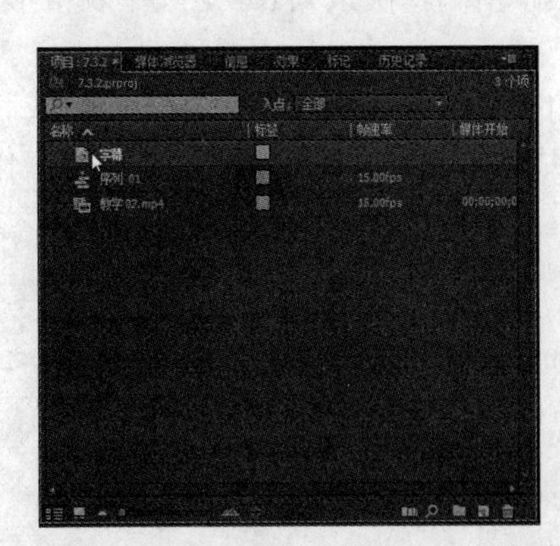
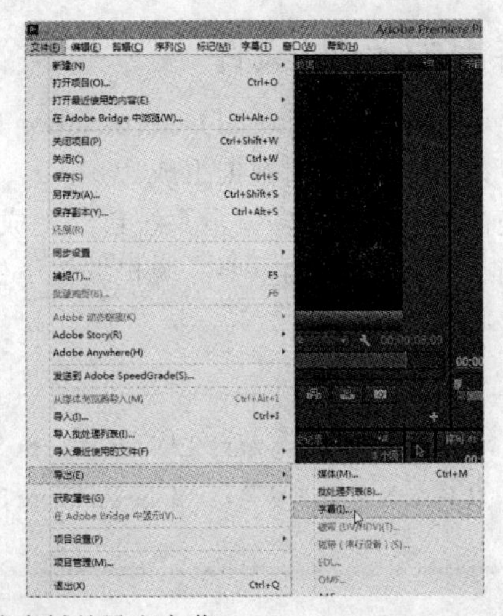

图 7-36 选择字幕素材并导出字幕

4 在打开的【保存字幕】对话框中设置字幕的文件名，然后单击【保存】按钮，如图 7-37 所示。

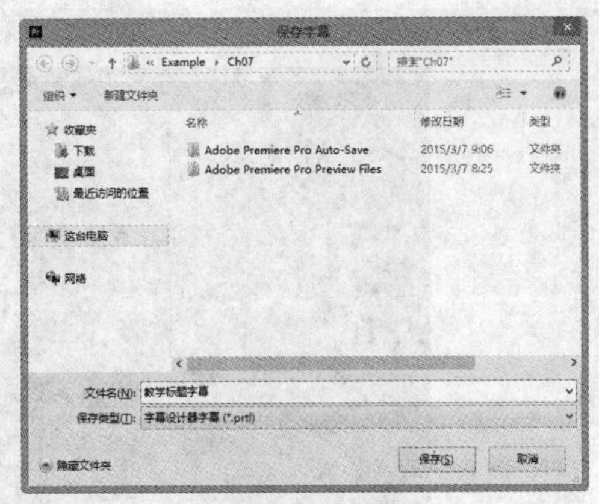

图 7-37 保存字幕

5 将字幕素材导出为字幕文件后，当其他项目需要使用该字幕时，可以在【项目】面板上单击鼠标右键并选择【导入】命令，通过【导入】对话框选择字幕文件，然后单击【打开】按钮，即可将字幕导入当前项目文件，如图 7-38 所示。

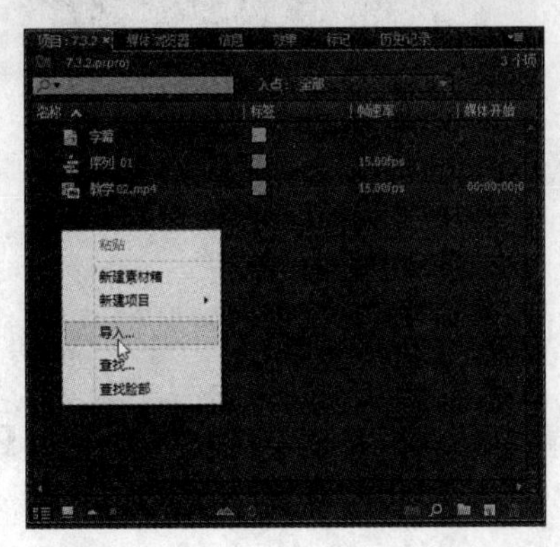
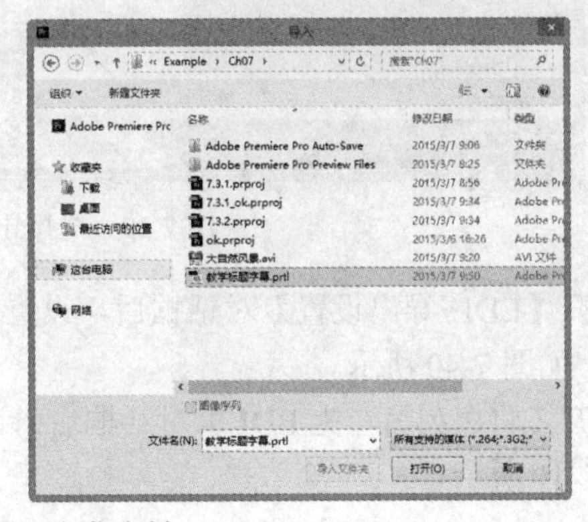

图 7-38 导入字幕素材

7.3.3 导出为 EDL 文件

EDL 的英文全称为 Editorial Determination List，指编辑决策列表，是一个表格形式的列表，由时间码值形式的电影剪辑数据组成。

EDL 是在编辑时由很多编辑系统自动生成的并可保存到磁盘中。当在脱机或联机模式下工作时，编辑决策列表极为重要：脱机编辑下生成的 EDL 被读入到联机系统中，作为最终剪辑的基础。

目前有各种各样的 EDL 格式，如 Sony、CMX 和 GVG 格式等。这些格式之间可通过软件工具来相互转换。Adobe Premiere Pro CC 程序默认保存 CMX 的 EDL 格式。

动手操作　导出为 EDL 文件

1 在【时间轴】面板选择当前序列（必须选择序列，且确保序列上有剪辑）。

2 选择【文件】|【导出】|【EDL】命令，如图 7-39 所示。

图 7-39　选择导出 EDL 文件

3 打开【EDL 导出设置】对话框后，设置 EDL 的标题，然后设置其他选项，单击【确定】按钮，如图 7-40 所示。

4 打开【将序列另存为 EDL】对话框后，设置文件名和保存类型，然后单击【保存】按钮，如图 7-41 所示。

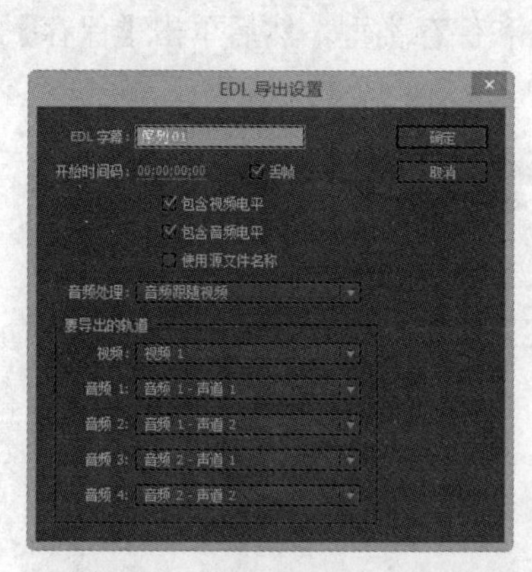

图 7-40　设置 EDL 输出选项

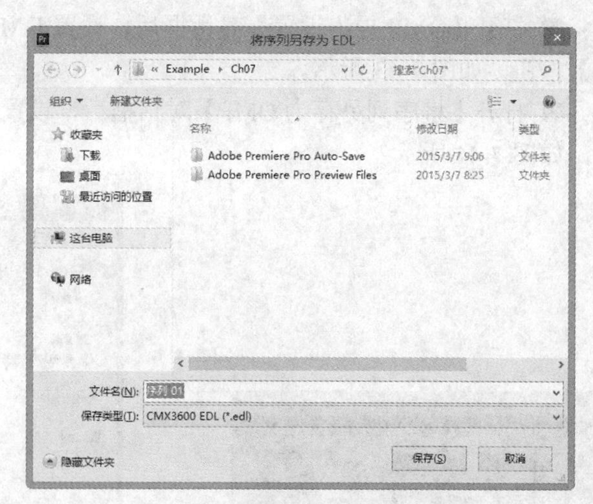

图 7-41　保存 EDL 文件

7.3.4　导出为 OMF 文件

OMF 的英文全称是 Open Media Framework（开放媒体框架），是一种要求数字化音频视频的工作站，关于同一音段的所有重要资料制成同类格式，便于其他系统阅读的文本交换协议。OMF 文件类似于标准的 MIDI 文件，但是要比 MIDI 文件复杂得多。

导出 OMF 的对象也是序列，且要求序列中包含音频剪辑。

动手操作　导出为 OMF 文件

1 在【时间轴】面板选择当前序列，然后选择【文件】|【导出】|【OMF】命令，如图 7-42 所示。

图 7-42　选择导出 OMF 文件

2 打开【OMF 导出设置】对话框后，设置 OMF 的标题，然后设置其他选项，单击【确定】按钮，如图 7-43 所示。

3 打开【将序列另存为 OMF】对话框后，设置文件名和保存类型，然后单击【保存】按钮，如图 7-44 所示。

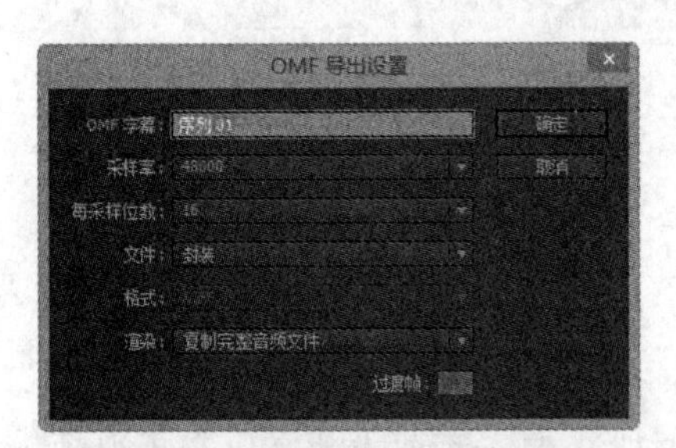

图 7-43　设置 OMF 输出选项

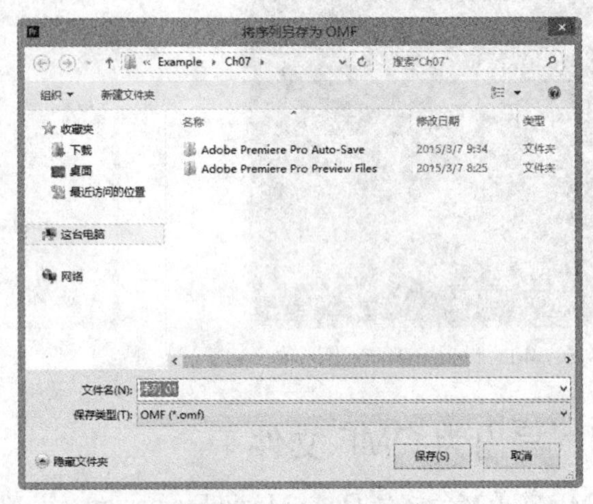

图 7-44　保存 OMF 文件

4 此时程序将执行输出 OMF 的操作并通过【将媒体文件导出到 OMF 文件夹】对话框提示进度，最后显示 OMF 的导出信息，如图 7-45 所示。

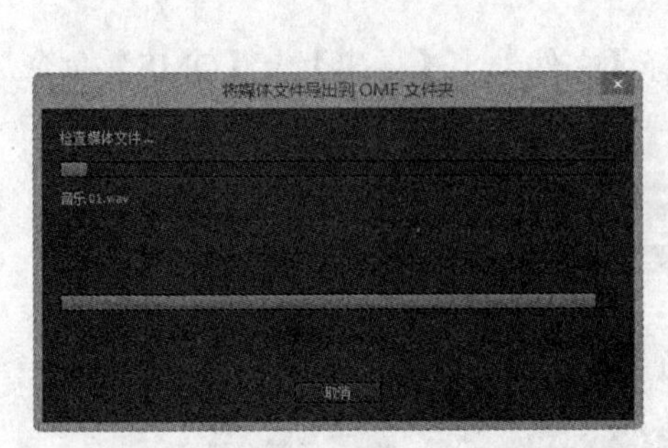

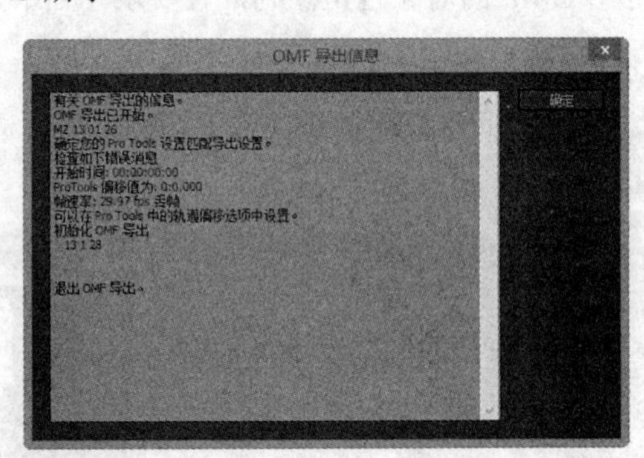

图 7-45　执行导出并查看导出信息

7.3.5　导出为 AAF 和 XML 文件

1. 导出 AAF 文件

AAF 是 Advanced Authoring Format 的缩写，意为"高级制作格式"，是一种用于多媒体创作及后期制作、面向企业界的开放式标准。AAF 格式中包括丰富的元数据来描述复杂的编辑、合成、特效以及其他编辑功能，解决了多用户、跨平台以及多台计算机协同进行数字创作的问题。

动手操作　导出 AAF 文件

1 选择【文件】|【导出】|【AAF】命令。

2 打开【将转换的序列另存为-AAF】对话框后，设置文件名和保存类型，然后单击【保存】按钮，如图 7-46 所示。

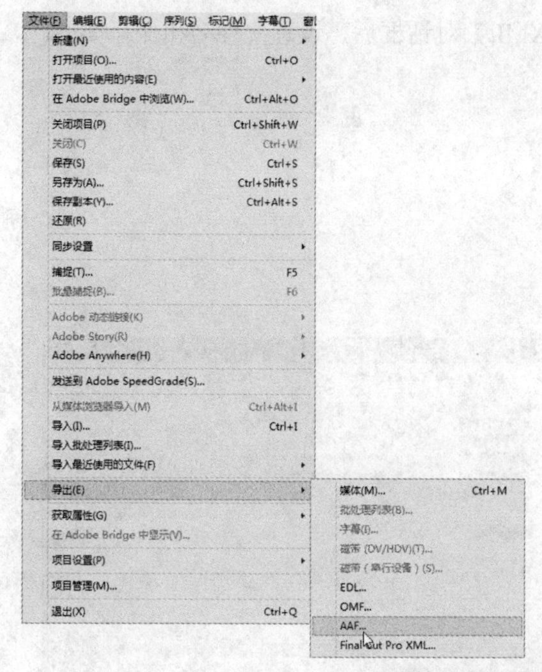

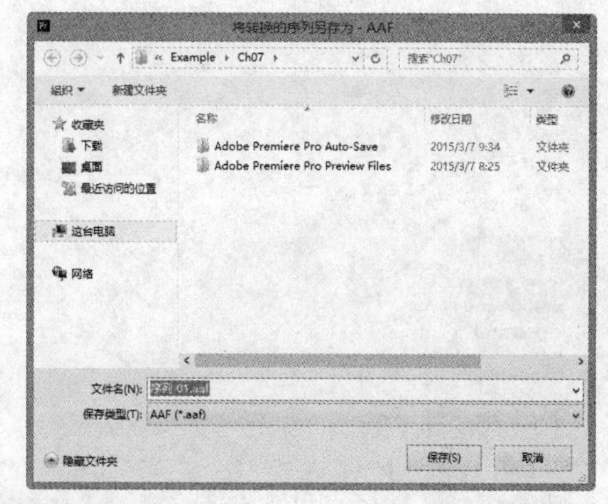

图 7-46　导出并保存 AAF 文件

3 通过【AAF 导出设置】对话框设置导出选项，程序将执行导出的操作，此时可以在保存目录中查看到导出的 AAF 文件，如图 7-47 所示。

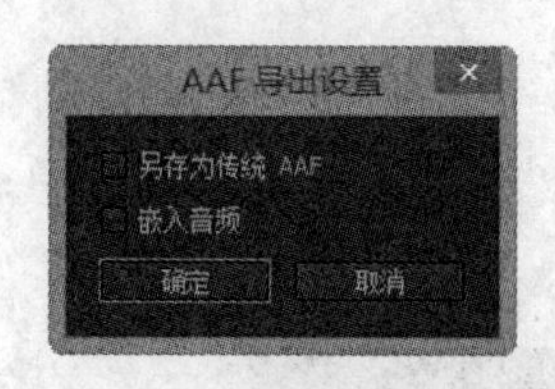

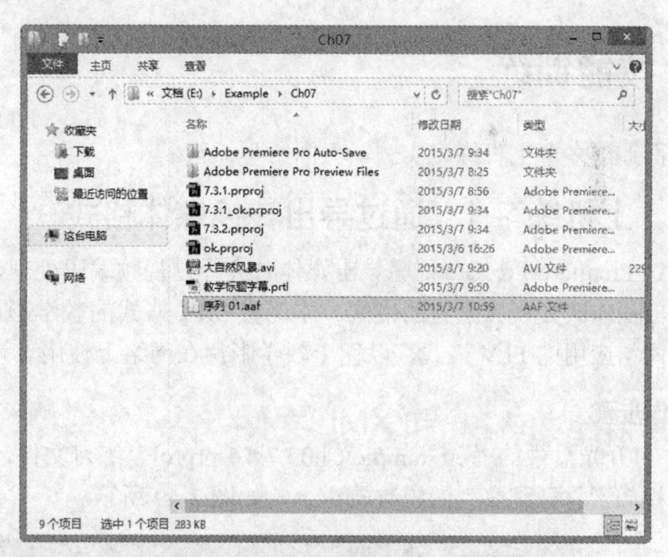

图 7-47　选择导出设置并查看文件

2. 导出 XML 文件

XML 是指 Final Cut Pro 软件所支持的一种文件。Final Cut Pro 是苹果系统中专业视频剪辑软件 Final Cut Studio 中的一个产品。

动手操作　导出 XML 文件

1 打开【文件】菜单，然后选择【导出】|【Final Cut Pro XML】命令。

2 打开【将转换的序列另存为-Final Cut Pro XML】对话框后，设置文件名和保存类型，然后单击【保存】按钮，如图 7-48 所示。

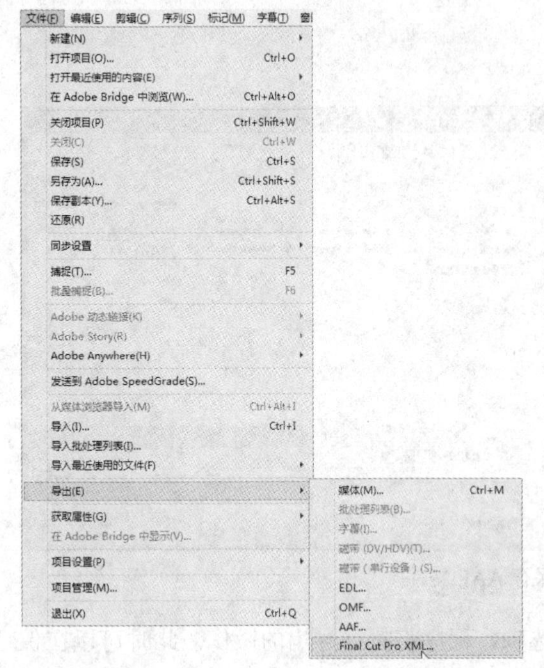

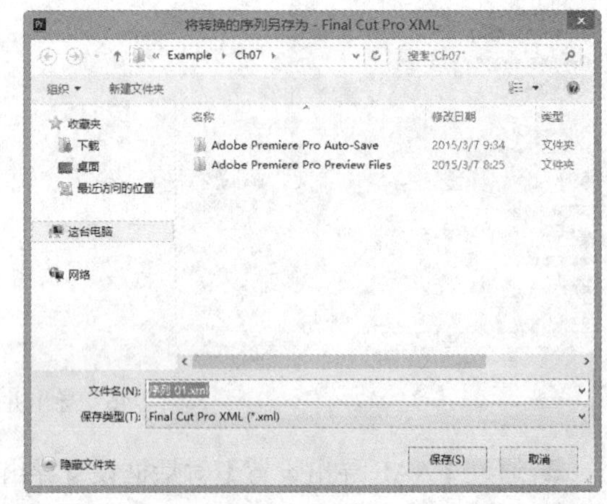

图 7-48　导出并保存 XML 文件

7.4　技能训练

下面通过多个上机练习实例，巩固所学知识。

7.4.1　上机练习 1：通过导出转换媒体格式

通过 Premiere Pro CC 程序导出媒体时会经过视频编码处理，利用这个特性，可以通过导出媒体的操作改变视频素材的格式。本例将 MP4 格式的教学影片进行导出处理，将视频格式转换为网络应用的 FLV 格式，以便于教学影片在网络上使用。

操作步骤

1 打开光盘中的“..\Example\Ch07\7.4.1.prproj”练习文件，然后将【项目】面板中 MP4 格式的视频素材拖到序列的视频轨道上，如图 7-49 所示。

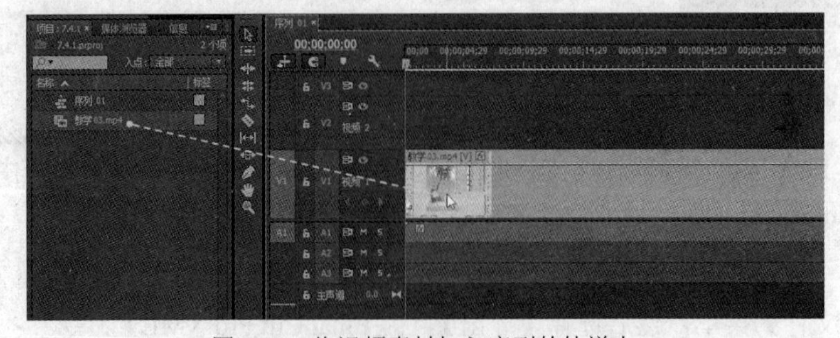

图 7-49　将视频素材加入序列的轨道上

2 在序列上单击一下，激活当前序列（激活的对象会显示金色的外框线），接着选择【文件】|【导出】|【媒体】命令，如图 7-50 所示。

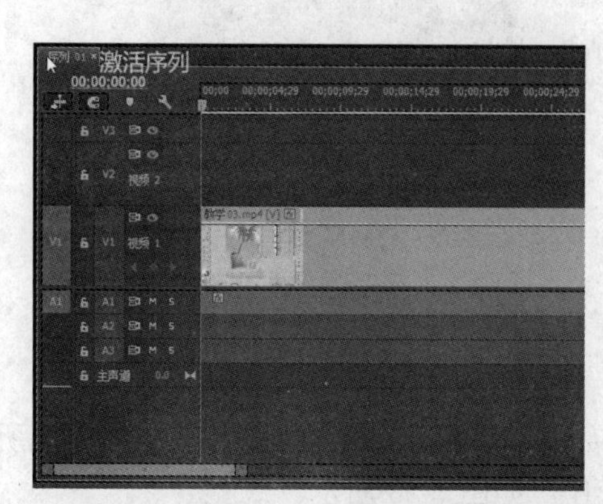

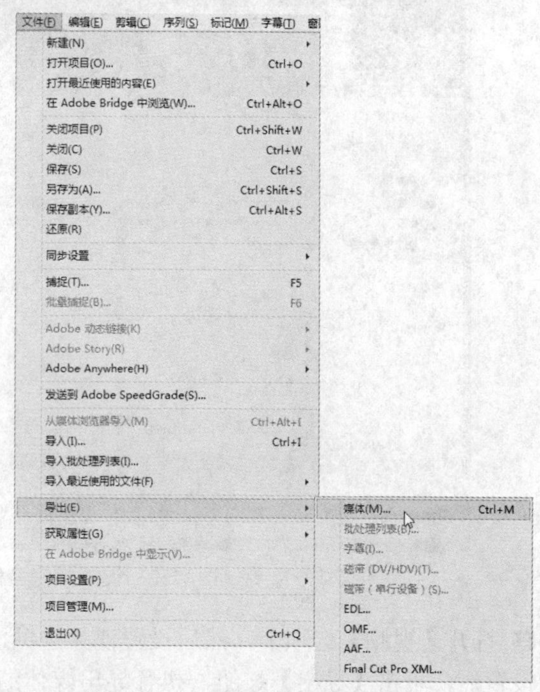

图 7-50 导出序列的剪辑

3 打开【导出设置】窗口后，设置导出的格式为【FLV】，再选择预设的压缩器，如图 7-51 所示。

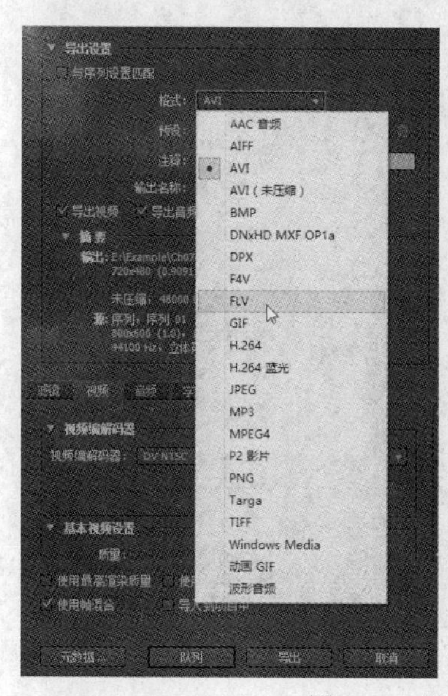

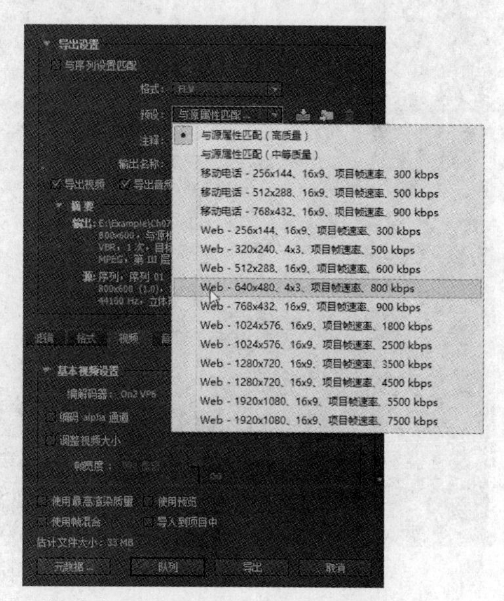

图 7-51 设置导出格式和预设压缩器

4 单击【输出名称】选项旁的名称，在打开的【另存为】对话框中设置文件名，然后单击【保存】按钮，如图 7-52 所示。

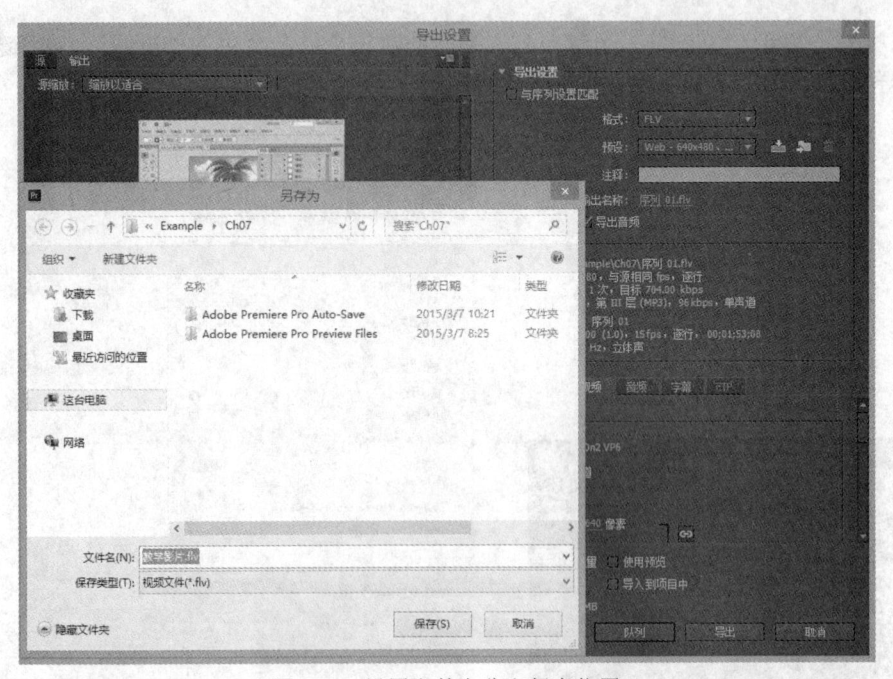

图 7-52　设置文件名称和保存位置

5 打开【视频】选项卡，然后设置视频选项，接着选择【使用帧混合】复选框。完成所有的设置后，单击【导出】按钮，执行导出媒体的操作，如图 7-53 所示。

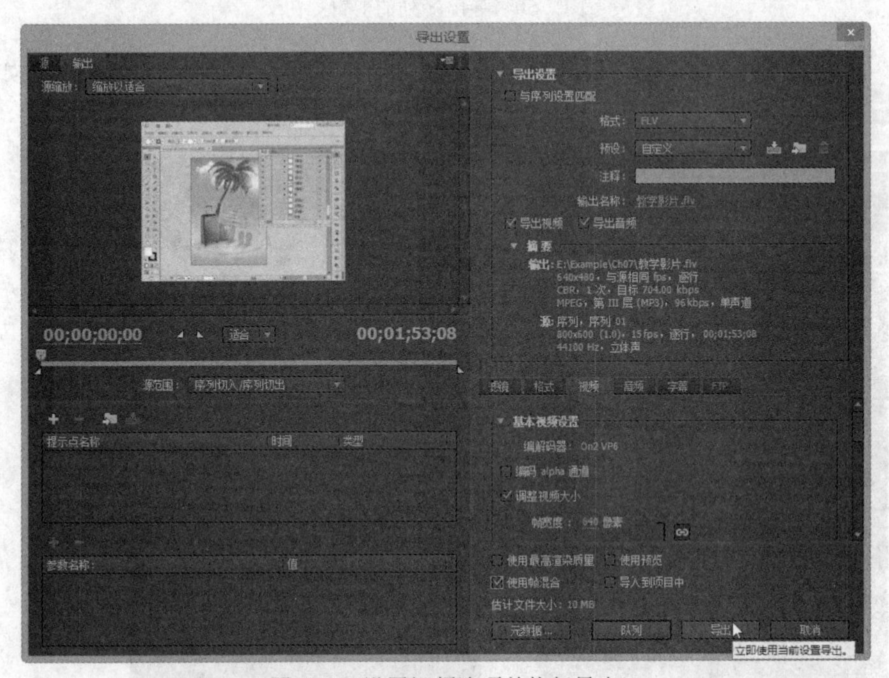

图 7-53　设置视频选项并执行导出

6 此时程序会自动对序列执行编码，编码完成后即完成导出的过程。导出完成后可以进入文件保存目录，打开导出的视频，预览效果，如图 7-54 所示。

图 7-54 执行编码并播放导出的视频

7.4.2 上机练习 2：将剪辑进行修剪后导出

本例将先通过【源监视器】面板为视频剪辑设置出点和入点，以剔除剪辑开始与结尾的无用场景，然后通过导出媒体的处理，将剪辑入点和出点的一段导出为视频文件，从而达到截取视频的目的。

操作步骤

1 打开光盘中的“..\Example\Ch07\7.4.2.prproj”练习文件，然后将【项目】面板中的视频剪辑拖到【源监视器】面板，如图 7-55 所示。

2 拖动【源监视器】面板播放轴的播放指示器，找到需要修剪的剪辑片段，然后在修剪的开始处停止播放，再单击【标记入点】按钮，如图 7-56 所示。

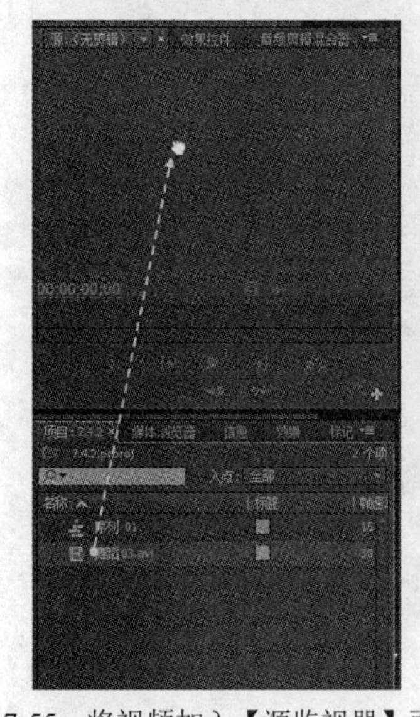

图 7-55 将视频加入【源监视器】面板

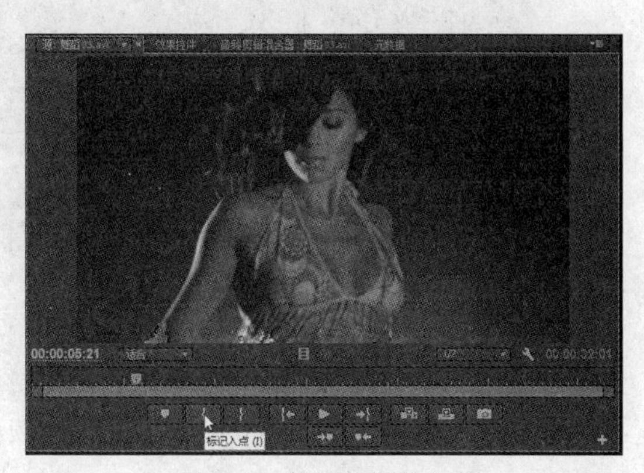

图 7-56 标记剪辑的入点

3 将播放指示器移到要修剪视频的结束处，然后单击【标记出点】按钮，如图 7-57 所示。

4 选择【文件】|【导出】|【媒体】命令，打开【导出设置】窗口后，在【源范围】列表框中选择【剪辑切入/剪辑切出】选项，以视频的入点到出点部分作为导出范围，如图 7-58 所示。

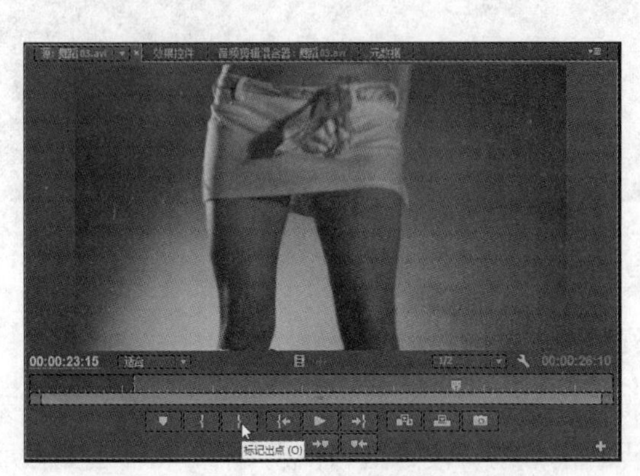

图 7-57　标记剪辑的出点

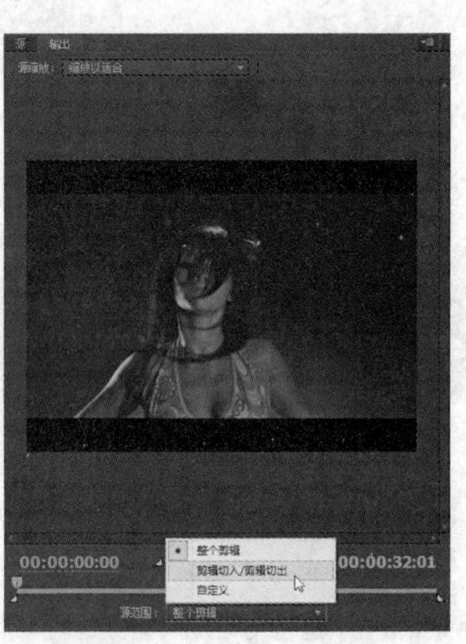

图 7-58　设置源范围

5 在监视器下方的播放条中看到剪辑被设置入点和出点的一段（金色显示）。设置导出格式和其他选项，接着单击【导出】按钮，如图 7-59 所示。

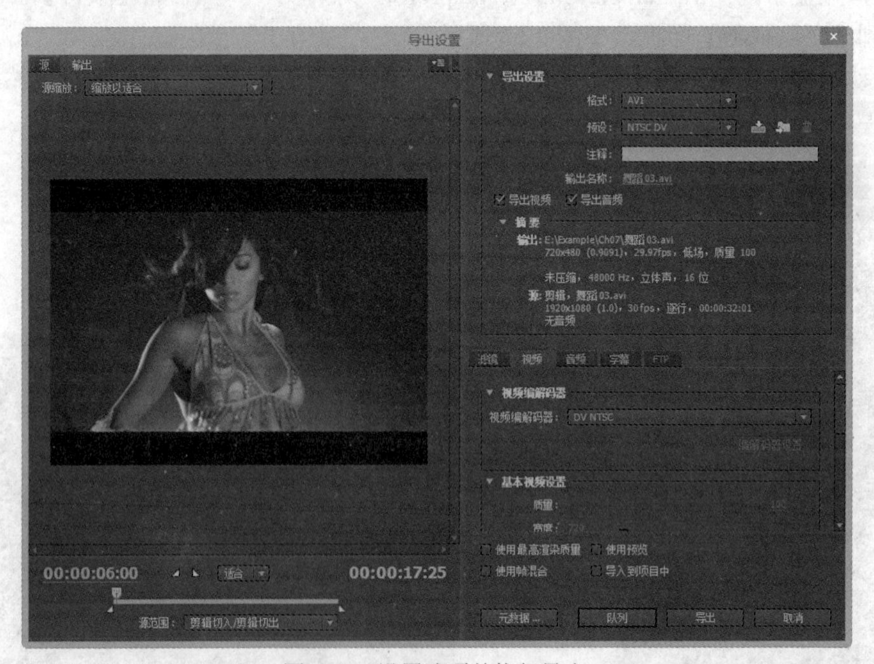

图 7-59　设置选项并执行导出

6 程序自动对序列执行编码，编码完成后即完成导出的过程。导出视频后，可以进入文件保存目录，打开导出的视频，预览效果，如图 7-60 所示。

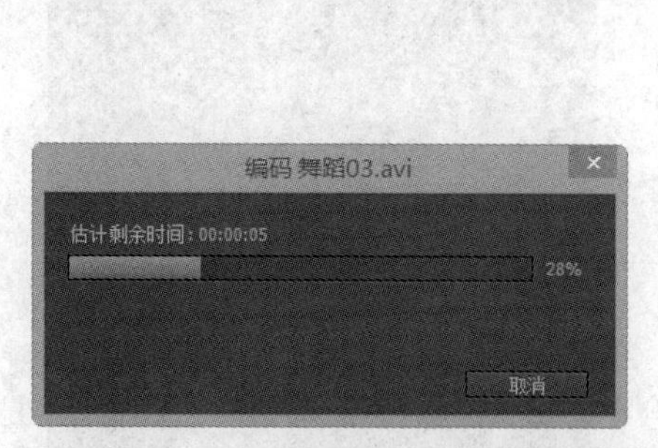

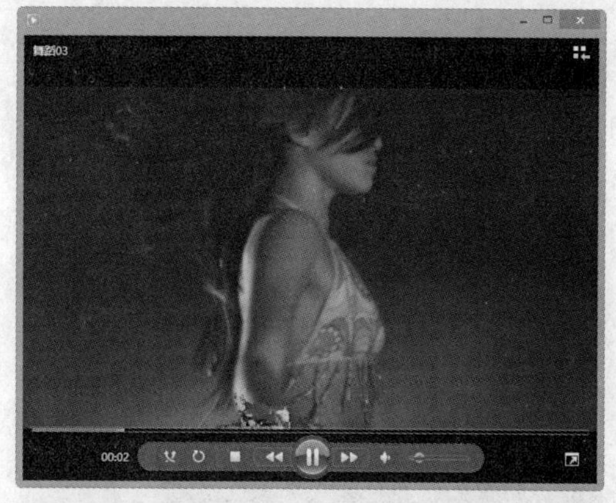

图 7-60 执行编码并播放导出的视频

7.4.3 上机练习 3：在导出媒体时修剪视频

本例将通过【导出】命令打开【导出设置】窗口，然后直接在【导出设置】窗口的监视器设置剪辑的入点和出点并设置相关导出选项，将剪辑的入点到出点一段导出成媒体文件。

操作步骤

1 打开光盘中的"..\Example\Ch07\7.4.3.prproj"练习文件，在【项目】面板中选择需要导出的视频剪辑，然后选择【文件】|【导出】|【媒体】命令，如图 7-61 所示。

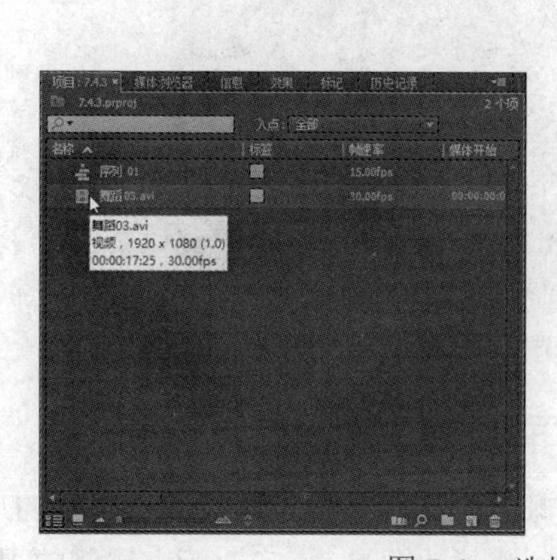

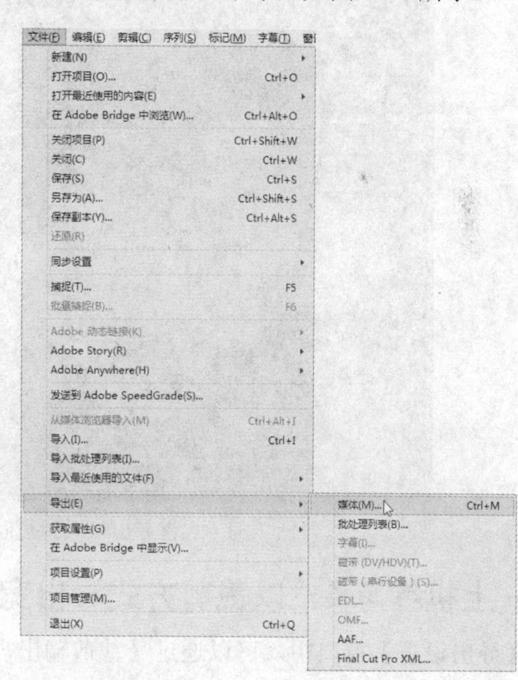

图 7-61 选择剪辑并选择【导出】命令

2 打开【导出设置】窗口后，拖动播放轴上的播放指示器，搜索需要修剪的视频。搜索出来后，将播放指示器移到修剪视频的开始处，再单击【设置入点】按钮，如图 7-62 所示。

3 将移动播放指示器，播放指示器移到要修剪视频的结束处，接着单击【设置出点】按钮，如图 7-63 所示。

图 7-62　设置剪辑的入点

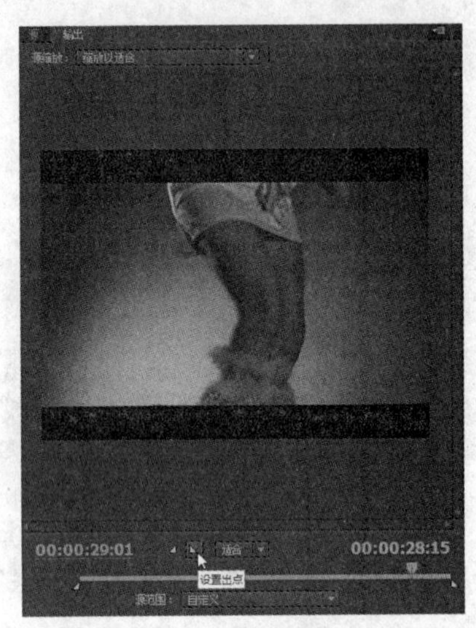

图 7-63　设置剪辑的出点

4 设置剪辑的入点和出点后，再设置导出格式和其他选项，单击【导出】按钮，执行编码即可修剪入点到出点这一段视频，如图 7-64 所示。

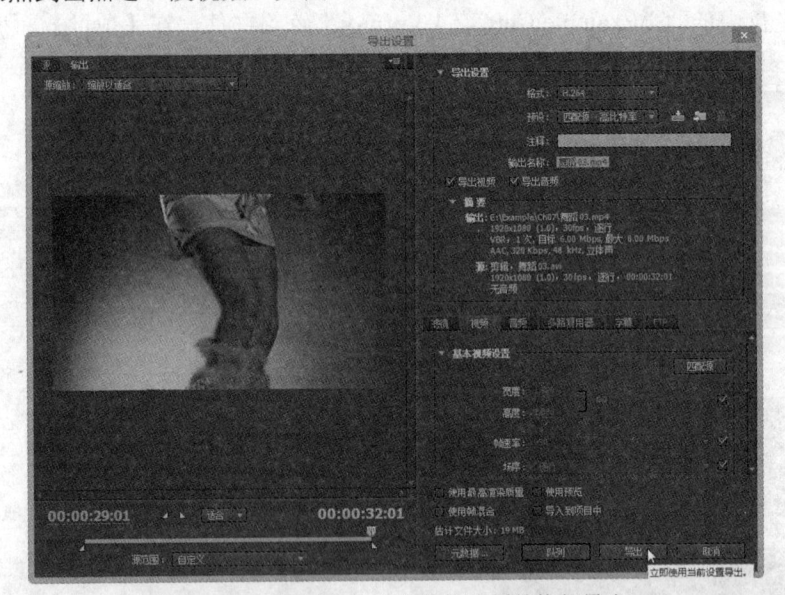

图 7-64　设置导出格式和其他选项并执行导出

7.4.4　上机练习 4：以裁剪方式导出宽屏视频

在【导出设置】窗口中，可以通过【裁剪输出视频】功能裁剪剪辑，以缩小剪辑的尺寸。本例将使用【裁剪输出视频】功能，修改视频的尺寸，将原来尺寸为 4∶3 标准比例的视频裁剪为 16∶9 的宽屏视频。

操作步骤

1 打开光盘中的“..\Example\Ch07\7.4.4.prproj”练习文件，在【项目】面板中选择视频剪辑并拖到【源监视器】面板中播放，查看视频尺寸的比例，如图 7-65 所示。

图 7-65　通过【源监视器】面板查看视频尺寸的比例

2 在【项目】面板中选择剪辑，然后按 Ctrl+M 键打开【导出设置】窗口并选择导出格式，接着切换到【源】选项卡并单击【裁剪输出视频】按钮，再设置裁剪框的尺寸比例，如图 7-66 所示。

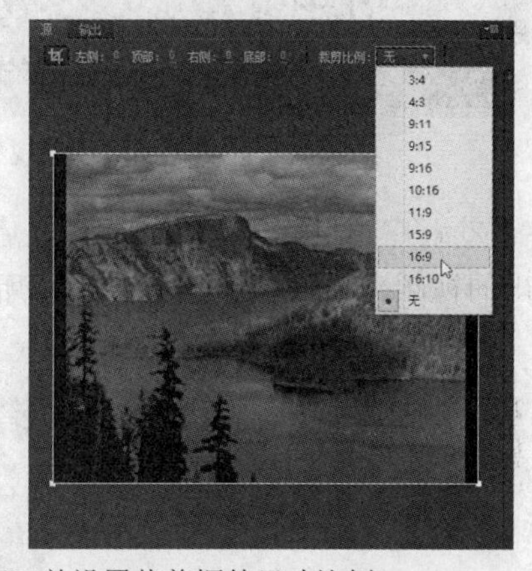

图 7-66　打开【导出设置】窗口并设置裁剪框的尺寸比例

3 调整裁剪框的大小（自动维持当前比例），然后按住裁剪框并移动，调整裁剪框的位置，如图 7-67 所示。

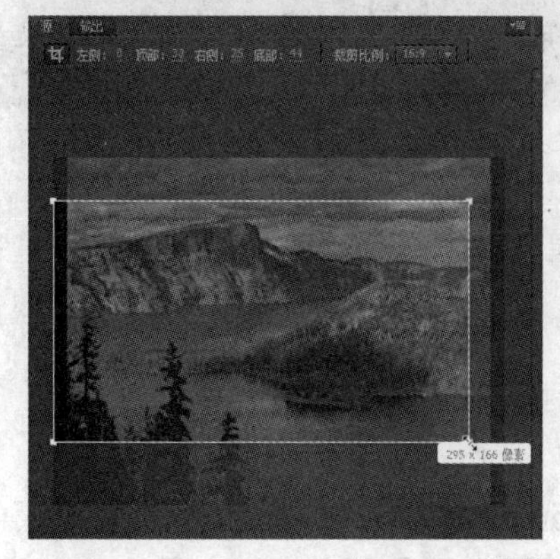

图 7-67　调整裁剪框大小和位置

4 设置输出名称和保存位置，再选择【视频】选项卡，设置视频的纵横比为宽屏，接着单击【导出】按钮执行导出的操作，如图 7-68 所示。

图 7-68　设置视频选项并执行导出

5 程序自动对序列执行编码，编码完成后即完成导出的过程。此时可以进入文件保存目录，打开导出的视频，预览效果，如图 7-69 所示。

图 7-69　执行编码并播放导出的视频

7.4.5　上机练习 5：以队列方式批量导出媒体

本例将通过【导出设置】窗口将媒体队列到 Adobe Media Encoder 程序上，然后通过该程序批量导出媒体。

操作步骤

1 打开光盘中的“..\Example\Ch07\7.4.5.prproj”练习文件，在【项目】面板中选择第一个需要导出的视频剪辑，然后按 Ctrl+M 键打开【导出设置】窗口，如图 7-70 所示。

2 在【导出设置】窗口中设置导出格式和其他导出选项，然后单击【队列】按钮，将导出设置队列到 Adobe Media Encoder 程序上，如图 7-71 所示。

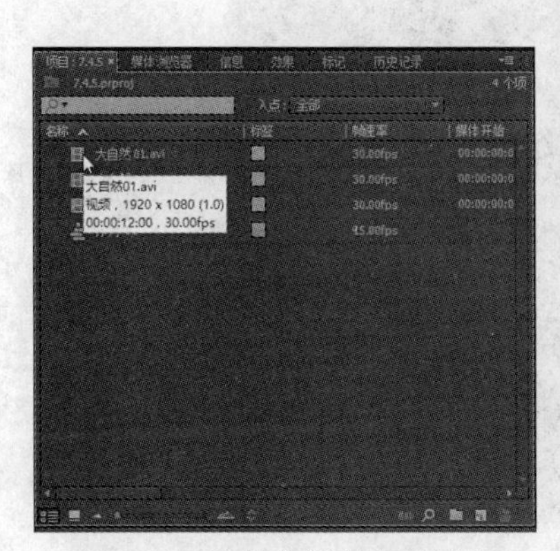

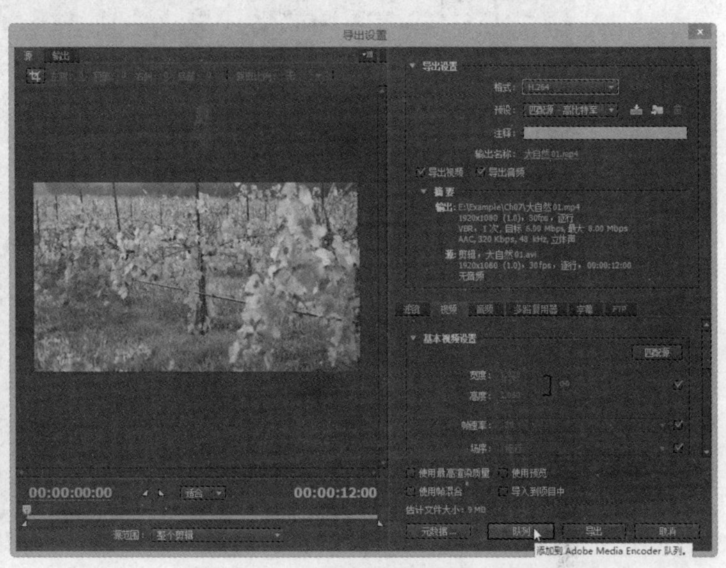

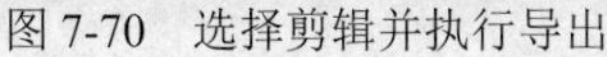

图 7-70　选择剪辑并执行导出　　图 7-71　设置导出选项并执行队列

3 Adobe Media Encoder 程序打开后，可以再打开【格式】列表框，更改导出媒体的格式，如图 7-72 所示。

4 单击【预设】项目的三角形按钮，可以打开【预设】列表框，更改预设压缩器的设置，如图 7-73 所示。

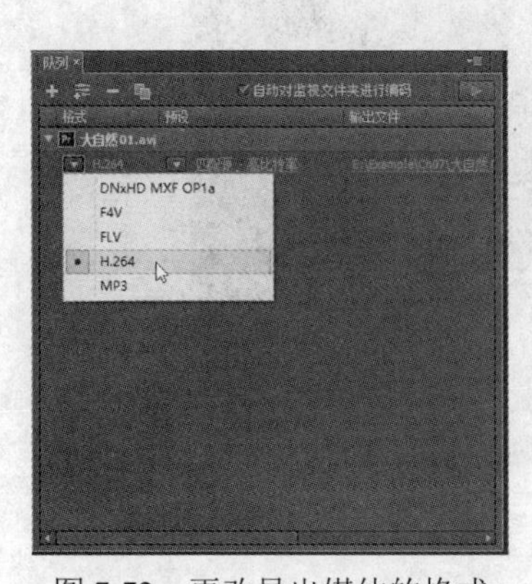

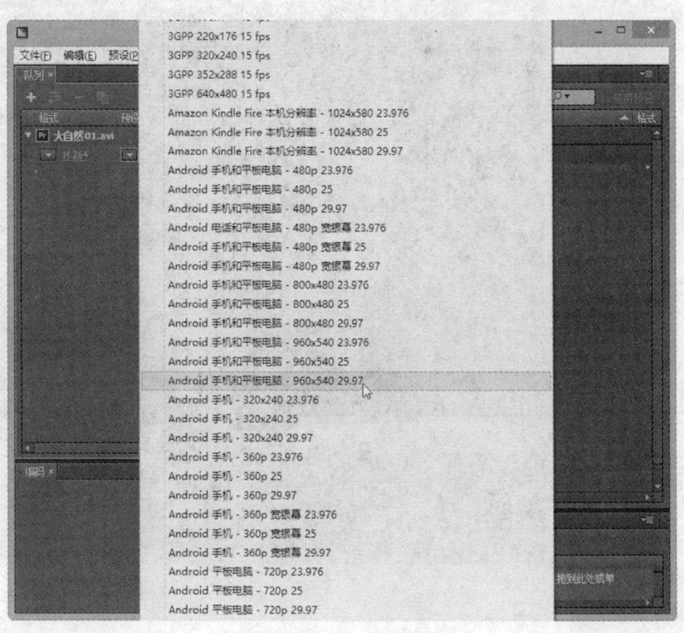

图 7-72　更改导出媒体的格式　　图 7-73　更改预设选项

5 使用步骤 1 和步骤 2 的方法，将其他需要导出的剪辑队列到 Adobe Media Encoder 程序，然后单击【启动队列】按钮▶，进行执行批量导出的处理，如图 7-74 所示。

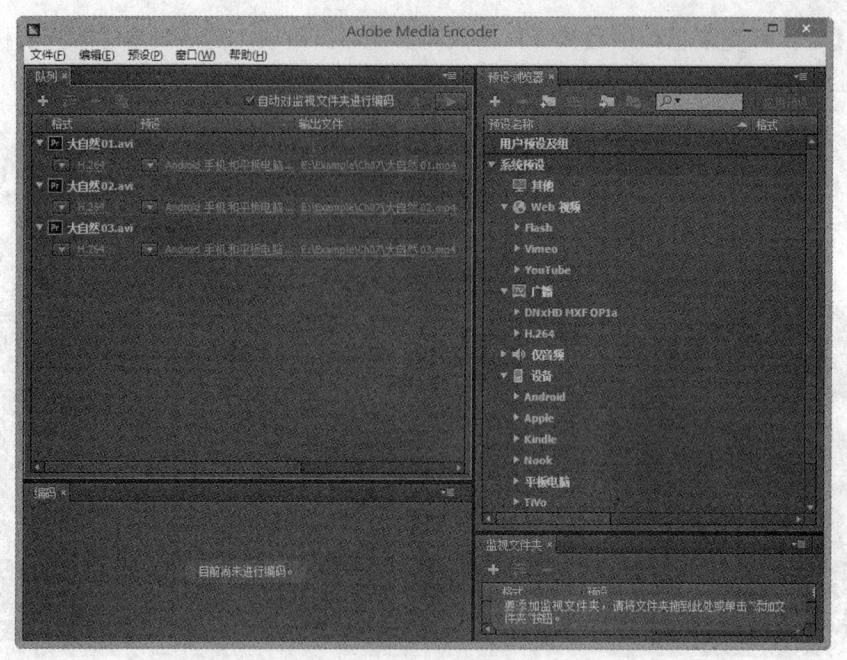

图 7-74　队列其他剪辑并启动队列

6 执行导出时，Adobe Media Encoder 程序会逐一对队列的素材进行编码，如图 7-75 所示。

图 7-75　对素材进行编码

7 导出完成后，每个队列项目后将显示【完成】文字，表示导出已经成功完成，如图 7-76 所示。单击【完成】文字，即可打开【记事本】窗口，以查看媒体导出的日志信息，如图 7-77 所示。

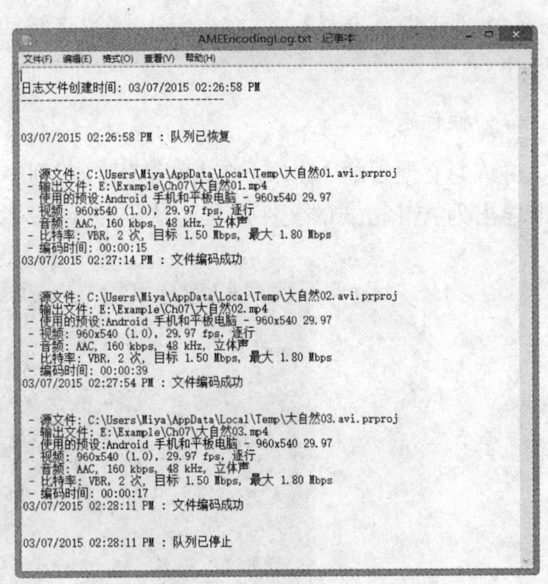

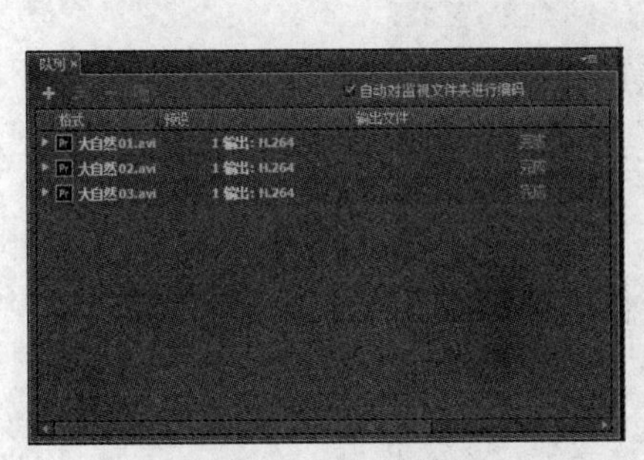

图 7-76　完成批量导出

图 7-77　查看媒体导出的日志

7.5　评测习题

一、填充题

（1）Premiere Pro CC 会使用显示在序列时间标尺中的__________标记序列的未渲染部分。

（2）______________表示可能无须进行渲染即可实时地以全帧速率进行播放的未渲染部分。

（3）默认情况下，当选择【渲染入点到出点的效果】命令或者【渲染入点到出点】命令时，Premiere Pro CC 不会渲染___________。

（4）要导出项目的序列或剪辑为媒体时，选择【文件】|【导出】|【媒体】命令后，将打开【______________】窗口。

二、选择题

（1）按下哪个快捷键可以打开【导出设置】窗口？　（　　）

A．Ctrl+F8　　B．Ctrl+D　　C．Ctrl+F7　　D．Ctrl+M

（2）Adobe Premiere Pro CC 程序默认保存哪种 EDL 格式？　（　　）

A．GVG　　B．Sony　　C．Apple　　D．CMX

（3）以下哪种格式可以通过保存的元数据来描述复杂的编辑、合成、特效以及其他编辑功能？　（　　）

A．EDL　　B．AAF　　C．XML　　D．OMF

三、判断题

（1）Premiere Pro CC 通常会对不需要渲染或 Premiere Pro CC 已经渲染预览文件以全帧速率实时播放任何序列。　（　　）

（2）Premiere Pro CC 的黄色渲染栏表示可能必须在进行渲染之后才可实时地以全帧速率进行播放的未渲染部分。　（　　）

（3）在【导出设置】窗口中，可以通过【裁剪输出视频】功能裁剪剪辑，以设置导出媒体的尺寸。（　　）

四、操作题

将练习文件中的 MPEG 格式的剪辑装配到序列，然后通过导出序列为媒体的方式，将该剪辑导出为 AVI 格式的文件，从而达到转换视频格式的目的，结果如图 7-78 所示。

图 7-78　使用播放器播放导出视频的结果

操作提示

（1）打开光盘中的“..\Example\Ch07\7.5.prproj”练习文件。
（2）将【项目】面板中的【7.5.mp4】视频剪辑添加到序列。
（3）选择当前序列，然后按下 Ctrl+M 快捷键打开【导出设置】窗口。
（4）选择导出格式为 AVI。
（5）设置其他导出选项，然后单击【导出】按钮，如图 7-79 所示。

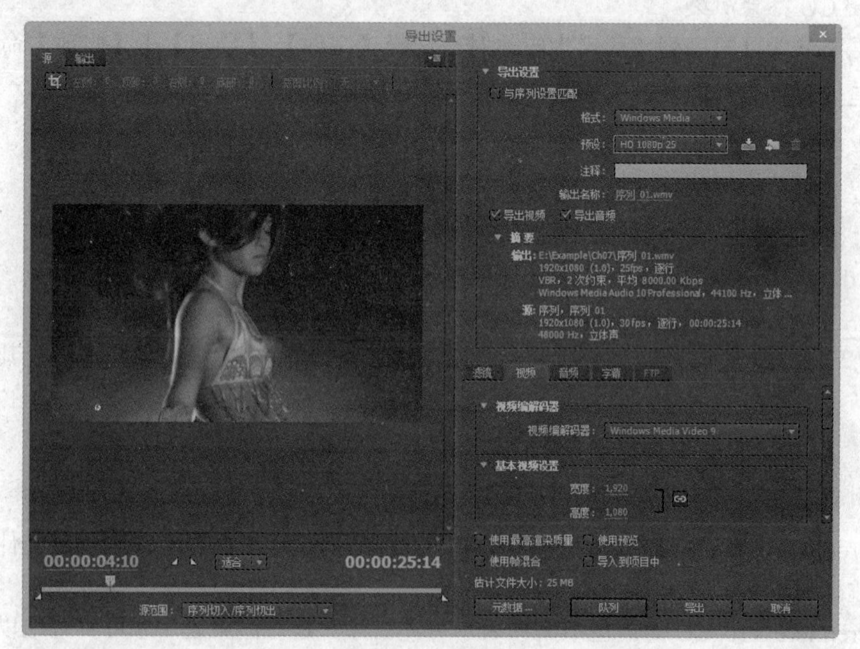

图 7-79　导出设置

第 8 章　项目设计上机特训

学习目标

本章通过 10 个上机练习实例，介绍 Premiere Pro CC 在影片编辑、标题制作、视频效果应用、动态效果设计、音效处理等方面的应用。

学习重点

☑ 影片制作基本流程
☑ 应用和编辑视频特效和视频过渡
☑ 创建和标题字幕标题
☑ 创建和使用倒计时素材
☑ 创建剪辑的运动和不透明度效果
☑ 编辑剪辑的声音效果
☑ 制作画中画效果
☑ 视口的创建和应用

8.1　上机练习 1：示例——影片制作基本流程

本例将通过制作一个【动物专辑】的影片为示例，介绍使用 Premiere Pro CC 设计影视项目的基本流程：新建文件和序列——导入剪辑——将剪辑加入序列——添加剪辑过度——制作字幕——添加背景音乐——保存项目——导出媒体。

本例设计的结果如图 8-1 所示。

图 8-1　设计动物专辑项目的结果

操作步骤

1 打开 Premiere Pro CC 应用程序，在欢迎屏幕中单击【新建项目】按钮，如图 8-2 所示。

2 打开【新建项目】对话框后，设置项目文件的名称和保存位置，然后单击【确定】按钮新建项目，如图 8-3 所示。

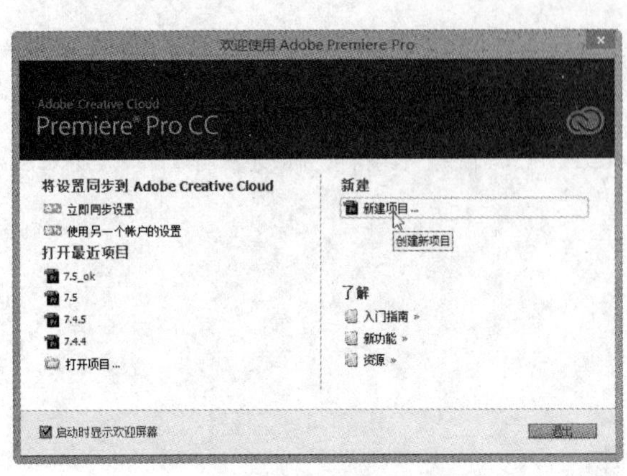

图 8-2　新建项目

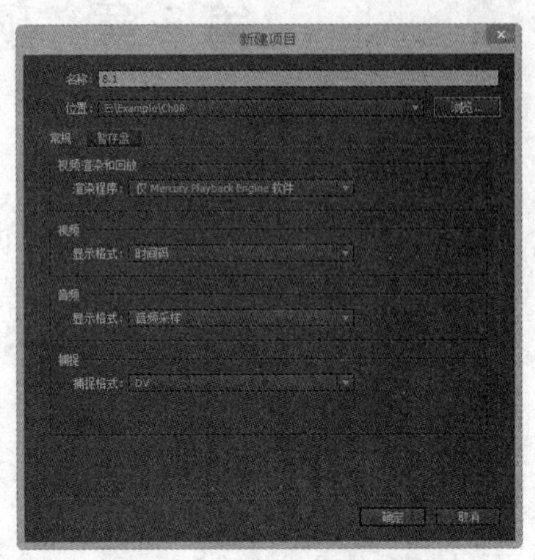

图 8-3　设置项目的选项

3 选择【文件】|【新建】|【序列】命令，在打开的【新建序列】对话框中选择一个预设的序列，并设置序列的名称，如图 8-4 所示。

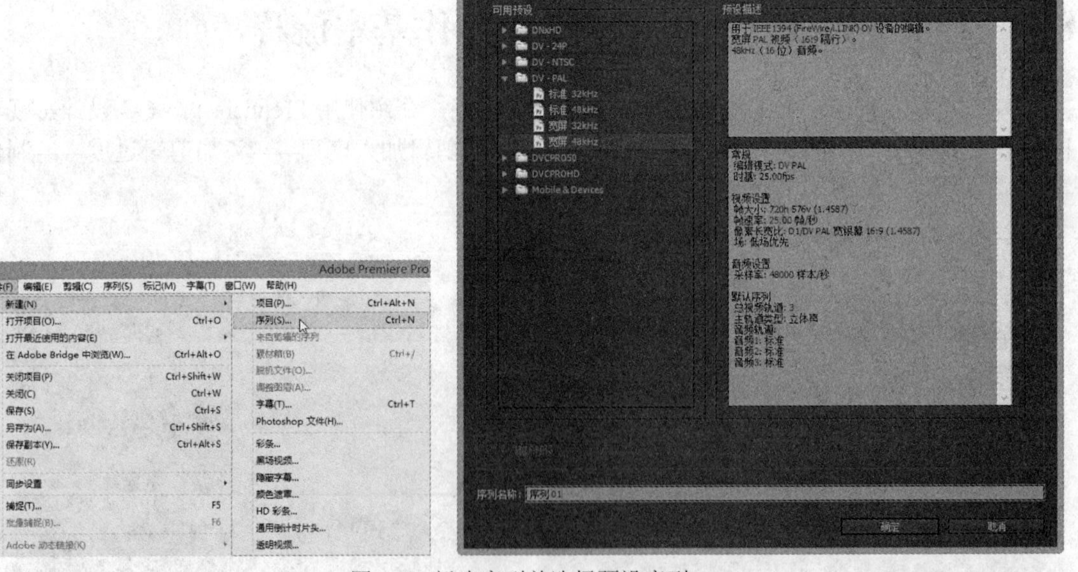

图 8-4　新建序列并选择预设序列

4 在【新建序列】对话框中切换到【设置】选项卡，然后设置序列的各类选项，再切换到【轨道】选项卡，根据设计需求添加或删除视频和音频轨道，最后单击【确定】按钮，如图 8-5 所示。

5 在【项目】面板中单击鼠标右键并选择【导入】命令，在打开的【导入】对话框中选择需要使用的剪辑素材，然后单击【确定】按钮导入素材，如图 8-6 所示。

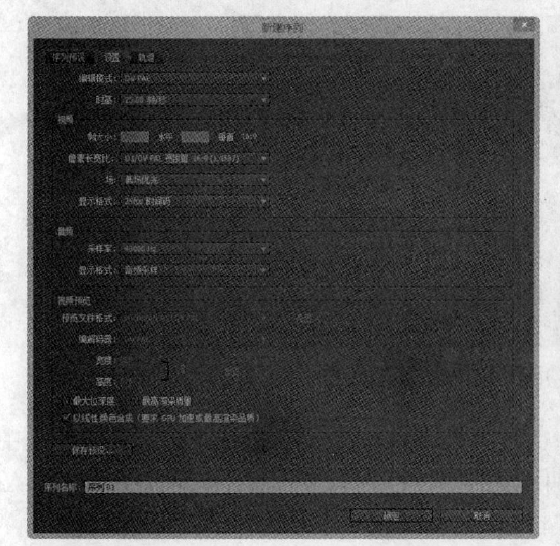
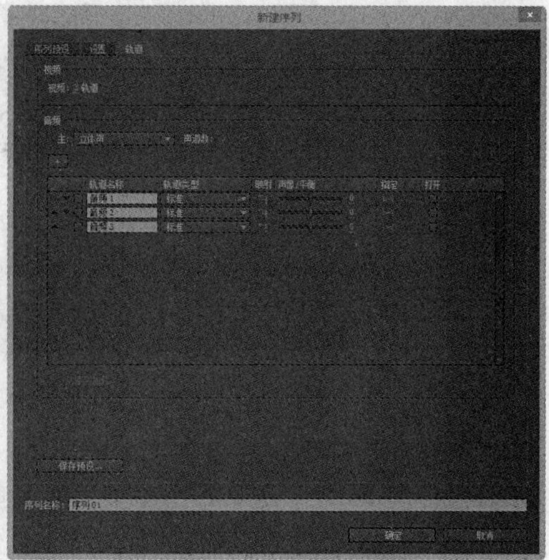

图 8-5　设置序列的选项和轨道

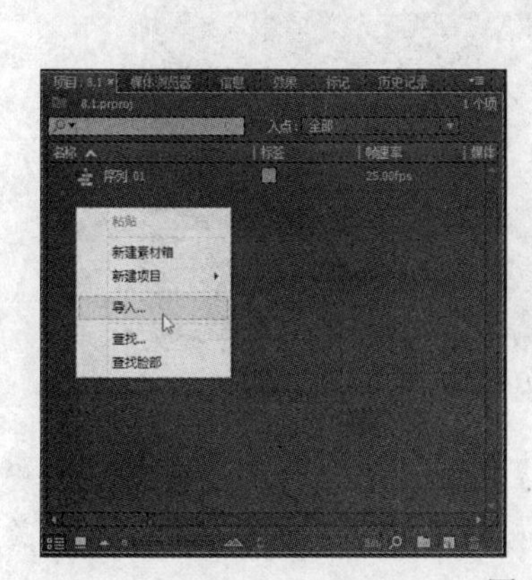

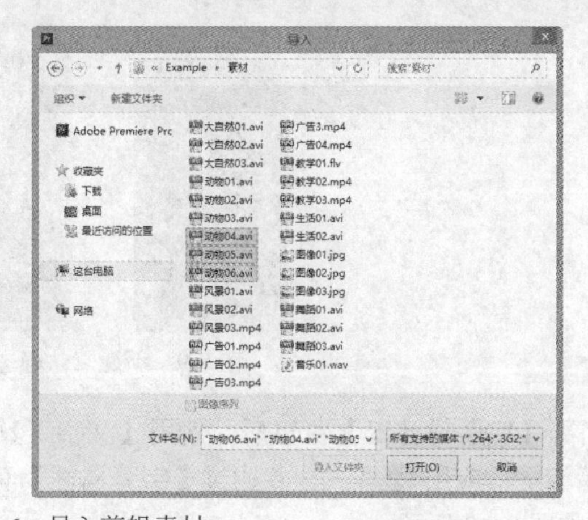

图 8-6　导入剪辑素材

6 从上到下选择导入的剪辑，然后单击【自动匹配序列】按钮，在打开的【序列自动化】对话框中设置顺序和其他选项，接着单击【确定】按钮，如图 8-7 所示。

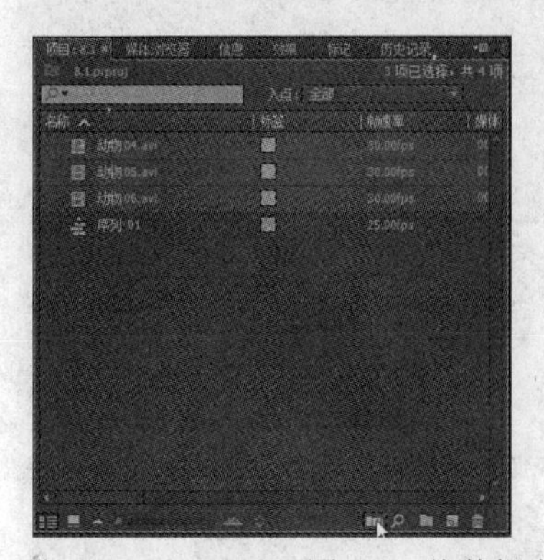
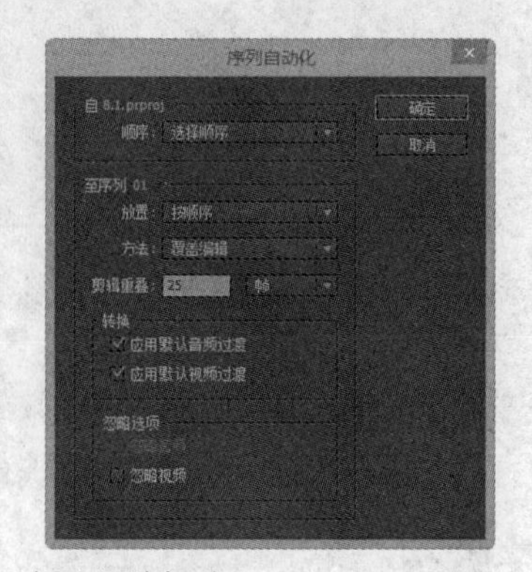

图 8-7　将剪辑自动匹配到序列

7 将剪辑自动匹配到序列后，剪辑之间会自动添加视频过渡效果，此时可以在【时间轴】面板中查看剪辑自动匹配的结果，如图 8-8 所示。

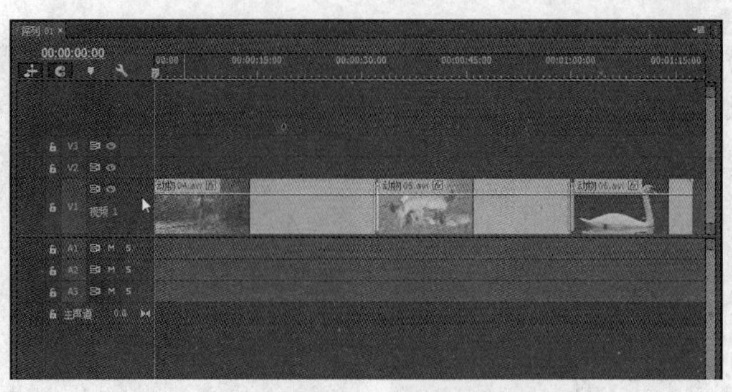

图 8-8　查看剪辑自动匹配到序列的结果

8 选择【字幕】|【新建字幕】|【默认静态字幕】命令，在打开的【新建字幕】对话框中设置字幕的属性和名称，然后单击【确定】按钮，如图 8-9 所示。

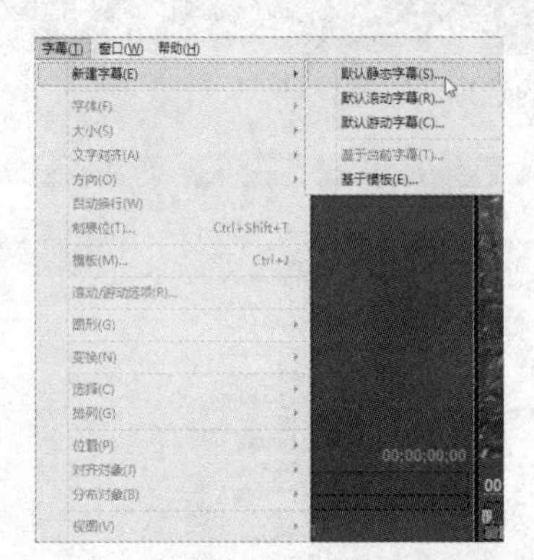

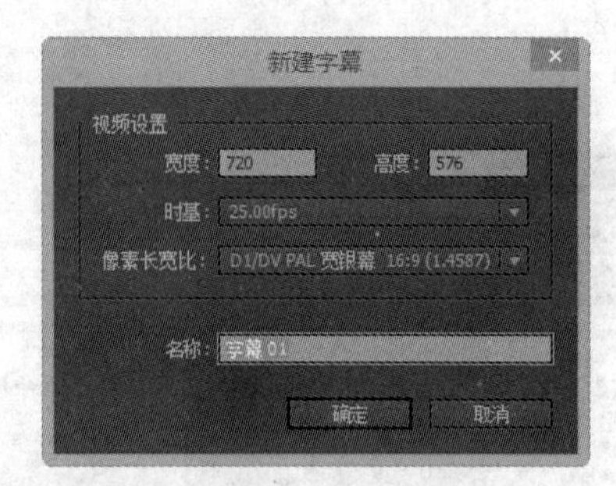

图 8-9　新建默认静态字幕

9 打开【字幕设计器】窗口后，使用【文字工具】在监视器左上方输入文字“动物专辑”，然后为字幕应用样式，并通过【字幕属性】面板设置字幕的各项属性，最后关闭字幕设计器，如图 8-10 所示。

图 8-10　设计静态字幕

10 将【项目】面板中的字幕剪辑拖到序列的【视频 2】轨道上，然后调整字幕的播放持续时间与【视频 1】轨道的剪辑一样，如图 8-11 所示。

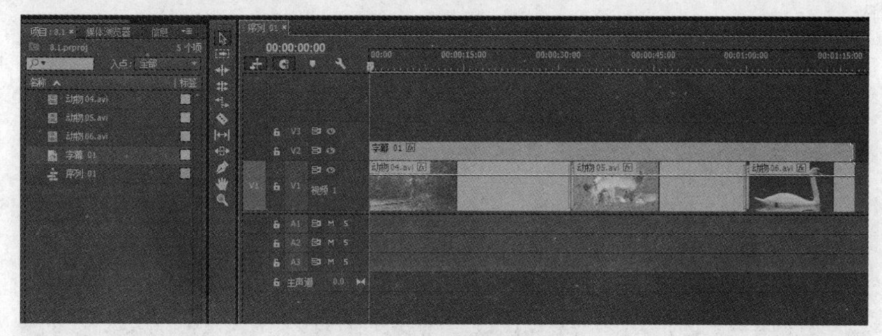

图 8-11　将字幕加入序列中

11 在【项目】面板上单击鼠标右键并选择【导入】命令，在打开的【导入】对话框中选择音频素材，再单击【打开】按钮，将音频剪辑连续三次加入到【音频 1】轨道上，并将三段音频剪辑拼接在一起，如图 8-12 所示。

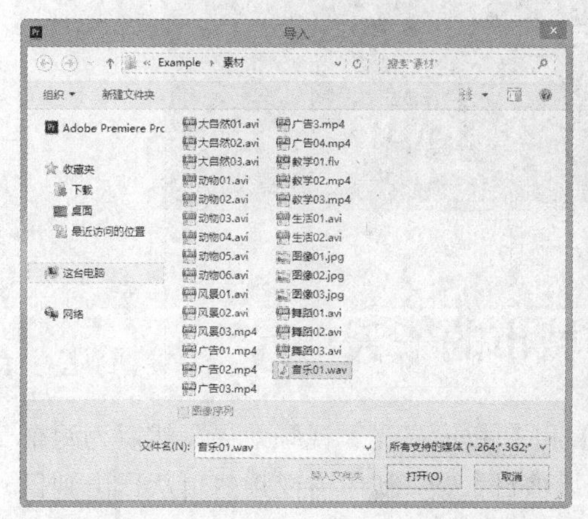

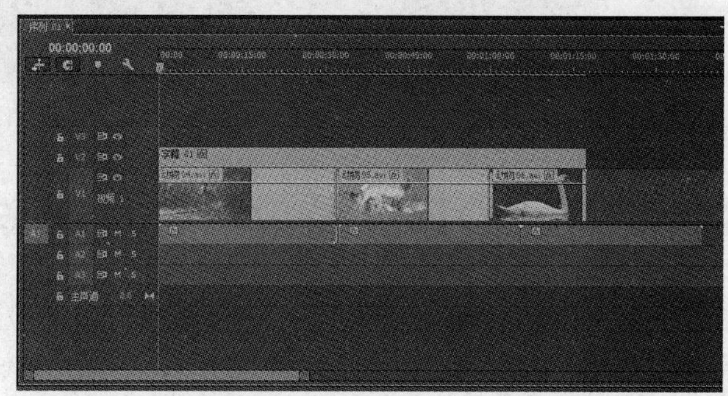

图 8-12　导入音频剪辑并加入序列中

12 选择最后一段音频剪辑的出点，将出点向左拖动，使音频的播放持续时间与视频播放持续时间一样，将项目文件另存为新文件，如图 8-13 所示。

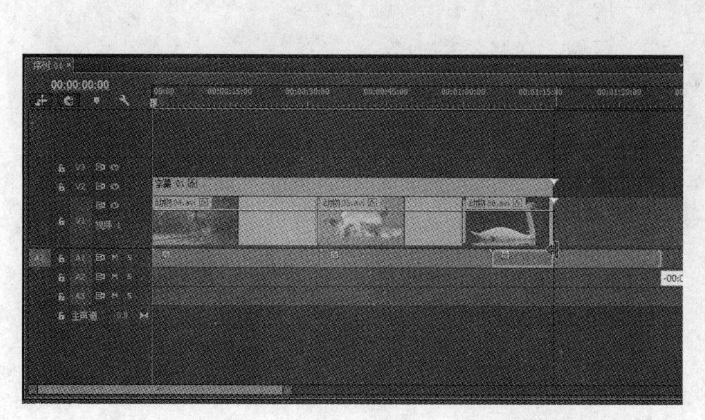

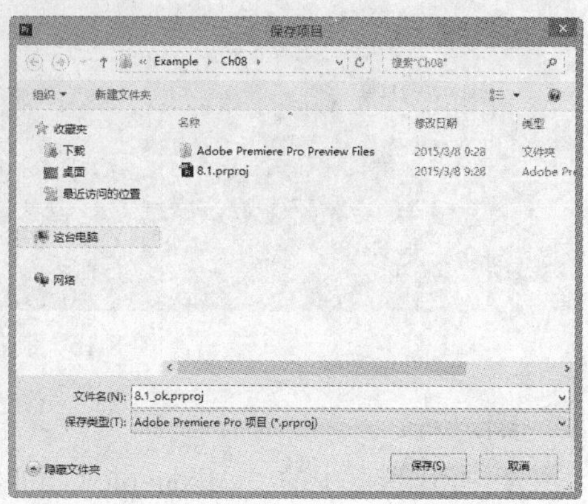

图 8-13　调整音频播放持续时间并另存文件

13 激活【时间轴】面板的当前序列，然后按 Ctrl+M 键打开【导出设置】窗口，在其中设置导出格式、保存媒体的位置，再设置其他选项，接着单击【导出】按钮将序列导出为媒体，如图 8-14 所示。

图 8-14　将序列导出为媒体

8.2　上机练习 2：特效——在海滨城市的一天

本例将为序列上的剪辑应用【颜色平衡（RGB）】和【阴影/高光】视频效果，然后为两个效果添加多个关键帧，并分别设置各个关键帧中的效果项目参数，制作出视频剪辑从日出到日落的颜色变化效果。

本例设计的结果如图 8-15 所示。

图 8-15　制作视频剪辑颜色变化的效果

操作步骤

1 打开光盘中的“..\Example\Ch08\8.2.prproj”练习文件，在【项目】面板中选择【城市 01.avi】剪辑素材，然后将该剪辑拖到序列的【视频 1】轨道上，如图 8-16 所示。

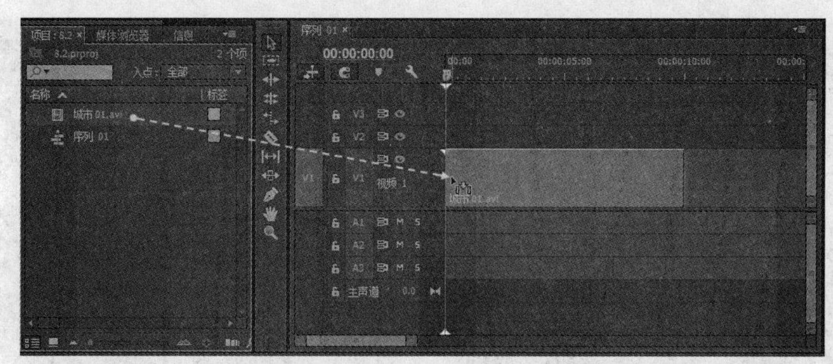

图 8-16　将剪辑加入序列的轨道上

2 打开【效果】面板，再打开【视频效果】|【图像控制】列表，然后将【颜色平衡（RGB）】效果项拖到剪辑上，如图 8-17 所示。

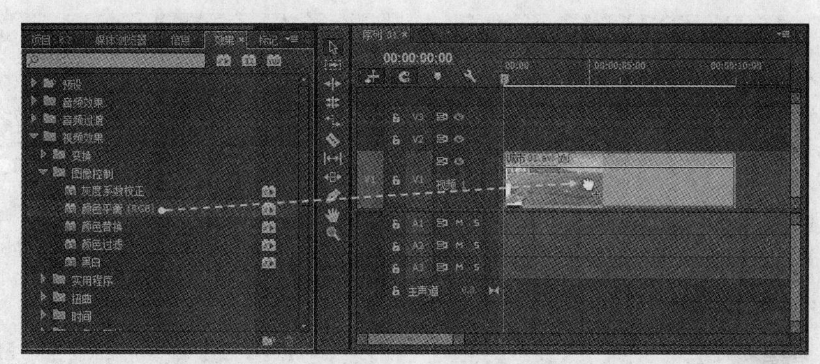

图 8-17　应用【颜色平衡（RGB）】效果

3 打开【视频效果】|【调整】列表，然后将【阴影/高光】效果项拖到剪辑上，如图 8-18 所示。

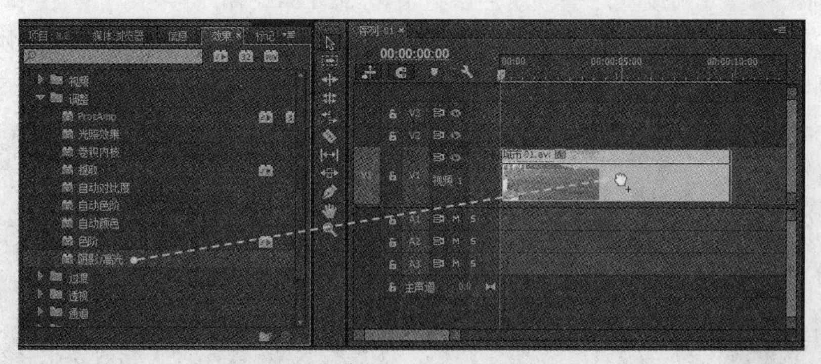

图 8-18　应用【阴影/高光】效果

4 打开【效果控件】面板，再打开【颜色平衡（RGB）】和【阴影/高光】列表，然后分别单击【红色】、【绿色】、【蓝色】、【阴影数量】、【高光数量】左侧的【切换动画】按钮，分别设置上述项目的参数值，如图 8-19 所示。

5 在【效果控件】面板中选择播放指示器，将播放指示器向右移动，为【红色】、【绿色】、【蓝色】、【阴影数量】、【高光数量】项添加关键帧，接着分别设置这些项目的参数值，如图 8-20 所示。

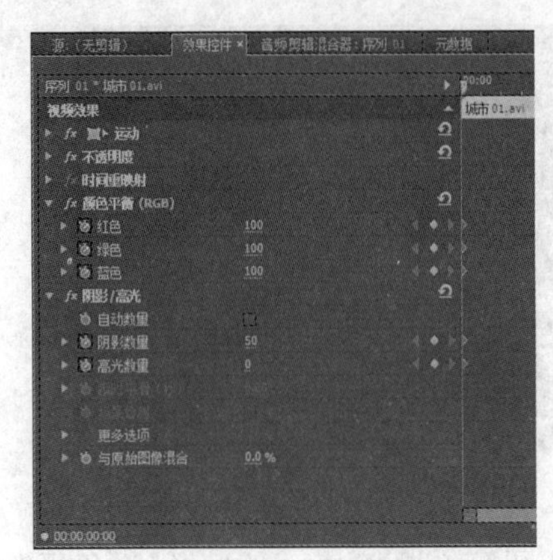

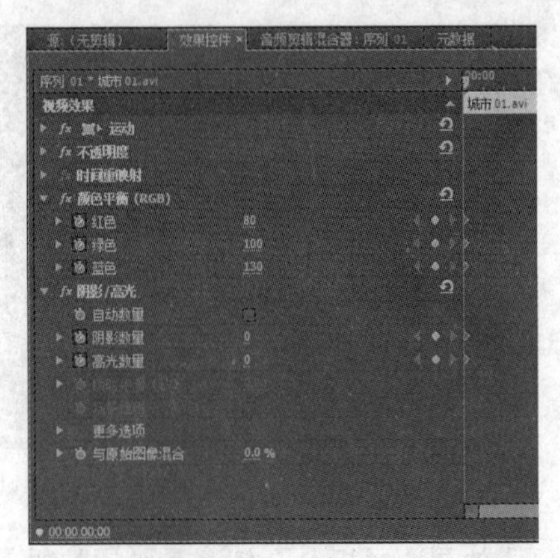

图 8-19　切换效果动画并设置第一个关键帧的项目参数

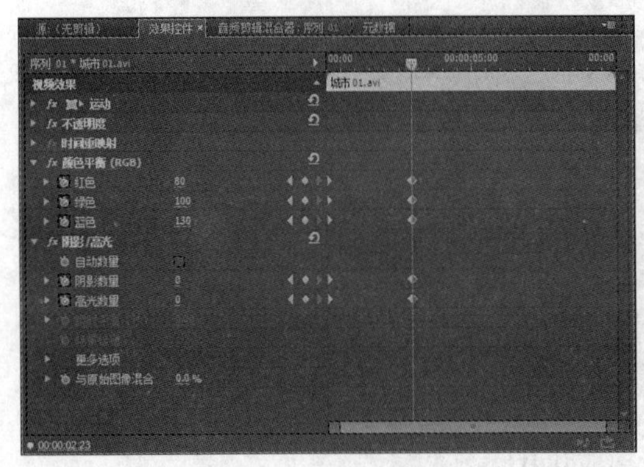

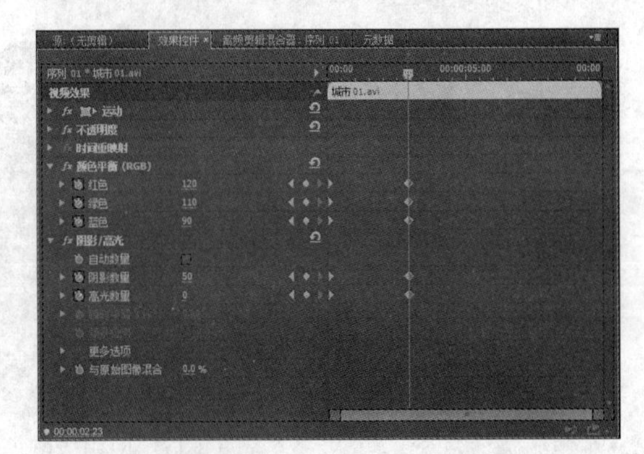

图 8-20　添加项目第二个关键帧并设置参数

6 选择播放指示器并向右移动，为【红色】、【绿色】、【蓝色】、【阴影数量】、【高光数量】项添加关键帧，接着分别设置这些项目的参数值，如图 8-21 所示。

7 将播放指示器移到剪辑的出点处，为【红色】、【绿色】、【蓝色】、【阴影数量】、【高光数量】项添加关键帧，然后分别为这些效果项设置对应的参数值，如图 8-22 所示。

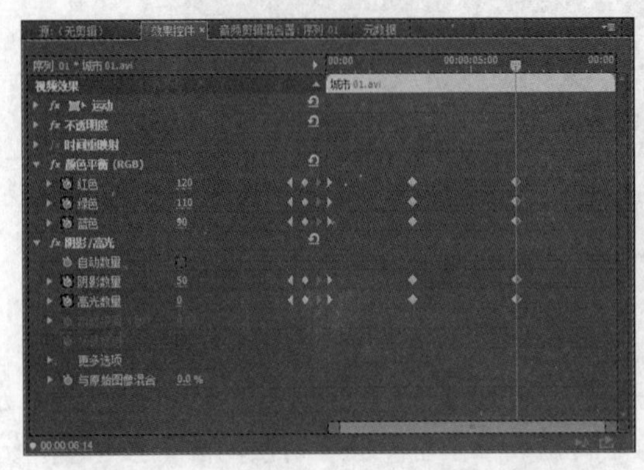

图 8-21　添加项目第三个关键帧并设置参数

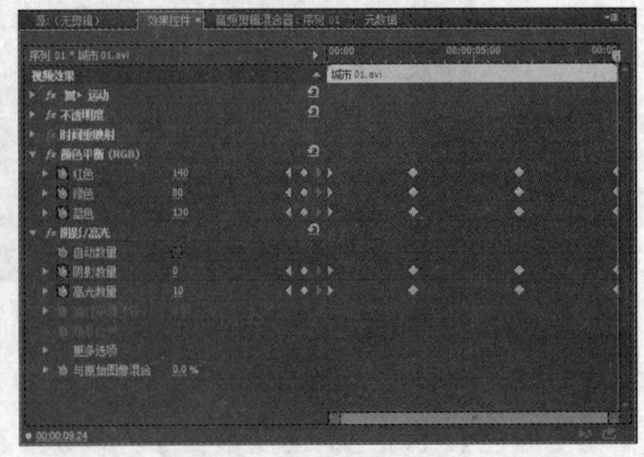

图 8-22　添加项目第四个关键帧并设置参数

8 在【节目监视器】面板中播放序列，查看剪辑的颜色变化效果，如图 8-23 所示。

图 8-23　播放序列查看剪辑颜色变化

8.3　上机练习 3：标题——城市忙碌的建设者

本例将为项目创建一个字幕素材，然后通过【字幕设计器】窗口设计字幕，设置字幕从左向右游动的动态效果，接着将字幕剪辑加入序列，最后设置字幕的持续时间。

本例设计的结果如图 8-24 所示。

图 8-24　设计从左向右游动的字幕效果

操作步骤

1 打开光盘中的“..\Example\Ch08\8.3.prproj”练习文件，在【项目】面板中单击鼠标右键并选择【新建项目】|【字幕】命令，在打开的【新建字幕】对话框中设置字幕的选项和名称，接着单击【确定】按钮，如图 8-25 所示。

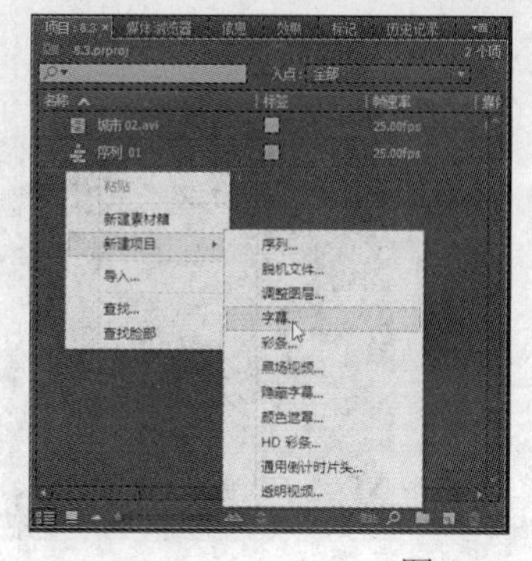
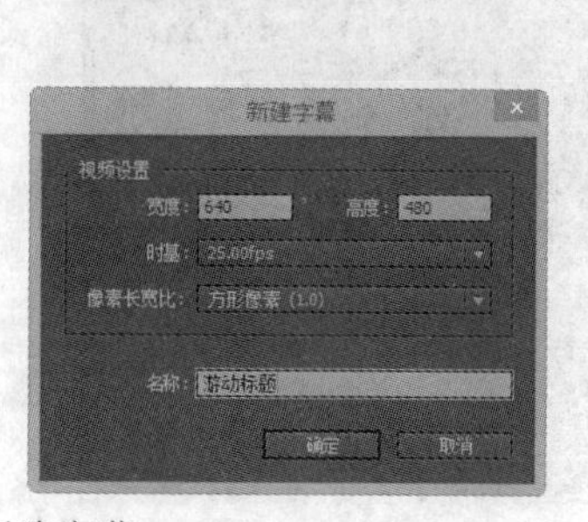

图 8-25　新建字幕

2 打开【字幕设计器】窗口后，使用【文字工具】T在监视器下方输入文字“城市建设者”，然后设置文字的字体，如图 8-26 所示。

3 选择字幕文字，然后在【字幕属性】面板上设置文字的属性，再设置文字的渐变填充颜色（绿色到青色渐变），如图 8-27 所示。

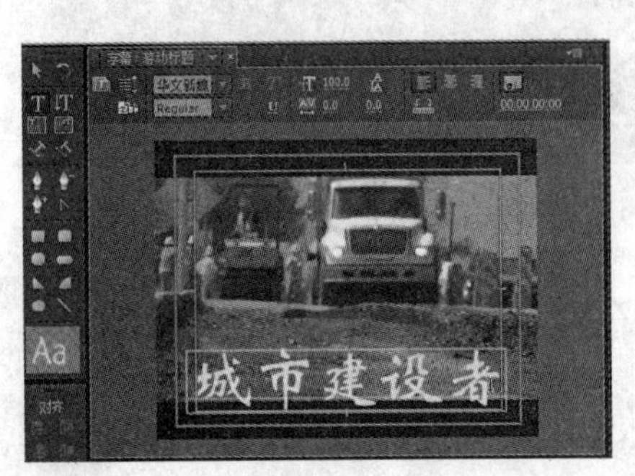

图 8-26　输入字幕文字

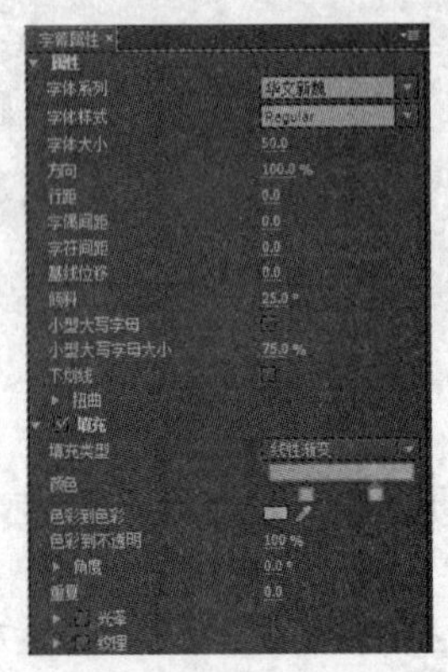

图 8-27　设置文字的基本属性

4 打开【描边】列表，单击【添加】文本，设置内描边的各项属性，再添加外描边并设置外描边的各项属性，如图 8-28 所示。

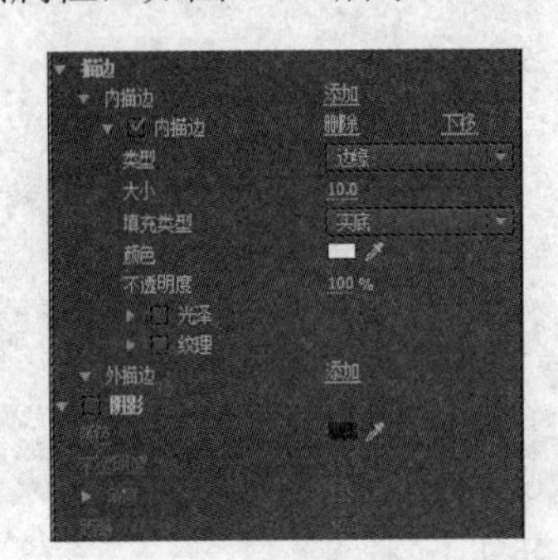

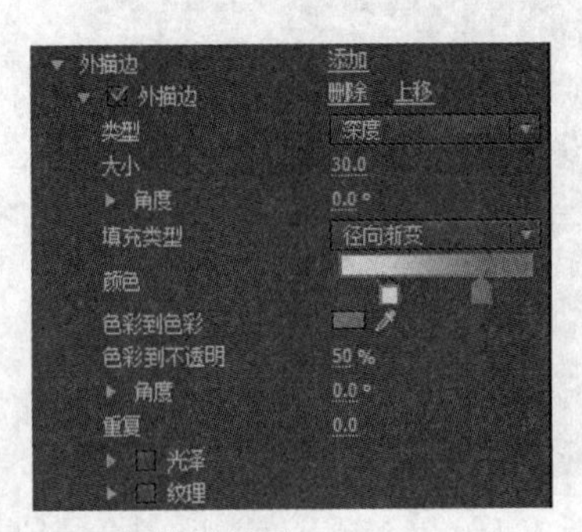

图 8-28　为字幕文字添加描边效果

5 选择字幕文字，然后将文字移到监视器右下方，如图 8-29 所示。

6 单击【字幕】面板的【滚动/游动选项】按钮，在打开的对话框中选择【向右游动】单选项，再选择【开始于屏幕外】复选框，单击【确定】按钮，如图 8-30 所示。

图 8-29　调整字幕文字的位置

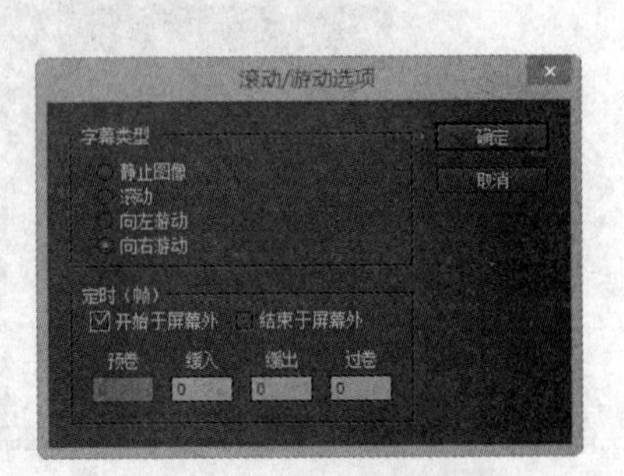

图 8-30　设置游动选项

7 关闭【字幕设计器】窗口，将字幕拖到序列的【视频 2】轨道上，然后调整字幕播放持续时间与【视频 1】轨道的剪辑一样，如图 8-31 所示。

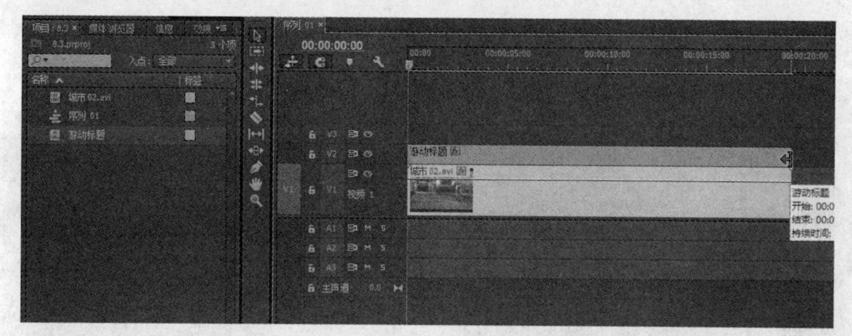

图 8-31 将字幕加入序列并调整持续时间

8.4 上机练习 4：倒计时——喜庆婚礼的片头

本例将为项目新建一个【通用倒计时片头】剪辑素材，然后设置倒计时的视频和音频效果，接着分别将倒计时剪辑和婚礼片头剪辑加入到【视频 1】轨道，并为两个剪辑之间加入过渡效果。

本例设计的结果如图 8-32 所示。

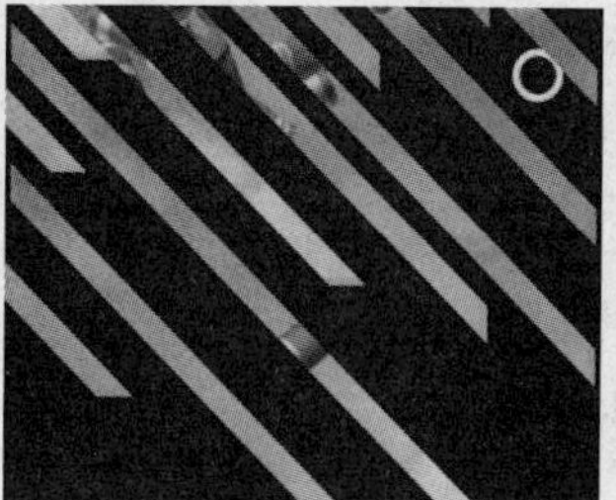

图 8-32 使用倒计时素材设计婚礼剪辑片头

操作步骤

1 打开光盘中的“..\Example\Ch08\8.4.prproj”练习文件，在【项目】面板中单击鼠标右键并选择【新建项目】|【通用倒计时片头】命令，在打开的【新建通用倒计时片头】对话框中设置基本属性，接着单击【确定】按钮，如图 8-33 所示。

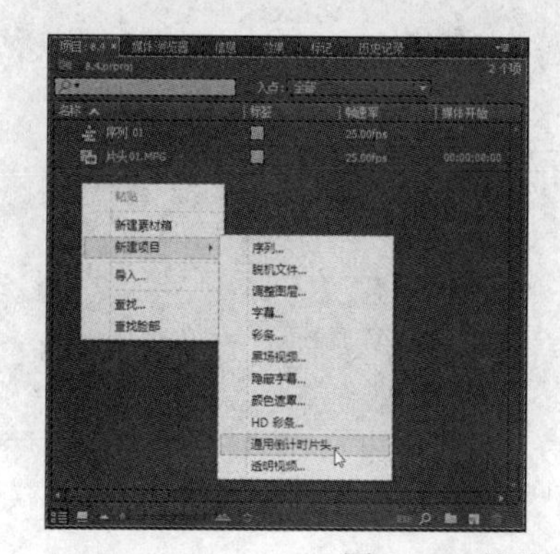

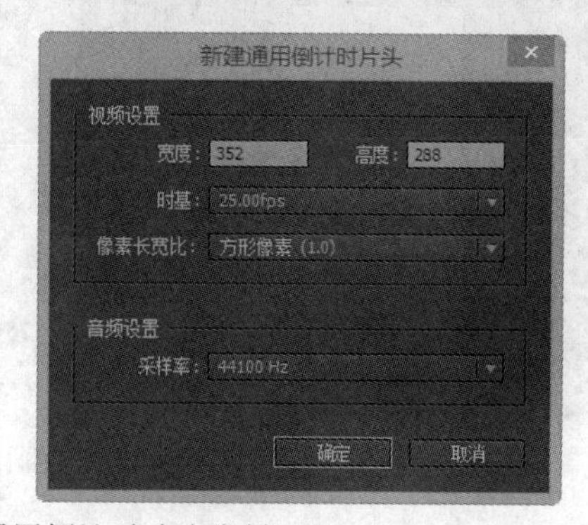

图 8-33 新建通用倒计时片头素材

2 打开【通用倒计时设置】对话框后，单击【擦除颜色】项的颜色按钮，然后在【拾色器】对话框中选择红色，单击【确定】按钮，如图 8-34 所示。

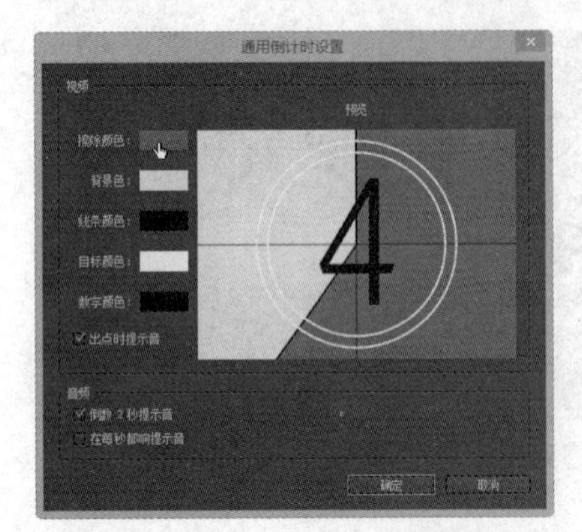

图 8-34 设置倒计时的擦除颜色

3 返回【通用倒计时设置】对话框后，单击【背景色】项的颜色按钮，然后通过【拾色器】对话框中选择黄色，单击【确定】按钮，如图 8-35 所示。

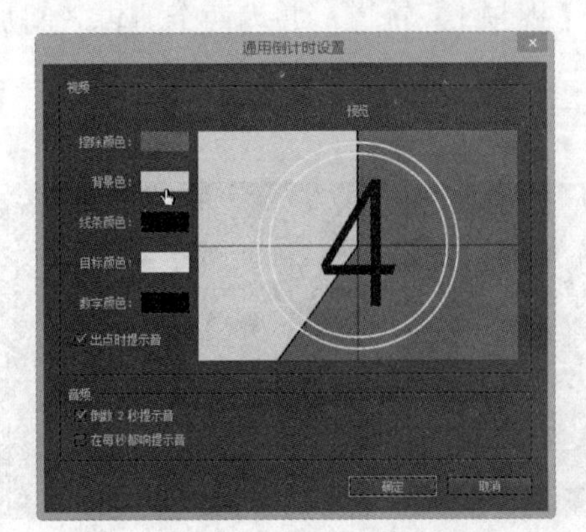

图 8-35 设置倒计时的背景颜色

4 使用步骤 3 的方法，分别设置【线条颜色】为【青色】、【目标颜色】为【蓝色】，如图 8-36 所示。

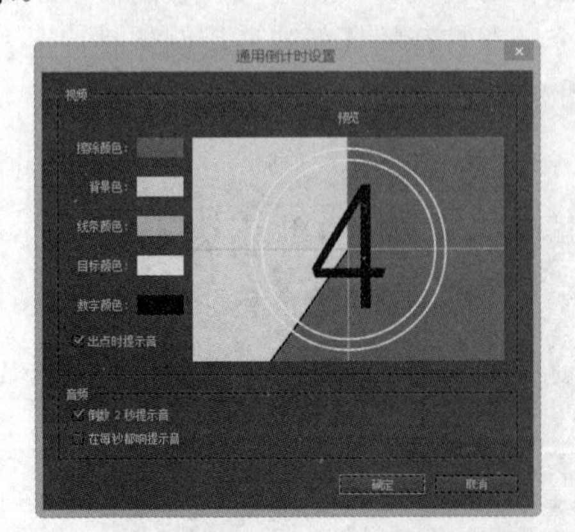

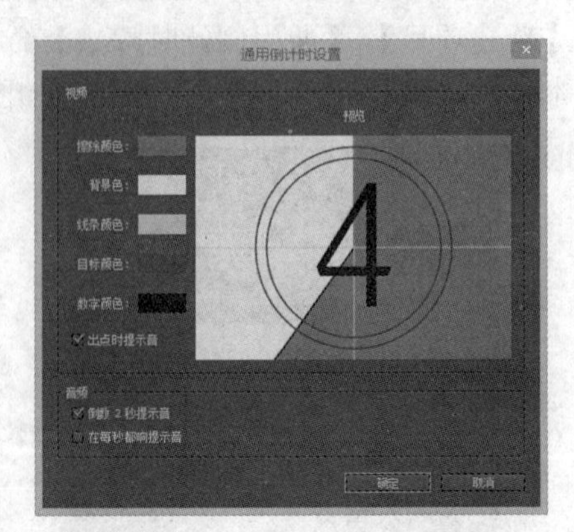

图 8-36 设置倒计时其他颜色

5 选择【出点时提示音】和【倒数 2 秒提示音】复选框，再取消选择【在每秒都响提示音】复选框，单击【确定】按钮，将【通用倒计时片头】剪辑拖到视频 1 轨道上，如图 8-37 所示。

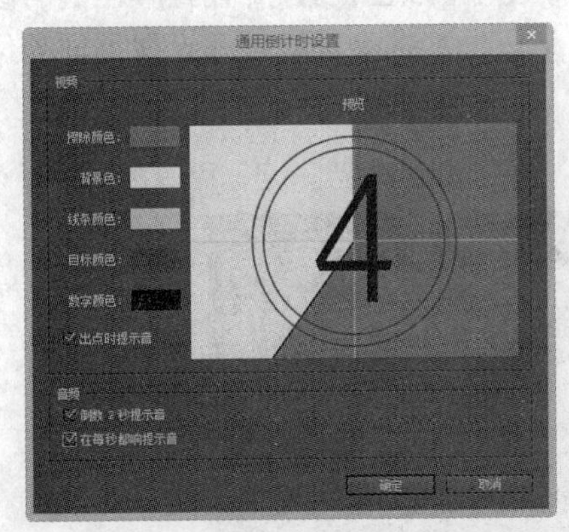

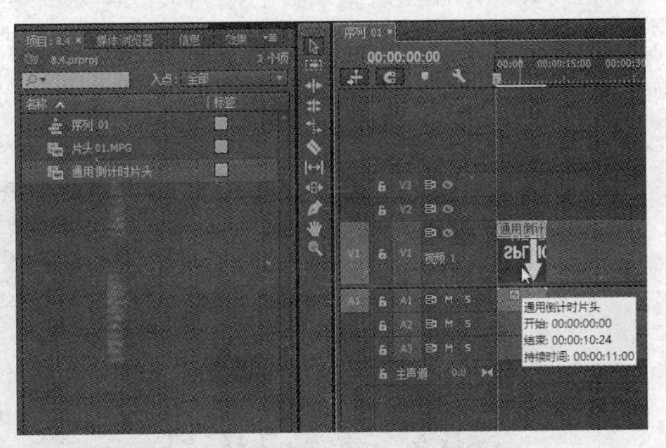

图 8-37　设置倒计时其他选项并加入到序列

6 在【项目】面板中选择【片头 01.MPG】剪辑，然后将该剪辑拖到倒计时剪辑出点处，如图 8-38 所示。

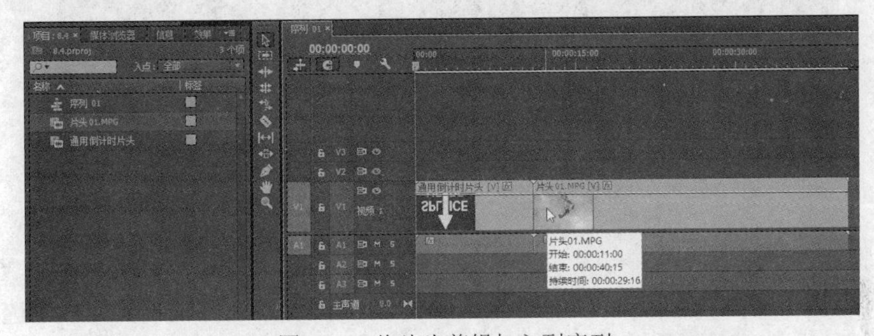

图 8-38　将片头剪辑加入到序列

7 打开【效果】面板，再打开【视频过渡】|【滑动】列表，将【斜线滑动】效果拖到两个剪辑之间即可，如图 8-39 所示。

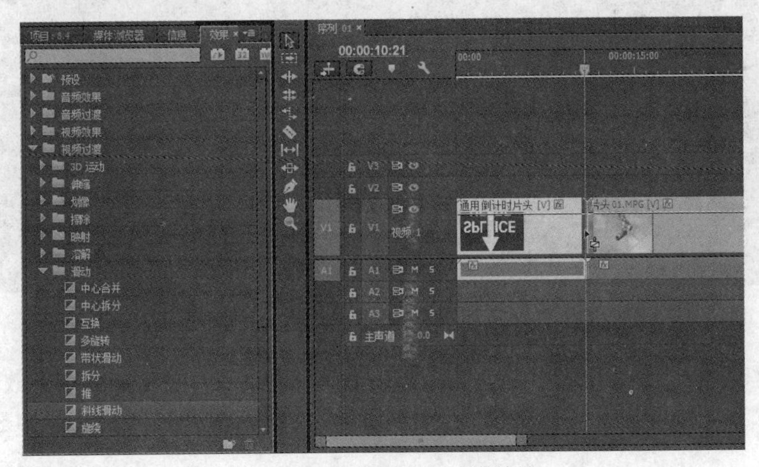

图 8-39　为剪辑应用过渡效果

8.5　上机练习 5：运动——翩翩起舞的小蝴蝶

本例将蝴蝶动画加入到项目的序列上，再为蝴蝶剪辑应用【颜色键】，并设置颜色键的参数，将蝴蝶影像抠出来，然后创建蝴蝶剪辑的位置动画，通过添加多个关键帧和设置不同的位置，制作蝴蝶在花丛中翩翩起舞的效果。

本例设计的结果如图 8-40 所示。

图 8-40　制作蝴蝶翩翩起舞的效果

操作步骤

1 打开光盘中的“..\Example\Ch08\8.5.prproj”练习文件，在【项目】面板中选择【动画 01.flv】剪辑素材，然后将该剪辑拖到【视频 2】轨道上，接着调整【视频 1】轨道剪辑的持续时间，使之与【视频 2】轨道的剪辑持续时间一样，如图 8-41 所示。

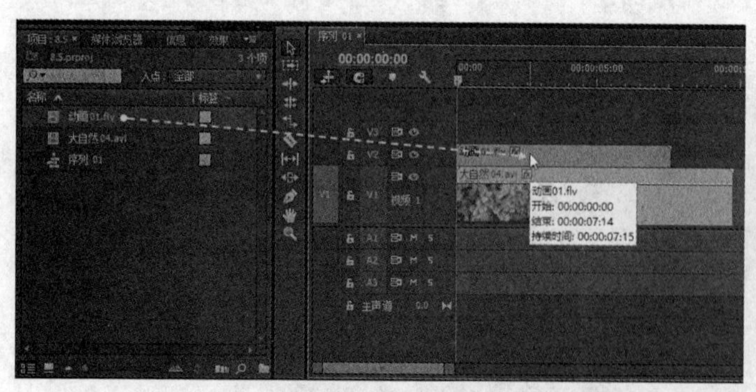

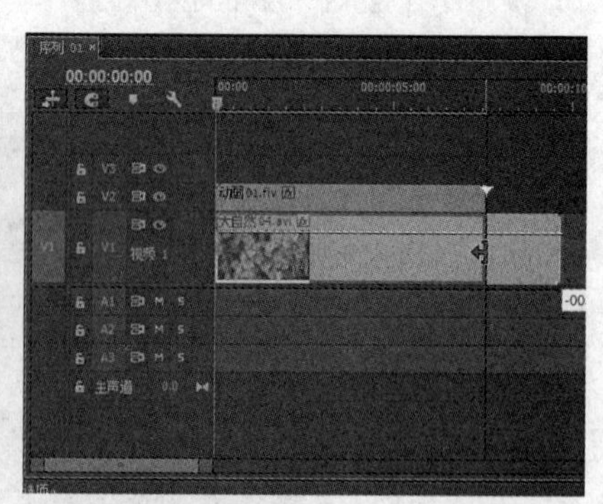

图 8-41　将蝴蝶剪辑加入序列并调整另一个剪辑的持续时间

2 打开【效果】面板，再打开【视频效果】|【键控】列表，将【颜色键】效果项拖到【动画 01.flv】剪辑上，接着打开【效果控件】面板，设置颜色键的颜色和其他参数，如图 8-42 所示。

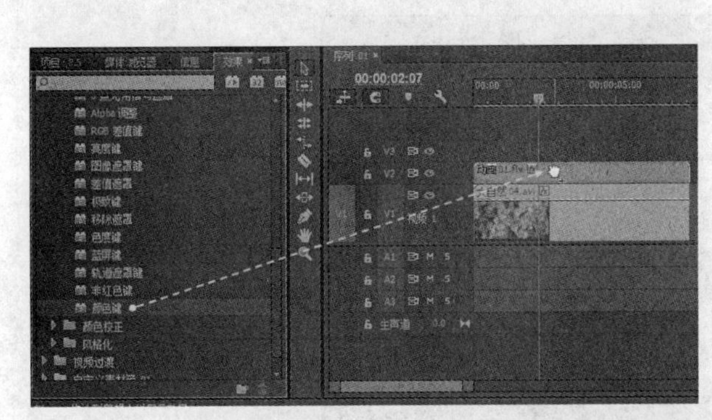

图 8-42　应用颜色键效果并设置参数

3 在【节目监视器】面板上双击监视器，然后选择蝴蝶剪辑，将该剪辑移到监视器屏幕右下方，如图 8-43 所示。

图 8-43　调整蝴蝶剪辑在屏幕的位置

4 在【效果控件】面板将播放指示器移到蝴蝶剪辑的入点处，然后切换位置动画，将播放指示器向右移动并添加关键帧，如图 8-44 所示。

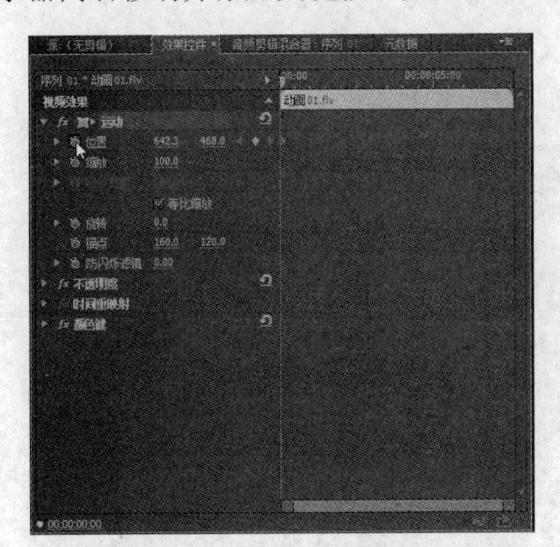
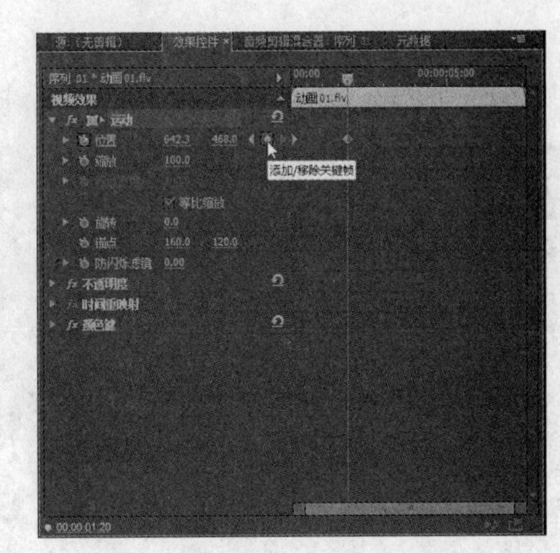

图 8-44　切换位置动画并添加关键帧

5 双击【节目监视器】面板的监视器，选择蝴蝶剪辑，然后调整该剪辑在屏幕的位置，如图 8-45 所示。

图 8-45　调整剪辑在屏幕的位置

6 在【效果控件】面板中向右移动播放指示器，然后添加【位置】项目的第三个关键帧，接着在【节目监视器】面板中调整蝴蝶剪辑的位置，如图 8-46 所示。

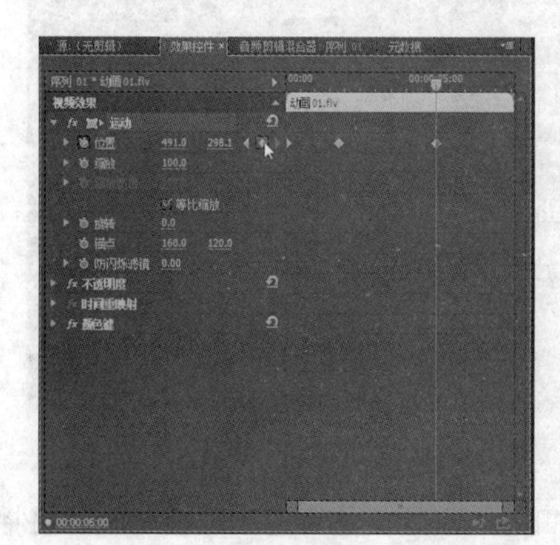

图 8-46　添加第三个关键帧并调整剪辑位置

7 在【效果控件】面板中向右移动播放指示器到蝴蝶剪辑的出点处，然后添加【位置】项目的第四个关键帧，在【节目监视器】面板中调整蝴蝶剪辑的位置，如图 8-47 所示。

图 8-47　添加第四个关键帧并调整剪辑位置

8.6 上机练习 6：书写——迎接 2015 新年到来

本例将为序列上的剪辑应用【书写】视频效果，然后启动【书写】效果中的【位置】动画，通过添加多个关键帧并调整位置的方法，制作出书写“2015”的动态效果。

本例设计的结果如图 8-48 所示。

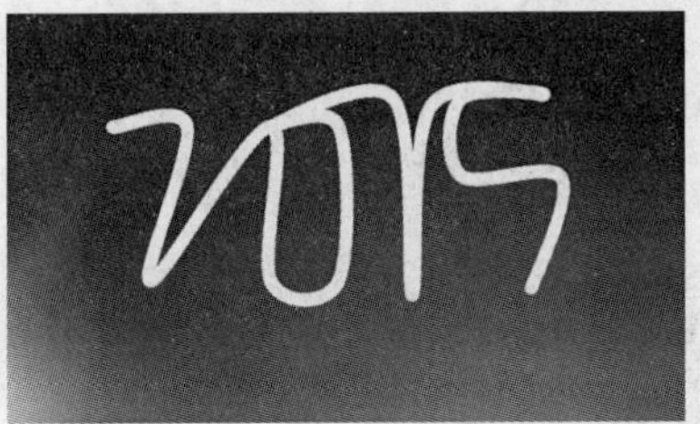

图 8-48　制作书写 2015 的动态效果

操作步骤

1 打开光盘中的“..\Example\Ch08\8.6.prproj”练习文件，打开【效果】面板，再打开【视频效果】|【生成】列表，然后将【书写】效果项拖到序列的剪辑上，如图 8-49 所示。

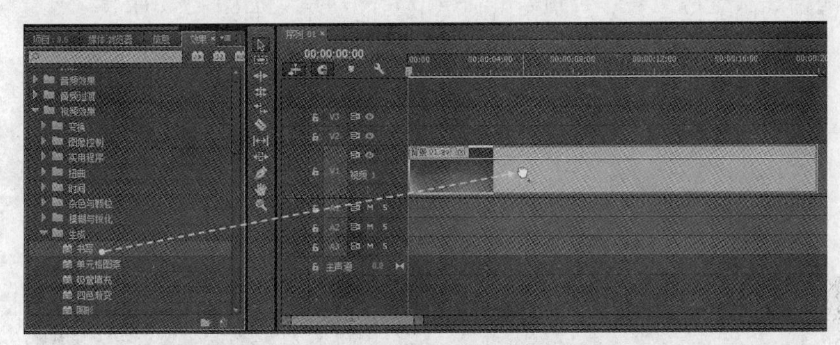

图 8-49　应用【书写】效果

2 选择剪辑并打开【效果控件】面板，将播放指示器移到剪辑的入点处，然后打开【书写】列表，单击【画笔位置】项左侧的【切换动画】按钮，设置画笔位置的参数值，如图 8-50 所示。

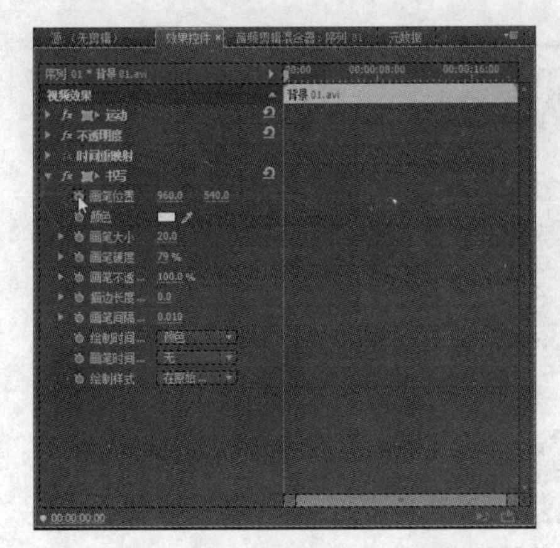
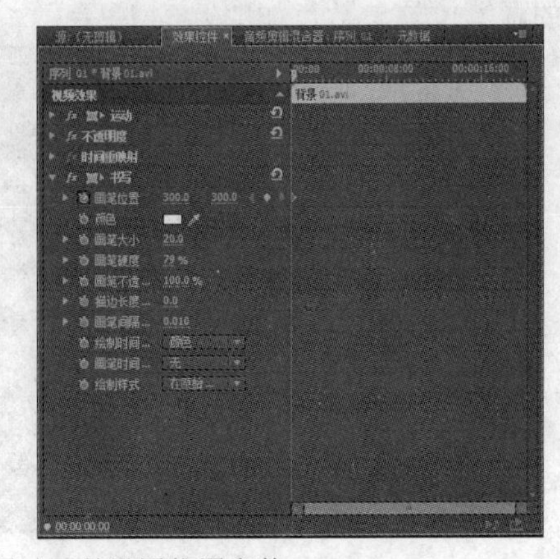

图 8-50　切换画笔位置动画并设置位置参数

3 按住播放指示器并稍微向右方移动，然后添加一个关键帧并设置该关键帧的画笔位置参数，如图 8-51 所示。

4 按住播放指示器并向右方移动一小段距离，然后添加第三个关键帧并设置该关键帧的画笔位置参数，如图 8-52 所示。

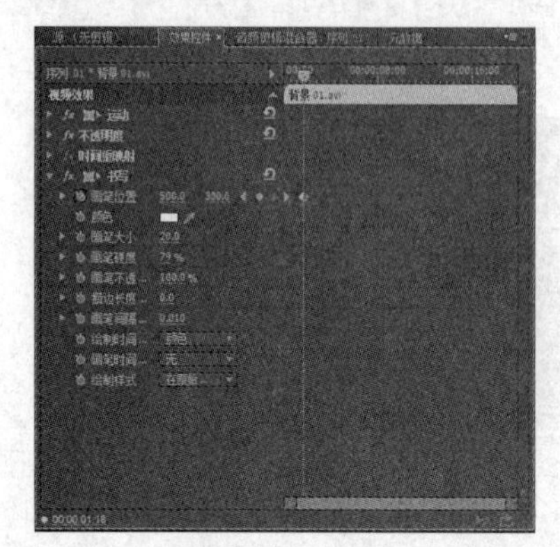

图 8-51　添加第二个关键帧并设置参数

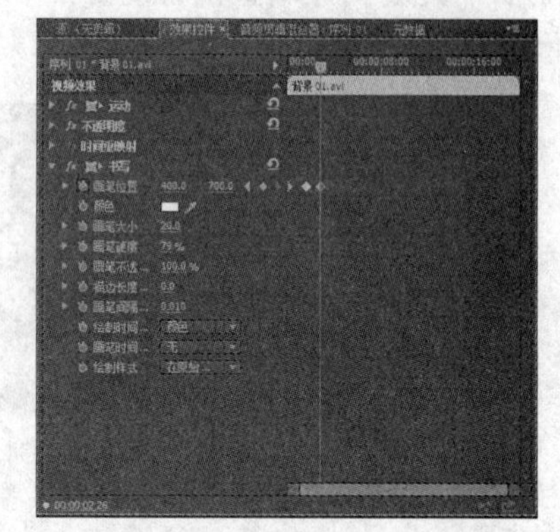

图 8-52　添加第三个关键帧并设置参数

5 使用步骤 3 和步骤 4 的方法，再次向右移动播放指示器，然后添加第四个关键帧，并设置对应关键帧的画笔位置参数，制作出画笔书写的效果，如图 8-53 所示。

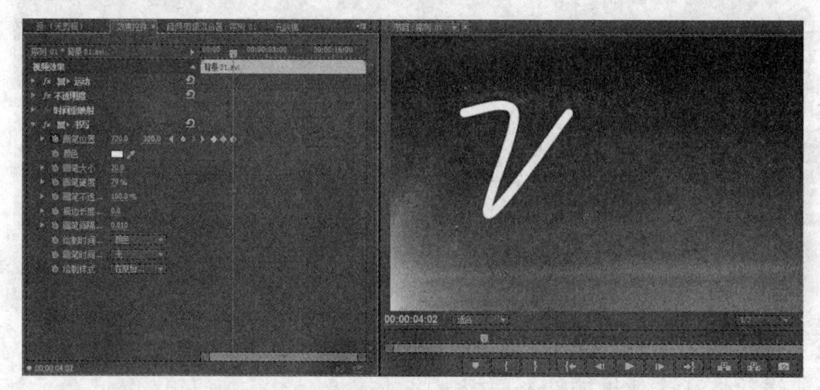

图 8-53　添加第四个关键帧并设置参数

6 向右移动播放指示器并单击【添加/移除关键帧】按钮，添加第五个关键帧，再设置该关键帧的画笔位置参数，如图 8-54 所示。

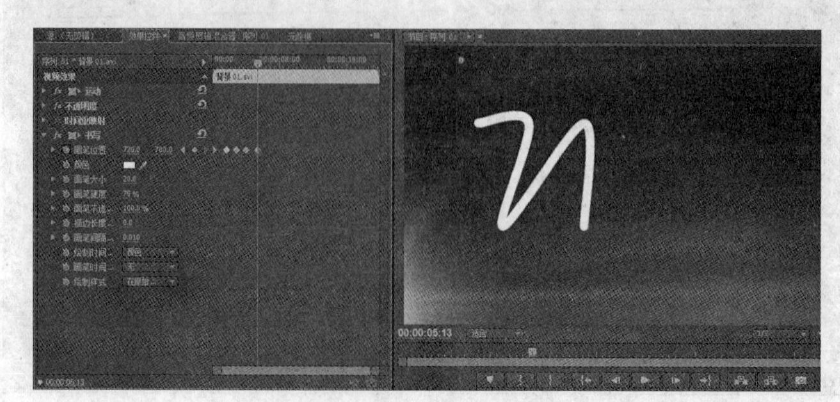

图 8-54　添加第五个关键帧并设置参数

7 使用相同的方法，不断向右移动播放指示器，并添加多个关键帧，然后分别为各个关键帧设置画笔位置参数，制作出画笔在屏幕中书写出“2015”的动态效果，如图 8-55 所示。

图 8-55　添加其他关键帧并设置对应的参数

8.7　上机练习 7：音效——环绕混响广告音效

本例将先为广告音频剪辑影调高音量级别，再应用【消除齿音】效果并设置女声齿音消除，然后应用【Surround Reverb】效果，接着通过【环绕声混响】效果编辑器设置混响的效果样式，最后通过【音频混合器】面板测试声音效果。

本例设计的结果如图 8-56 所示。

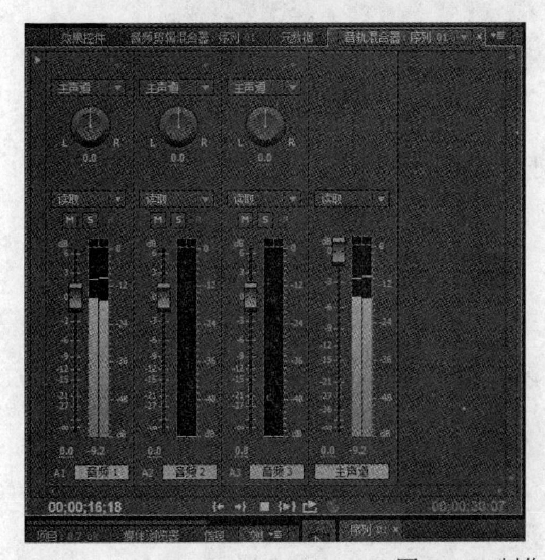

图 8-56　制作环绕混响广告音效的结果

操作步骤

1 打开光盘中的“..\Example\Ch08\8.7.prproj”练习文件，在【时间轴】面板中选择剪辑对象，再打开【效果控件】面板并打开【音量】列表，设置音量级别，调高广告剪辑的音量，如图 8-57 所示。

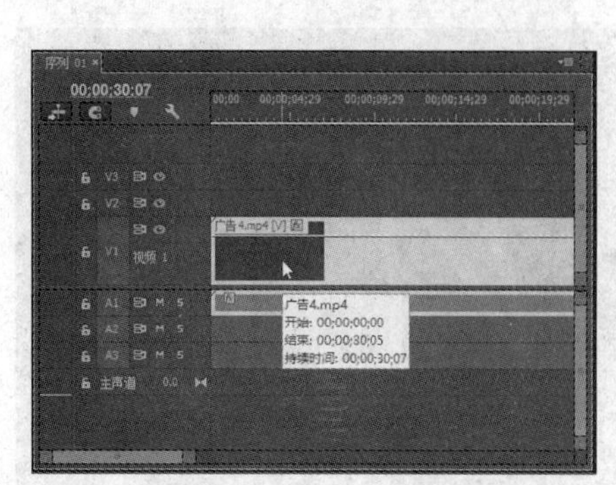

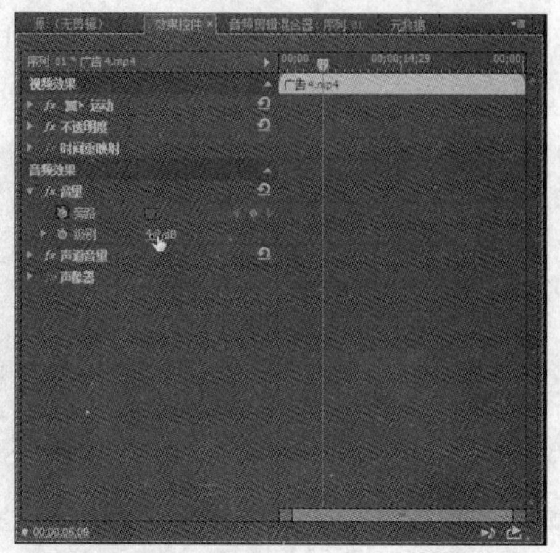

图 8-57　调高剪辑的音量

2 打开【效果】面板，打开【音频效果】列表，将【消除齿音】效果项拖到音频剪辑上，以应用此效果，如图 8-58 所示。

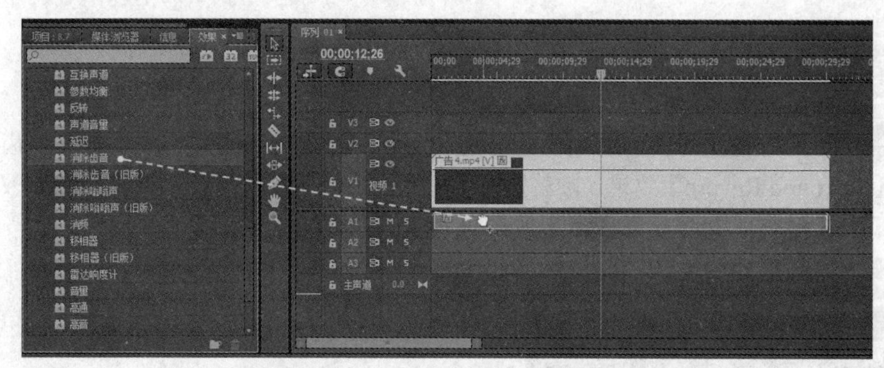

图 8-58　应用【消除齿音】效果

3 选择音频剪辑并打开【效果控件】面板，再打开【消除齿音】列表，然后单击【编辑】按钮，打开对话框后选择【女声齿音消除】预设选项，如图 8-59 所示。

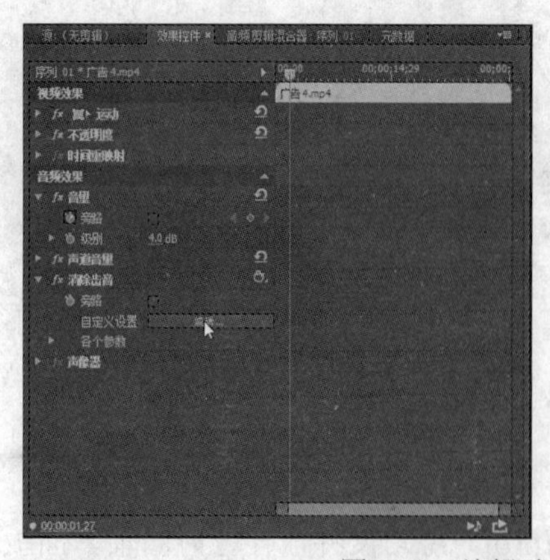

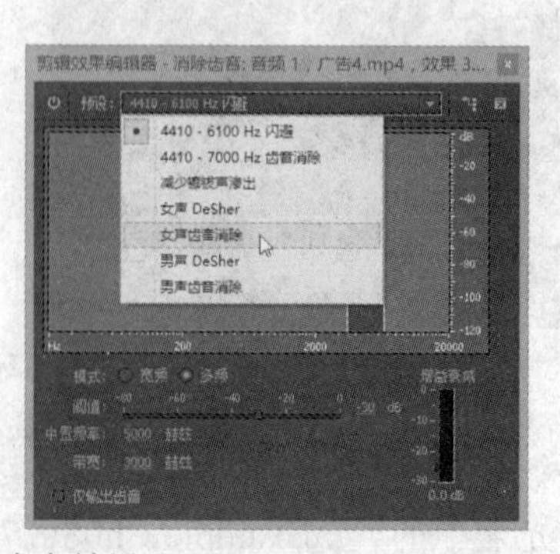

图 8-59　编辑消除齿音效果

4 在【效果】面板的【音频效果】列表中选择【Surround Reverb】效果项，然后将该效果应用到音频剪辑上，如图 8-60 所示。

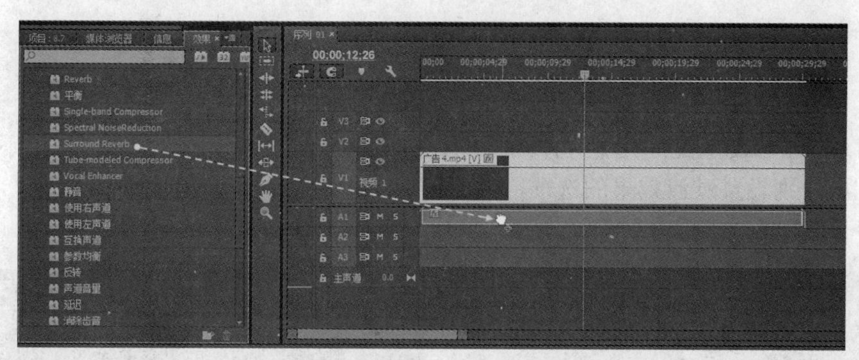

图 8-60　应用【Surround Reverb】效果

5 选择音频剪辑并打开【效果控件】面板，再打开【环绕声混响】列表，然后单击【编辑】按钮，在打开的对话框中选择【媒体】预设选项，如图 8-61 所示。

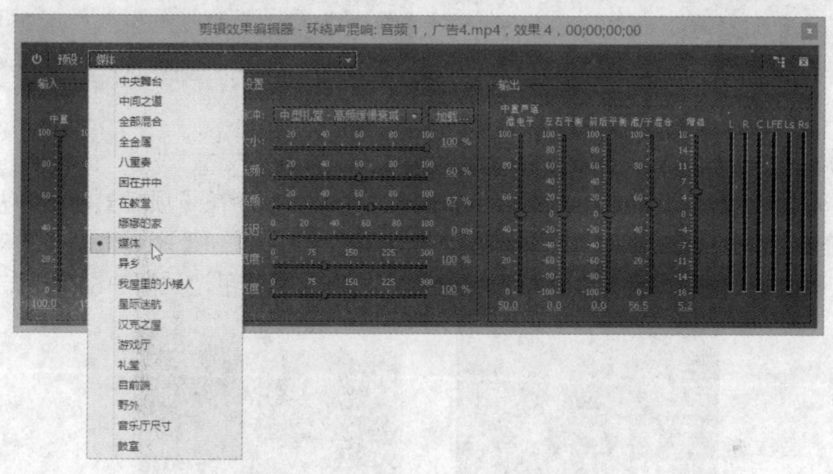

图 8-61　编辑环绕声混响效果

6 打开【音频混合器】面板，然后单击【播放-停止切换】按钮▶播放音频，测试应用环绕混响后的音效，如图 8-62 所示。

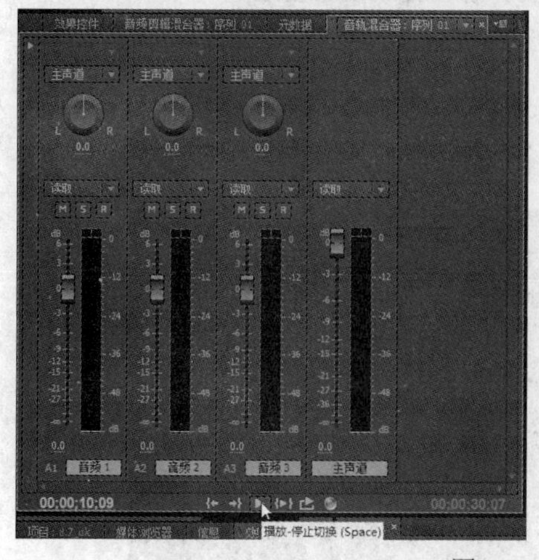

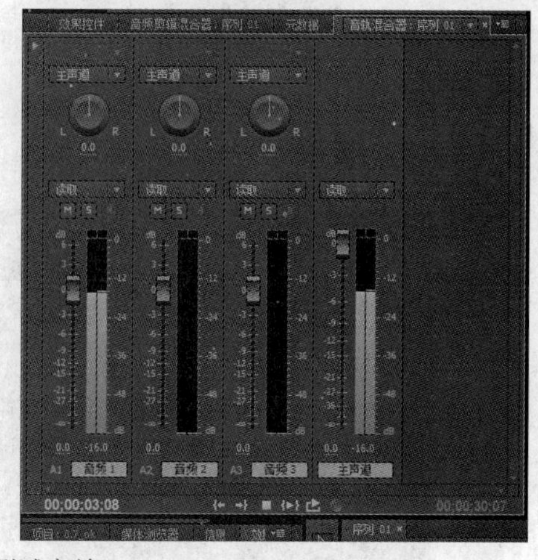

图 8-62　测试音效

8.8　上机练习 8：过渡——我的欢乐生日派对

本例将通过【自动匹配序列】的方式将视频剪辑添加到序列，然后为剪辑应用不同的视频过渡效果，再分别设置过渡效果的选项，并为最后一个剪辑制作淡出效果。

本例设计的结果如图 8-63 所示。

图 8-63　为剪辑应用视频过渡的结果

操作步骤

1 打开光盘中的“..\Example\Ch08\8.8.prproj”练习文件，在【项目】面板中从上到下选择全部视频剪辑素材，然后单击【自动匹配序列】按钮，打开【序列自动化】对话框后，取消选择【应用默认视频过渡】复选框，接着单击【确定】按钮，如图 8-64 所示。

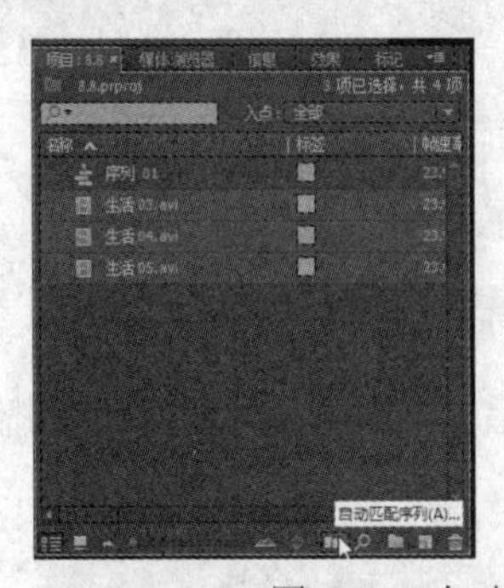
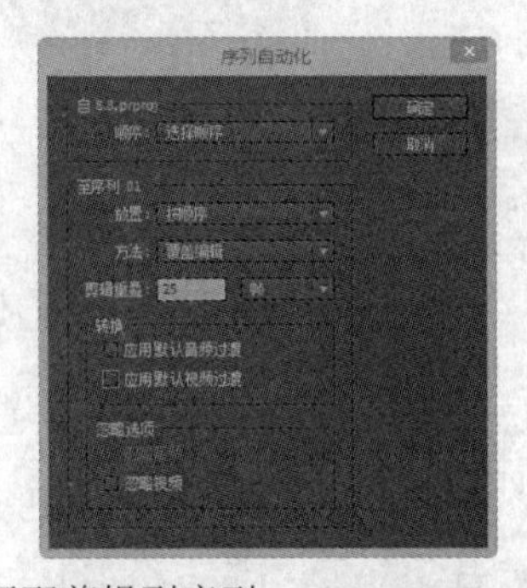

图 8-64　自动匹配剪辑到序列

2 自动匹配剪辑到序列后，打开【效果】面板，再打开【视频过渡】|【3D 运动】列表，然后将【立方体旋转】效果项拖到第一个和第二个剪辑之间，如图 8-65 所示。

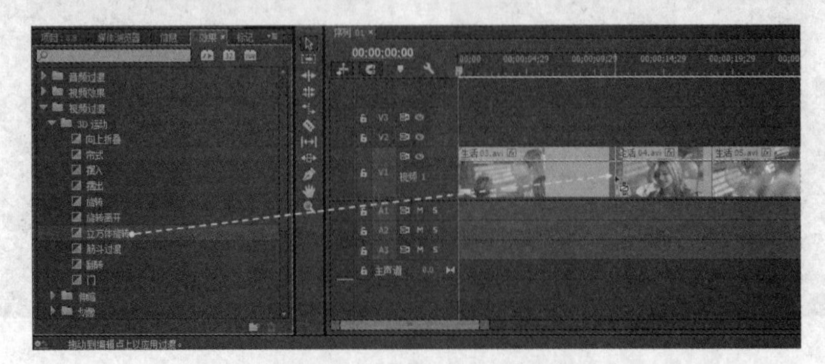

图 8-65　应用第一个视频过渡

3 选择视频过渡，再打开【效果控件】面板，设置对齐方式为【终点切入】，接着按住过渡的入点并向左移动，增加过渡的持续时间，如图 8-66 所示。

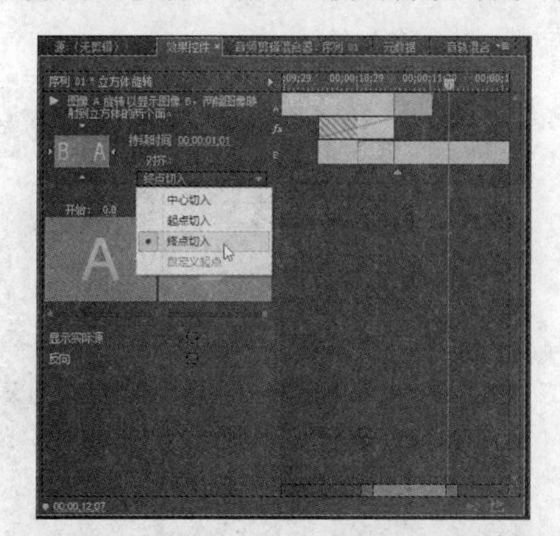

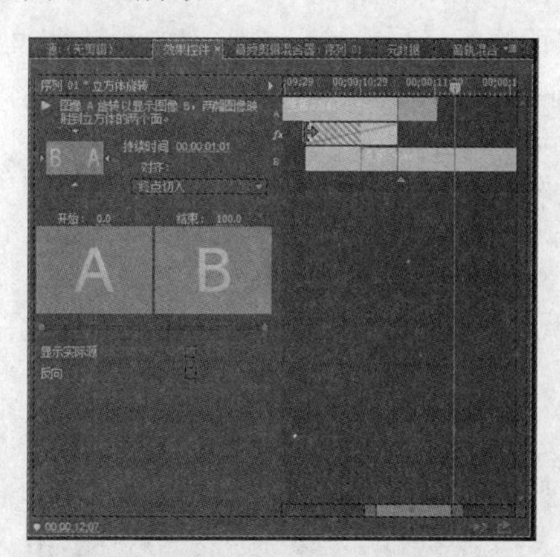

图 8-66　设置第一个视频过渡选项

4 打开【效果】面板的【视频过渡】|【缩放】列表，然后将【缩放轨迹】效果项拖到第二个和第三个剪辑之间，如图 8-67 所示。

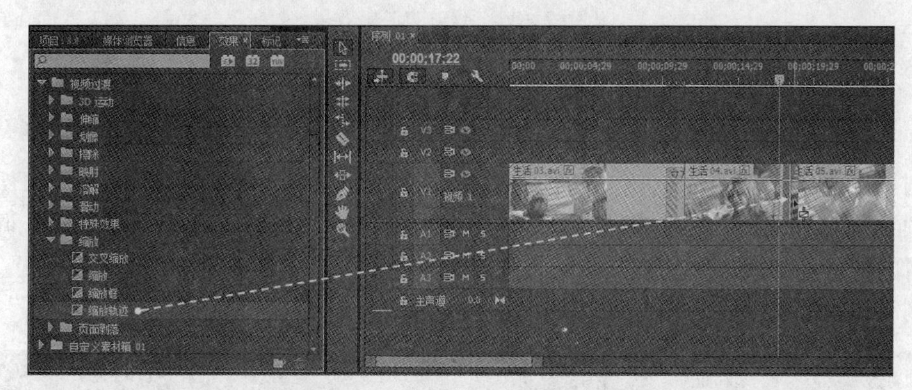

图 8-67　应用第二个视频过渡

5 选择视频过渡，再打开【效果控件】面板，单击【自定义】按钮，在打开的【缩放轨迹设置】对话框中设置轨迹数量为 12，接着修改过渡的持续时间，如图 8-68 所示。

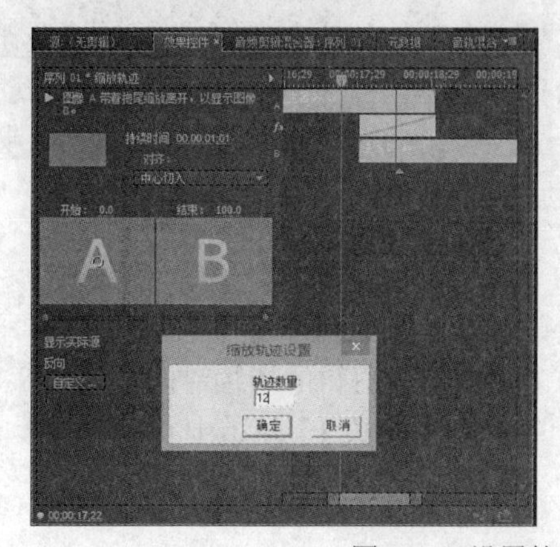

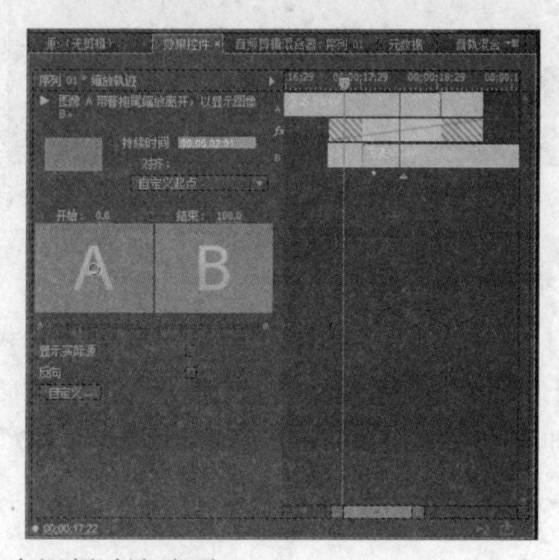

图 8-68　设置第二个视频过渡选项

6 在【时间轴】面板上选择第三个剪辑，然后在【效果控件】面板中将播放指示器移到剪辑的末段，再切换不透明度动画并添加关键帧，接着将播放指示器移到剪辑出点处，再次添加一个关键帧，最后设置该关键帧的不透明度为 0%，如图 8-69 所示。

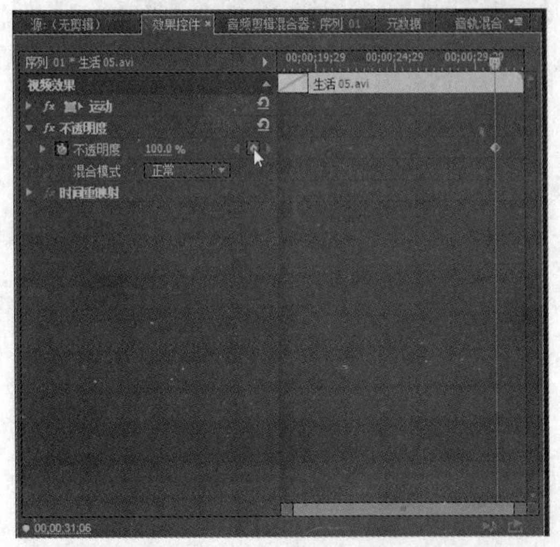

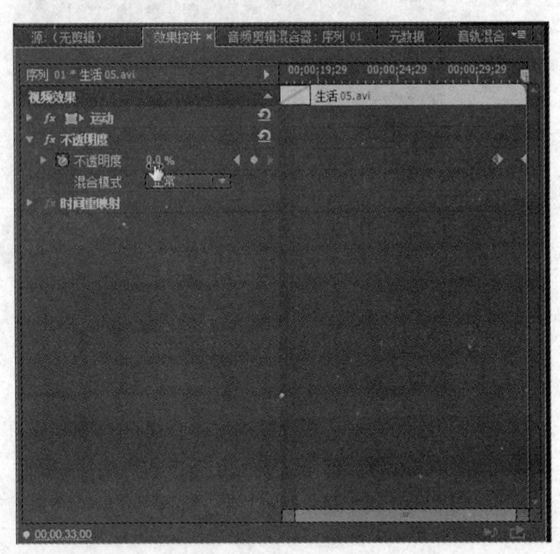

图 8-69　制作剪辑的淡出效果

8.9　上机练习 9：画中画——自由自在的舞者

本例先将舞蹈视频剪辑加入视频轨道并设置持续时间，以产生视频覆叠的效果，然后分别为【视频 2】轨道和【视频 3】轨道的剪辑应用画中画效果，并通过【节目监视器】调整关键帧中剪辑的位置，制作出从左到右移动和从右到左移动的画中画效果。

本例设计的结果如图 8-70 所示。

图 8-70　制作移动的画中画效果

操作步骤

1 打开光盘中的“..\Example\Ch08\8.9.prproj”练习文件，将【项目】面板中的【舞蹈 02.avi】剪辑拖到【视频 2】轨道，然后向左移动剪辑的出点，修改剪辑的持续时间，如图 8-71 所示。

2 使用步骤 1 的方法，将【舞蹈 03.avi】剪辑拖到【视频 3】轨道上并设置持续时间，结果如图 8-72 所示。

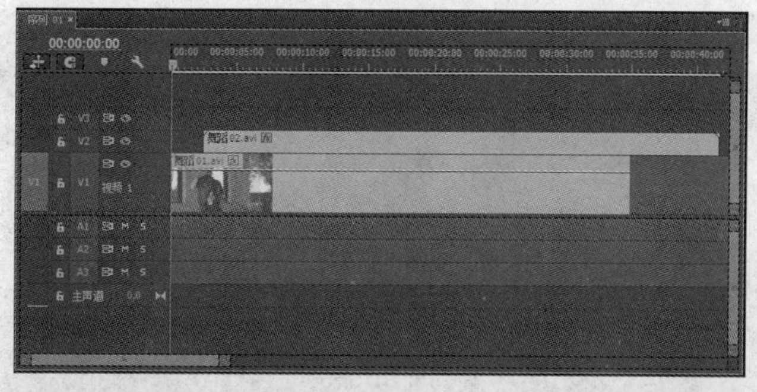

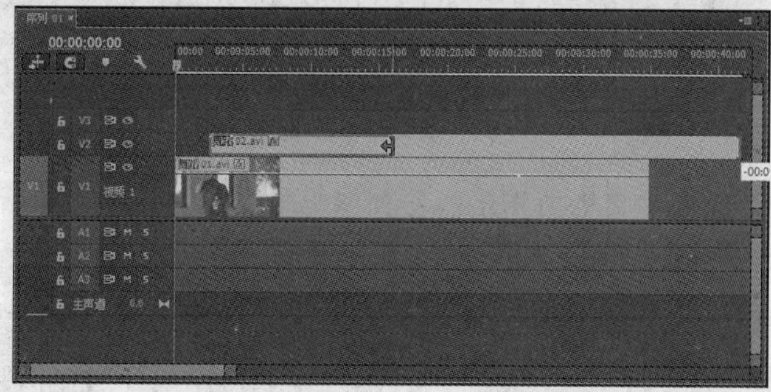

图 8-71　将剪辑加入轨道并设置持续时间

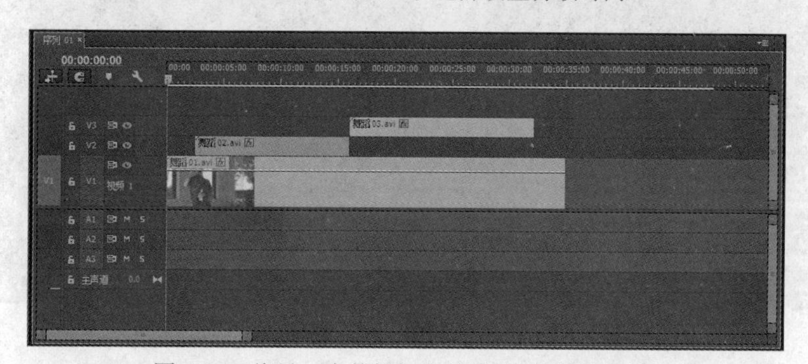

图 8-72　将另一个剪辑加入轨道并设置持续时间

3 打开【效果】面板，再打开【预设】|【画中画】|【25%画中画】|【25%运动】列表，然后将【画中画 25% LL 到 LR】效果项拖到【舞蹈 02.avi】剪辑上，如图 8-73 所示。

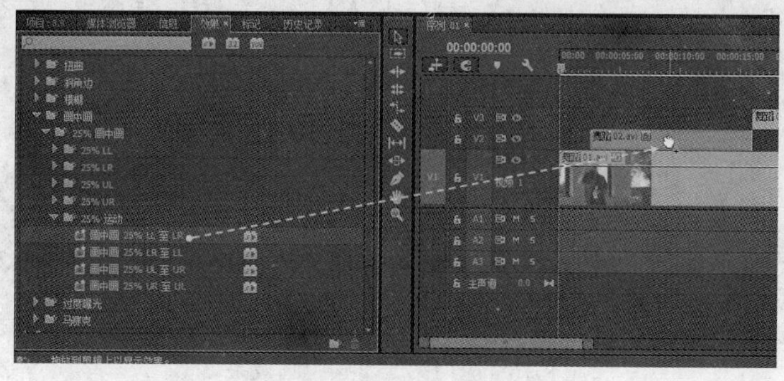

图 8-73　应用画中画效果

4 打开【效果控件】面板，再将播放指示器移到剪辑的入点关键帧中，然后双击【节目监视器】面板的监视器，选择剪辑后调整它的位置，如图 8-74 所示。

图 8-74　调整入点关键帧中剪辑的位置

5 在【效果控件】面板中将播放指示器移到剪辑出点关键帧中，然后在【节目监视器】面板选择剪辑，再调整剪辑的位置，如图 8-75 所示。

图 8-75　调整出点关键帧中剪辑的位置

6 返回【效果】面板中，将【画中画 25% LR 到 LL】效果项拖到【舞蹈 03.avi】剪辑上，如图 8-76 所示。

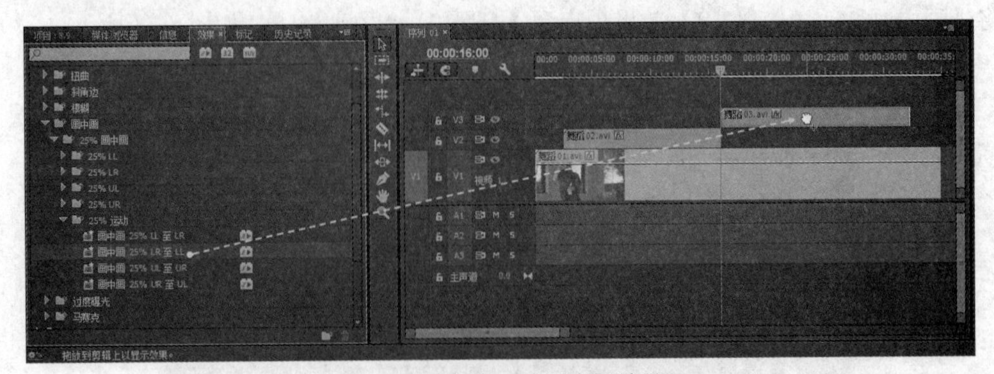

图 8-76　应用第二个画中画效果

7 使用步骤 4 和步骤 5 的方法，通过【效果控件】面板调整播放指示器的位置，再分别设置剪辑入点和出点关键帧在屏幕上的位置，如图 8-77 所示。

图 8-77 调整入点和出点关键帧的剪辑位置

8.10 上机练习 10：预设——广告片的经典效果

本例将为广告影片剪辑应用【扭曲入点】和【马赛克出点】两种 Premiere Pro CC 预设的效果，然后通过【效果控件】面板分别设置这两个效果，制作出广告片的入点和出点部分的经典效果。

本例设计的结果如图 8-78 所示。

图 8-78 使用预设效果设计广告片入点和出点的结果

操作步骤

1 打开光盘中的“..\Example\Ch08\8.10.prproj”练习文件，打开【效果】面板，再打开【预设】|【扭曲】列表，然后将【扭曲入点】效果项拖到序列上的剪辑上，如图 8-79 所示。

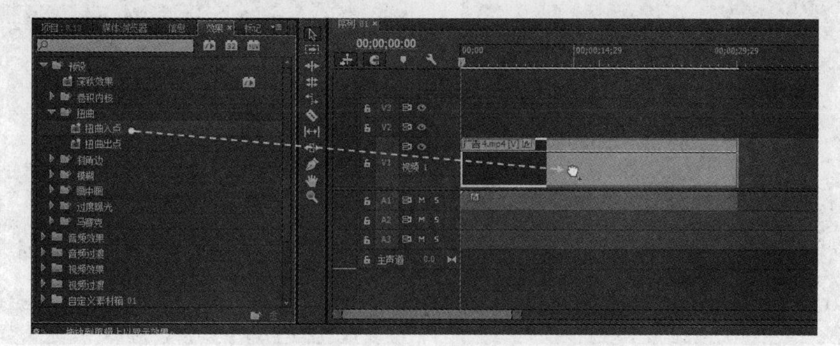

图 8-79 应用【扭曲入点】效果

2 打开【效果控件】面板，再打开【旋转（扭曲入点）】列表，然后选择【角度】项的第二个关键帧并稍微向右移动，接着修改角度的参数，如图 8-80 所示。

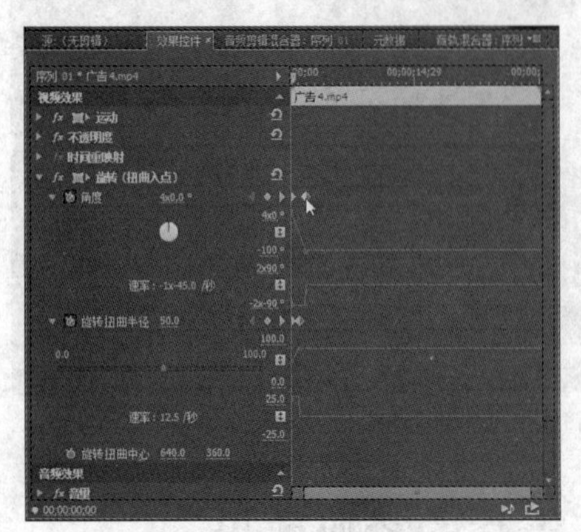

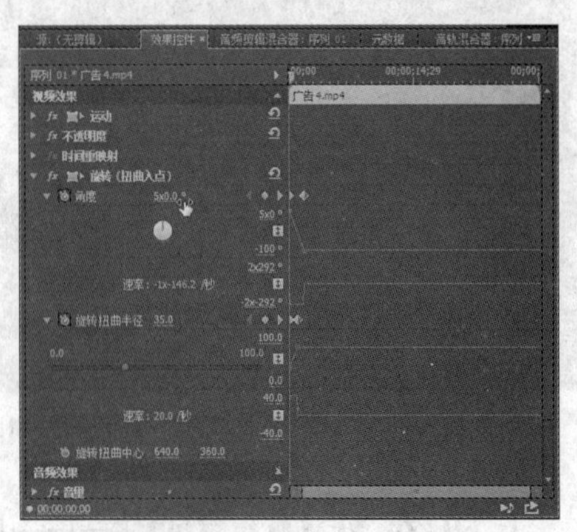

图 8-80 调整【扭曲入点】效果的参数

3 返回【效果】面板，打开【预设】|【马赛克】列表，然后将【马赛克出点】效果项拖到剪辑上，如图 8-81 所示。

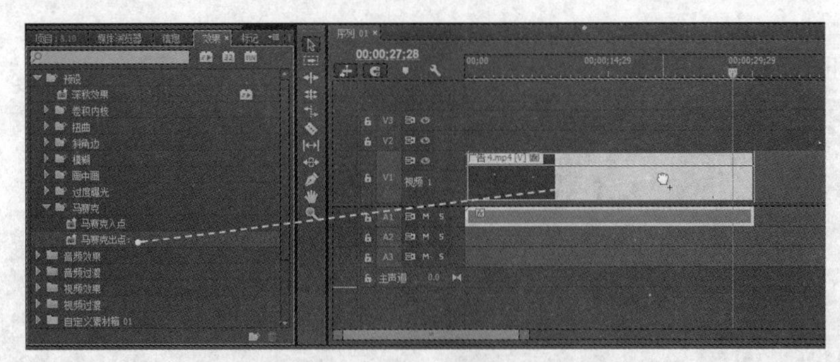

图 8-81 应用【马赛克出点】效果

4 打开【效果控件】面板的【马赛克（马赛克出点）】列表，然后分别向左移动【水平块】和【垂直块】效果项的第一个关键帧，接着将播放指示器移到第一个关键帧上，并分别调整【水平块】和【垂直块】的参数，如图 8-82 所示。

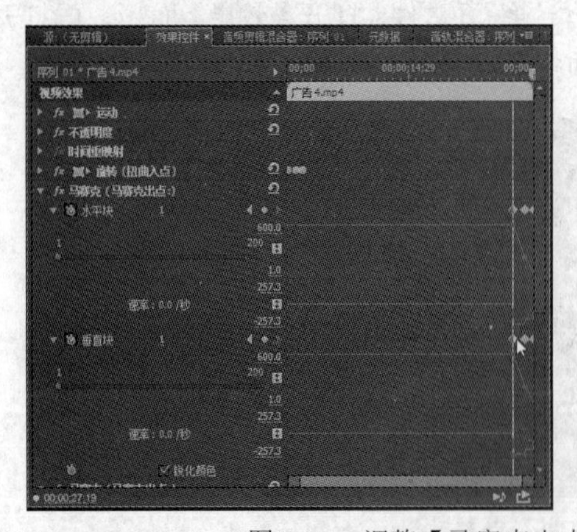

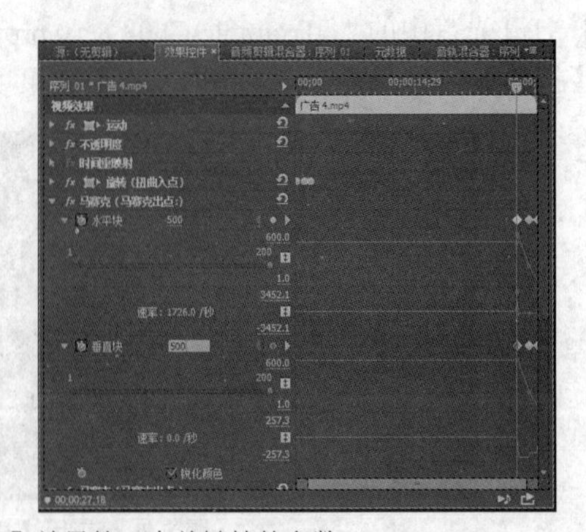

图 8-82 调整【马赛克出点】效果第一个关键帧的参数

5 将播放指示器移到剪辑的出点关键帧上，然后分别调整【水平块】和【垂直块】的参数，接着在【节目监视器】面板中查看马赛克出点的效果，如图 8-83 所示。

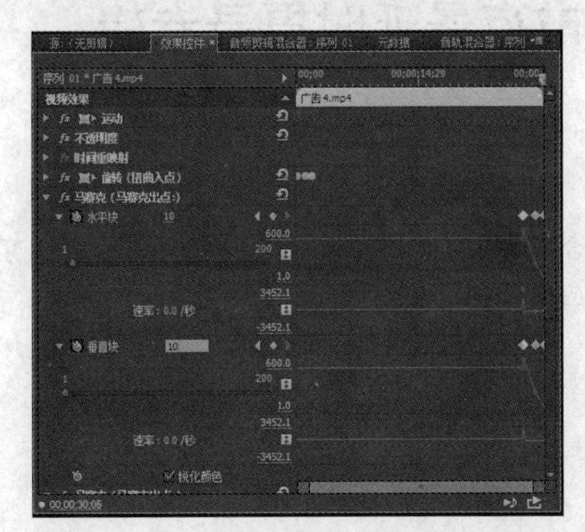

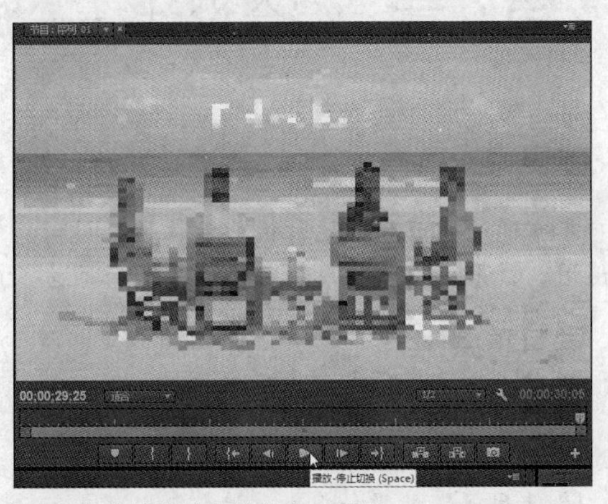

图 8-83　调整【马赛克出点】效果出点关键帧的参数并查看效果

第 9 章　综合设计——城市夜景延时摄录专辑

学习目标

本章通过城市夜景延时摄录专辑项目设计，综合介绍了 Premiere Pro CC 在项目管理、剪辑试用、效果应用、字幕制作、音频编辑等方面的应用。

学习重点

☑ 新建项目与管理素材
☑ 添加剪辑到序列
☑ 使用视频效果和视频过渡
☑ 制作字幕和编辑字幕
☑ 制作画中画效果
☑ 制作遮罩合成效果
☑ 设置剪辑的混合模式
☑ 添加音频和编辑音效

本项目以多个城市夜景延时拍摄的视频作为素材，制作出一个包含片头、过渡和背景音乐的城市夜景影片专辑。在本项目设计中，使用了一个炫丽的片头视频作为专辑的开始，然后将所有夜景视频剪辑添加到序列，并根据设计需要添加视频过渡和制作各种视频特效，其中包括画中画特效、遮罩特效、剪辑混合特效等，接着添加字幕作为专辑标题，再加入音乐素材，并制作出音乐淡入和淡出效果，最后将项目中的序列导出为媒体文件。本项目设计的效果展示如图 9-1 所示。

图 9-1　城市夜景延时摄录专辑

9.1 新建项目并管理素材

下面先新建一个项目文件和序列，然后分别将夜景视频剪辑和倒计时视频剪辑加入项目，接着新建素材箱，将所有夜景视频剪辑放置到素材箱内，最后保存项目文件。

操作步骤

1 启动 Premiere Pro CC 应用程序，在欢迎屏幕中单击【新建项目】按钮，准备新建一个项目文件，如图 9-2 所示。

2 打开【新建项目】对话框后，设置文件的名称和保存位置，然后单击【确定】按钮，如图 9-3 所示。

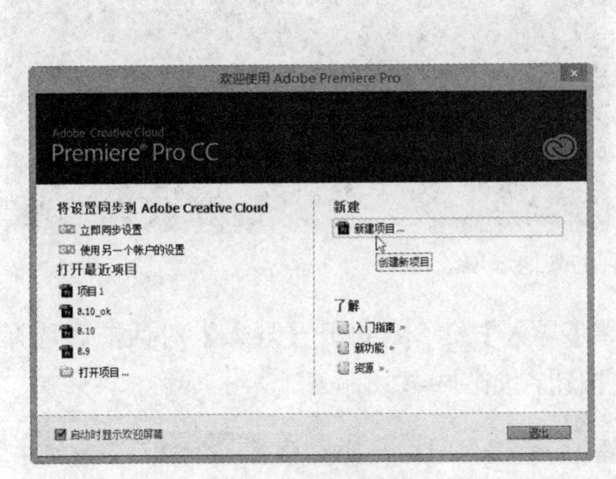

图 9-2　新建项目

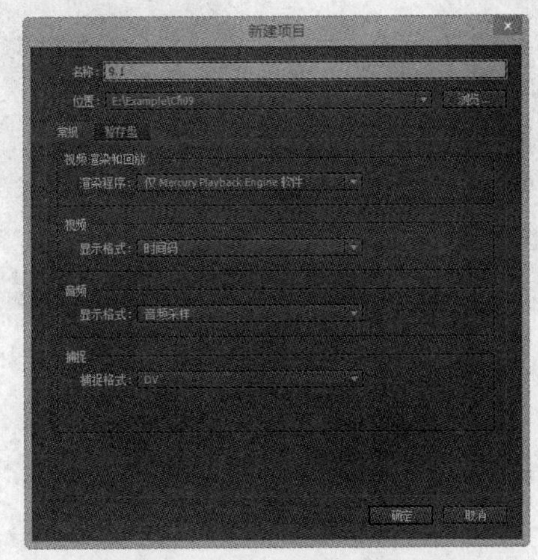

图 9-3　设置项目选项

3 新建项目文件后，选择【新建】|【序列】命令，打开【新建序列】对话框，在【序列预设】选项卡中选择一种预设序列，再设置序列的名称，如图 9-4 所示。

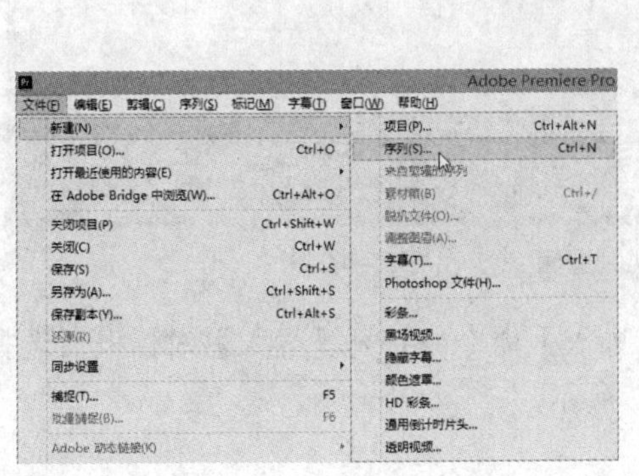

图 9-4　新建序列并选择预设序列

4 在【新建序列】对话框中切换到【设置】选项卡，再打开【编辑模式】列表框，选择一种编辑模式，然后切换到【轨道】选项卡，根据设计需要添加或删除轨道，最后单击【确定】按钮，如图 9-5 所示。

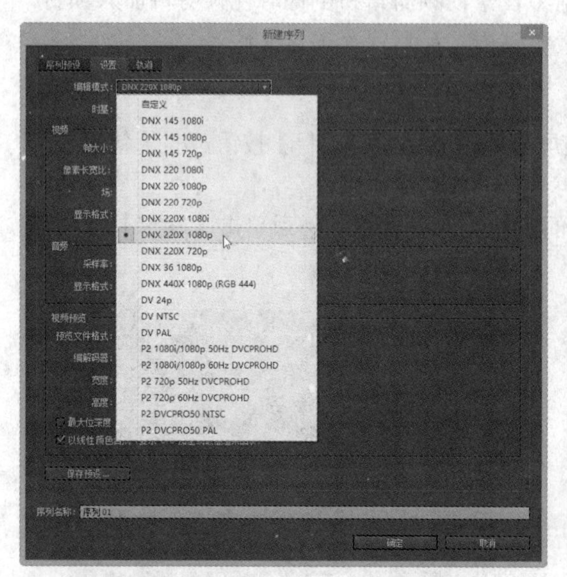
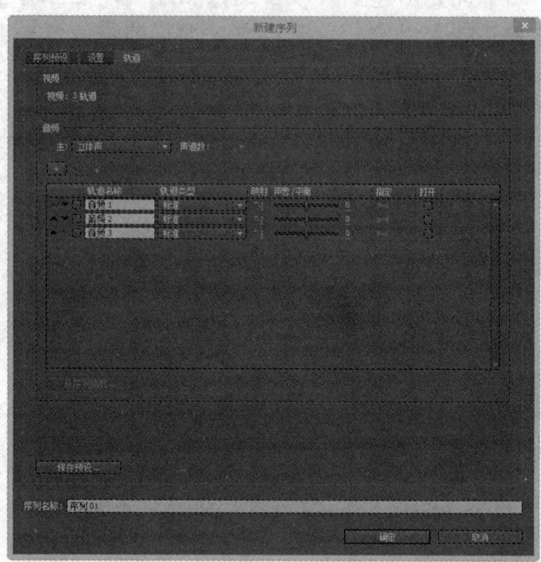

图 9-5　设置序列的其他选项

5 在【项目】面板上单击鼠标右键，再选择【导入】命令，打开【导入】对话框后选择已经准备好的夜景视频剪辑，接着单击【打开】按钮，如图 9-6 所示。

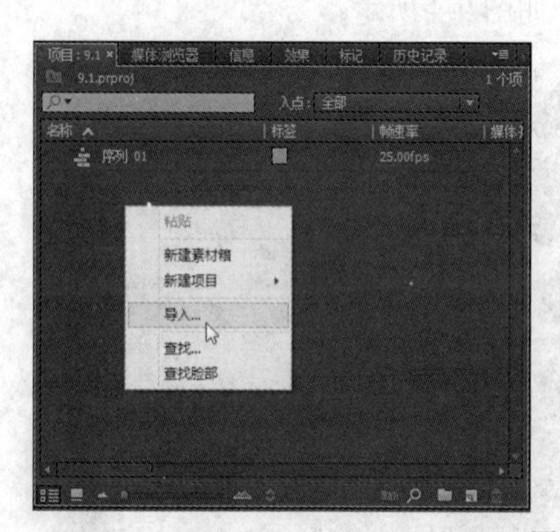
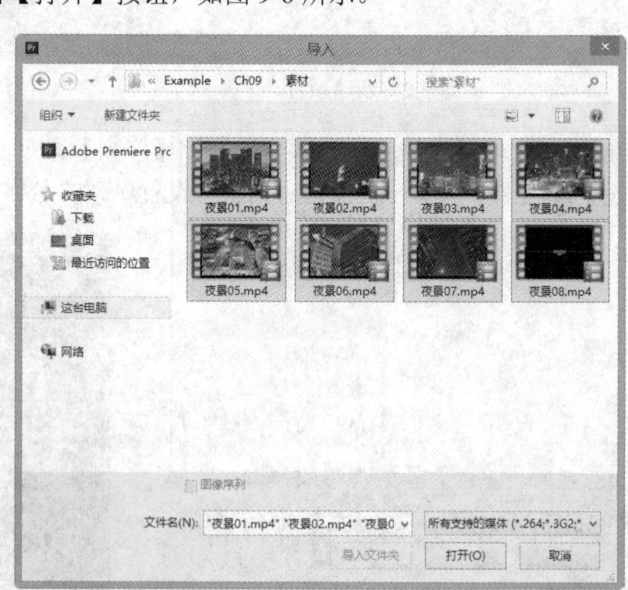

图 9-6　导入夜景视频剪辑

6 在【项目】面板上单击鼠标右键，再选择【导入】命令，打开【导入】对话框后选择倒计时视频剪辑，接着单击【打开】按钮，如图 9-7 所示。

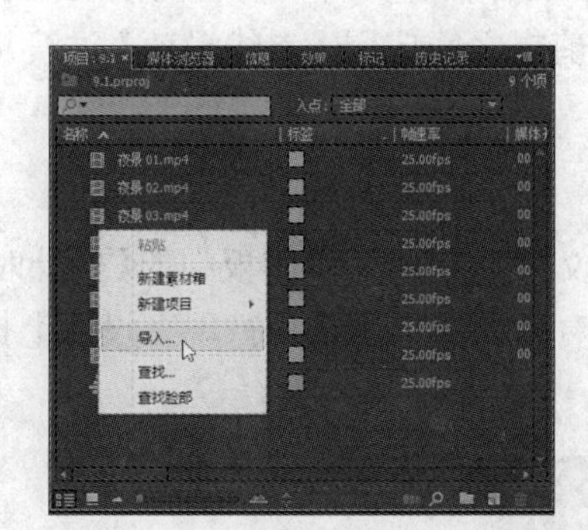
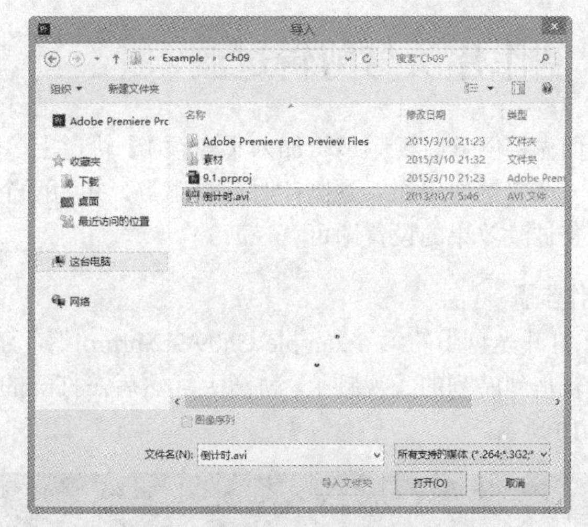

图 9-7　导入倒计时视频剪辑

7 单击【项目】面板下方的【新建素材箱】按钮，然后更改名称为“夜景剪辑”，将所有夜景视频剪辑拖到素材箱内，以便于后续的管理，如图 9-8 所示。

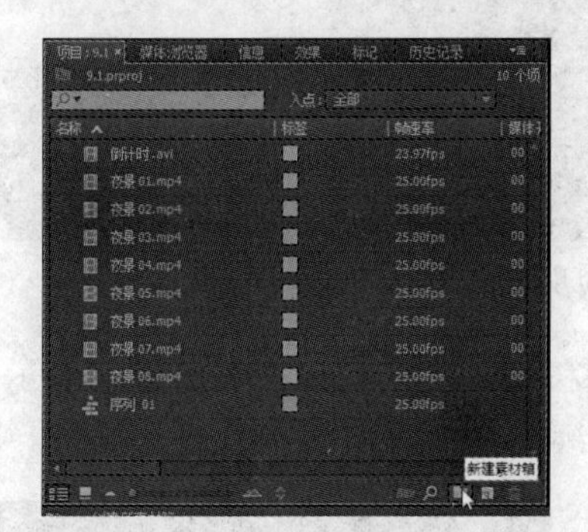
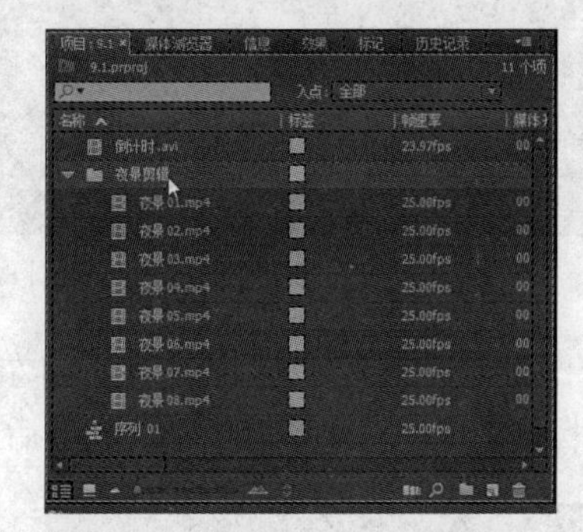

图 9-8　新建素材箱并移入剪辑

8 选择【文件】|【另存为】命令，打开【保存项目】对话框后，设置文件的名称，再单击【保存】按钮即可，如图 9-9 所示。

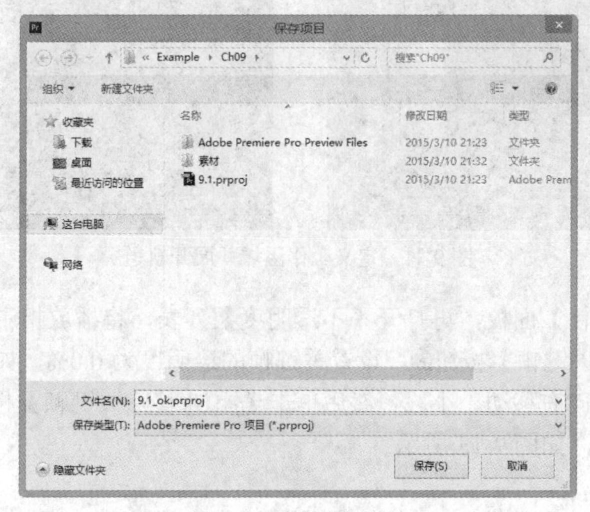

图 9-9　另存项目文件

9.2 制作片头与剪辑过渡

下面先将倒计时视频剪辑加入【视频 1】轨道上，再制作倒计时视频剪辑的淡入效果，然后将第一个夜景剪辑加入到倒计时剪辑出点，并为两个剪辑之间应用【斜线滑动】过渡，接着适当调整过渡效果的设置即可。

操作步骤

1 打开光盘中的“..\Example\Ch09\9.2.prproj”练习文件，将【项目】面板中的【倒计时.avi】视频剪辑拖到序列的【视频 1】轨道上，然后在打开的对话框中单击【保持现有设置】按钮，如图 9-10 所示。

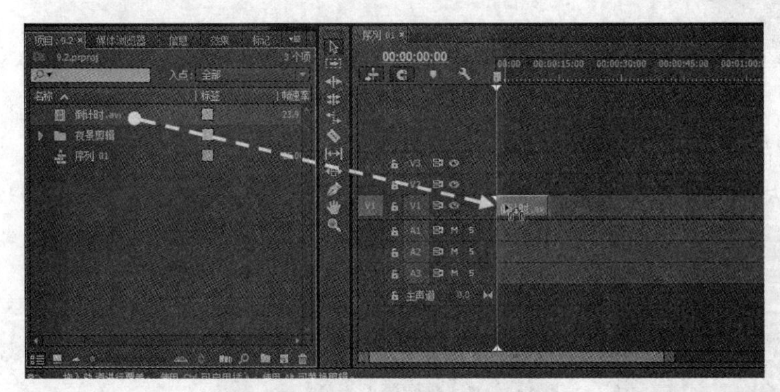

图 9-10　将倒计时剪辑加入到序列

2 按住工作区域栏右端的标记，然后向左移动，扩大剪辑在轨道上的显示长度，接着在【视频 1】轨道标题上双击展开轨道，以便于后续的操作，如图 9-11 所示。

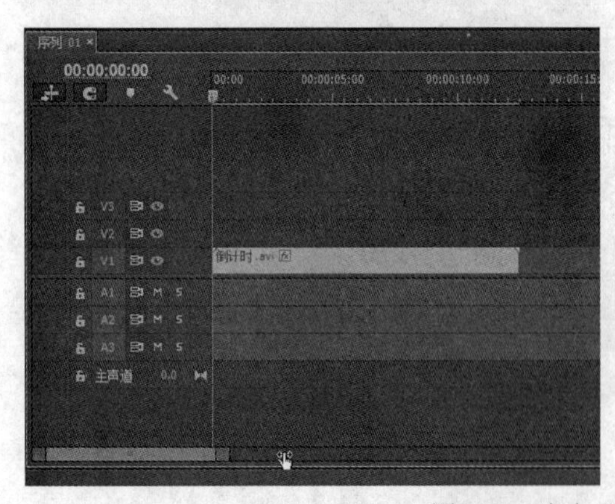

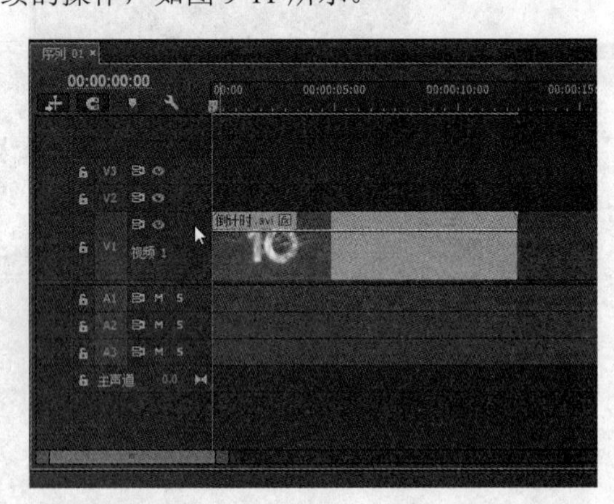

图 9-11　定义工作区域并展开轨道

3 打开【效果控件】面板，再打开【不透明度】列表，将播放指示器移到剪辑入点处，然后单击【添加/移除关键帧】按钮，设置关键帧的透明度为 0.0%，如图 9-12 所示。

4 将播放指示器向右移动一小段，然后单击【添加/移除关键帧】按钮，设置该关键帧的不透明度为 100.0%，如图 9-13 所示。

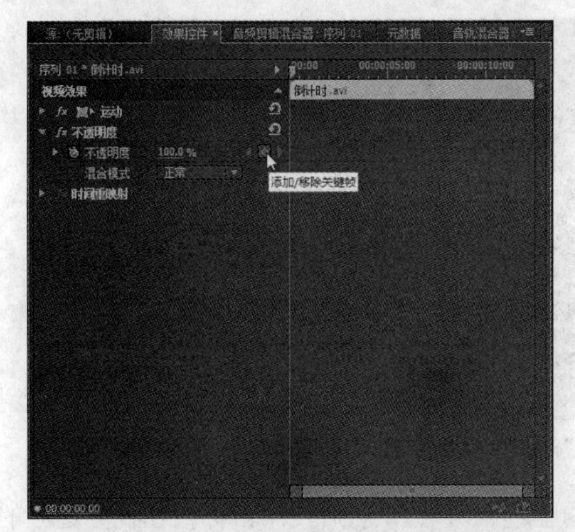

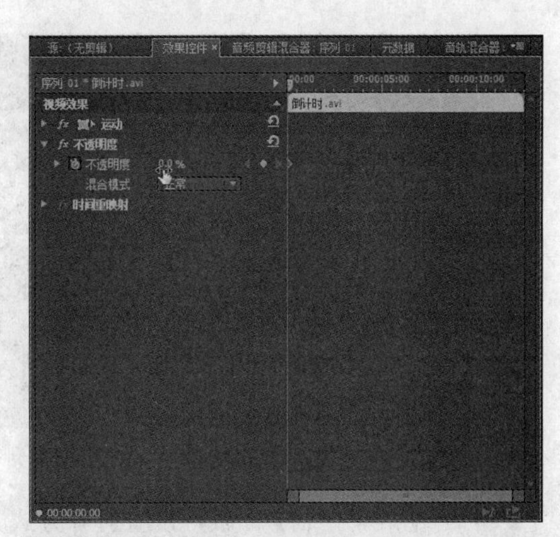

图 9-12　添加入点关键帧并设置不透明度

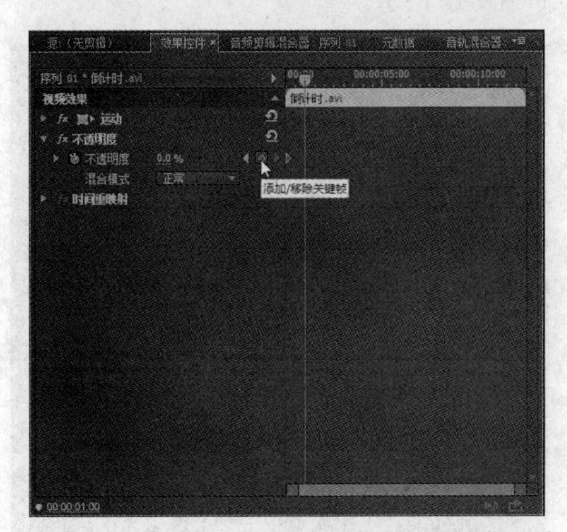

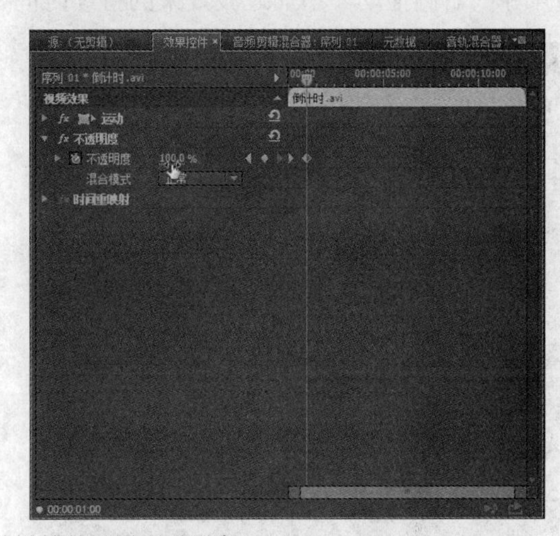

图 9-13　添加第二个关键帧并设置不透明度

5 将【项目】面板中的【夜景 01.mp4】剪辑拖到【视频 1】轨道，并与片头剪辑的出点连在一起，如图 9-14 所示。

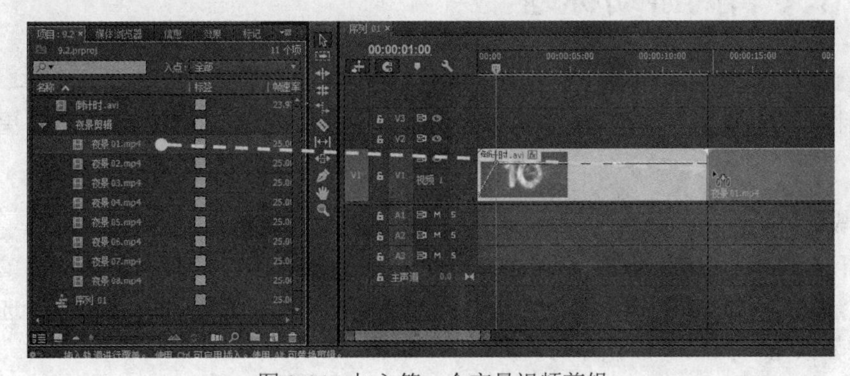

图 9-14　加入第一个夜景视频剪辑

6 打开【效果】面板，打开【视频过渡】|【滑动】列表，然后选择【斜线滑动】效果，再将此效果应用到片头剪辑与夜景视频剪辑之间，如图 9-15 所示。

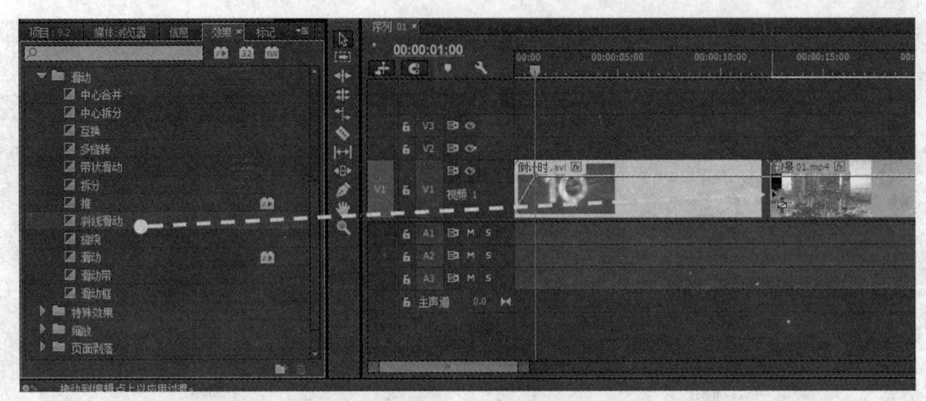

图 9-15　应用【斜线滑动】视频过渡

7 打开【效果控制】面板，设置对齐方式为【起点切入】，然后使用鼠标按住视频过渡的出点并向右侧拖动，增加过渡效果的持续时间，如图 9-16 所示。

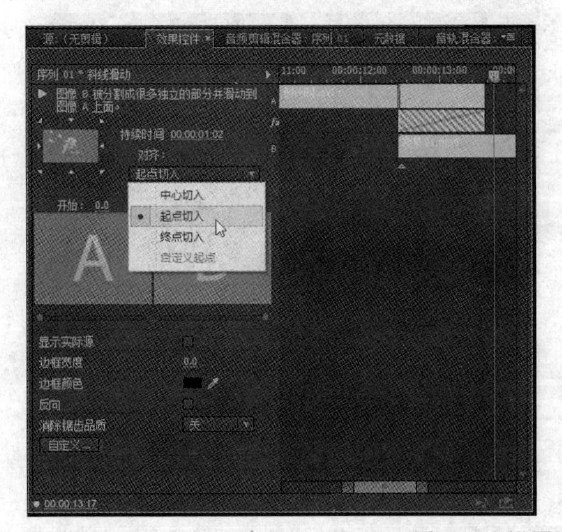

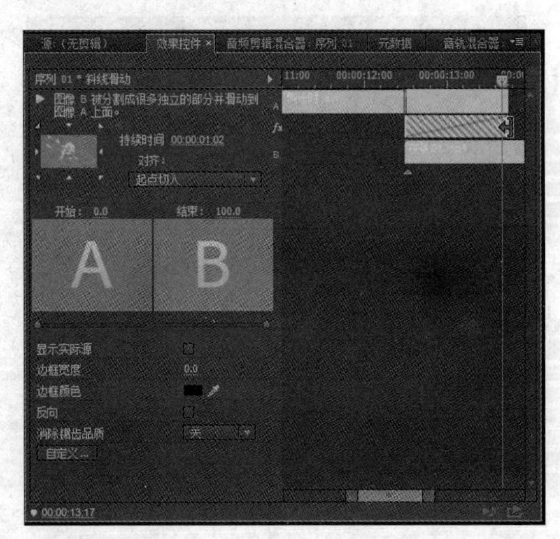

图 9-16　设置过渡效果的选项

9.3　制作专辑的游动标题

下面将新建字幕素材，并通过【字幕设计器】窗口输入字幕文字，再设置字体、填充、阴影等基本属性，然后设置游动选项，接着将字幕添加到序列并调整持续时间，最后更改过卷定时设置。

操作步骤

1 打开光盘中的“..\Example\Ch09\9.3.prproj”练习文件，在【项目】面板上单击鼠标右键并选择【新建项目】|【字幕】命令，在打开的【新建字幕】对话框中设置相关选项，然后单击【确定】按钮，如图 9-17 所示。

2 打开【字幕设计器】窗口后，选择【文字工具】T，然后在屏幕下方输入标题文字，再设置字体，如图 9-18 所示。

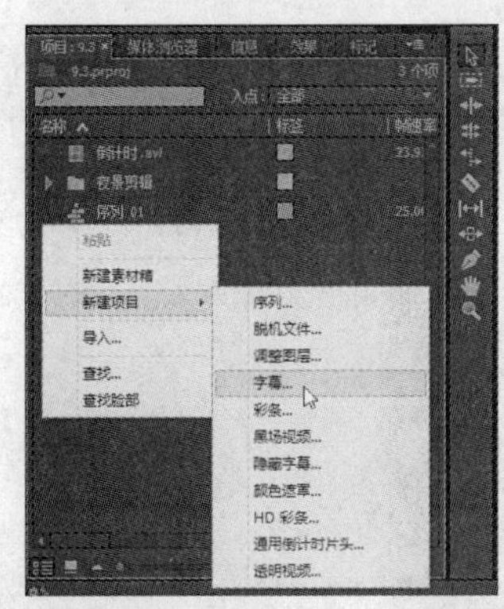

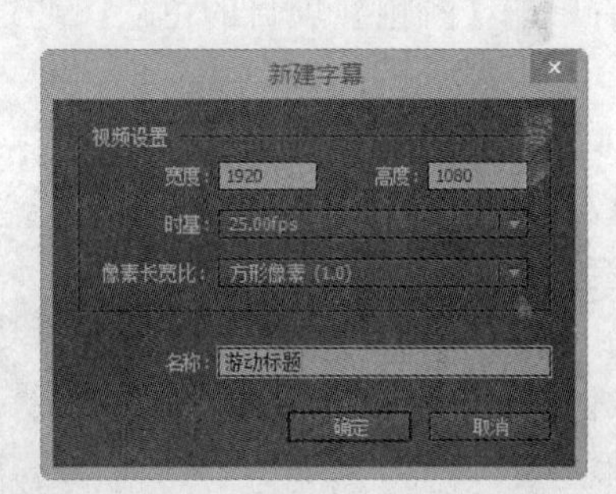

图 9-17　新建字幕素材

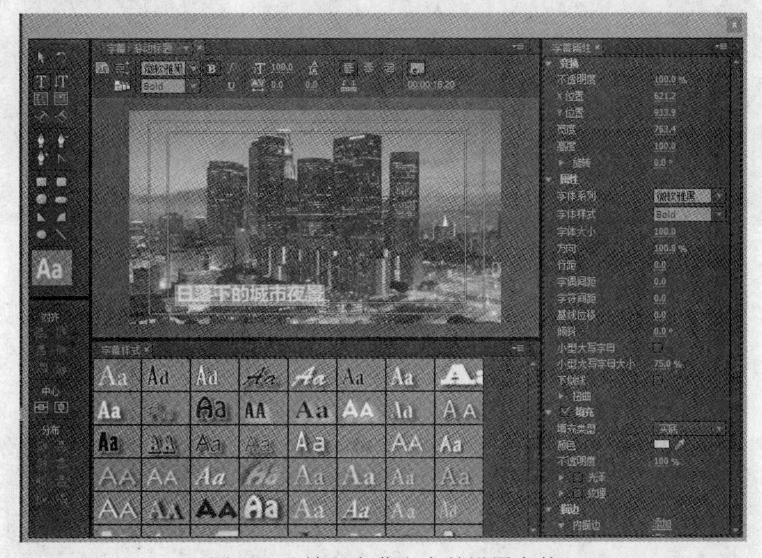

图 9-18　输入字幕文字并设置字体

3 选择文字内容，然后在【字幕样式】面板中单击Aa按钮应用该样式，如图 9-19 所示。

图 9-19　应用字幕样式

4 在【字幕属性】面板中打开【外描边】列表，然后设置描边类型为【深度】、填充类型为【实底】，接着单击【颜色】项目的色块，通过【拾色器】对话框选择描边填充颜色，如图 9-20 所示。

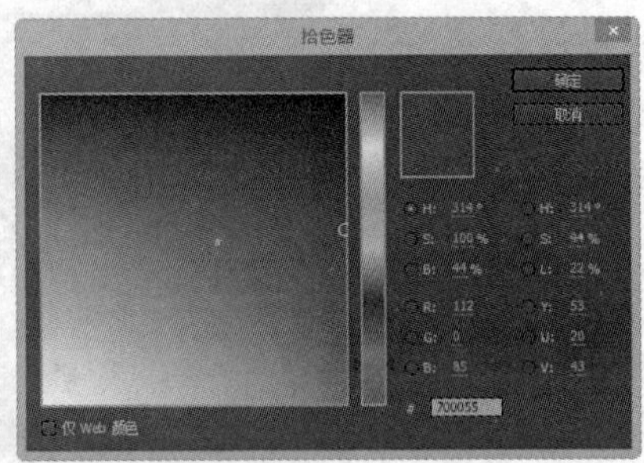

图 9-20　修改字幕的描边属性

5 单击【字幕】面板的【滚动/游动选项】按钮，打开【滚动/游动选项】对话框后，选择【向右游动】单选项，再选择【开始于屏幕外】复选框，单击【确定】按钮，如图 9-21 所示。

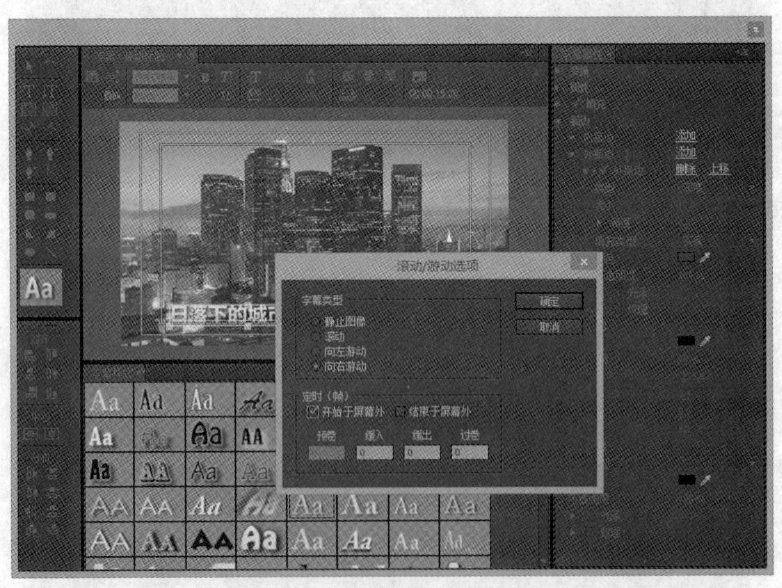

图 9-21　设置字幕游动选项

6 选择字幕对象，再打开【字幕样式】面板菜单，选择【新建样式】命令，打开【新建样式】对话框后，设置样式的名称，然后单击【确定】按钮，如图 9-22 所示。

7 使用【选择工具】选择字幕对象，然后将字幕移到屏幕的右下角，接着关闭【字幕设计器】窗口，如图 9-23 所示。

图 9-22　将字幕属性新建为样式

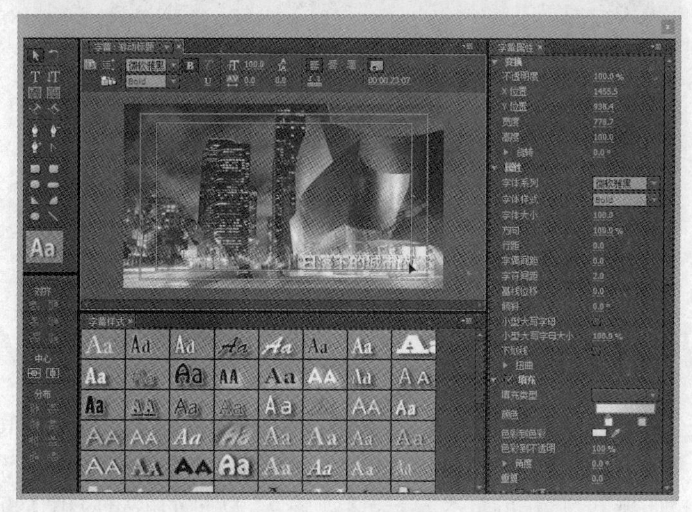

图 9-23　调整字幕位置并关闭窗口

8 返回【项目】面板中，将字幕剪辑拖到视频轨道上，放置在如图 9-24 所示的位置上，然后适当增加播放持续时间。

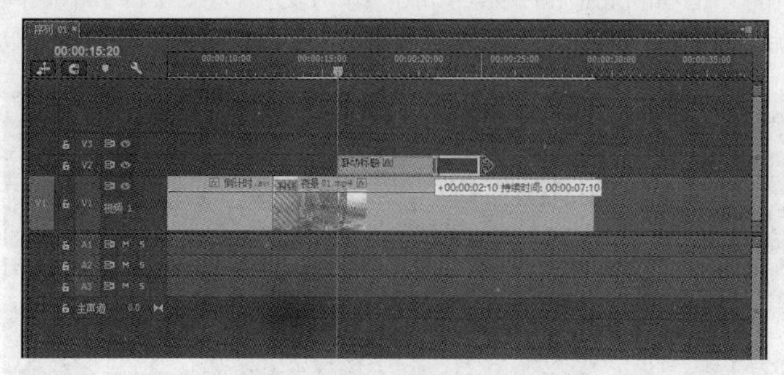

图 9-24　将字幕添加到序列

9 为了使字幕游动进入屏幕指定位置后可以停顿，此时可以双击字幕剪辑，然后在【字幕设计器】窗口中打开【滚动/游动选项】对话框，设置过卷的参数为 80，接着单击【确定】

按钮，如图 9-25 所示。

在默认情况下，字幕游动入屏幕设定位置的时间等于该剪辑的持续时间，当字幕游动入屏幕指定位置后即会消失。通过【滚动/游动选项】对话框的【过卷】选项，可以设置使字幕游动到指定位置后，继续停留在屏幕的时间。

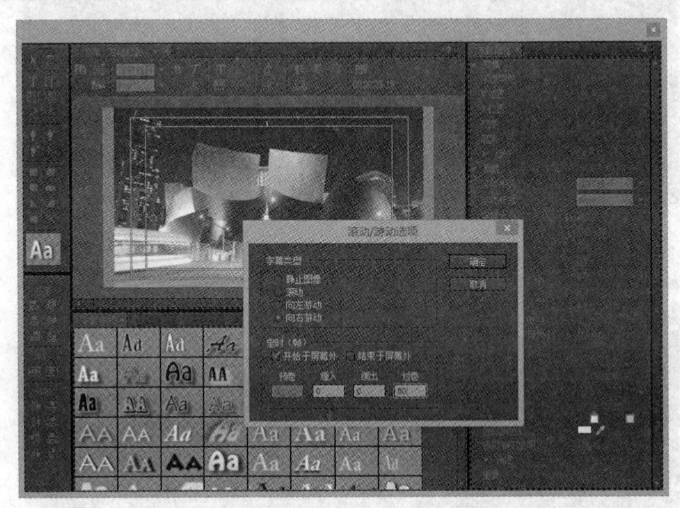

图 9-25　设置字幕滚动的过卷参数

9.4　制作画中画切换效果

下面分别将两个夜景视频剪辑加入【视频 1】轨道和【视频 2】轨道，其中【视频 2】轨道上的剪辑前段覆叠【视频 1】轨道上的剪辑，然后通过【效果控件】面板设置【视频 2】轨道剪辑的缩放、不透明度和位置动画，接着为【视频 2】轨道的剪辑应用【投影】效果并设置投影的选项。

操作步骤

1 打开光盘中的“..\Example\Ch09\9.4.prproj”练习文件，将【项目】面板中的【夜景 02.mp4】视频剪辑拖到【视频 1】轨道上，并放置在【夜景 01.mp4】剪辑的出点处，如图 9-26 所示。

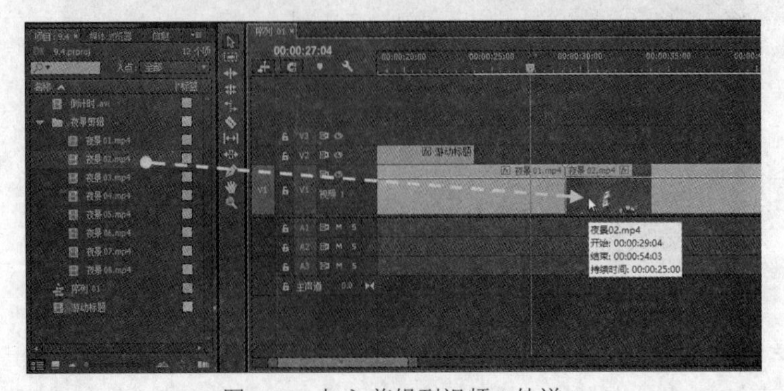

图 9-26　加入剪辑到视频 1 轨道

2 打开【效果】面板，再打开【视频过渡】|【3D 运动】列表，然后将【向上折叠】效果项拖到【夜景 01.mp4】剪辑与【夜景 02.mp4】剪辑之间，如图 9-27 所示。

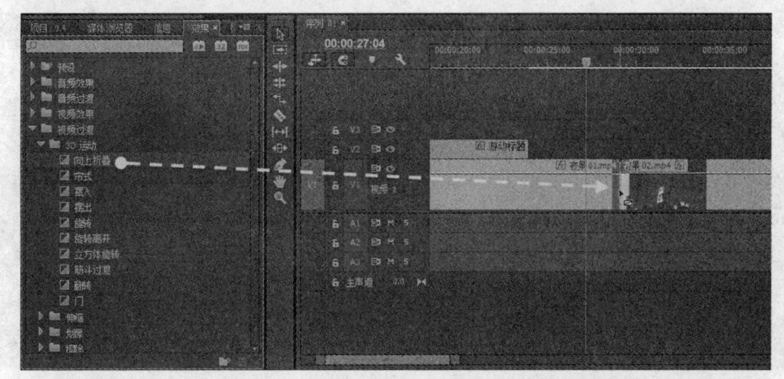

图 9-27　应用【向上折叠】过渡效果

3 将【项目】面板中的【夜景 03.mp4】视频剪辑拖到【视频 2】轨道上，并放置在如图 9-38 所示的位置，使之前段与【视频 1】轨道的剪辑进行覆叠。

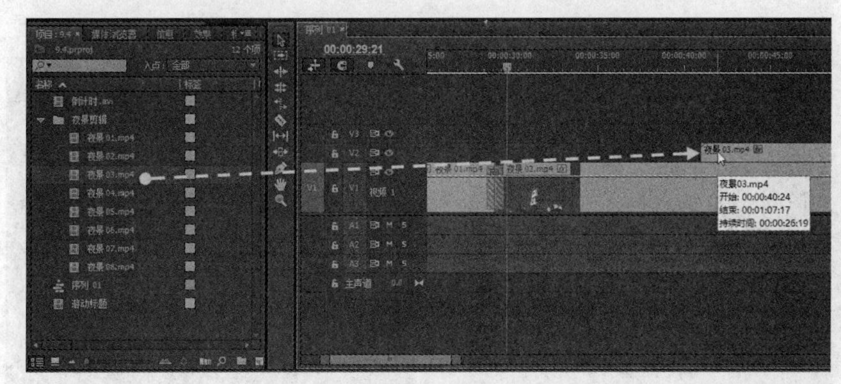

图 9-28　加入剪辑到视频 2 轨道

4 在【时间轴】面板中将播放指示器移到【夜景 02.mp4】剪辑出点处，然后选择【夜景 03.mp4】剪辑，再打开【效果控件】面板，单击【缩放】项目左侧的【切换动画】按钮，如图 9-29 所示。

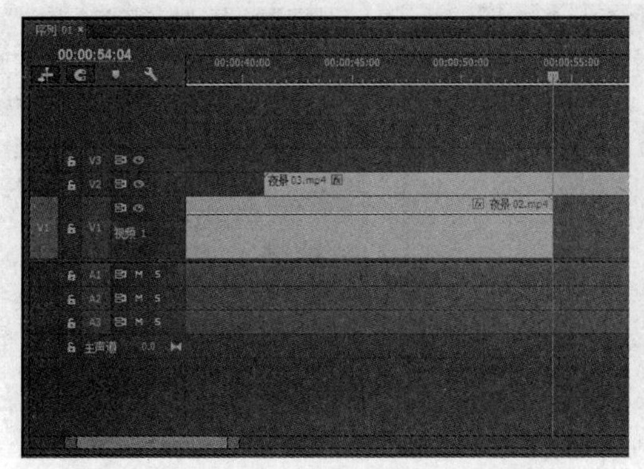

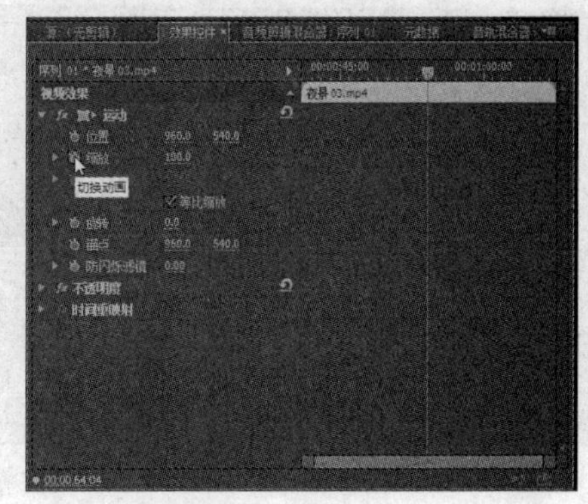

图 9-29　设置播放指示器位置并切换缩放动画

5 在【效果控件】面板中将播放指示器移到剪辑前段并添加【缩放】关键帧，然后双击

【节目监视器】面板的监视器并选择剪辑，再缩小剪辑的尺寸，将剪辑移到屏幕的左上方，如图 9-30 所示。

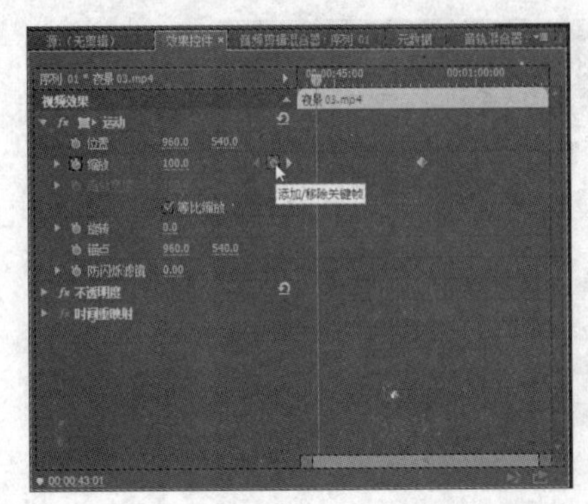

图 9-30　添加关键帧并调整剪辑大小和位置

6 返回【效果控件】面板并打开【不透明度】列表，然后添加不透明度的关键帧，接着将播放指示器移到剪辑的入点处，再添加关键帧，并设置该关键帧的不透明度为 0%，如图 9-31 所示。

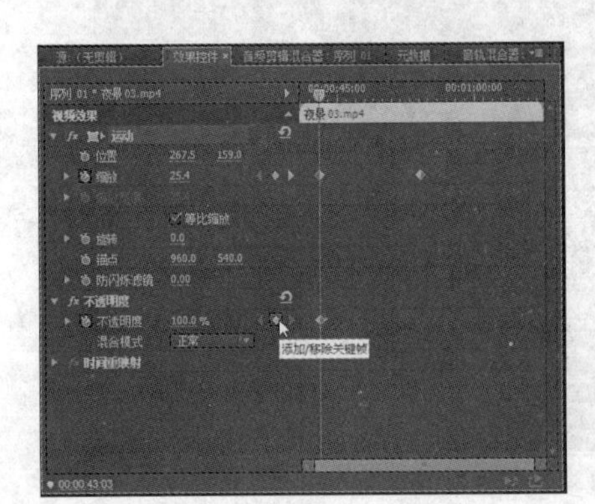

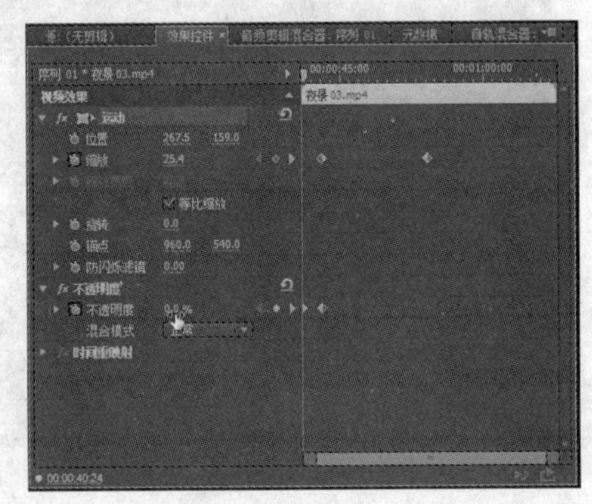

图 9-31　制作剪辑的淡入效果

7 选择【缩放】项目的第一个关键帧，单击鼠标右键后选择【复制】命令，然后单击鼠标右键并选择【粘贴】命令，将粘贴生成的关键帧向右移动，如图 9-32 所示。

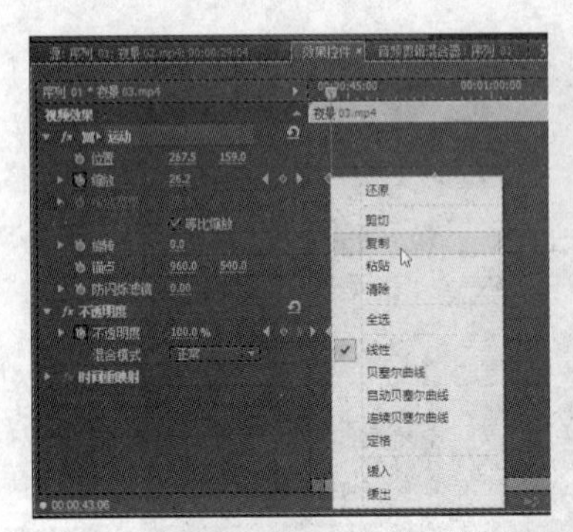

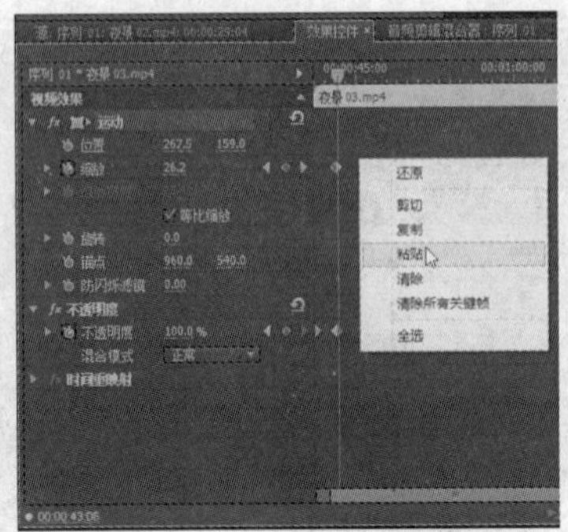

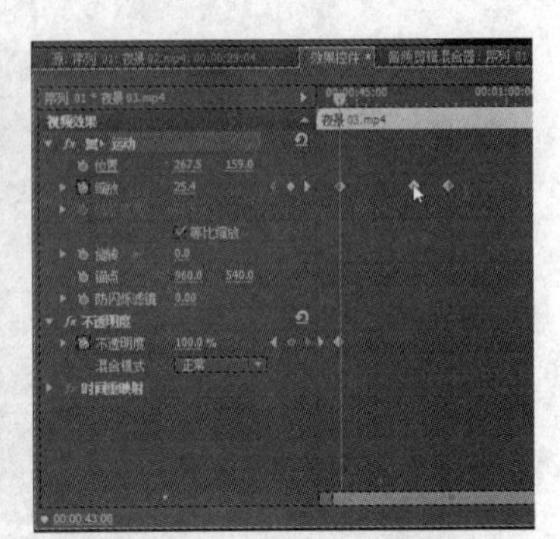

图 9-32　复制并粘贴关键帧后移动关键帧

8 将播放指示器移到步骤 7 粘贴生成的关键帧上，然后单击【位置】项目左侧的【切换动画】按钮，将播放指示器移到【缩放】项目最右侧的关键帧上，在此位置为【位置】选项添加关键帧，最后设置位置参数，如图 9-33 所示。

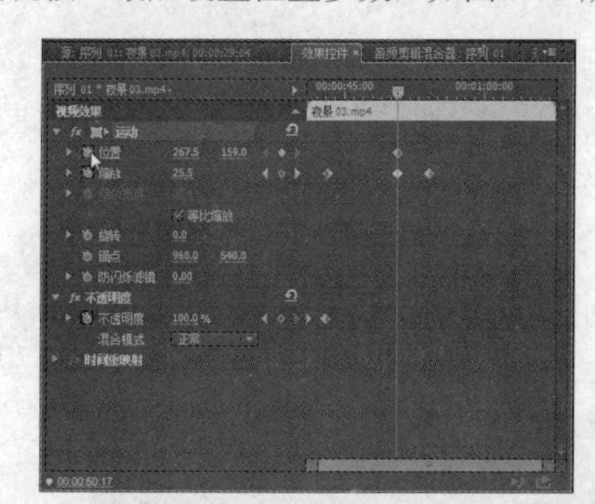
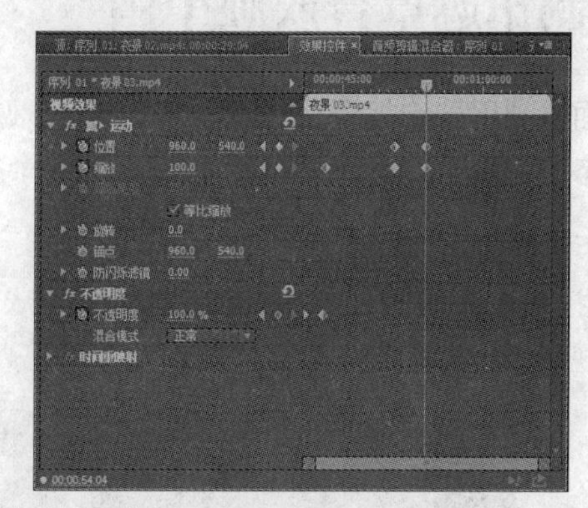

图 9-33　添加关键帧并设置位置参数

9 打开【效果】面板，再打开【视频效果】|【透视】列表，将【投影】效果项拖到【夜景 03.mp4】剪辑中，如图 9-34 所示。

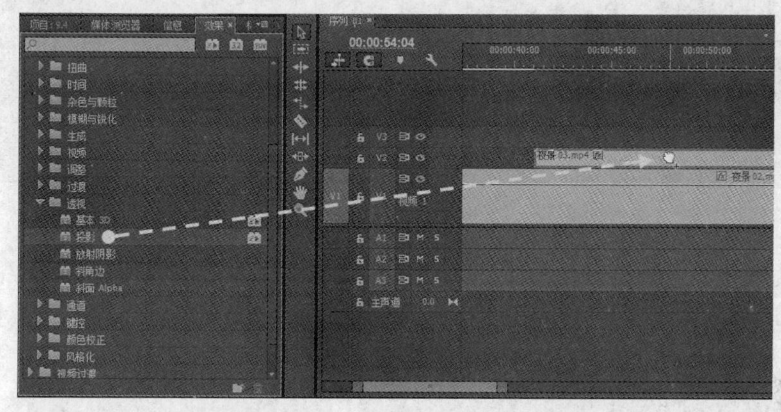

图 9-34　应用【投影】视频效果

10 打开【效果控件】面板，再打开【投影】列表，然后设置投影效果的颜色和各项参数，如图 9-35 所示。

11 通过拖动【节目监视器】面板的播放指示器，查看画中画切换的效果，如图 9-36 所示。

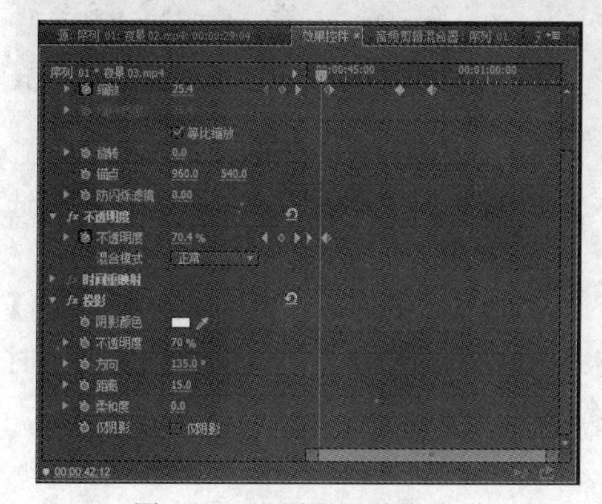

图 9-35　设置阴影效果选项

图 9-36　查看画中画播放效果

9.5 制作遮罩合成画中画

下面将利用一个遮罩图像素材及两个夜景视频剪辑，通过应用【轨道遮罩键】效果，制作一个静态的遮罩合成画中画效果，使其中一个夜景视频作为子画面显示在屏幕右上方。

操作步骤

1 打开光盘中的“..\Example\Ch09\9.5.prproj”练习文件，将【项目】面板中的【夜景 04.mp4】拖到【视频 1】轨道上，使该剪辑的出点对齐【夜景 03.mp4】剪辑的出点，如图 9-37 所示。

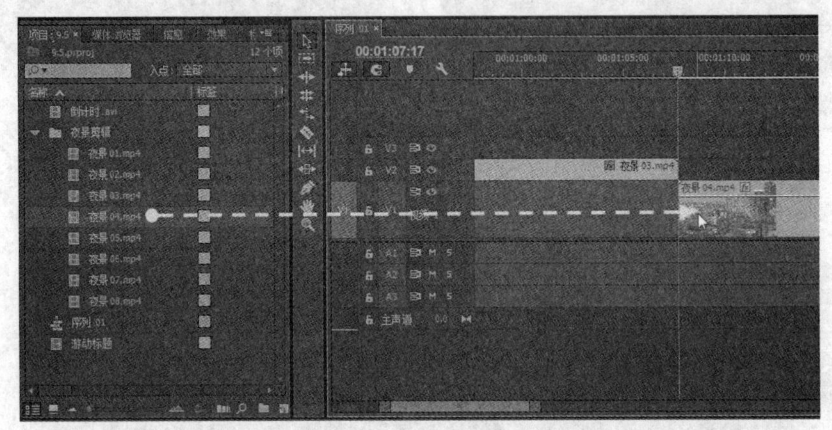

图 9-37 将第四个夜景视频剪辑加入序列

2 打开【效果】面板，再打开【视频过渡】|【擦除】列表，将【时钟式擦除】效果项拖到【夜景 03.mp4】剪辑的出点处，接着选择【夜景 04.mp4】剪辑并向左移动，以便将该剪辑入点与视频过渡的入点对齐，如图 9-38 所示。

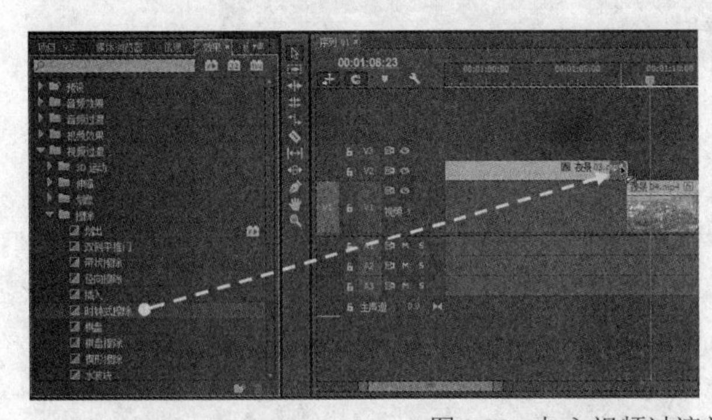

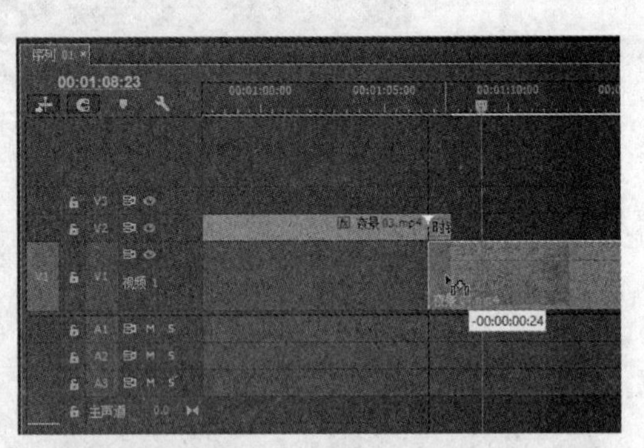

图 9-38 加入视频过渡并移动剪辑位置

3 在【项目】面板上单击鼠标右键并选择【导入】命令，在打开的【导入】对话框中选择遮罩图素材，然后单击【打开】按钮，如图 9-39 所示。

4 将【夜景 07.mp4】剪辑拖到【视频 2】轨道上，然后将导入的遮罩图素材拖到【视频 3】轨道上，且让该素材的入点与【视频 2】轨道剪辑的入点对齐，接着增大遮罩图剪辑的持续时间，使之与【视频 2】轨道剪辑的持续时间一样，如图 9-40 所示。

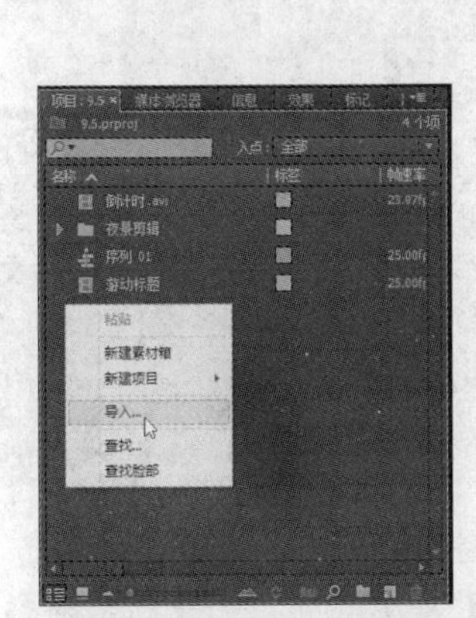

图 9-39　导入遮罩图素材

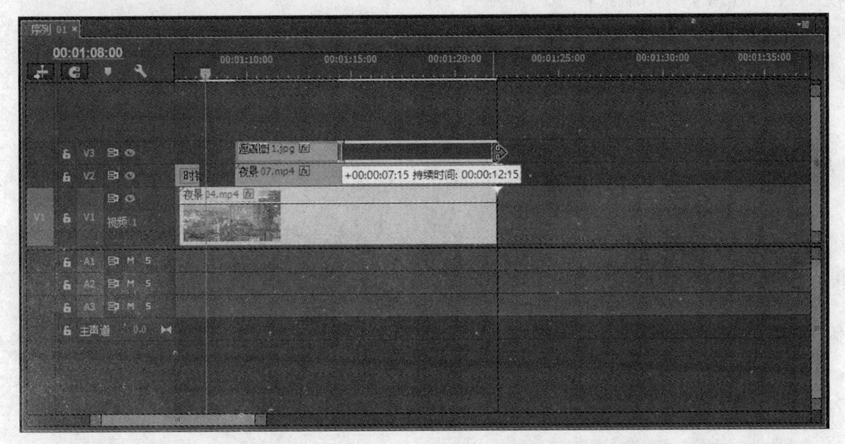

图 9-40　将遮罩图加入轨道并设置持续时间

5 在【时间轴】面板中将播放指示器移到遮罩图剪辑前段，然后双击【节目监视器】面板的监视器并缩小遮罩图，接着将遮罩图放置到屏幕的右上方，如图 9-41 所示。

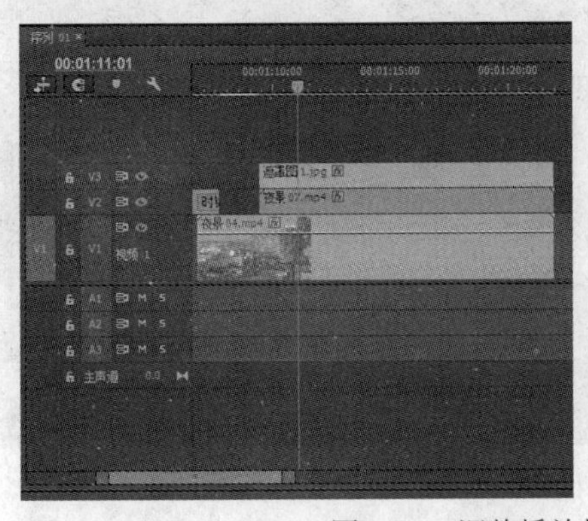

图 9-41　调整播放指示器位置并编辑遮罩图剪辑

6 在【节目监视器】面板中选择【视频 2】轨道的剪辑并缩小该剪辑，然后将剪辑移到遮罩图的位置，如图 9-42 所示。

图 9-42　编辑视频 2 轨道的剪辑

7 打开【效果】面板，再打开【视频效果】|【键控】列表，然后将【轨道遮罩键】效果项目拖到【夜景 07.mp4】剪辑上，如图 9-43 所示。

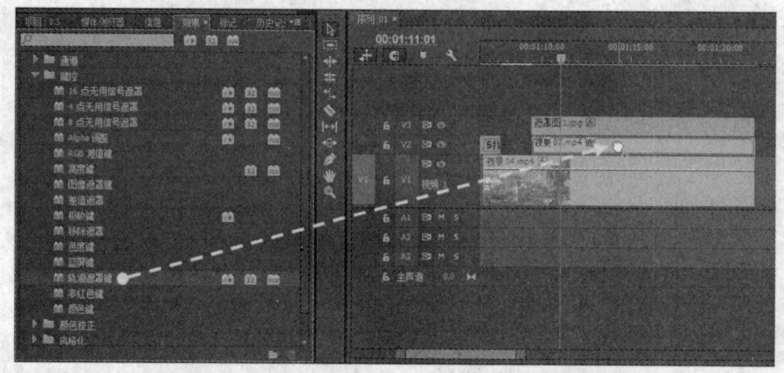

图 9-43　应用【轨道遮罩键】效果

8 选择【夜景 07.mp4】剪辑，再打开【效果】面板，设置【轨道遮罩键】项目的遮罩和合成方式，然后通过【节目监视器】面板适当调整剪辑的大小和位置，如图 9-44 所示。

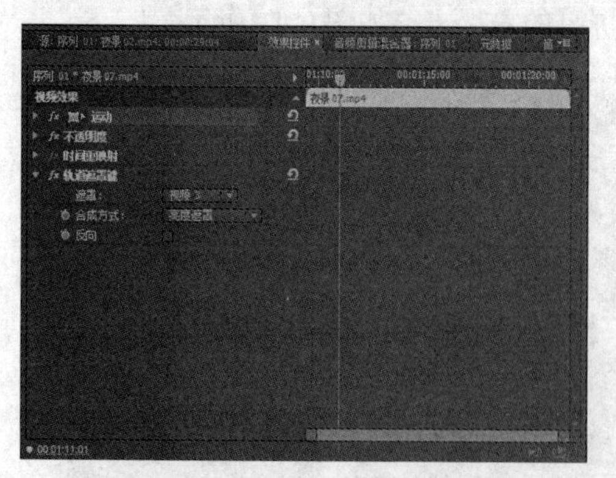

图 9-44　设置效果选项并编辑剪辑

9 返回【效果】面板，再打开【视频效果】|【透视】列表，将【投影】效果项拖到【夜景 07.mp4】剪辑上，如图 9-45 所示。

10 打开【效果控件】面板，设置【阴影】效果的阴影颜色和其他参数，如图 9-46 所示。

11 在【节目监视器】面板上查看遮罩合成结果，如图 9-47 所示。

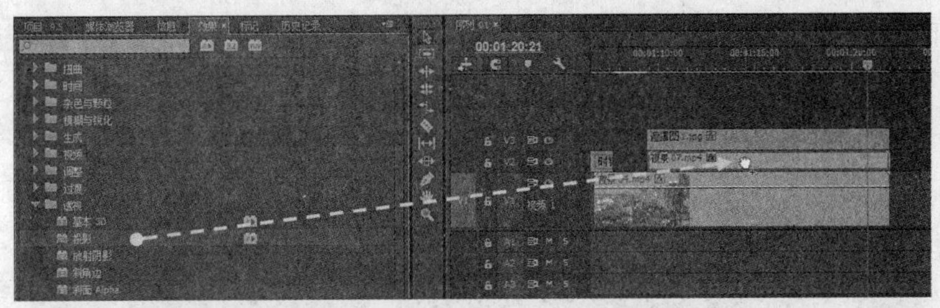

图 9-45　应用【轨道遮罩键】效果

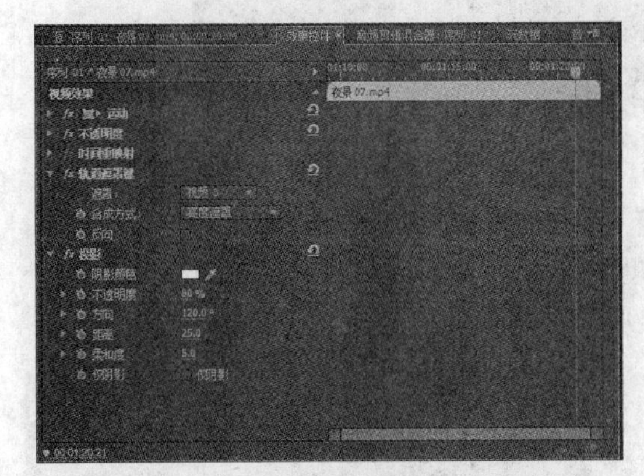

图 9-46　设置投影选项

图 9-47　查看结果

9.6　制作混合覆叠的效果

下面将剩余的三个夜景视频剪辑都加入序列，其中两个剪辑在【视频 1】轨道，另一个剪辑在【视频 2】轨道，并且【视频 2】轨道的剪辑首尾与视频 1 轨道的剪辑产生覆叠的部分，然后制作【视频 2】轨道剪辑的淡入和淡出效果并设置混合模式，最后设置序列排列最后的剪辑产生淡出效果。

操作步骤

1 打开光盘中的“..\Example\Ch09\9.6.prproj”练习文件，分别将【项目】面板的【夜景 05.mp4】、【夜景 06.mp4】和【夜景 08.mp4】剪辑加入序列，并按照如图 9-48 所示放置好各个剪辑。

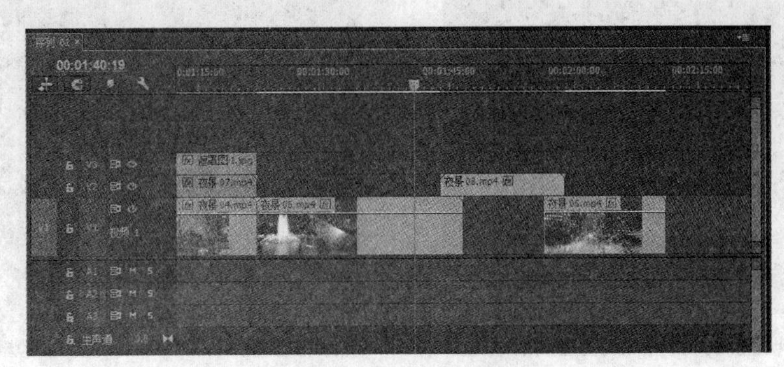

图 9-48　将剪辑加入到序列

2 打开【效果】面板，再打开【视频过渡】|【3D 运动】列表，然后将【筋斗过渡】效果项拖到【夜景 04.mp4】和【夜景 05.mp4】剪辑之间，如图 9-49 所示。

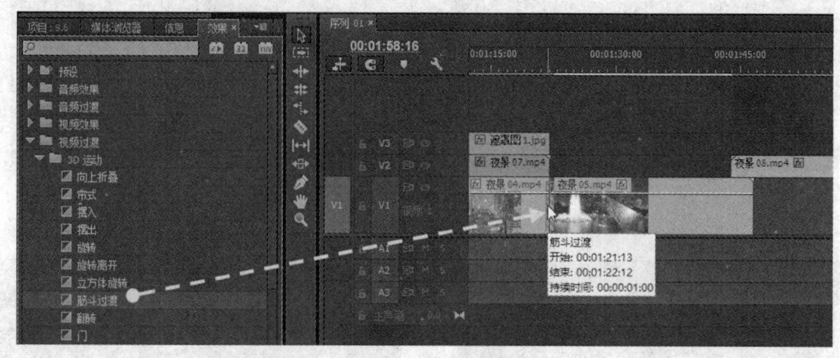

图 9-49　应用【筋斗过渡】过渡效果

3 在【时间轴】面板中将播放指示器移到【夜景 08.mp4】剪辑出点处，然后选择该剪辑并打开【效果控制】面板，再添加出点的不透明度关键帧，移动播放指示器，为剪辑添加另外三个不透明度关键帧，如图 9-50 所示。

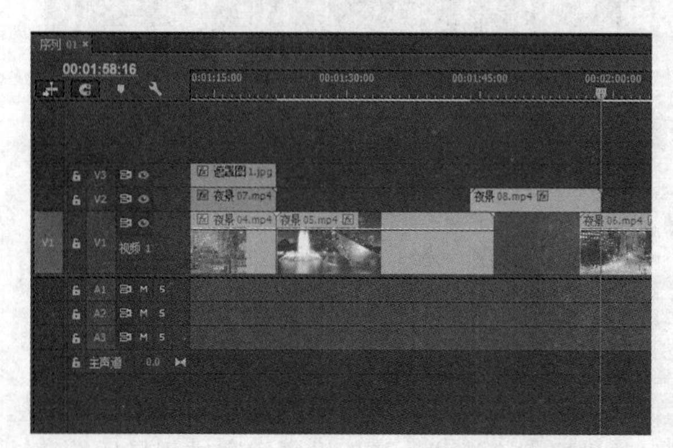

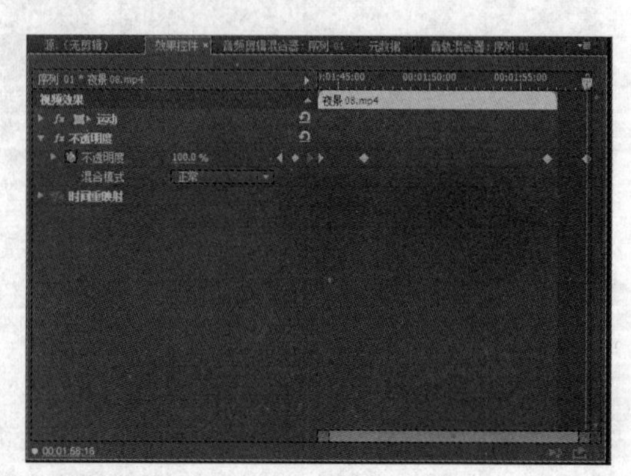

图 9-50　添加剪辑的不透明度关键帧

4 在【效果控件】面板中，分别设置剪辑入点和出点上的关键帧不透明度为 0%，如图 9-51 所示。

5 在【不透明度】列表中打开【混合模式】列表框，再选择【变亮】选项，如图 9-52 所示。

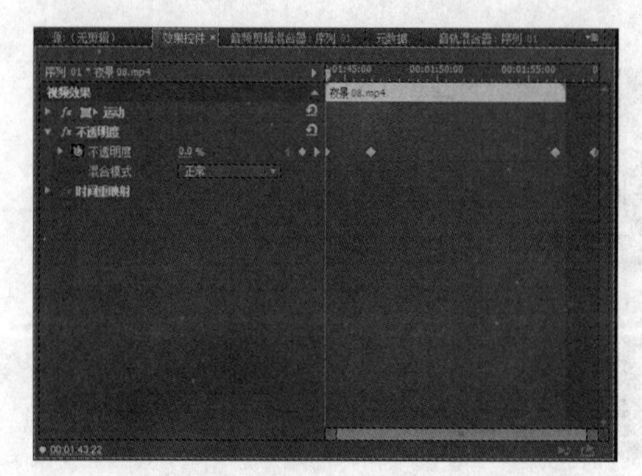

图 9-51　设置关键帧的不透明度

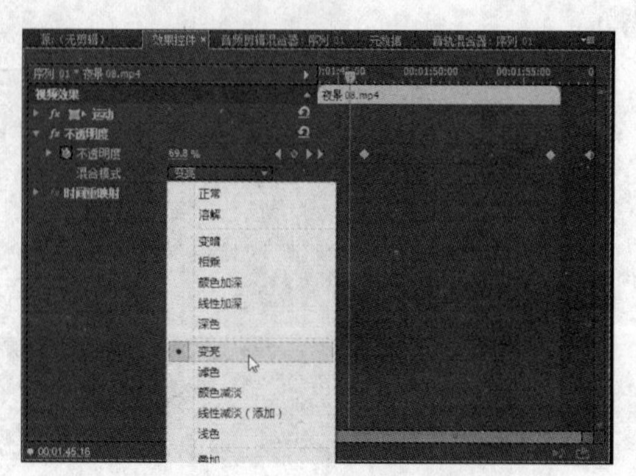

图 9-52　设置剪辑的混合模式

6 选择【夜景 06.mp4】剪辑，再返回到【效果控件】面板，然后在剪辑末段和出点处添加关键帧并设置出点关键帧的不透明度为 0%，制作该剪辑的淡出效果，如图 9-53 所示。

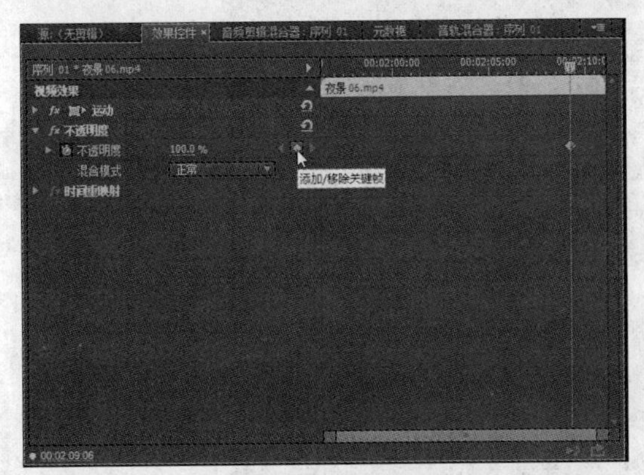

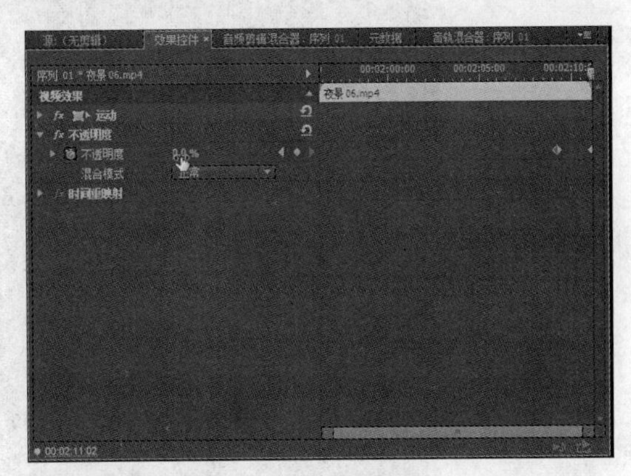

图 9-53　制作最后一个剪辑的淡出效果

9.7　制作基于模板的字幕

本例将通过 Premiere Pro CC 提供的模板设计位于屏幕下方的字幕，然后将字幕加入序列并设置持续时间，接着制作字幕从屏幕外移入屏幕下方的位置动画，最后制作字幕的淡出效果。

操作步骤

1 打开光盘中的“..\Example\Ch09\9.7.prproj”练习文件，打开【字幕】菜单，然后选择【新建字幕】|【基于模板】命令，打开【模板】对话框后，选择【周年纪念_屏下三分一】模板，单击【确定】按钮，如图 9-54 所示。

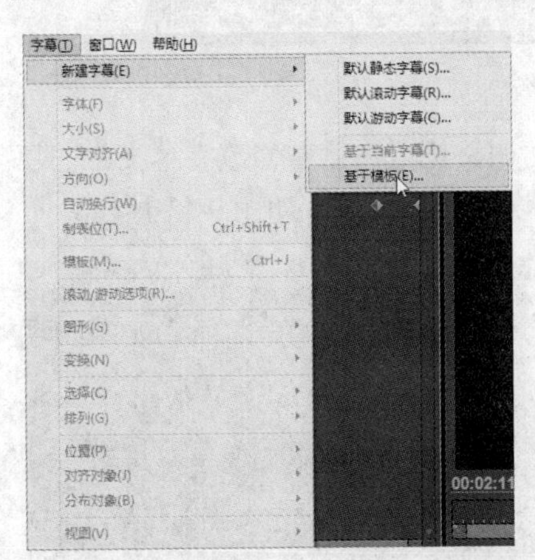

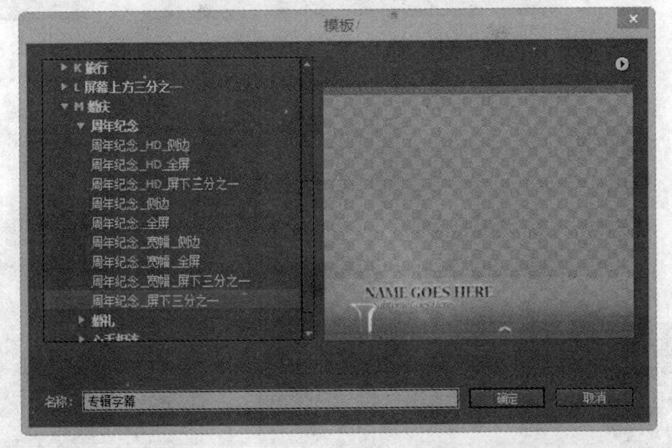

图 9-54　新建基于模板的字幕

2 打开【字幕设计器】窗口后，使用【文字工具】修改预设文字的内容并设置文字字体和高度，如图 9-55 所示。

3 分别选择模板预设小标题文字和 LOGO 图形框（在文字下方），然后按 Delete 键删除这两个对象，如图 9-56 所示。

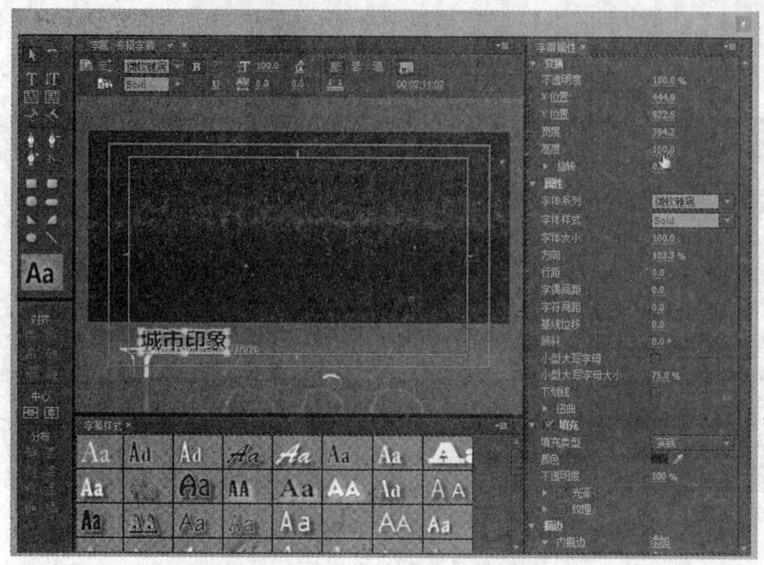

图 9-55　修改文字内容和属性

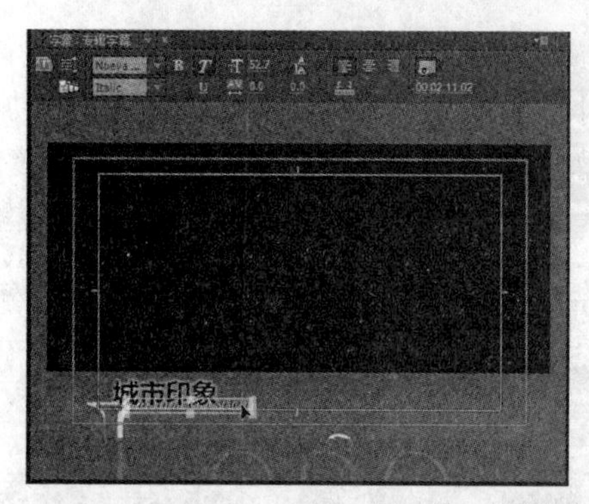

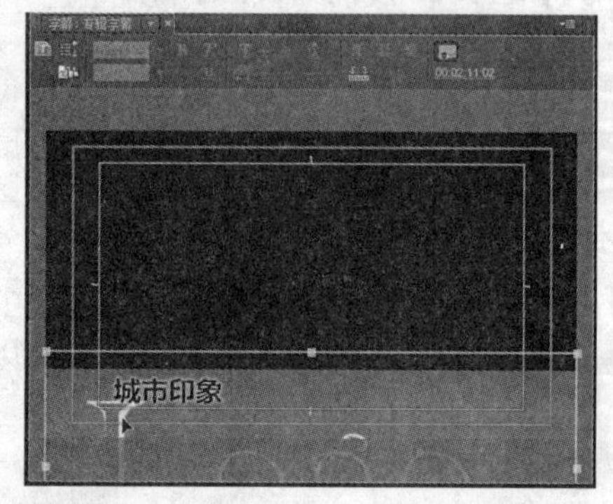

图 9-56　删除字幕中个多余的对象

4 同时选择字幕文字和背景图形对象，然后向下移动调整位置，接着修改字幕文字的填充颜色为【线性渐变】并设置渐变颜色，最后关闭【字幕设计器】窗口，如图 9-57 所示。

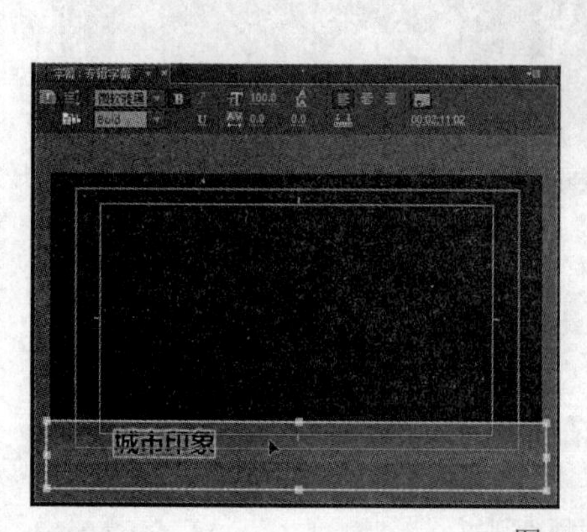

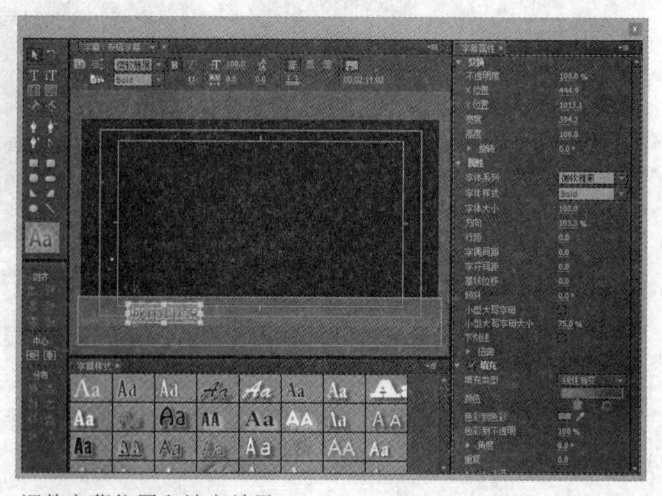

图 9-57　调整字幕位置和填充效果

5 新建视频 4 轨道，通过【项目】面板将字幕剪辑拖到【视频 4】轨道上，然后放置在如图 9-58 所示的位置。

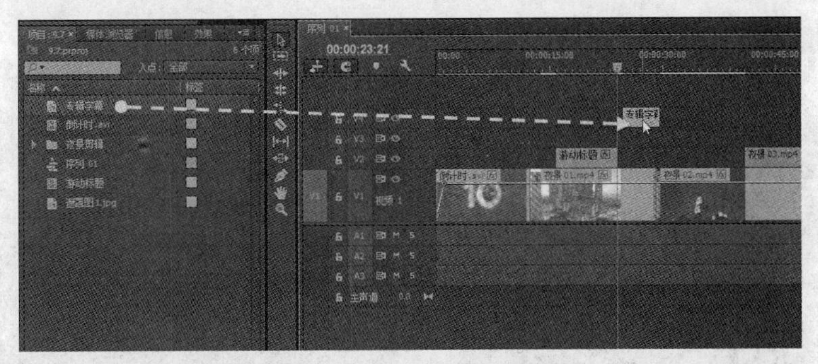

图 9-58　将字幕添加到序列

6 使用鼠标按住【专辑字幕】剪辑的出点并向右移动，使字幕剪辑的出点与最后一个视频剪辑出点对齐，如图 9-59 所示。

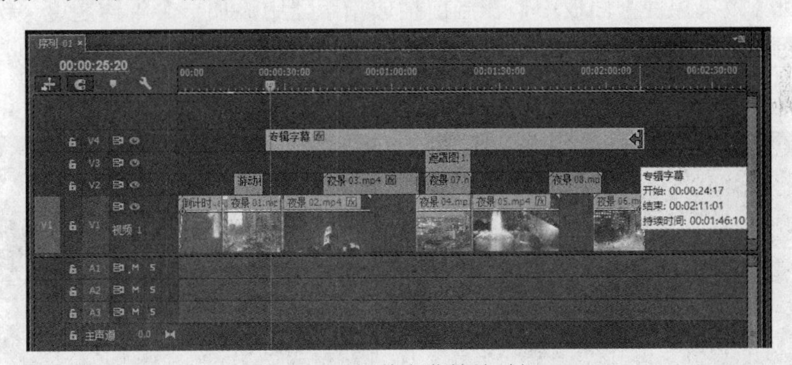

图 9-59　调整字幕持续时间

7 选择字幕并打开【效果控件】面板，然后将播放指示器移到剪辑入点处，再单击【位置】项目左侧的【切换动画】按钮，向右稍微移动一下播放指示器，再添加一个关键帧，如图 9-60 所示。

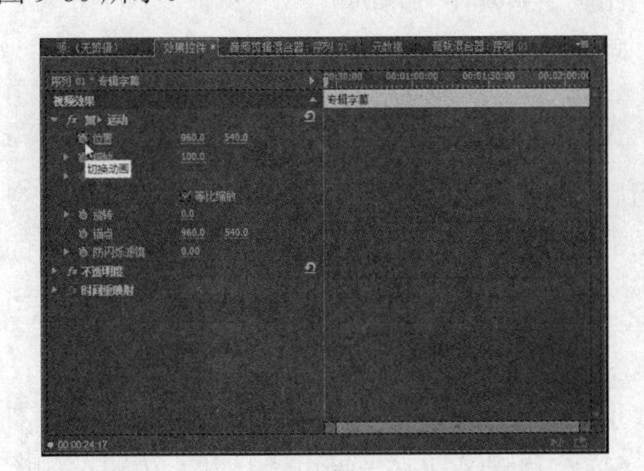

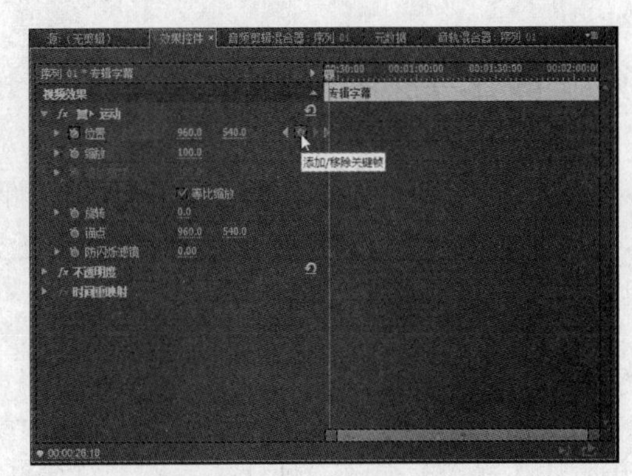

图 9-60　为字幕剪辑添加关键帧

8 将播放指示器移到剪辑入点的关键帧上，然后设置【位置】项目的参数，如图 9-61 所示。

9 缩小显示序列工作区，然后将【时间轴】面板的播放指示器移到最后一个剪辑的其中一个关键帧的位置上，如图 9-62 所示。

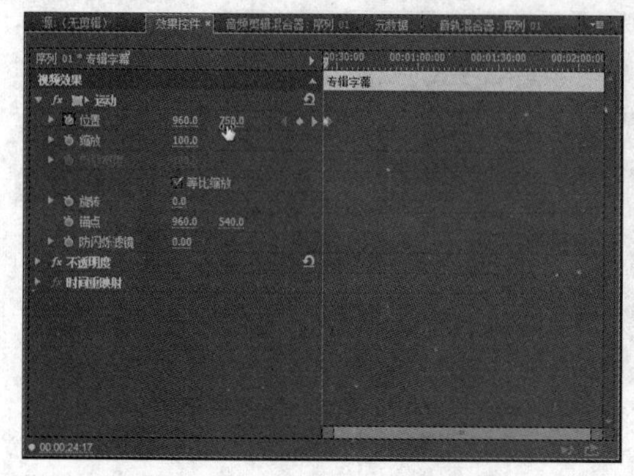

图 9-61　设置字幕入点的位置

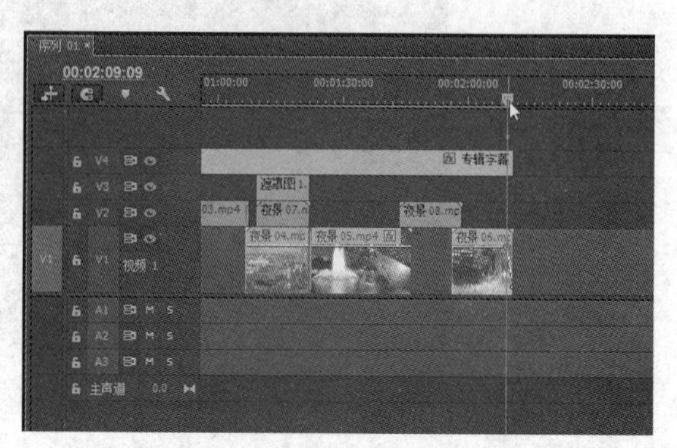

图 9-62　调整时间轴中播放指示器的位置

10 返回【效果控件】面板中，在当前播放指示器中添加一个不透明度关键帧，接着将播放指示器拖到剪辑的出点处，再添加一个关键帧，最后设置该关键帧的不透明度为 0%，如图 9-63 所示。

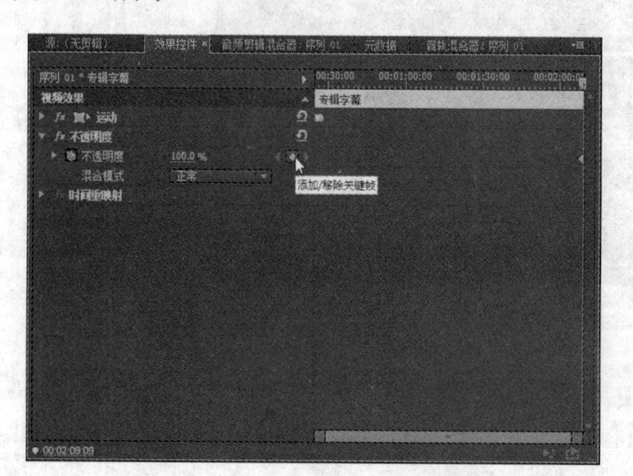

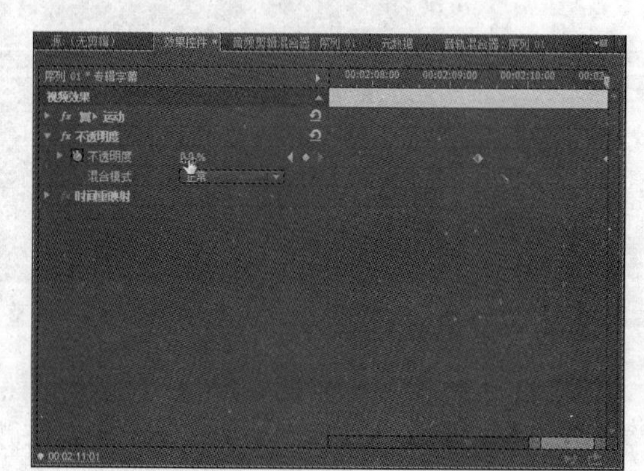

图 9-63　添加关键帧并设置出点关键帧的不透明度

9.8　制作专辑音效并导出

下面先导入音频文件到项目中，并添加到序列，然后制作音频剪辑的淡入和淡出音效，再为音轨应用【Reverb】效果，通过【导出设置】对话框将项目导出为 MP4 格式的媒体文件。

操作步骤

1 打开光盘中的“..\Example\Ch09\9.8.prproj”练习文件，在【项目】面板上单击鼠标右键并选择【导入】命令，打开【导入】对话框后选择音频文件，再单击【打开】按钮，如图 9-64 所示。

2 将音频剪辑加入到【音频 1】轨道上，并将音频剪辑的入点对齐片头剪辑的入点，如图 9-65 所示。

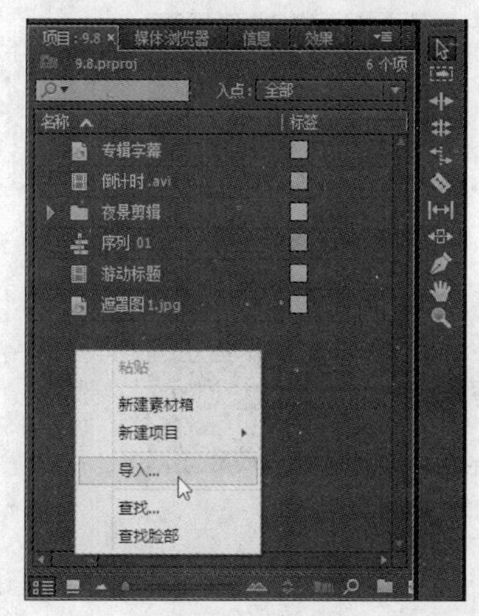

图 9-64　导入音频文件

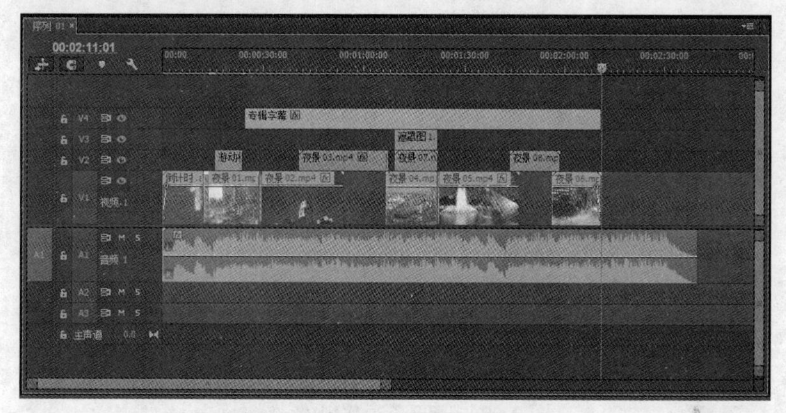

图 9-65　添加音频剪辑到序列

3 使用鼠标左键按住音频剪辑的出点并向左拖动，使音频剪辑的出点对齐【视频 1】轨道上最后一个剪辑的出点，如图 9-66 所示。

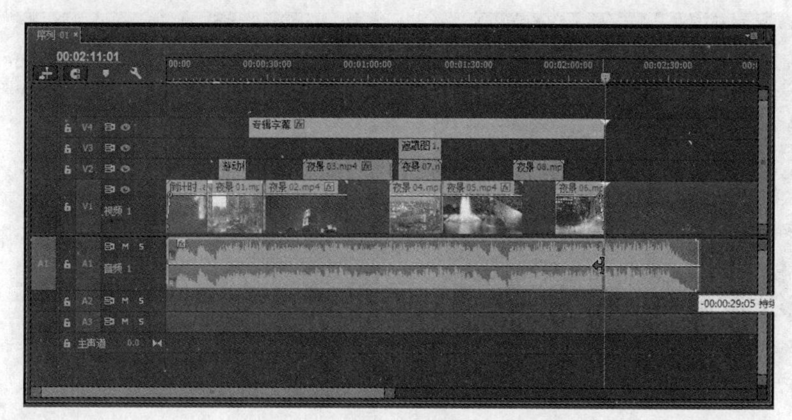

图 9-66　修改音频播放持续时间

4 在音频剪辑上单击鼠标右键，选择【显示剪辑关键帧】|【音量】|【级别】命令，显示音频剪辑的音量级别线，如图 9-67 所示。

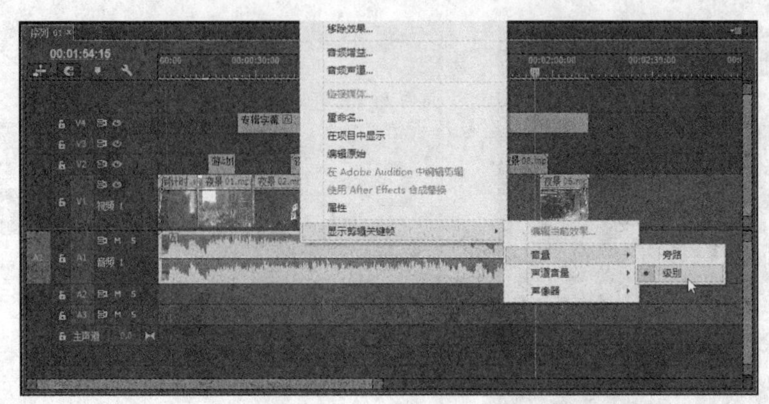

图 9-67　显示音量级别线

5 使用【选择工具】按住音量级别线，然后向下拖动，降低音频剪辑的音量，如图 9-68 所示。

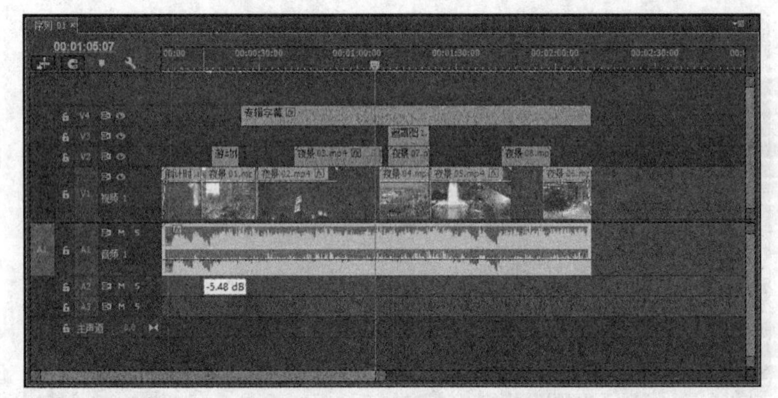

图 9-68　降低音频剪辑的音量

6 按住 Ctrl 键在音量级别线上分别单击两次，添加两个关键帧，然后将入点关键帧的音量设置为 0，如图 9-69 所示。

图 9-69　添加音量关键帧并设置入点音量

7 使用步骤 6 的方法，在音频剪辑末段和出点添加关键帧，然后设置出点关键帧的音量为 0，如图 9-70 所示。

8 打开【音频混合器】面板，再打开【效果与发送】面板，为音频剪辑所在音轨添加【Reverb】

效果，如图 9-71 所示。

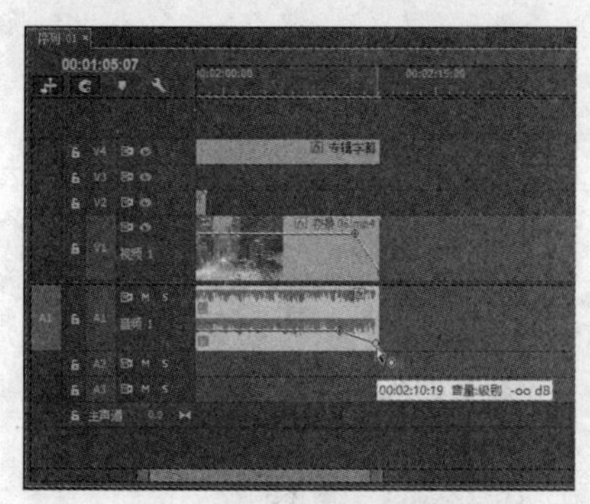

图 9-70　添加音量关键帧并设置出点音量

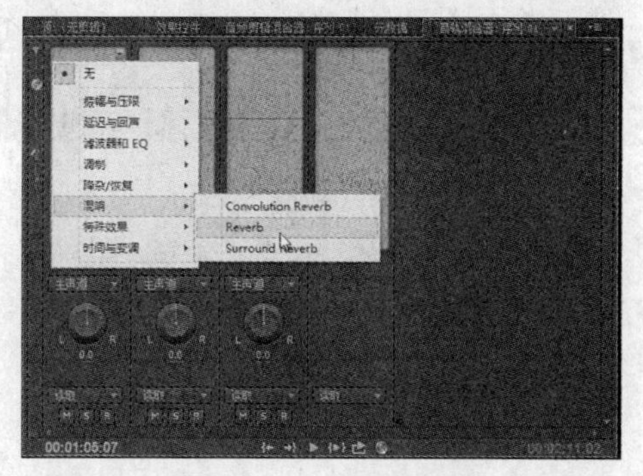

图 9-71　为音轨添加效果

9 在音轨效果项目上单击鼠标右键，选择【编辑】命令，在打开的【轨道效果编辑器】对话框中选择一种预设的音效，如图 9-72 所示。

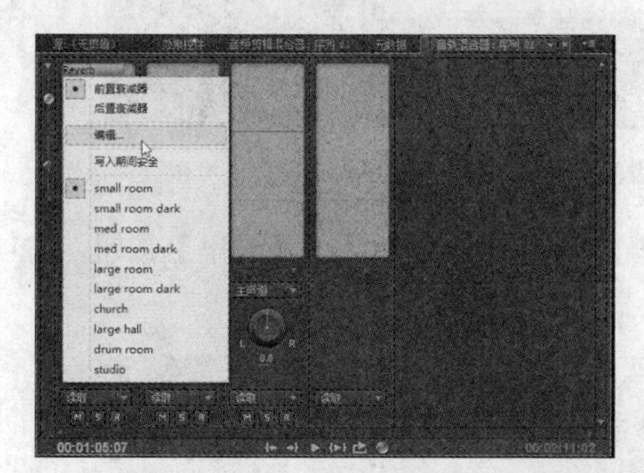

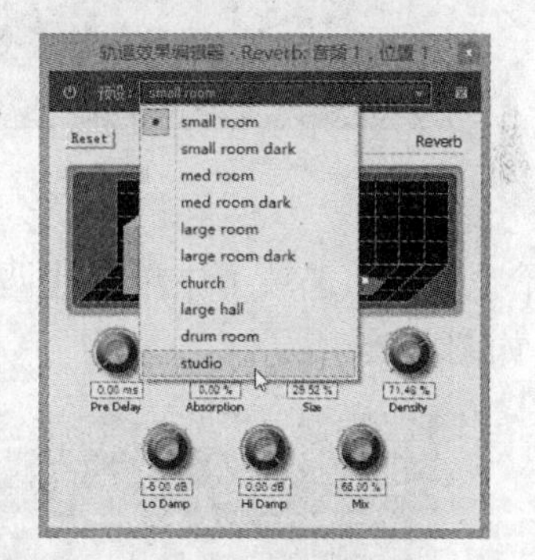

图 9-72　编辑音轨的音效

10 激活当前序列并按 Ctrl+M 键，在打开的【导出设置】对话框中设置导出格式为【H.264】，如图 9-73 所示。

图 9-73　打开【导出设置】对话框并设置导出格式

11 单击【输出名称】项右侧的文字，打开【另存为】对话框后设置保存位置和文件名称，然后单击【保存】按钮，如图 9-74 所示。

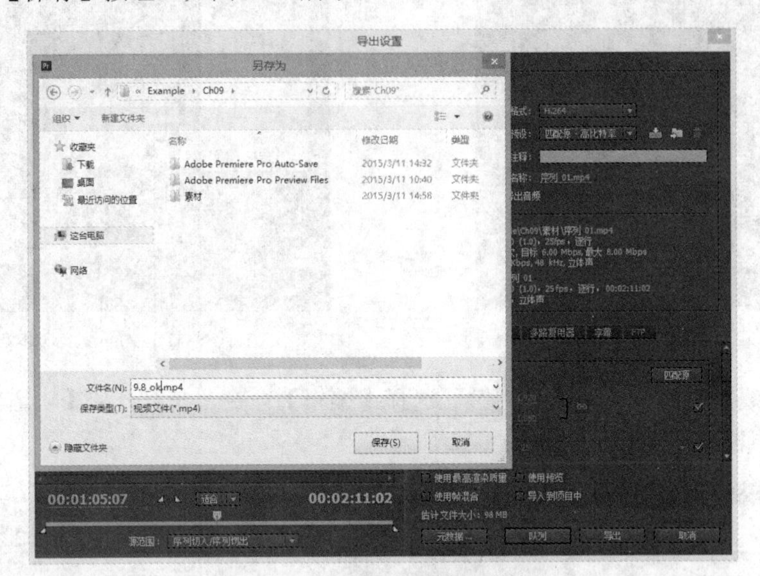

图 9-74　设置保存位置和文件名称

12 在【视频】选项卡中单击【匹配源】按钮，然后单击【导出】按钮，将项目导出为媒体文件，如图 9-75 所示。

图 9-75　设置视频选项并导出媒体

参考答案

第1章

一、填充题

（1）64位　（2）欢迎屏幕

（3）时间轴

二、选择题

（1）D　（2）A

（3）C　（4）B

三、判断题

（1）对　（2）错

（3）对

第2章

一、填充题

（1）音频和视频　（2）批量捕捉

（3）插入

二、选择题

（1）A　（2）C

（3）D　（4）C

三、判断题

（1）对　（2）错

（3）对

第3章

一、填充题

（1）剪辑　（2）剪切线

（3）重复帧　（4）效果控件

二、选择题

（1）B　（2）B

（3）C　（4）D

三、判断题

（1）对　（2）错

第4章

一、填充题

（1）标准音频　（2）音轨混合器

（3）独奏轨道　（4）恒定功率

二、选择题

（1）B　（2）C

（3）A　（4）C

三、判断题

（1）对　（2）错

第5章

一、填充题

（1）Alpha　（2）键控

（3）亮度键

二、选择题

（1）C　（2）B

（3）A　（4）D

三、判断题

（1）错　（2）对

（3）对

第6章

一、填充题

（1）字幕设计器　（2）双击

（3）滚动

二、选择题

（1）A　（2）D

（3）C

三、判断题

（1）对　（2）对

（3）对　（4）错

第7章

一、填充题

（1）彩色渲染栏　（2）黄色渲染栏

（3）音轨　（4）导出设置

二、选择题

（1）D　（2）D

（3）B

三、判断题

（1）对　（2）错

（3）对